Landschaften geographisch verstehen und touristisch erschließen

Gabriele M. Knoll

Landschaften geographisch verstehen und touristisch erschließen

Dr. Gabriele M. Knoll
Kleve, Deutschland

ISBN 978-3-642-55425-4   ISBN 978-3-642-55426-1 (eBook)
DOI 10.1007/978-3-642-55426-1

Die Deutsche Nationalbibliothek verzeichnet diese Publikation in der Deutschen Nationalbibliografie; detaillierte bibliografische Daten sind im Internet über http://dnb.d-nb.de abrufbar.

Springer Spektrum
© Springer-Verlag Berlin Heidelberg 2014
Dieses Werk ist urheberrechtlich geschützt. Die dadurch begründeten Rechte, insbesondere die der Übersetzung, des Nachdrucks, des Vortrags, der Entnahme von Abbildungen und Tabellen, der Funksendung, der Mikroverfilmung oder der Vervielfältigung auf anderen Wegen und der Speicherung in Datenverarbeitungsanlagen, bleiben, auch bei nur auszugsweiser Verwertung, vorbehalten. Eine Vervielfältigung dieses Werkes oder von Teilen dieses Werkes ist auch im Einzelfall nur in den Grenzen der gesetzlichen Bestimmungen des Urheberrechtsgesetzes der Bundesrepublik Deutschland vom 9. September 1965 in der jeweils geltenden Fassung zulässig. Sie ist grundsätzlich vergütungspflichtig. Zuwiderhandlungen unterliegen den Strafbestimmungen des Urheberrechtsgesetzes.

Die Wiedergabe von Gebrauchsnamen, Warenbezeichnungen usw. in diesem Werk berechtigt auch ohne besondere Kennzeichnung nicht zu der Annahme, dass solche Namen im Sinne der Warenzeichen- und Markenschutzgesetzgebung als frei zu betrachten wären und daher von jedermann benutzt werden dürfen.

Planung und Lektorat: Merlet Behncke-Braunbeck, Dr. Meike Barth
Redaktion: Dr. Andreas Held

Gedruckt auf säurefreiem und chlorfrei gebleichtem Papier.

Springer Spektrum ist eine Marke von Springer DE. Springer DE ist Teil der Fachverlagsgruppe
Springer Science+Business Media
www.springer-spektrum.de

Mut zur Lücke – ein Vorwort

Die ganze Welt in einem Taschenbuch? Natürlich geht das nicht, aber wir wagen es doch! Und es muss auch sein!

Die Idee zu diesem Buch ergab sich aus meinen Erfahrungen im Sommersemester 2012 an der Hochschule Rhein-Waal in Kleve und einer Vorlesung für angehende Touristiker. Mit viel Wissen rund um Betriebswirtschaft, Management, Marketing und Rechtsfragen werden die jungen Leute ins Berufsleben geschickt, aber Kenntnisse über die Destinationen, die viele von ihnen einmal in touristisch attraktive Produkte verpacken und erfolgreich vermarkten sollen, erhalten sie kaum – und bringen sie leider aus der Schulzeit genauso wenig mit. An anderen Hochschulen, die ebenfalls Studiengänge zum Tourismus anbieten, sieht das Curriculum manchmal gar keine Beschäftigung mit der Geographie vor.

Vor allem an diese Zielgruppe wendet sich diese Anleitung zum „Landschaften verstehen". Dabei sollen die Studierenden aller Tourismus-Studiengänge nicht ein „normales" Geographie-Studium eingedampft für den Schnelldurchgang – oder moderner ausgedrückt: als „App" zu den weiteren Studieninhalten – geliefert bekommen. Die Auswahl der vorgestellten Themen ist speziell auf die Bedürfnisse des angehenden Touristikers abgestimmt.

Dazu gehört eine Einführung in die vielen Informationen, die in einer Topographischen Karte stecken. Sie zu finden, hilft bei der erfolgreichen Planung von abwechslungsreichen Wanderungen und Radtouren. Die Topographische Karte bietet damit Gelegenheit, das Typische einer Landschaft zu entdecken. Das „versteckte" Geschichtsbuch in einem Stadtplan lesen zu können, macht es wesentlich leichter, eine neue Stadtführung zu konzipieren. Straßennamen erzählen beispielsweise Wirtschafts-, Sozial- oder Alltagsgeschichte; das räumliche Muster in einem Stadtgrundriss lässt Phasen des Stadtwachstums erkennen; andere Indizien geben Auskunft, weshalb sich die Stadt gerade in dieser Weise entwickelte.

Nach dieser Gebrauchsanweisung für Hilfsmittel/Werkzeuge/Quellen und beliebtem Zeitvertreib von Geographen werden die Landschaften einiger europäischer Destinationen vorgestellt. Die Zusammenhänge zwischen den Naturräumen und den sich unter diesen Umständen entwickelnden recht unterschiedlichen Kulturlandschaften sollen exemplarisch angerissen werden. Weshalb haben zum Beispiel die Landwirtschaft oder die Architektur in diesem Gebiet gerade diese Formen hervorgebracht? Dazu sollen einige Bezüge hergestellt werden. Doch dieses Verständnis von den Zusammenhängen in einer Landschaft soll nicht nur den Touristikern von morgen nützen; es dürfte auch anderen Studierenden der Geowissenschaften interessante Aspekte nahebringen und sie über den engen fachlichen Tellerrand schauen lassen.

Eine Reihe von Beispielen aus der Tourismuspraxis zeigen, wie die physisch- und humangeographischen Vorgaben in diversen Destinationen genutzt werden, manches könnte als Anregung für das Berufsleben gelten. Natürlich ist im Rahmen dieses Buches nur ein exemplarisches Vorgehen möglich, aber viele Erkenntnisse und die Sensibilisierung für die Themen lassen sich auf andere Gebiete übertragen.

Und als geographische bzw. reisehistorische Schmankerl gibt es die Folge von Exkursen „Landschaftswahrnehmung anno x", in denen man mit den Augen von Reisenden, von Forschern oder frühen Touristen, einige Landschaften sehen kann.

Dr. Gabriele M. Knoll
Kleve, im August 2014

Destination

„Die touristische Nachfrage richtet sich immer nach einem Zielgebiet. Je nach Tourismusform können dies jedoch ein integrierter Hotelkomplex, Kongreßanlagen im Sinne eines ‚resort' (zum Beispiel Kongreßtourismus) oder aber ein ganzer Kontinent (zum Beispiel im interkontinentalen Rundreisetourismus) sein. Mit dem Begriff Destination wird das jeweilige, für eine Zielgruppe relevante Zielgebiet umschrieben.
Grundsätzlich können folgende Typen von Destinationen unterschieden werden:
- Traditionelle Destinationen (zum Beispiel Zermatt, Kärnten oder Rügen),
- Neue Destinationen (zum Beispiel Ferienresorts, zentral gesteuerte und durch ein Unternehmen dominierte Ferienorte wie nordamerikanische Skidestinationen),
- Destinationsähnliche Produkte (zum Beispiel Kreuzfahrten, Themenparks)."

(Fuchs et. al. (2008), S. 179)

Inhaltsverzeichnis

I	**Geographische Abbildungsformen**
1	**Landschaften lesen – eine Einführung in die Topographische Karte** 3
1.1	Die Sonsbecker Schweiz und andere feine Reliefunterschiede am Niederrhein 5
1.2	Stadtentwicklung aus gutem Grund auf verschiedene Standorte in der Landschaft verteilt 8
	Literatur 9
2	**Stadtentwicklung lesen – ein Stadtplan überliefert Geschichte**............... 11
2.1	Wirtschaftsgeschichte aus dem Kölner Stadtplan geholt 12
2.2	Stadtwachstum zu Füßen des Heidelberger Schlosses 13
2.3	Nahezu unveränderliche Kennzeichen einer mittelalterlichen Stadt über die Jahrhunderte hinweg 18
2.4	Rothenburg ob der Tauber als Paradebeispiel einer mittelalterlichen Stadt und Destination des internationalen Tourismus... 19
2.5	Die Mozart- und Festivalstadt Salzburg – Tourismus aus Sicht der Bereisten 21
2.6	Historic Highlights of Germany – ein Netzwerk zur internationalen Vermarktung 13 altehrwürdiger Städte.. 22
	Literatur 22

II	**Natürliche Kräfte und andere Faktoren, die die Erdoberfläche prägen**
3	**Glaziale Formen im Hochgebirge**.. 27
3.1	Auswirkungen des Gebirgsklimas auf den Menschen................................. 35
3.2	Gebirgsflora – mehr als Edelweiß und Enzian..................................... 36
3.3	Die touristische Eroberung der Alpen – im Sommer 38
3.4	Die touristische Eroberung der Alpen – im Winter 40
3.5	Die Studie Alpendorf – vom Preis für die Hinwendung zum Wintertourismus........... 41
3.6	Klimawandel und Tourismus im Hochgebirge 43
	Literatur 45
4	**Küstentypen**... 47
4.1	Ein Abstecher in die Südsee 64
4.2	Die Belastung des Küstenraumes – nicht nur durch den *„Homo touristicus"*............. 65
4.3	Strandschutz... 66
	Literatur 67
5	**Vulkanismus**.. 69
5.1	Fuji-san – Einbahn-Wanderverkehr auf dem heiligen Berg Japans 82
	Literatur 83

6	**Eine typische Mittelgebirgslandschaft**	85
6.1	Optimal angepasstes Bauen – das Schwarzwaldhaus	91
6.2	Die Entdeckung einer fremd gewordenen Welt – Ferien auf dem Bauernhof	93
6.3	Auf dem Westweg in die Ferne und auf Genießerpfaden in die nähere Umgebung – Trends im Wandertourismus	93
	Literatur	94
7	**Schichtstufe und Karstlandschaft**	97
7.1	Die Renaissance der Streuobstwiese	107
	Literatur	109

III   Klima bestimmt das Landschaftsbild

8	**Immerfeuchte und Sommerfeuchte Tropen**	113
8.1	Die Ökozone der Immerfeuchten Tropen	114
8.2	Die Ökozone der Sommerfeuchten Tropen	122
8.3	Höhenstufen in tropischen Gebirgen	129
8.4	Kilimanjaro	129
8.5	Abstecher in die tropischen Kulturlandschaften Südostasiens	131
	Literatur	133
9	**Tropisch/subtropische Trockengebiete**	135
9.1	Extensive Weidewirtschaft	148
9.2	Tourismus am Rande der Wüste	150
9.3	Wintersport im Wüstenklima	151
9.4	Moderne Oasenwirtschaft in der Sahara	152
9.5	Die Wüste dehnt sich aus durch die Aktivitäten des Menschen	154
9.6	Wüstentourismus – Wer profitiert? Beispiele aus Südmarokko	156
	Literatur	157
10	**Mittelmeerregion**	159
10.1	Die mediterrane Kulturlandschaft	166
10.2	Römischer Städtebau über- und unterirdisch	169
10.3	Tourismus im Mittelmeerraum	170
10.4	Urbanisationen an der spanischen Mittelmeerküste – jedem seinen Meerblick, aber nicht viel mehr!	173
10.5	Gemüsefeld oder Golfplatz? Das ist hier die Frage – der Streit ums Wasser	174
10.6	Das Dach Spaniens auf den Kanarischen Inseln – der Vulkan Pico del Teide	175
	Literatur	176
11	**Feuchte Mittelbreiten**	179
11.1	Lösslandschaften – nicht nur in Deutschland	188
11.2	Eine alte Industrielandschaft mit neuem Image	189
11.3	Palmen in Schottland	190
	Literatur	191

Inhaltsverzeichnis

12	**Boreale Zone**	193
12.1	Glazialmorphologie auf Finnisch – der Rokua-Geopark	197
12.2	Landschaftserleben von der Wasserseite – Hurtigruten	197
	Literatur	198
13	**Subpolare und Polare Zone**	199
13.1	Aktive Vulkane unter Gletschern im Katla-Geopark/Island	206
13.2	Kulturtourismus in der Antarktis und auf Spitzbergen	206
	Literatur	209
	Serviceteil	211
	Weiterführende Literatur	212
	Stichwortverzeichnis	213

Geographische Abbildungsformen

Kapitel 1　Landschaften lesen –
eine Einführung in die Topographische Karte　–　3

Kapitel 2　Stadtentwicklung lesen – ein Stadtplan
überliefert Geschichte　–　11

Landschaften lesen – eine Einführung in die Topographische Karte

Gabriele M. Knoll

1.1 Die Sonsbecker Schweiz und andere feine Reliefunterschiede am Niederrhein – 5

1.2 Stadtentwicklung aus gutem Grund auf verschiedene Standorte in der Landschaft verteilt – 8

Literatur – 9

Eine exaktere und detailreichere Abbildung einer Landschaft als auf einer Topographischen Karte gibt es nicht. Für die Planung einer Wanderung oder Radtour bietet die Topographische Karte im „richtigen Maßstab" die beste Grundlage – bevor man anschließend ins Gelände geht und die Route zur Probe abläuft oder abfährt, um die feinen Unterschiede oder die Dinge, die in einer Karte nicht verzeichnet sein können, herauszufinden und entsprechend darauf zu reagieren. Wie bei anderen Publikationen sollte man auch bei einer Topographischen Karte gleich einmal nachschauen, wann sie herausgegeben wurde. Vielleicht zerschneidet inzwischen eine neue Umgehungsstraße den Außenbereich eines Dorfes, oder – wie es der Vergleich von Kartenblättern mit Xanten und seiner Umgebung (◘ Abb. 1.1) zutage fördert – große Unterschiede in der Rheinnähe: Aus ehemaliger landwirtschaftlicher Nutzfläche sind Sand- bzw. Kiesgruben geworden, die sich nach ihrer Umwidmung zur Freizeitlandschaft nun als ein Seenband, die Xantener „Nordsee" und „Südsee", bis an den Archäologischen Park und damit das Gelände der römischen Stadt (▶ Abschn. 1.2) ziehen. Dass der Verlauf von Bundesstraßen nicht für die Ewigkeit festgelegt ist, beweist hier der Verlauf der B 57. Auch im Westen des Xantener Stadtgebiets wurde jüngst eine neue Straßenverbindung angelegt, um den von der „Sonsbecker Schweiz" kommenden und nach Norden fließenden Verkehr aus dem dichter bebauten Stadtgebiet herauszuhalten. Weder bei Wanderungen zu Fuß noch mit dem Fahrrad möchte man auf oder neben Umgehungsstraßen unterwegs sein.

Der Maßstab einer Topographischen Karte gibt an, in welchem Verhältnis die abgebildete verkleinerte Strecke zu ihrer realen Ausdehnung in der Landschaft steht. Dieses Verhältnis wird durch einen Bruch oder als Division ausgedrückt. Der Ausschnitt in ◘ Abb. 1.1 stammt von einer Topographischen Karte 1:50.000, d. h. auf diesem Blatt, in dieser Karte entspricht 1 cm 50.000 cm in der Natur bzw. 500 m. Daraus ergibt sich, dass 2 cm auf der Karte 1 km in der Landschaft sind; das verhilft diesen Karten auch zu der Bezeichnung „2-cm-Karte"; kurz und bündig werden die Topographischen Karten auch „TK 25" oder „TK 50" genannt. Während sich der Maßstab 1:50.000 besonders für Radtouren eignet, ist für die Ausarbeitung von Wanderungen und Spaziergängen die TK 25, die Topographische Karte 1:25.000, d. h. ein größerer Maßstab, oft die bessere Wahl. Zu den Details in diesem Kartenbild gehören beispielsweise die Verläufe von Mauern, Zäunen und Hecken um Grundstücke, seine stärkere Differenzierung von Feld- und Waldwegen oder auch eine feinere Abstufung der Höhenlinien.

> **Landesvermessungsämter**
>
> In Deutschland erstellen die Landesvermessungsämter der Bundesländer die Topographischen Karten und geben sie auch heraus. Neben diesen amtlichen Karten werden in Zusammenarbeit mit Kreisen und touristischen Institutionen auch Topographische Karten herausgegeben, in denen lokale Wander- und Erholungseinrichtungen (z. B. Wanderparkplätze, Schutzhütten, Schwimmbäder und touristische Infrastruktur, u. a. Wander- und Radwege, Informationsstellen) sowie kulturhistorische und andere landeskundliche Sehenswürdigkeiten wie Burgen, Schlösser, Kirchen, Ruinen, Wind- oder Wassermühlen) eingetragen sind.
> Diese gesetzlich geschützten Kartengrundlagen sind für die Arbeit des Touristikers eine wertvolle Hilfe. Möchte man für eigene Veröffentlichungen der Tourist-Info – ob Flyer, App oder andere Formen der Informationsweitergabe – Kartenausschnitte verwenden, muss dafür millimetergenau das Recht zur Veröffentlichung beim zuständigen Landesvermessungsamt eingeholt und natürlich auch bezahlt werden.

Mithilfe von Höhenlinien wird es möglich, das dreidimensionale Gelände in den beiden möglichen Dimensionen auf ein Kartenblatt zu bringen. Mit unterschiedlich dicken oder auch unterbrochenen braunen Linien lässt sich das Relief einer Landschaft veranschaulichen. Eine Verdichtung der braunen Linien zeigt einen mehr oder weniger steilen Anstieg an, wie man es im Kartenausschnitt unschwer am Beispiel der Hees und des südlichen Balberger Waldes, der Stauchmoräne, nördlich von Sonsbeck erkennen kann. Manchmal wird eine Höhenlinie

– auch Isohypse – von einer kleinen braunen Zahl unterbrochen. Sie gibt an, auf welcher Höhe über dem Meeresspiegel (NN) diese Isohypse liegt, und die im gesamten Kartenbild scheinbar „unordentliche" Schreibweise der Höhenzahl verrät, in welche Richtung das Gelände ansteigt: Der obere Teil der Ziffern steht immer zum Anstieg des Hanges. Im flachen Land am Niederrhein findet man auch Höhenangaben mit Unterschieden von einem halben Meter, so z. B. mit der Zahl 22,5 (m NN) am Lauf der Tackerley nördlich der L 480.

Nicht zu verwechseln mit den braunen Höhenlinien sind die braunen Linien der TK 50, die das Verkehrsnetz wiedergeben. In älteren Topographischen Karten des Landesvermessungsamtes Nordrhein-Westfalens noch in den 1980er-Jahren existierte die Verwechslungsgefahr nicht, weil Liniensignaturen, die auf Aktivitäten des Menschen hinwiesen, wie das Verkehrsnetz schwarz dargestellt wurden und die braune Farbe auf von der Natur vorgegebene Linien beschränkt war – andere Landesvermessungsämter nutzen unverändert die unmissverständliche Farbunterscheidung. Manche höherrangige Landstraßen und Bundesstraßen erhalten gerade noch eine schwarz gedruckte Linie neben der braunen, wie es der Kartenausschnitt Xanten auch zeigt.

Die blauen Linien und die damit verbundenen Namen und Bezeichnungen stehen logischerweise in Verbindung mit dem Wasser. Auch hierin lassen sich Unterschiede ausmachen, nicht nur in der Größe und Breite eines Gewässers, sondern auch, ob es sich um einen – mehr oder weniger – natürlichen Bachlauf handelt oder um einen kleinen Kanal, einen Entwässerungskanal. Die Entwässerungskanäle sind meist nicht allein und verlaufen auffallend parallel zu Feldwegen oder Nebenstraßen, wie z. B. in der Mitte des unteren Kartenausschnitts.

Die Farbe Grün als Flächensignatur steht für Wald bzw. Forst und verrät mit den ebenfalls grünen Symbolen für Laub- und Nadelbäume die dominierenden Bäume oder auch in gleichmäßigerer Streuung den Mischwald. Die schwarzen Zahlen in den Waldflächen stehen für Einteilungen der Forstverwaltung. Der größte Teil der Landschaft rund um Xanten ist mit seiner weißen Darstellung doch keinesfalls vegetationslos, sondern bei diesen Flächen handelt es sich um landwirtschaftliche Nutzflächen. In den feuchten Teilen sind es vorwiegend Weiden, auf den höher gelegenen und damit trockeneren Arealen befinden sich in der Regel die Felder. Einzelne Laubbaumsignaturen auf weißem Untergrund deuten meist Auen- oder Bruchwald an. Ein fein gerastertes Grün rund um einzelne Häuser, Gehöfte, aber auch der städtischen Bebauung weist auf Gärten hin. Eine Spezialität des Niederrheins, die im Xantener Raum auch vorkommt, wenn auch nicht so gehäuft wie andernorts, sind die oft in Gärten gelegenen Gewächshäuser (braune Konturen und feine braune Linien innen).

Am Muster des Straßennetzes und der Anordnung der Bebauung lassen sich die Ausdehnung der Stadt und die vorwiegende Bauform ablesen. Unter dem Schriftzug „Xanten" ist der kompakte mittelalterliche Stadtkern zu erkennen. Das Wachstum der Stadt vollzog sich weitestgehend in westliche Richtung, wie es an den Straßen mit der lockeren Bebauung und den Gärten und auch dem Gewerbegebiet Richtung Hochbruch deutlich wird. Weder weiter in die hochwassergefährdeten Lagen am Rhein noch die Hänge des Fürstenbergs hoch wollten die Xantener ihr Städtchen wachsen lassen.

Rote Einträge kommen in der amtlichen Topographischen Karte nicht vor. In überarbeiteten Blättern für den touristischen Gebrauch, so z. B. als Radwanderkarte, erscheinen in roten, manchmal auch dunkelgrünen, Linien Radwanderwege und Signaturen zur touristischen Infrastruktur wie Gasthäuser, Zeltplätze und Aussichtspunkte.

1.1 Die Sonsbecker Schweiz und andere feine Reliefunterschiede am Niederrhein

Das Land am Niederrhein – grob von Düsseldorf/Neuss bis zur niederländischen Grenze bei Kleve – mag für den Außenstehenden als durchgehend „plattes" Land erscheinen, doch es gibt ganz markante Unterschiede in der Landschaft, die sich durch die Differenz von wenigen Höhenmetern ergeben. Die Begriffspaare „Kendel und Donken" – oder im Xantener Raum als „Ley und Wardt", aber auch „Donken" bezeichnet – charakterisieren ein typisches wie weit verbreitetes Landschaftselement.

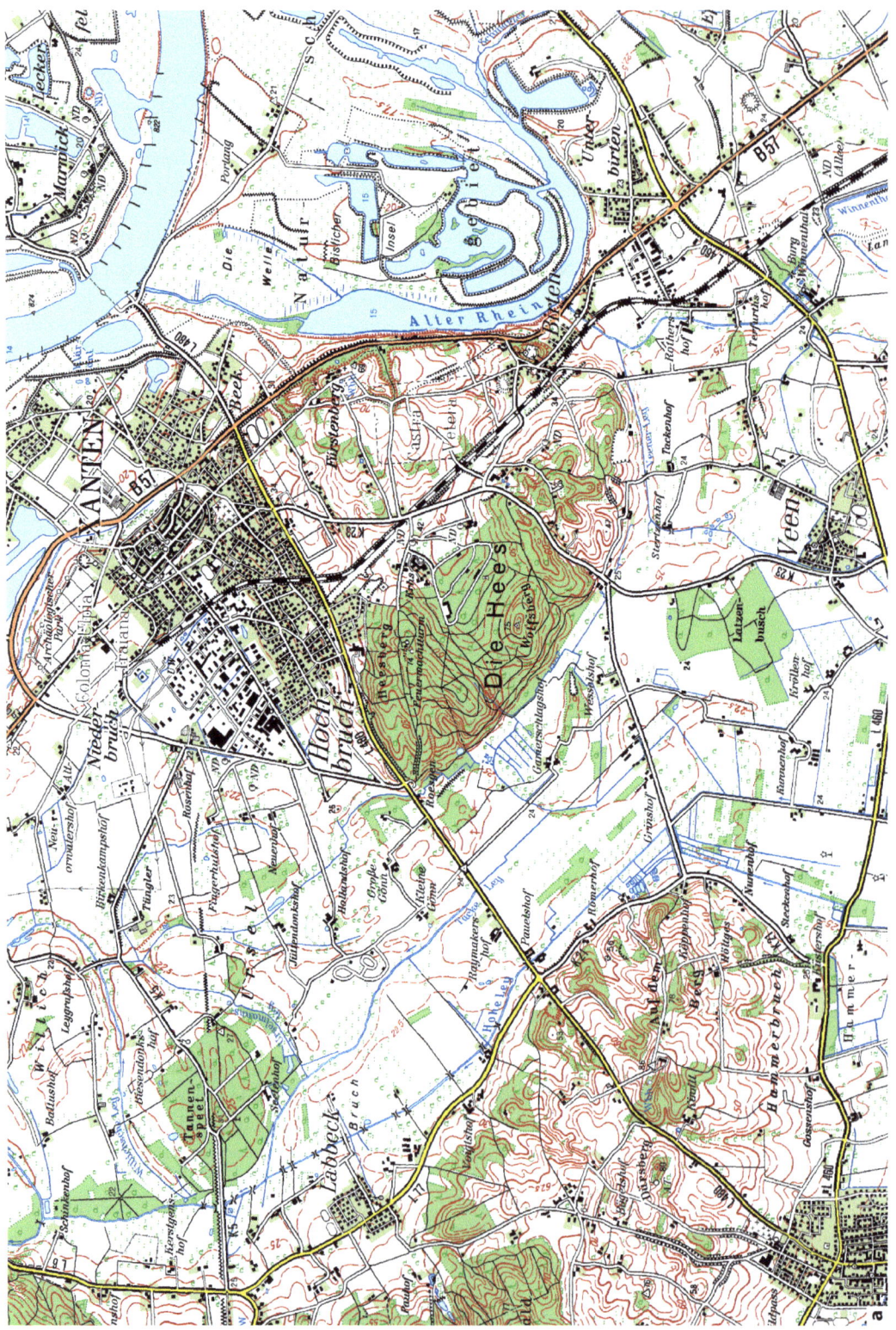

1.1 · Die Sonsbecker Schweiz und andere feine Reliefunterschiede am Niederrhein

Abb. 1.1 **a** Ausschnitt aus der Topographischen Karte Kreis Wesel. Der nicht maßstabsgetreu wiedergegebene Ausschnitt zeigt das typische Landschaftsprofil für den unteren Niederrhein – vom Stauchmoränenwall im Westen, der „Sonsbecker Schweiz" über das flache Land der Niederterrasse bis hin zur Rheinaue und dem aktuellen Flusslauf im Osten. Im Kartenbild sind ebenso die verschiedenen Standorte der städtischen Entwicklung von Xanten angegeben. Geobasisdaten der Kommunen und des Landes NRW (Geobasis NRW 2014), **b** Ausschnitt aus der Legende der Topographischen Karte 1:50.000. Die komplette Legende füllt eine Broschüre

Höher hinaus geht es am Niederrhein, wie es die ein bisschen übertreibende, aber auf Schildern in der Landschaft zu findende Benennung „Sonsbecker Schweiz" andeutet, mit einem Höhenzug, der sich vom Krefelder Norden und dem dortigen Hülser Berg über die Sonsbecker Schweiz bis zum Klever Reichswald zieht. Diese immer wieder unterbrochene Hügelkette geht zurück auf die vorletzte Kaltzeit. „Vor etwa 250.000 Jahren während des Drenthe-Stadiums der Saaleeiszeit erreichte das nordeuropäische Inlandeis das Niederrheingebiet. Der etwa 100 m dicke Eisschild schob sich in das Rheintal. Vor der Stirn des Gletschers wurden die Ablagerungen des Vorlands zu Stauchmoränen zusammengeschoben, dabei entstand der halbkreisförmige Höhenzug bei Xanten" (Klostermann 2008, S. 23). Die höchste Erhebung der Sonsbecker Schweiz ist der Dürsberg mit 80 m NN – Aussichtsturm nicht eingerechnet.

Im Unterschied zu den Moränen der aktuellen alpinen Vergletscherung (▶ Kap. 3), die aus völlig ungeregelten Ablagerungen bestehen, haben die Gletscherzungen – Loben – der Inlandvereisung am Niederrhein ältere Schichtpakete aus Kies, Sand und Ton, die durch Sedimentation des Wassers nach Korngrößen sortiert abgelagert worden waren, zusammengeschoben – gestaucht. In diesen Stauchmoränen, auch als Stauchendmoränen bezeichnet, finden sich natürlich auch noch die Ablagerungen, die der Gletscher teilweise von Skandinavien an den Niederrhein herantransportiert hat. Findlinge bzw. erratische Blöcke aus rotem Granit, der nachweislich aus dem Süden Schwedens stammt, lassen sich am Niederrhein finden. In den Kiesgruben der Region kann man die Besonderheit im Inneren der Stauchmoränen an Aufschlüssen sehen. Typisch für diese Stauchmoränen ist auch ihr asymmetrisches Profil: Auf der Ostseite steigen sie relativ steil an, während sie nach Westen sanfter mit den Sanderflächen abfallen.

Die lokalen Namen „Ley" und „Wardt" bzw. „Donk/Donken" verweisen auf die Landschaftsformen, die das fließende Wasser, vor allem der Rhein mit seinen Flussschlingen, geschaffen hat. Die Auswirkungen der Arbeit des Wassers wurde in der Zeit des Atlantikums von ca. 6000 bis 3000 v. Chr. wesentlich verstärkt, da sich in jener Epoche der Meeresspiegel an den europäischen Küsten um 7–10 m hob. „Der höhere Meeresspiegel hatte eine Verringerung des Flussgefälles und damit ein Steigen des Grundwasserspiegels zur Folge, der u. a. für die zunehmende Moorbildung am Niederrhein verantwortlich sein dürfte. Das verringerte Flussgefälle führte außerdem dazu, dass der Rhein in seinem Hochwasserbett ausgeprägte Mäanderschleifen entwickelte" (Geolog. Landesamt 1988, S. 59).

Daraus entstand auf der Niederterrasse des Rheins der charakteristische Wechsel von klein zerschnittenen Terrassenresten und sie umgebenden Niederungen, die heute von kleinen Wasserläufen, wie z. B. der Hohen Ley oder der Tackerley, durchflossen werden. Diese feuchten Niederungen werden in der Regel entweder als Weideflächen genutzt oder sind von Bruchwald bewachsen. Die um 1–2 m höher liegenden Terrassenreste, die Donken oder Wardten, sind bevorzugtes Acker- und Siedlungsland, da der Grundwasserspiegel hier niedriger liegt. In der Namensgebung von Bauerhöfen finden sich die beiden Begriffe wieder.

1.2 Stadtentwicklung aus gutem Grund auf verschiedene Standorte in der Landschaft verteilt

In diesem Ausschnitt der Topographischen Karte (◘ Abb. 1.1) wird anschaulich, dass sich die Stadt Xanten in drei Etappen, an drei Standorten entwickelt hat, die heute zwar das gemeinsame Stadtgebiet ausmachen, aber nicht eine durchgehende Bebauung.

Etappe 1: Gründung von Castra Vetera auf dem Fürstenberg, einem 69,4 m hohen „Berg" des Stauchmoränenwalls, im Jahr 2 v. Chr. Diesen Standort für ihr erstes Militärlager im Xantener Raum wählten die Römer vor allem wegen der Aussicht nach Osten. Das Castrum sollte als Ausgangsbasis für die Eroberung des rechtsrheinischen Germaniens dienen. Für Feldzüge und vor allem für den Nachschub sowie die Versorgung in diesem Teil Germaniens war es sehr nützlich, dass zu dieser Zeit die Lippe nahe des Fürstenbergs in den Rhein mündete. 8000 bis 10.000 Soldaten waren in Castra Vetera stationiert. Es kam anders: Die Germanen zerstörten im Jahr 70 Vetera I, und die Römer bauten anschließend ihr Castra Vetera II.

Etappe 2: Vom Berg hinunter weiter nördlich an den Rhein bzw. den ehemaligen Rheinarm Pistley, der sich als Hafen ausbauen ließ, verlagerten die Römer ihre Siedlungsaktivitäten. Im Jahr 98 gründete Kaiser Traian hier die Stadt, die auch seinen Namen tragen sollte: Colonia Ulpia Traiana – kurz CUT. Die antike Stadt mit Stadtmauer und allen repräsentativen Bauten, inklusive großer Thermen, benötigte eine große Fläche, die sich in leichter zugänglicher Rheinnähe als vom Fürstenberg aus befand. Der Archäologische Park Xanten umfasst das Gelände der antiken Stadt – nach der Verlegung der Bundesstraße 57 in östlicher Richtung auch wieder ungeteilt. Im 3. Jahrhundert wurde die römische Stadt nach Angriffen der Franken kleiner und stärker befestigt wieder aufgebaut.

Etappe 3: Die Anfänge der mittelalterlichen Stadtentwicklung sind auf einem römischen Gräberfeld vor den Toren der CUT zu finden. Aus der Verehrung des römischen Soldaten und Märtyrers Viktor entwickelt sich religiöses Leben, das die Kölner Erzbischöfe mit der Gründung (im Jahr 590) eines Stiftes und seiner weiteren Unterstützung fördern – als Landesherr auch nicht uneigennützig. Denn 1228 verleiht der Kölner Erzbischof der Siedlung, die sich um das Stift und den Dom herum gebildet hat, die Stadtrechte. Ein strategisch kluger Schachzug an der Nordgrenze seines Territoriums. Der mittelalterliche Stadtkern, der bis ins 19. Jahrhundert hinein Xanten ausmachte, ist auf dem Kartenbild noch immer gut auszumachen und von der jüngeren Bebauung des 20. Jahrhunderts zu unterscheiden. Große Veränderungen haben im späten 20. Jahrhundert die Flächen nördlich des nach schweren Zerstörungen im Zweiten Weltkrieg wieder aufgebauten mittelalterlichen Stadtkerns erfahren. Aus alten Rheinschlingen und ehemaligen Sand- und Kiesgruben wurde eine Freizeitlandschaft mit ausgedehnten Wasserflächen, die der römische Stadt wieder zu einer Hafennähe verhalfen.

Literatur

Geologisches Landesamt NRW (Hrsg) (1988) Geologie am Niederrhein. Krefeld

Hopp H (2009) Der Fürstenberg bei Xanten im Jungholozän – Überlegungen zur historischen Topographie eines niederrheinischen Stauchmoränenhügels. In: Klostermann J, Kronsbein S (Hrsg) Geowissenschaftliche Beiträge zum Raum Niederrhein. Natur am Niederrhein. Neue Folge, Bd. 24. Jg. Heft 1/2., S 26–38

Klasen J (1972) Der linke Niederrhein. In: Leidlmair A, Meynen E, Schott C (Hrsg) Kölner Bucht und angrenzende Gebiete. 4. Aufl., 1972, Bd. 6. Borntraeger, Berlin, Stuttgart, S 161–208 (Angehörige des Geographischen und Wirtschaftsgeographischen Instituts der Universität zu Köln (bearbeitet und zusammengestellt))

Klostermann J (2008) Umwelt und Klima Xantens in römischer Zeit. In: Müller M, Schalles H-J, Zieling N (Hrsg) Colonia Ulpia Traiana. Xanten und sein Umland in römischer Zeit. Xantener Berichte, Sonderband, Geschichte der Stadt Xanten, Bd. 1. von Zabern, Mainz, S 21–30

Knoll G (1999) Der Niederrhein. Kultur und Landschaft am unteren Rhein: Düsseldorf, Neuss, Krefeld, Duisburg, Wesel, Kleve. DuMont, Köln

Landesvermessungsamt Nordrhein-Westfalen (Hrsg) (1968) Topographischer Atlas Nordrhein-Westfalen. Landesvermessungsamt Nordrhein-Westfalen, Düsseldorf

Wilhelmy H, Hüttermann A, Schröder P (2002) Kartographie in Stichworten. 7. Aufl., Hirt, Kiel

Stadtentwicklung lesen – ein Stadtplan überliefert Geschichte

Gabriele M. Knoll

2.1 Wirtschaftsgeschichte aus dem Kölner Stadtplan geholt – 12

2.2 Stadtwachstum zu Füßen des Heidelberger Schlosses – 13

2.3 Nahezu unveränderliche Kennzeichen einer mittelalterlichen Stadt über die Jahrhunderte hinweg – 18

2.4 Rothenburg ob der Tauber als Paradebeispiel einer mittelalterlichen Stadt und Destination des internationalen Tourismus – 19

2.5 Die Mozart- und Festivalstadt Salzburg – Tourismus aus Sicht der Bereisten – 21

2.6 Historic Highlights of Germany – ein Netzwerk zur internationalen Vermarktung 13 altehrwürdiger Städte – 22

Literatur – 22

G. M. Knoll, *Landschaften geographisch verstehen und touristisch erschließen*,
DOI 10.1007/978-3-642-55426-1_2, © Springer-Verlag Berlin Heidelberg 2014

Ein aktueller oder historischer Stadtgrundriss, ein moderner Stadtplan, ein Ausschnitt aus einer amtlichen Grundkarte und erst recht ein detaillierter Plan mit den Namen von Straßen, Plätzen, Gassen und Gebäuden lassen sich wie ein Geschichtsbuch zur Stadtentwicklung lesen. Wo begann das Wachstum der Siedlung, die schließlich in den Rang einer Stadt erhoben wurde? An welchen Details kann man erkennen, dass es sich um eine „richtige" Stadt handelte? Wer hatte hier einst das Sagen? Ist die Stadt ohne Plan entstanden oder auf dem Reißbrett? Welche Rolle spielt die Landschaft, in der sie angelegt wurde? Wie sah das städtische Wirtschaftsleben in vergangenen Zeiten aus? Wie verteilt es sich über die Stadtfläche? Welche Wachstumsphasen lassen sich über die Jahrhunderte hinweg beobachten?

Oder, was der Tourist auf seiner individuellen Entdeckungstour sucht: Wo befinden sich die vielleicht interessantesten Straßen und Gassen der Altstadt, die man gesehen haben sollte, die eventuell nicht im Reiseführer stehen? Der Geheimtipp abseits der ausgetretenen Touristenpfade zum Selberfinden oder aus einer anderen Position betrachtet: eine kleine neue Attraktion als Alleinstellungsmerkmal fürs lokale Tourismusmarketing?

2.1 Wirtschaftsgeschichte aus dem Kölner Stadtplan geholt

Einige Blicke auf den Plan der Kölner Altstadt erlauben zahllose Rückschlüsse auf das Wirtschaftsleben vergangener Zeiten. Beginnen wir am Rhein. Straßennamen wie „Holzwerft" und „Frankenwerft", die auf den Schiffsbau hinweisen, verwundern nicht bei einer Stadt am Strom. Tiefer dringt man schon „Am Leystapel" in ihre Geschichte ein. Am 7. Mai 1259 bekamen die Kölner Bürger endlich nach rund einem Jahrhundert Bemühen das Privileg des Stapelrechtes vom Erzbischof Konrad von Hochstaden. Das bedeutete, dass jeder fremde Kaufmann aus Ungarn, Böhmen, Polen, Sachsen, Thüringen, Schwaben, Hessen, Flandern oder Brabant auf seiner Handelsreise in Köln einen Stopp einlegen und seine Waren den Kölnern zum Verkauf anbieten musste. Da auch im Mittelalter – wie schon zur Römerzeit – der Rhein einen europäischen Haupttransportweg darstellte, stand bzw. steht noch immer ein Stapelhaus nahe am Wasser. Die Kölner profitierten von einem internationalen Warenangebot in ihrer Stadt, denn fast alle Waren mussten hier gestapelt, d. h. ausgeladen und zum Verkauf angeboten, werden (vgl. Ennen 1975, S. 179): Käse, Speck, Schinken, Öl, Getreide, Meeresfische, Salz, lebendes Vieh, Honig, Wein, Eisen, Stahl, Blei, Bauholz, Steine, Tuche, Leinwand, Wolle, Waid und manches mehr. Damit man der anspruchsvollen Kundschaft nichts vorenthalten konnte, gab es für den reisenden Kaufmann noch den Zwang, seine übrig gebliebenen Waren für die Weiterfahrt in ein anderes Schiff zu laden. Köln sollte sich somit zu einem führenden Handelsplatz am gesamten Rheinlauf entwickeln.

Vom Wohlstand und einer großen betuchten Klientel innerhalb der Stadtmauern künden auch Straßenbezeichnungen wie „Unter Goldschmied", „Unter Seidenmacher","Seidmacherinnengässchen" oder die „Pelzergasse". Für solcherlei Luxusgüter und Statussymbole waren vor allem die zahlreichen Stifte und Kirchen im „Rom des Nordens" gute Auftraggeber, aber auch die hervorragende Verkehrslage und die wirtschaftlichen Verflechtungen des Klerus sorgten für einen weiträumigen Absatz von Kunst und Kunsthandwerk.

In die profane Geschichte führen Straßennamen wie beispielsweise die Fleischmengergasse und der Buttermarkt. Das letztgenannte Beispiel macht deutlich, dass ein Markt nicht unbedingt als Platz angelegt sein muss, sondern auch eine Gasse oder eine Straße sein kann. Bürgeralltag zeigt sich auch mit einer Hutmachergasse und einer Taschenmachergasse. Ähnlich, wie man es heutzutage noch von den Basaren der arabischen Welt kennt, konnten sich die Werkstätten und Wohnhäuser einer Branche, einer Zunft oft in direkter Nachbarschaft in einer Straße oder Gasse befinden. Angst vor Konkurrenz war nicht unbedingt ein Thema!

An großen Marktplätzen fehlt es in der Kölner Altstadt auch nicht. Die Lage des „Alter Markts" und des „Heumarkts" an diesen Standorten ist kein Zufall. Sie erlaubt sogar Rückschlüsse auf den Untergrund, denn auf diesem sumpfigen Gelände, das zur Römerzeit noch von einem Rheinarm durchflossen wurde, vermied man es noch in der Mitte des 12. Jahrhunderts, Häuser zu bauen. Östlich dieser Linie zum Rhein hin befand sich eine von den Römern mit Hafengebäuden genutzte Insel, aus der die mittelalterliche Rheinvorstadt um Groß St. Martin werden sollte. Die schmalsten und kleinsten Gassen der Altstadt befinden sich in diesem Bereich.

Feinheiten zur Topographie des Kölner Untergrunds und der Wirtschaftsgeschichte bietet der Straßenzug „Rotgerberbach", „Blaubach" – in der Nähe von „Waidmarkt", „Mühlenbach" und „Filzengraben". Schon die Namen weisen auf einen nicht mehr sichtbaren Bach hin, den Duffesbach, der einst die Südgrenze der Colonia Claudia Ara Agrippinensium darstellte. Noch im 12. Jahrhundert markierte der geschwungene Bachlauf die Stadtgrenze. Im Jahr 1164 sollte sich ein kleiner Zugang in der Nachbarschaft der Kirche St. Maria im Kapitol – „Kapitol" erinnert daran, dass hier zur Römerzeit der gleichnamige Tempel stand – zu einem wichtigen Meilenstein in der Wirtschaftsgeschichte entwickeln. Durch das „Dreikönigen-Pförtchen" kamen die Gebeine der Heiligen Drei Könige in die Stadt, und der Beginn des Aufstiegs Kölns zu einem der großen Pilgerziele der Christenheit begann. Diese Attraktion sollte nachhaltig die Wirtschaft beflügeln, die Bedeutung und den Reichtum der Stadt mehren. Eine Mühle am einstigen Lauf des Duffesbaches existiert heute noch in der Nachfolge einer 1572 erbauten städtischen Malzmühle: Es ist die Hausbrauerei „Malzmühle", die 1858 als „Bier- und Malzextrakt-Dampfbrauerei Hubert Koch" gegründet wurde. Ob Hubert Koch bei seiner Gründung noch auf das Wasser des Duffesbaches vertraute, bleibt offen, doch als zweiter Standortfaktor darf für sein Unternehmen die Nähe zum Kornhandel auf dem Heumarkt gelten. Am südlichen Rand des „Heumarktes" und nahe bei den kurzen Straßenabschnitten „über" dem einstigen Duffesbach „An der Malzmühle" und „Am Malzbüchel" betreiben seine Nachfahren die Brauerei.

Die „Mühlengasse", die vom Nordende des „Alter Markts" zum Rhein führt, lässt vermuten, dass sich hier diverse Mühlen aneinanderreihten. Doch die dazu gehörenden Mühlen standen nicht auf trockenem Grund an einem Bach und konnten mitten in der Altstadt auch keine Windmühlen sein! Es handelte sich dabei um acht Schiffmühlen, die die Strömung des Rheins vor der Gasse antrieb (Ennen 1975, S. 139). Trotz dieses eher seltenen, wenn auch nicht so ungewöhnlichen Standortes verraten Ortsbezeichnungen rund um Mühlen vieles über die einstige Wirtschaft und oftmals versteckt sich dahinter noch ein Baudenkmal.

Kaum ein Zweifel besteht bis in unserer Tage über die Ausdehnung einer mittelalterlichen Stadt, denn die Befestigung mit Mauer, Wall und Graben legte eine unmissverständliche Grenzlinie fest. Köln kann mit seinem dritten Mauergürtel, der zwischen 1180 und 1259 errichtet wurde, sogar die größte Stadtbefestigung im Heiligen Römischen Reich Deutscher Nation bieten. 7,5 km lang, mit zwölf monumentalen Torburgen (Teile der Eigelsteintorburg, des Hahnentores, der Ulrepforte sowie des Severinstores sind noch erhalten), zwölf kleineren Toren auf der Rheinseite und 52 Wehrtürmen versehen zog sie sich im Halbkreis um die Stadt. Dieser Halbkreis ist in jedem noch so abstrahierten Stadtplan auszumachen! Natürlich spiegeln Straßennamen den Verlauf wider, so die Wallstraßen („Thürmchenswall", „Gereonswall", „Friesenwall", „Mauritiuswall", „Pantaleonswall", „Kartäuserwall", „Severinswall") auf der Stadtseite der Mauer und die „Ringe" („Ubierring", „Karolingerring", „Sachsenring", „Salierring", „Hohenstaufenring", „Habsburgerring", „Hohenzollernring", „Kaiser-Wilhelm-Ring", „Hansaring", „Theodor-Heuss-Ring") auf der Feldseite. 1881 wurde die Stadtbefestigung aufgegeben und die erste Bresche geschlagen: Man schuf Platz für die Anforderungen und Wünsche der „modernen" Zeit.

2.2 Stadtwachstum zu Füßen des Heidelberger Schlosses

Eine andere typische Variante einer Stadtentwicklung im Mittelalter, die sich nicht minder deutlich in Stadtplänen ablesen lässt, zeigt das Beispiel Heidelberg. In diesem Fall ist eine Burg – auch wenn buchstäblich alle Welt vom Heidelberger „Schloss" spricht – der Ausgangspunkt der Siedlungsentwicklung. 1225 wird eine Burg erstmals erwähnt.

◘ Abb. 2.1 Heute nennt man die Burg, die die Grafen von Diez im 11. Jh. auf einem Felsen über der Lahn errichteten zwar „Grafenschloss", doch die Wehrhaftigkeit der Anlage als das entscheidende Merkmal einer Burg ist immer noch unverkennbar: Zum einen ist es der Standort der Höhenburg, zum anderen die abweisende Architektur. Ein solch großzügiger Umgang mit dem Begriff „Schloss" ist häufig anzutreffen! (Gabriele M. Knoll)

Burg

Eine Burg ist eine wehrhafte Anlage (◘ Abb. 2.1), die dies auch schon durch ihren Standort deutlich macht: als Höhenburg oder Hangburg auf schwer zugänglichen und damit geschützteren Lagen am Berg sowie in der Ebene als Niederburg, die in der Regel von einem Wassergraben (Wasserburg) umgeben wurde. Diese befestigten Wohn- und Amtssitze von Feudalherren entwickelten sich ab dem Ende des 9. Jahrhunderts und wurden bis ins 15. Jahrhundert ausgebaut und genutzt.
Zu den wichtigsten Merkmalen einer Burg gehören die Ringmauer, die an der Seite der größten Gefährdung zu einer Schildmauer verstärkt und erhöht sein kann, ein besonders gesichertes Burgtor und Türme, von denen aus sich die Ringmauer verteidigen ließ. Am stärksten befestigt war der Bergfried, der auch als letzter Rückzugsort der Burgbewohner im Falle eines Angriffs diente. Als Wohn- und Amtssitz des Burgherrn erbaute man den Palas, der den größten Wohnkomfort jener Zeit aufwies (Glasfenster, beheizbare Räume, Kemenaten, Aborterker). Zur Lebensgemeinschaft auf einer Burg gehörten auch Wirtschafts- und Lagergebäude, Unterkünfte für das Gesinde sowie Ställe, die oft als Holzgebäude an die Ringmauer angelehnt oder in der Vorburg errichtet wurden.

Schloss

Bei einem Schloss (◘ Abb. 2.2) spielt im Gegensatz zur Burg der wehrhafte Aspekt keine Rolle mehr, da die Weiterentwicklung in der Waffentechnik einem einzelnen Gebäude – außer einer Festungsanlage – keinen praktikablen Schutz mehr bieten kann. Das unbefestigte Schloss dient dem Adel als repräsentativer Wohn- und Amtssitz. Der Schlossbau beginnt in der Zeit der Renaissance und erlebt seinen Höhepunkt mit dem Barock und Rokoko. Für Deutschland umfasst dies grob einen Zeitraum von der Mitte des 16. bis zum späten 18. Jahrhundert.
Da sich ein Schlossbau in der Regel nicht an Besonderheiten des Geländes anpassen muss, können die Baumeister ihre Ideale verwirklichen: eine symmetrische möglichst dreiflügelige Anlage um einen Ehrenhof (*Cour d'honneur*) zur Stadt. Das Hauptgeschoss des Schlosses, die Beletage – meist das erste Geschoss – besitzt in seiner Mitte den Audienz- bzw. Festsaal, daran anschließend die Kabinette und Wohnräume des Hausherrn in der einen Richtung und diejenigen der Dame des Hauses in der anderen Hälfte des Hauptgebäudes (*Corps de logis*). Ein wichtiger Bauteil des *Corps de logis* und bedeutend für das Hofzeremoniell ist das repräsentative Treppenhaus. Der Schlossgarten und der sich daran anschließende Park machen deutlich, wie sehr die Repräsentation und nicht die Wehrhaftigkeit zu

2.2 · Stadtwachstum zu Füßen des Heidelberger Schlosses

◘ **Abb. 2.2** Hier am Beispiel des Rastätter Schlosses ist gut zu erkennen, dass Repräsentation die oberste Aufgabe eines Schlossbaus ist. Die langen Fensterfolgen machen dies deutlich, diejenige im ersten Obergeschoss, der Beletage, wird durch Bauschmuck noch besonders herausgehoben. Zu einem barocken Schloss gehören auch ein Schlossgarten und Park, die in ihrer Gestaltung auf das Schloss ausgerichtet sind. Hinter der Gartenseite des Rastätter Schlosses sind an den beiden turmartigen Aufbauten die beiden Seitenflügel zu erahnen, die den zur Stadt orientierten Ehrenhof bilden (Gabriele M. Knoll)

einem Schloss gehören. Zum absolutistischen Weltbild gehört es zu beweisen, dass sich die Natur dem Menschen unterzuordnen hat; dies zeigt sich in der kunstvollen Gestaltung der schlossnahen Gartenanlagen.

An dem Zugang zu der Hangburg entstand unterhalb ein Burgweiler auf dem weitgehend hochwassersicheren Schwemmkegel des Klingenbaches rund um die Peterskirche und an der Straße zwischen diesem Siedlungskern und der Burg die Burgmannensiedlung, in der die Hofbediensteten wohnten. Diesen Anfängen Heidelbergs mit dem durch das Gelände unregelmäßigen Straßenverlauf steht eine Altstadt entgegen, die durch ein auffallend rechtwinkliges Straßennetz gekennzeichnet ist. Solch ein Stadtgrundriss verrät mittelalterliche Stadtplanung, die ein Landesherr initiiert hat.

Das „Rückgrat" der Stadt im Neckartal ist die Hauptstraße. An ihrem langen Verlauf vom Bismarckplatz bis zum Karlstor, der damit die gesamte Altstadt durchzieht, lassen sich zwei unterschiedliche Hälften unterscheiden. Im östlichen Teil sind viele Seitengassen zu finden, aber auch kleinere Parallelstraßen zur Hauptstraße. Im westlichen Teil der Altstadt stößt man auf ein großzügiger angelegtes Straßennetz.

Stellt sich die Frage, welche der Hälften die ältere ist, so lässt sich dies schon aus dem Stadtplan ableiten. Es muss die östliche sein, weil sie mehr oder weniger unterhalb der Burg liegt. Ein Stadtherr hatte seine Untertanen gerne im Blick und dafür oftmals gute Gründe. Häufig – und so auch in Heidelberg, wie es das berühmte Merian-Panorama aus dem Jahr 1620 veranschaulicht – vereinten sich Burg- und Stadtbefestigung zu einer gemeinsamen Wehranlage. Die gotische Heiliggeistkirche (◘ Abb. 2.3)

Abb. 2.3 Der Blick vom Heidelberger Schloss hinunter zeigt den Kern der Altstadt um die Heiliggeistkirche. Östlich der Kirche – an ihren Chor anschließend – sind Marktplätze zu erkennen, die einst in den Mittelpunkt einer Stadt gehörten. Verkehrsgünstig lag die Altstadt auch, da über die Alte Brücke der gesamte Verkehr auf dem rechten Ufer des Oberrheins, beispielsweise von der Messestadt Frankfurt nach Süden, in hochwassersicherer Lage über die Bergstraße, hier das Neckartal verlief. Von der Burg bzw. dem späteren Schloss ließ sich dies bestens überwachen (Gabriele M. Knoll)

als älteste Pfarrkirche im östlichen Bereich, der große Marktplatz und kleinere Marktplätze in der Nachbarschaft der Kirche wie das engmaschige Gassennetz sind Hinweise auf das höhere Alter dieses Teiles der Stadt. Auch die Alte Brücke ist trotz ihres neueren Namens Karl-Theodor-Brücke ein Indiz für die zeitliche Reihenfolge. Für Jahrhunderte war dies der einzige Neckarübergang nahe der Mündung des Flusses in den Rhein. An einem Straßennamen lässt sich auch zweifelsfrei die Grenze zwischen dem älteren und jüngeren Teil der Altstadt ausmachen: Die „Grabengasse", die den heutigen Universitätsplatz auf seiner Westseite tangiert, erinnert an die mittelalterliche Befestigung.

Die östliche Hälfte der Heidelberger Altstadt wird auch als die staufische Kernstadt bezeichnet. Konrad von Staufen beabsichtigte mit dieser Gründung ab 1170/80, der Pfalzgrafschaft bei Rhein ein Zentrum zu geben. Als 1356 die Pfalzgrafen in den Rang von Kurfürsten erhoben wurden, reichte ihnen das Städtchen zwischen der Burg und der Alten Brücke nicht mehr aus, und Ruprecht I. bis Ruprecht III. ließen an einer größeren Residenzstadt arbeiten, die sich bis zum heutigen Bismarckplatz ausdehnt. Ruprecht III. sorgte auch dafür, dass die Burg und die neue Vorstadt durch gemeinsame Befestigungsmauern zu einer Einheit zusammengefasst wurden.

Unter seinen Nachfolgern im 16. Jahrhundert sollte sich die Burg zu einem Schloss wandeln. Gebäude der mittelalterlichen Anlage wurden durch neue repräsentative im Stil der Renaissance ersetzt, wie der Friedrichsbau und der Ottheinrichsbau. Große Fensterfronten machen deutlich, dass man Abwehr und Sicherheit nicht mehr für nötig hielt. Die Umgestaltung der östlichen Befestigungsanlagen in den legendären *hortus palatinus*, den Pfälzischen Garten, ab 1614 rächte sich schon für seinen Auftraggeber Friedrich V. Im Dreißigjährigen Krieg lieferte er den Angreifern beste Ausgangspositionen. Trotz seiner bewegten Geschichte und der teil-

Aus der Tourismuspraxis

Wie viele Facetten einer Stadtgeschichte sich in ein touristisches Produkt – eine Stadtführung – verwandeln lassen, zeigt die lange Liste der Themenführungen des Stadtmarketing Heidelberg. Im Jahr 2012 wurden rund 100.000 Gäste durch die Altstadt geführt. Für die Touristiker stellt sich jedoch weniger die Frage, welche Aspekte der Altstadt lassen sich noch vermarkten, als vielmehr, welche Zielgruppen sind zu bedienen, mit welchen Erwartungen und Wünschen kommen sie. Für die Heidelberger Altstadt sind es vorrangig drei Zielgruppen, die das Stadtmarketing im Blick hat: die „klassischen" Touristen, die Kongress- und Tagungsteilnehmer und die Bürger Heidelbergs, die jeweils die Altstadt unterschiedlich wahrnehmen und nutzen. Die Fülle des Angebots an Spezialführungen entspricht nicht unbedingt der Nachfrage, gibt man zu. Ein sehr aktiver Verein von Gästeführerinnen und Gästeführern entfaltet hier seine Kreativität. Der „klassische" Gast, vor allem bei seinem ersten Besuch in Heidelberg, möchte einen Überblick in ca. zwei Stunden bekommen, lautet die Erfahrung. Das Interesse am Detail motiviert eher den Wiederholungsgast oder aber den Bürger der Stadt. Für den Kongress- und Tagungsgast steht eher das Erleben der Gastronomie im Vordergrund, Führung und Kulinarisches sind nach einem Kongresstag gefragt.

Themenführungen für Gruppen von A bis Z:

Adelshöfe und Bürgerhäuser in der Vor-Altstadt
Am Anfang war der Durst
Auf den Spuren von Mark Twain
Ärzte, Heiler, Apotheker – eine Chronik der Heilkunde in Heidelberg, dargestellt an den Denkmälern der Altstadt
Bänkelsängerführung
Die Räuber kommen!
Die Universität Heidelberg – Magister, Philister und Scholare
Die vier Jahreszeiten
„Es brennt!!!"
Frauen in Heidelberg
Frauen-Tees und Männerbünde – Salonkultur in Heidelberg
Gassenhauer und Rausschmeißer
Goethe in Heidelberg
Heidelberger Kuriositäten
Heidelberger Leben im 18. Jahrhundert
Heidelberg im Abendlicht – durch die Altstadt zum Schloss
Heidelberg im Barock
Heidelberg – Tradition und Moderne. Von der Bürgerschule zur Stadt der Wissenschaft und Forschung
Heidelberg und die Revolution 1848/49
Heidelberg von seiner schönsten Seite – der berühmte Philosophenweg
Heidelberg zur Zeit der Romantik – „In einem kühlen Grunde, da geht ein Mühlenrad …"
Heiligenberg – eine Wanderung zu seinen Kultstätten
Hexen, Schinder, arme Sünder: Aus der Rechtsgeschichte Heidelbergs
Historischer Spaziergang durch das alte Handschuhsheim – seit über 100 Jahren Stadtteil Heidelbergs
Hortus Palatinus – ein Garten für eine Königstochter
Jüdisches Leben in Heidelberg
Kinder- und Schülerführung
Liselotte von der Pfalz – ein Frauenschicksal am Heidelberger Hof
Macht des Glaubens – 450 Jahre Heidelberger Katechismus
Mit der „Bürgersfrau" unterwegs im alten Heidelberg
Mittelalterliches Heidelberg
Musikleben in Heidelberg
Mythos Heidelberg – internationally beloved
„Nun sag, wie hast du's mit der Religion?" Kirchen und mehr in Heidelbergs Altstadt
Russen in Heidelberg
„Schöne Brücke hast mich oft getragen …" – Literat(o)ur in der Altstadt
Stadt am Fluss – der Neckar, Lebensader der Stadt
Stätten der Exzellenz – die Universitätsinstitute in der Altstadt sowie im Neuenheimer Feld
The Wedding – eine königliche Hochzeit
Von Tilman Riemenschneider bis Klaus Staeck – Kunst und Künstler in Heidelberg
„Wissen-schafft-STADT"/Altstadt
„Wissen-schafft-STADT"/Bahnstadt
„Wissen-schafft-STADT"/Bergheim
„Wissen-schafft-STADT"/Neuenheimer Feld

„Sonderführungen" für Gruppen:

Altstadtführung mit Schifffahrt
Das Neckartal – mit Schiff und Bus bis Bad Wimpfen
Familienführung
Führung „Köstliches Heidelberg"
Geführte Radtour durch Heidelberg und seine Stadtteile
Heidelberg im Nationalsozialismus
Kann denn Liebe Sünde sein
Klangerlebnis in der Heilig-Geist-Kirche mit Orgelkonzert
Kostümführung „Der Studentenprinz" – die Geschichte von Prinz Karl-Franz und Käthi
Kostümführung „Die Wahrheit über Heidelberg" – ein unterhaltsamer Rundgang von und mit Mark Twain
Krimiführung „Student in Heidelberg tot aufgefunden." Zeitreise zu einem ungelösten Mordfall
Krimiführung „Tod an der Universität" – Heidelberger Mord mit Biss
Luther-Tour
Mit dem Nachtwächter durch die dunklen Gassen Heidelbergs
Stadtrallye Heidelberg für Erwachsene
Stadtrallye Heidelberg für Schüler
Weihnachtsmarktführung
▶ www.heidelberg-marketing.de

Aus der Tourismuspraxis

Innovative Gästeführungen im Städtetourismus

Die „klassische" Stadtführung – das Abhaken der wichtigsten Sehenswürdigkeiten – in der Gruppe hat starke Konkurrenz bekommen: Erlebnis- oder Schauspielführungen wollen mehr als nur unterhaltsam die Fakten zur Architektur- oder Stadtgeschichte vermitteln; nach Möglichkeit soll aus diesem Lernprozess in der Freizeit noch ein Event werden.

Widmann (2007) hat die Erlebnisführungen der Stadt Trier untersucht, die von der Tourist-Information Trier angeboten werden. Die älteste Stadt Deutschlands besitzt mit ihren römischen Bauten, die zum Weltkulturerbe der UNESCO gehören, eine ausgezeichnete historische Grundlage. Die Alltagsgeschichte in der ehemaligen römischen Provinz bekommt auf diese Weise mit den Ruinen eine authentische Kulisse. Seit dem Jahr 2000 werden mit professionellen Schauspielern und eigens für diese Führungen (▶ www.erlebnisfuehrungen.de) geschriebenen Rollen Aspekte der römischen Geschichte lebendig gemacht. Da wird im Amphitheater die Geschichte des freigelassenen Sklaven und Gladiator Valerius erzählt, 2004 kam das Stück „Der Tribun Mallobaudes" – inzwischen als „Verrat in den Kaiserthermen" umbenannt – hinzu, das in der Ruine der Kaiserthermen spielt, und im nachfolgenden Jahr wurde das römische Stadttor, die Porta Nigra, zum Theater für die Erlebnisführung „Das Geheimnis der Porta Nigra". Hierbei wird nicht allein der Auftritt von vier Schauspielern geboten, sondern, da es die Räumlichkeiten erlauben, auch der Einsatz von Ton und Licht, um weitere Illusionen zu schaffen. Mit der Führung „Der Teufel in Trier" ist man mittlerweile in der Geschichte des Mittelalters angekommen, die im Gegensatz zu den römischen Erlebnistouren mit jeweils einer „Bühne" auf vier Standorten in der Stadt verteilt werden. „Nach dem Untergang Roms beginnt auch in Trier die Zeit des mystischen Mittelalters – eine Epoche voll dunkler Mythen und der Angst vor der magischen Macht des Teufels. Ausgerechnet im frommen Trier versucht der Höllenfürst die Herrschaft über die Seelen zu erlangen – mit tausend Tricks und Verführungskünsten. Ja selbst beim Bau des Doms mischt er munter mit. Besessene Nonnen, verwegene Kreuzritter, Hexenzauber und ein rätselhafter Bischofsmord entführen die Zuschauer in die dunkle, sagenhafte Welt des Mittelalters in Trier" (▶ http://www.erlebnisfuehrungen.de/teufel/). Angeboten werden alle Führungen für Einzelgäste wie Gruppen, sie sind kombinierbar mit Themenstadtführungen, sogenannten „Erlebnisbausteinen" wie einer „Gladiatorenschule" oder einer „Togaführung", bei der der Stadtführer in eine römische Toga gehüllt ist und „in authentischem Erzählstil einen Eindruck von der Römerstadt Augusta Treverorum vermittelt".

Die Nachfrage nach den römischen Führungen in den ersten Jahren hat Widmann (a. a. O., S. 271) ermittelt und kommt zu dem Ergebnis: „Die hohe Auslastung und die Nachfrage nach Sondervorstellungen machen deutlich, dass dieses Produkt saisonunabhängig ist. Somit ist eine stärkere Bewerbung der Nebensaison durchaus möglich, so dass in Nebenzeiten auch verstärkt auswärtige Gäste angezogen werden". Nicht nur für die Saisonverlängerung, auch als Produkt für den Incentivemarkt sind solche Angebote interessant. Finanziell scheinen die Erlebnisführungen erfolgreich zu sein – „… bereits im Jahr 2005 [konnte (Anm. d. V.)] eine Kostendeckung bei der Produktion erreicht werden, und für die Zukunft rechnet die Tourist-Information Trier mit schwarzen Zahlen. Jedoch handelt es sich bei der Erlebnisführung/Schauspielführung für die Tourist-Information Trier hauptsächlich um ein Marketinginstrument zur weiteren Positionierung der Stadt als hochwertiges touristisches Produkt, so dass das vorrangige wirtschaftliche Ziel eine kostendeckende Arbeit bleibt" (a. a. O., S. 271f).

---

weisen Zerstörungen sind am Heidelberger Schloss die Elemente einer Burg und eines Schlosses heute noch gut zu unterscheiden.

2.3 Nahezu unveränderliche Kennzeichen einer mittelalterlichen Stadt über die Jahrhunderte hinweg

Der größte Marktplatz mit dem Rathaus und oftmals auch noch die größte wie älteste Kirche in der Nähe stellen früher wie heute den Mittelpunkt des historischen Stadtkernes dar. An diesem Platz treffen sich die alten Hauptstraßen – historische Handelswege, die heute oft das Kernstück der Fußgängerzonen sind.

Gassen und die unregelmäßigsten Verläufe schmaler Straßen gehören ebenso in den mittelalterlichen Stadtkern wie die schmalsten Parzellen und Häuser. Die größte Dichte an Kirchen, die sich durch Pfarrkirchen, Kloster- und Stiftskirchen ergibt, ist ein weiteres Indiz. Da Stifts- und Klosterkirchen in der Regel nur für die entsprechenden „ge-

2.4 · Rothenburg ob der Tauber als Paradebeispiel

Tab. 2.1 Straßennamen erinnern – einige Beispiele

An der Bleiche/Bleichstraße	Auf feuchtem Gelände, auf die Wiesen in Bach- und Flussauen wurde das Leinen (als Stoffbahnen oder als Kleidungsstücke) zum Bleichen, für das strahlende Weiß gelegt.
Hellweg	Straße als Teilstück der Fernhandelsstraße Hellweg
Jakobsstraße	Straße als Teilstück des Jakobsweges
Leinpfad	Auf diesen Wegen an den Flussufern gingen die Pferde, Ochsen und sogar auch Menschen, die Kähne und Segelschiffe stromaufwärts zogen.
Wingert	Die Bezeichnung erinnert an Weingärten, Weinbau auch in Städten und Regionen, in denen heute kein Winzer mehr arbeitet.

schlossenen" Gesellschaften offenstanden, mussten die Bürger ihre eigenen Gotteshäuser, die Pfarrkirchen, bauen. Manchmal haben sich bis heute „Kirchen-Paare" für die unterschiedlichen Zielgruppen erhalten.

Der Ring der mittelalterlichen Befestigung lässt sich, auch wenn er vielleicht gänzlich geschleift wurde, immer noch ausmachen. Zum einen ist es ein Ring oder Oval aus breiteren Straßen als das Gros derjenigen im historischen Zentrum, zum anderen verbirgt sich häufig in einem anschließenden Grüngürtel, manchmal auch noch mit Wasserflächen, die an den einstigen nassen Stadtgraben erinnern, ein Teil der einstigen Befestigungsanlagen. Auch Namen und Endungen, wie „-graben", „-wall", „-ring" weisen auf die verschiedenen Teile einer Wehranlage hin.

Namen erzählen ebenso viele große und kleine Kapitel einer Stadtgeschichte (Tab. 2.1). In der mittelalterlichen Stadt erinnern sie an Berufe (z. B. „Glockengießerstraße", „Fleischhauerstraße", „Fischergasse", „Schuster-" oder „Schmiedstraße", „Gerbergasse"), an Handelsgüter („Salzgasse", „Fischmarkt", „Weinlände", „Holzlände"), an den Rang („Herrengasse"), den Glauben („Judengasse", „Augustinerstraße", „Klosterstraße", „Kapuzinergasse", „Minoritenweg", „Brüderstraße") einstiger Bewohner oder sie bestimmen ihre Lage in der Stadt („An der Mauer", „Burgstraße", „Neugasse", „Neumarkt", „Alter Stadtgraben", „Wallstraße"). Die Bezeichnung „Steingasse" hebt oft die Straße heraus, die im Gegensatz zu den meist unbefestigten schon über eine Art Straßenpflaster verfügte und damit als ein Abschnitt der wichtigsten Straßenverbindung ganzjährig in einem relativ gut nutzbaren Zustand sein konnte.

2.4 Rothenburg ob der Tauber als Paradebeispiel einer mittelalterlichen Stadt und Destination des internationalen Tourismus

Der Inbegriff einer mittelalterlichen Stadt, einer vermeintlichen Idylle, eines Ortes der Sehnsucht, ist Rothenburg ob der Tauber (Abb. 2.4) Dies gilt nicht nur für deutsche Touristen: Rothenburg ob der Tauber ist weltweit ein Begriff, eine Marke, wie es geschätzte 2 Mio. Tagesgäste pro Jahr innerhalb der Stadtmauern belegen. Exakte Angaben bieten die Übernachtungszahlen, die 2012 mit 499.146 Übernachtungen einen neuen Spitzenwert in der fränkischen Kleinstadt mit ca. 11.000 Einwohnern erreichten. Davon entfielen 53 % bzw. 265.703 Übernachtungen auf ausländische Gäste. Einen solch hohen Prozentsatz erreicht keine andere deutsche Stadt (München und Frankfurt jeweils 43 %, Berlin 36 % – vgl. Statistisches Bundesamt 2012, S. 103). Rund 74.000 Übernachtungen in Rothenburg ob der Tauber im Jahr 2012 sind auf japanische Gäste zurückzuführen, ca. 50.000 auf amerikanische. Bis zum Jahr 1990 nahmen die Amerikaner die Spitzenposition bei den ausländischen Gästeübernachtungen ein.

Dies lässt sich mit den Anfängen und Intentionen der Romantischen Straße, an der Rothenburg ob der Tauber liegt, erklärt. Die Ferienstraße wurde 1950 in der amerikanischen Besatzungszone der jungen Bundesrepublik Deutschland eröffnet, um das Deutschlandbild aus der Zeit der Naziherrschaft und des Zweiten Weltkrieges zu revidieren. „Man wollte sehr bewußt nicht nur US-Amerikanern, sondern ausländischen Urlaubern insgesamt

◘ **Abb. 2.4** Die Anlage der Stadt Rothenburg in sicherer Höhe ist heute noch erkennbar, aber auch die Stadtmauern ziehen die mittelalterliche Stadtgrenze unverändert nach. Mit geübtem Blick lässt sich auch nachvollziehen, dass es innerhalb der mittelalterlichen Stadt einen älteren Stadtkern gibt, der ebenfalls ummauert war. Der Straßenverlauf und eine Linie von traufständigen Häusern machen dies deutlich, unübersehbar ist es auch an dem aus dem Dächermeer herausragenden Weißen Turm am rechten oberen Bildrand – einem Stadtturm scheinbar „mitten" in der Stadt (Happy Ballooning Ballonfahrten)

mit den mittelalterlichen Reichsstädten entlang der Romantischen Straße ein anderes, lebensfreundliches und vielfältig in der europäischen Geschichte vernetztes Deutschland-Bild zeigen." (► www.romantischestrasse.de) Zu der rund 350 km langen Ferienstraße zwischen Würzburg und Füssen, dem Main und den Alpen, die ursprünglich für den Autofahrer und einen touristischen Linienbus angelegt wurde, sind inzwischen ein Radfernweg und ein Weitwanderweg hinzugekommen.

Am Beispiel von Rothenburg ob der Tauber lässt sich auch belegen, wie sehr die „Erfindung" der Romantischen Straße den Tourismus beflügelte: Während für das Jahr 1913 immerhin schon rund 30.000 Übernachtungen gezählt werden können, sind es 1957 bereits 155.000, mehr als 220.000 im Jahr 1970 und 1986 rund 310.000.

Den Wert des ungewöhnlich gut erhaltenen historischen Stadtbildes hatte man schon im frühen 19. Jahrhundert erkannt, denn 1826 wurde ein königliches Dekret für den Erhalt der Bausubstanz – insbesondere der aus dem Mittelalter stammenden – erlassen. Touristisch wird das Städtchen mit seiner kompletten Stadtmauer, den engen Gassen und alten Häusern Ende des 19. Jahrhunderts entdeckt. Die Gemälde von Carl Spitzweg (1808–1885) mausern sich unter anderem als die Werbebilder auf der Suche nach der vermeintlich guten alten Zeit in einer Kulisse, für die Rothenburg als Vorlage gedient haben könnte. 1902 wird eine Ortssatzung erstellt, in der das historische Ensemble als Gesamtdenkmal bewahrt werden soll.

Im Zweiten Weltkrieg hat die Stadt schwere Bombenschäden erlitten, rund 40 % der Gebäude, vor allem Teile des östlichen Stadtkernes, wurden zerstört. Maßstabsgerecht, das heißt in den ursprünglichen Dimensionen der mittelalterlichen Bebauung, wurden die betroffenen Häuser wieder aufgebaut. Dabei errichteten die Rothenburger erst die Fassaden der Geschäftshäuser, der Wohnkomfort in ihren Häusern kam erst an zweiter Stelle. Mit dem geretteten bzw. wiederhergestellten Stadtbild hatte man wieder seine touristische Anziehungskraft gewonnen und die wirtschaftlichen Grundlagen – auch für nachfolgende Generationen – geschaffen. Die aktuellen Tourismuszahlen geben den Rothenburgern Recht.

2.5 Die Mozart- und Festivalstadt Salzburg – Tourismus aus Sicht der Bereisten

Die Altstadt zwischen dem Berg mit der Festung Hohensalzburg und dem linken Ufer der Salzach, die 1997 zum Weltkulturerbe der UNESCO erklärt wurde, umfasst die mittelalterliche Bürgerstadt mit der berühmtesten Straße, der Getreidegasse, an der Mozarts Geburtshaus steht, sowie die im 17. Jahrhundert – zum Teil auf Kosten der älteren Bürgerstadt – entstandene Residenzstadt der Salzburger Erzbischöfe mit dem 1628 geweihten, frühbarocken Dom, den Palästen und Plätzen.

„Das sind jene Orte, auf denen sich die durch die linksseitige Bürgerstadt geschleusten touristischen Ströme wieder ausbreiten und verlieren können" (Bachleitner et al. 2003, S. 61). „Tagestouristen in sind erster Linie Deutsche, Österreicher, US-Amerikaner, in wachsendem Ausmaß auch Touristen aus dem Fernen Osten, die sich individuell oder in Gruppen die Sehenswürdigkeiten der Stadt aneignen. Rd. 860.000 Personen besuchten 2001 die Festung oberhalb der Stadt, […] 320.000 durcheilten Mozarts Geburtshaus, Hunderttausende auch die Museen und Kirchen der Stadt. Sie sind Akteure in Ritualen, die Trampelpfade durch das Barock treten und dazu relativ wenig Geld für Käufe ausgeben. Die Rundtour durch die Altstadt, die ganz dem Tourismus und dem Konsum gewidmete Fußgängerzone, empfinden die flanierenden Massen – an Spitzentagen 25.000 Tagestouristen – als Erholungsausflug aus der Moderne. Die Einheimischen kollidieren mit diesen beim Schaufensterbummel, beim Einkauf, in Restaurants und Cafés und sie erleben das subjektive Gefühl von Überfüllung, von zu hoher sozialer Dichte, so dass sie den Innenstadtbereich im Sommer lieber meiden […]. In ihren Augen ist die Durchlaufgeschwindigkeit der Gäste einfach zu hoch: während der Hochsaison im Sommer gehören Fußgängerstaus in den gepflasterten Gassen zum alltäglichen Erscheinungsbild. Aber der Tourismus bietet 6400 Arbeitsplätze und erreichte 2001 einen Umsatz von rund 300 Mio. Euro. Damit erwirtschaftete der Tourismus etwa ein Viertel des Bruttosozialprodukts der Stadt" (Luger und Köstler-Schruf 2003, S. 84).

Diese internationalen Besucherströme treffen in der Altstadt auf eine einheimische Bevölkerung von 936 Einwohnern (am 1.1.2000), die sich in ihrer Altersstruktur nicht von den übrigen Salzburgern (144.247 Gesamtbevölkerung) unterscheiden (Kraft et al. 2003, S. 140f). Aus den Resultaten der 1999 durchgeführten persönlichen Befragung von 43 Altstadtbewohnern und einem Katalog von 52 Fragen ergeben sich u.a. diese Aspekte (a.a.O., S. 146):

- „74 % sehen im Tourismus eine Bereicherung (auch durchaus wörtlich), 28 % eine Verarmung, 9 % sind ambivalent, 5 % meinen, die Stadt wäre ja abhängig vom Tourismus (Mehrfachnennungen)".
- Die als touristisch bewerteten Orte, allen voran die Getreidegasse, meiden 63 %.
- „Positive Begegnungen mit Touristen schildern 49 %, Konflikte 23 %. Konfliktthemen sind (negatives) Verhalten, Abfall/Verschmutzungen und Verkehr/Parken."
- „Bringt Ihnen als Altstadtbewohner der Tourismus Vorteile? 77 % sagen ‚nein', 21 % ‚ja' (v.a. wirtschaftlich), 2 % ‚kaum'."
- „79 % besuchten Aufführungen der Salzburger Festspiele (die es ohne Tourismus nicht geben würde, vergleiche Vorfrage), 19 % nicht."

Allgemein wurden die Aspekte Einkauf, Infrastruktur, Soziales und Veranstaltungen negativ beurteilt, auch den Eindruck einer „sterbenden Altstadt" haben 63 % der Befragten. Zur „Belebung" der Altstadt wünschen sich 47 % mehr Geschäfte, wobei besonders Läden für Lebensmittel und Eisenwaren vermisst werden. 37 % der Befragten sind der Meinung, dass noch mehr Feste und Events der Altstadt gut tun würden.

Die Studie von Bachleitner (a. a. O., S. 74) förderte als „vordringlichste Anliegen" der Salzburger Altstadtbewohner zutage: „Stopp der Musealisierung, günstige Nahversorger einrichten, mehr Leben in die Altstadt bringen, Autoverkehr regeln, mehr Sauberkeit, erweiterte Parkmöglichkeiten, Ausgleich Bewohner – Touristen, Platz für Kinder und Jugendliche, weniger Touristen, mehr Polizei, günstigere Miete, Parkplatzgestaltung, Kultur erhalten, mehr Sitzgelegenheiten und mehr Grün."

2.6 Historic Highlights of Germany – ein Netzwerk zur internationalen Vermarktung 13 altehrwürdiger Städte

Dreizehn geschichtsträchtige deutsche Städte haben sich 1976 zu den „Historic Highlights of Germany" zusammengeschlossen. Dies sind Augsburg, Erfurt, Freiburg, Heidelberg, Koblenz, Mainz, Münster, Osnabrück, Potsdam, Rostock, Trier, Wiesbaden und Würzburg. *Historic Highlights of Germany would like to help travelers get to destinations off the beaten travel paths. Thirteen historic cities have been carefully selected and suggest tours with a rich cultural experience, friendly environment and a relaxing time*, so auf der Website zu lesen.

Vorrangiges Ziel dieser touristischen Werbegemeinschaft ist es, sich mit gebündelten Mitteln als Top-Destinationen in den Zielmärkten USA, Japan, China, Großbritannien und Italien zu positionieren. Gerade die kostenintensiven Werbeauftritte in Übersee lassen sich so preiswerter gestalten, und auch die Aufmerksamkeit für eine Gruppe von Städten ist leichter zu gewinnen als für eine einzelne.

Our specialists will work together to create a custom-tailored travel program designed to meet interests, needs and travel style of your customers. Historic Highlights of Germany cooperates with travel experts of the 13 cities, strong partners such as the German National Tourist Board, Lufthansa, Deutsche Bahn, German Wine Institute and AVIS and is the contact for all providers of travels throughout Germany.

Unter dem Motto *History Up Your Life!* werden zum einen die 13 Städte einzeln vorgestellt, zum anderen aber auch an Themen orientiert ihre besonderen Attraktionen. In *Germany's finest selection of architecture* wird der Bogen über die wichtigsten Stilepochen von der römischen Antike über Romanik, Gotik, Barock und Rokoko, Klassizismus, Jugendstil zur Moderne und zeitgenössischen Architektur gespannt. Auf Spurensuche zu deutschen Dichtern und Denkern, Komponisten, zu den wichtigsten Aspekten des religiösen Lebens in Deutschland – von den Anfängen des Christentums bis zum Holocaust – werden aus den 13 Städten die dazu gehörenden Gebäude und Orte herausgestellt. Weihnachtsmärkte, aber auch Kalter Krieg und die DDR sind Themen. Bei den Vorschlägen zu *See & Do* finden sich Hinweise auf Festivals, Kulturleben, Museen, die 37 Stätten des UNESCO-Weltkulturerbes in Deutschland und Anregungen zum Einkaufen von „Souvenirs" jenseits des üblichen Verständnisses solcher Erinnerungsstücke (▶ www.historicgermany.travel).

Literatur

Bachleitner R, Haas H, Weichbold M (2003) Städtische Lebenswelten und ihr Wandel durch Tourismus am Beispiel Salzburg. In: Kagelmann HJ (Hrsg) Tourismuswissenschaftliche Manuskripte. Kultur/Städte/Tourismus, Bd. 11. Profil, München, S 61–77

Dehio G (1979) Bayern I. Franken. Handbuch der Deutschen Kunstdenkmäler. Deutscher Kunstverlag, München

Dehio G (2005) Nordrhein-Westfalen I Rheinland. Handbuch der Deutschen Kunstdenkmäler. Deutscher Kunstverlag, München

Dehio G (2011) Nordrhein-Westfalen II Westfalen. Handbuch der Deutschen Kunstdenkmäler. Deutscher Kunstverlag, München

Deutsches Nationalkomitee für das Europäische Denkmalschutzjahr (1975) Historische Städte – Städte für morgen. Erarb. von den Mitgliedern des Arbeitskreises Historische Stadtkerne der Deutschen UNESCO-Kommission, Köln. http://www.unesco.de/6556.html

Eberle J, Eitel B, Blümel WD, Wittmann P (2010) Deutschlands Süden vom Erdmittelalter zur Gegenwart. 4. Aufl., Spektrum, Heidelberg

Ennen E (1975) Kölner Wirtschaft im Früh- und Hochmittelalter. In: Zwei Jahrtausende Kölner Wirtschaft, Bd. 1. Greven, Köln, S 87–215 (Hrsg im Auftrag des Rheinisch-Westfälischen Wirtschaftsarchivs zu Köln)

Irsigler F (1975) Kölner Wirtschaft im Spätmittelalter. In: Kellenbenz H (Hrsg) Zwei Jahrtausende Kölner Wirtschaft, Bd. 1.

Literatur

Greven, Köln, S 217–319 (Hrsg im Auftrag des Rheinisch-Westfälischen Wirtschaftsarchivs zu Köln)

Isenmann E (2012) Die deutsche Stadt im Mittelalter 1150–1550. Stadtgestalt, Recht, Verfassung, Stadtregiment, Kirche, Gesellschaft, Wirtschaft. Böhlau, Köln

Kraft T, Keul A, Feierle R (2003) Leben in historischen Altstädten – Salzburg, Österreich und Pavia, Italien. In: Kagelmann HJ (Hrsg) Tourismuswissenschaftliche Manuskripte. Kultur/Städte/Tourismus, Bd. 11. Profil, München Wien, S 139–155

Luger K, Köstler-Schruf B (2003) Kulturerlebnis Salzburg. In: Kagelmann HJ (Hrsg) Tourismuswissenschaftliche Manuskripte. Kultur/Städte/Tourismus, Bd. 11. Profil, München, S 79–92

Römisch-Germanisches Zentralmuseum Mainz (Hrsg) (1980) Köln III Exkursionen: Südliche Innenstadt und Vororte. Führer zu vor- und frühgeschichtlichen Denkmälern Bd. 39. Von Zabern, Mainz

Statistisches Bundesamt (2012) Tourismus in Zahlen. Statistisches Bundesamt, Wiesbaden

Widmann T (2007) Von der Gästeführung zur Erlebnisführung – Gladiator Valerius, der Tribun Mallobaudes und das Geheimnis der Porta Nigra. In: Schmude J, Schaarschmidt K (Hrsg) Tegernseer Tourismus Tage 2006, Beiträge zur Wirtschaftsgeographie Regensburg. Wirtschaftsgeographie und Tourismusforschung. Der neue Kopierer, Regensburg, S 267–276

www.deutsche-kulturlandschaft.de
www.romantischestrasse.de
www.historische-ortskerne-nrw.de

Natürliche Kräfte und andere Faktoren, die die Erdoberfläche prägen

Kapitel 3   Glaziale Formen im Hochgebirge – 27

Kapitel 4   Küstentypen – 47

Kapitel 5   Vulkanismus – 69

Kapitel 6   Eine typische Mittelgebirgslandschaft – 85

Kapitel 7   Schichtstufe und Karstlandschaft   – 97

Glaziale Formen im Hochgebirge

Gabriele M. Knoll

3.1 Auswirkungen des Gebirgsklimas auf den Menschen – 35

3.2 Gebirgsflora – mehr als Edelweiß und Enzian – 36

3.3 Die touristische Eroberung der Alpen – im Sommer – 38

3.4 Die touristische Eroberung der Alpen – im Winter – 40

3.5 Die Studie Alpendorf – vom Preis für die Hinwendung zum Wintertourismus – 41

3.6 Klimawandel und Tourismus im Hochgebirge – 43

Literatur – 45

Die Arbeit der Gletscher und die Auswirkungen ihrer Schmelzwässer, aber auch die besonderen Bedingungen in der näheren Umgebung des Eises, dem periglazialen Bereich, gestalten noch heute die Hochgebirge. Während der Eiszeiten konnten auch die höchsten Zonen von Mittelgebirgen, wie z. B. diejenigen des Schwarzwaldes (▶ Kap. 6), vom Gletschereis überformt werden. Während dieser erdgeschichtlichen Epoche des Pleistozäns gab es in den Alpen mehrere Eiszeiten (die Günz-, Mindel-, Riss- und Würmeiszeit), die dafür sorgten, dass sich die Gletscher bis weit ins Vorland hineinschoben, beispielsweise bis über den Bodensee hinweg an die obere Donau, und hier ihre charakteristischen Ablagerungen hinterließen. So kann man denn auch heutzutage in den Alpen, in den unteren Talläufen oder auch im Randbereich des Hochgebirges Spuren der eiszeitlichen Gletscher in der Landschaft sehen, die viele Dutzende Kilometer weit von der nächsten Gletscherzunge entfernt liegen (◘ Abb. 3.1). Und der Trend, dass sich die Eismassen unter der globalen Erwärmung weiter in die höchsten Zonen des Gebirges zurückziehen – korrekter, dass sie nicht mehr über genügend Nachschub verfügen, um ihre aktuellen Stände zu bewahren –, wird wohl noch länger anhalten. „Die Eisbedeckung ist seit 1850 um 50 Prozent zurückgegangen, wobei diese Entwicklung insbesondere in den letzten Dekaden noch beschleunigt wurde. Aktuelle Prognosen gehen realistisch davon aus, dass die Alpen in 10 Jahren eisfrei sein könnten" (McKnight und Hess 2009, S. 716).

Diese Entwicklungen bieten dem geologisch Interessierten die Chance, ganz „frische" Stadien einer vom Eis gestalteten und wieder freigegebenen Landschaft zu studieren. An verschiedenen Orten der Alpen ist es auch möglich, für diejenigen, die sich nicht mit einer Eiskletterausrüstung auf oder in einen Gletscher begeben können, die türkisblau-weiße Eiswelt in ihrem Inneren zu erleben, wie z. B. als Eishöhle die Eisriesenwelt Werfen (▶ www.eisriesenwelt.at) in Österreich. Auf dem Hintertuxer Gletscher in den Zillertaler Alpen bietet der Natur-Eispalast (▶ www.hintertuxergletscher.at/de/erlebnis/natur-eis-palast.html) als höchstgelegene Gletscherhöhle der Alpen in über 3200 m Höhe die Gelegenheit, das Innere eines Gletschers – auch mit Führung – zu erleben; auch am Titlis (Engelberg/Schweiz) ist eine Gletschergrotte zu besichtigen. Vielleicht sollte man die Gelegenheiten nutzen, dieses dahinschmelzende und aussterbende Phänomen in Europa anzuschauen, solange es noch existiert!

Jeder Gletscher lässt sich in zwei verschiedene Abschnitte einteilen: in sein Nährgebiet und sein Zehrgebiet. Das Nährgebiet ist der obere Bereich, in dem sich aus dem gefallenen Schnee im Laufe von Jahren das Gletschereis bildet. Hier können der Nachschub an Schnee und die tieferen Temperaturen aufgrund der Höhenlage das Abschmelzen und die Sublimation ausgleichen, bzw. im Schnee- und Eishaushalt kann ein Plus entstehen, denn die Akkumulation dominiert – der Gletscher wird hier „ernährt". Jenseits der Gleichgewichtslinie oder Firnlinie schmilzt mehr Eis, als aus dem Nährgebiet nachgeschoben wird, die Ablation überwiegt demzufolge, und der Gletscher verliert in seinem Zehrgebiet an Volumen. Den Rand des Gletschers, der Gletscherzunge, markieren die Endmoränen.

Unter den Gletschern des alpinen Typs unterscheidet man je nach ihrer Länge bzw. Reichweite – ohne dafür konkrete Maße angeben zu müssen – den Kargletscher oder Nischengletscher, der nicht weit über sein Nährgebiet hinausreicht, dann den Talgletscher, der zumindest den oberen Abschnitt eines Tales füllt, und als am weitesten reichend den Vorlandgletscher, auch Piedmontgletscher/Piemonteser Gletscher genannt, der über genügend Eis verfügt, dass er sogar aus dem Gebirge heraus ins Vorland fließen kann. Diese Erscheinung existiert heutzutage nur noch in den arktischen Zonen – das Schelfeis wäre eine Variante, während der Eiszeiten waren die Vorlandgletscher auch in den Alpen die Norm.

Das Gefälle in der Hochgebirgslandschaft, aber auch die Mächtigkeit des Gletschereises und seine physikalischen Eigenschaften, versetzen den Gletscher in Bewegung. Die Geschwindigkeiten, mit denen sich Eismassen vorwärts schieben können, variieren je nach geographischer Lage deutlich: „Bei den Alpengletschern liegen typische Fließgeschwindigkeiten zwischen 30 und 50 m/Jahr. Bei Gletschern im Himalaja wurden Geschwindigkeiten zwischen 500 und 1500 m jährlich gemessen (2–4 m täglich), und die Gletscher am Rande des grönlän-

Kapitel 3 · Glaziale Formen im Hochgebirge

◘ Abb. 3.1 Dieser Blick in die Kitzbüheler Alpen gibt eine Vorstellung davon, wie die Alpentäler während der Eiszeiten ausgesehen haben mögen, als mächtige Gletscherzungen durch sie flossen und nur die höchsten Bergspitzen aus dem Eis ragten (Gabriele M. Knoll)

Gletschereis

Das Gletschereis kann sich dort bilden, wo über längere Zeiträume hinweg mehr Schnee fällt als schmilzt. Dabei erfährt die Schneedecke verschiedene Umwandlungsprozesse: „Lockerer Neuschnee besitzt ein hohes Porenvolumen (97–93 %); durch Temperaturwechsel um den Gefrierpunkt, durch die Auflast neuer Schneelagen und einsickerndes Schmelzwasser sinkt in der Altschneedecke das Porenvolumen bis auf 50 %. Dabei werden die Schneekristalle durch Körner ersetzt. Die größeren Körner wachsen auf Kosten der kleineren wegen des Dampfdruckgefälles über den stark gekrümmten, kleineren Körnern zu den schwach gekrümmten groben Körnern. Aus Altschnee wird Firn mit einem Porenvolumen zwischen 20–50 % und schließlich bläuliches Gletschereis mit vernachlässigbar kleinem lufterfüllten Porenvolumen" (Zepp 2011, S. 190f).
In den Alpen reichen wenige oder zehn bis 20 Jahre für den Umwandlungsprozess von Schnee zu Gletschereis. „In den extrem kalten Regionen der zentralen Antarktis sind für diesen Vorgang einige tausend Jahre erforderlich" (Press und Siever 2011, S. 579).
„Die gesamte jährliche Volumenabnahme eines Gletschers wird als Ablation bezeichnet. Für den Verlust von Eis sind vier Faktoren verantwortlich:

1. Abschmelzen; wenn das Eis schmilzt, verliert der Gletscher an Substanz.
2. Kalben; sobald sich ein Gletscher über die Küstenlinie ins Meer vorschiebt, brechen Eismassen los und driften als Eisberge weg.
3. Sublimation; im kalten Klima geht das Eis der Gletscher direkt vom festen in den gasförmigen Aggregatzustand über:
4. Winderosion; starke Winde können das Eis erodieren, vor allem durch Abschmelzen und Sublimation." (Press und Siever 2011, S. 580)

Gletscherforschung anno 1836

„Der Mann, welchem wir, nächst de Saussure, die meisten Entdeckungen in der alpinen Eiswelt zu danken haben, Professor Hugi von Solothurn, hat diese Einöden im Jahr 1829 nach den verschiedensten Richtungen durchwandert. Im Sommer 1836 besuchte er sie abermals und fand Alles verändert. So leise und so gewaltsam sind die Bewegungen der Eisfelder. ‚Ich ging', schrieb er mir im September des letztern Jahrs: ‚dießmal wie früher vom Standpunkt der Grimsel aus. Zuerst erstieg ich die ungeheuren Firnen, welche den Triften- und Rhonegletscher, wie kleine Schweife, zur Schau der Reisenden gegen die Thaltiefen stoßen. [...] ich hatte mir dießmal nur zur Aufgabe gemacht, die Bewegungen des Unteraargletschers zu beobachten. Die von mir vor sieben Jahren auf dem untern Theil des Gletschers gezeichneten Granitblöcke zwischen dem Zinken- und Berenlammhörnern, waren mit sammt dem Eise, längst hinab zum Thal geschoben. Der Gletscher selbst aber steht jetzt nur 380 Fuß minder weit im Thal, als damals; er war also ungemein unten weggeschmolzen. [...] Ich suchte nun die Hütte auf, die ich damals auf der Mitte des Gletschers gebaut, und in welcher ich schöne und schauerliche Tage verlebt hatte. Sie ist aber seitdem, durch das innere Wachsen des Gletschers, 2184 Fuß vorwärts gewandert. Die zwei Granitblöcke, zwischen denen die Hütte in den Eisgrund eingehauen war, stehen jetzt 17 Fuß auseinander, da sie damals nur 8 Fuß abstanden; Balken und Dachlagen zwischen die Blöcke gefallen, sonst in Allem unversehrt. Nägel und Eisen hatten nicht den geringsten Rost. Korkstöpsel dagegen waren mit einer weißen, wie es scheint, schimmelartigen Kruste überzogen; so auch, aber weniger, das weichere Holz, das noch in Menge daliegt. Ein 26.000 Kubikfuß starker Granit bei der Hütte lag damals unterm Firnenschnee begraben, der nun in Gletscher umgewandelt ist, und den Block nicht nur auf die Oberfläche gehoben, sondern auf zwei Eiskegeln hoch in die Luft gestellt hat, so dass unter ihm eine Menge Menschen Obdach finden könnten.'"
(Zschokke 1842, S. 317f)
Mit diesem merkwürdigen Granitblock auf „Eisfüßen" beschreibt Prof. Franz Joseph Hugi (1796–1855) – vermutlich als einer der Ersten – einen Gletschertisch. Der Glaziologe der „ersten Stunde" muss ungefähr zur gleichen Zeit wie Prof. Agassiz auf Feldforschung in den Eismassen, „dem unbekannten Reich der Alpenkette", wie es der Solothurner selbst nennt, unterwegs gewesen sein.

dischen Inlandeises zeigen Geschwindigkeiten zwischen 3 und 10 km jährlich (10–30 m/Tag)" (Busch 1986, S. 44, zit. in: Zepp 2011, S. 193).

Bei den alpinen Talgletschern, die im Folgenden näher betrachtet werden sollen, bewegt sich der Eisstrom nicht überall gleich. Die ersten Untersuchungen zu den Bewegungen der Gletscher, aber auch zu den weit über die Alpen hinaus reichenden Spuren ehemaliger Vereisungen bzw. der Eiszeiten, machte der Schweizer Naturforscher Louis Agassiz (1807–1873), die er in seinen *Études sur les glaciers* (Neuchatel 1840) veröffentlichte (▶ http://de.wikipedia.org/wiki/Louis_Agassiz). Gemeinsam mit seinen Studenten schlug er Stöcke an verschiedene Stellen in einen Gletscher und konnte beobachten, dass sie sich unterschiedlich schnell bewegten: am schnellsten mit ca. 75 m/Jahr entlang der Mittellinie des Gletschers, während sie zum Rand hin deutlich langsamer wanderten. Auch innerhalb des Eiskörpers wies er mit tief in das Eis geschlagenen Röhren, die sich entsprechend der Fließrichtung verformten, nach, dass sich in der Mitte der Gletscherzunge das Eis schneller als an seiner Basis bewegt (vgl. Press und Siever 2011, S. 584). Es ist typisch für das plastische Fließverhalten, dass sich die Eismassen im Zentrum schneller bewegen als diejenigen am Rand und an der Basis. Aber es gibt auch Gletscher, die wie auf einem „Schmierfilm" auf einer Gleitschicht ihres Schmelzwassers vorwärts rutschen – häufig bewegen sich die Gletscher durch eine Kombination beider Vorgänge (vgl. a. a. O.).

Die Bewegung des Eises verursacht Gletscherspalten, die sich je nach Verlauf des Tales sowie des felsigen Untergrunds unterschiedlich ausbilden. Die Spalten zerteilen nur die spröde Oberfläche des Eisstromes, denn in seinem Inneren besitzt das Eis eine eher plastische Konsistenz. Durch die unterschiedlichen Geschwindigkeiten innerhalb des Eiskörpers ergeben sich die Randspalten. Das „langsamere" und weniger mächtige Eis am Rand kann auch auf dem Untergrund festfrieren und dadurch Spalten hervorbringen, die diagonal zur Fließrichtung verlaufen. Am Ende der Gletscherzunge trifft man dagegen auf Radialspalten. Im Verlauf eines Gletschers spiegeln die Spalten – in der Regel quer verlaufende – den Untergrund wider. Schiebt sich der Eisstrom über einen Felsbuckel, ergeben sich darüber aufbrechende Spalten mit einem V-Profil, beim Überwinden einer Mulde können Spalten mit A-Profil entstehen. Für die theoretische Betrachtung mag dieser feine Unterschied gleichgültig sein, wer als Bergsteiger jedoch in eine Gletscherspalte gefallen ist, wünscht sich nicht nur, an einem gut gesicherten Seil, sondern möglichst noch in einer schmalen V-Spalte zu hängen bzw. stehen! Über größeren Geländestufen wird aus einem Eisstrom ein Gletscherbruch – auch Séracs genannt –, bei dem das Eis wilde bizarre Schollen, Türme oder andere Formen in völlig ungeregelter Anordnung präsentiert. Mit einer meist großen Spalte, dem sogenannten Bergschrund, der sich entlang des oberen Eisrandes in einem Kar zieht, wird das Nährgebiet eines Gletschers von der sich darüber erhebenden Felswand des Kares getrennt, in deren steilen Lagen sich jedoch auch noch Firn und Eis befinden können. Ist der Gletscher in seinem weiteren Verlauf als Talgletscher gezwungen, auch Biegungen nachzuvollziehen, treten in diesen Kurvenbereichen ebenso vermehrt Spalten auf.

Eine besondere Form, die das Eis, aber auch den darunterliegenden Felsuntergrund durchbohren kann, ist die Gletschermühle. Die im Oberflächenschmelzwasser mitgeführten Steine werden in Mulden durch den Wasserstrudel kreisförmig, eben mühlenartig, bewegt und schaffen so im Laufe der Zeit sich nach unten verjüngende Trichter im Eis. Diese Trichter können sich auch im felsigen Untergrund fortsetzen und werden hier Gletschertöpfe genannt.

Die Schmelzwässer des Gletschers fördern sein Vorwärtskommen, denn das Wasser zwischen Eis und felsigem Untergrund sorgt für eine Sohlgleitung, bei der sich das Eis mehr oder weniger dem Untergrund, dem Gelände anpasst. Sollte die Bewegung eines Gletschers nicht „wie geschmiert" verlaufen, könnte sich auch eine sogenannte Gletscherwoge andeuten bzw. entwickeln. Nach einer Zeit mit auffallend wenig Bewegung kann es zu einem plötzlichen, manchmal auch katastrophalen Vorstoß kommen, bei dem schon Gletschergeschwindigkeiten von mehr als 6 km im Jahr beobachtet wurden. „Die Mechanismen solcher Gletschervorstöße sind zwar noch nicht völlig geklärt, aber einem derartigen Gletschervorstoß scheint ein Anstieg des Wasserdrucks in den Schmelzwassertunneln an oder in der Nähe der Sohle vorauszugehen. Dieses unter Druck stehende Wasser beschleunigt offenbar die Sohlgleitung ganz erheblich" (Press und Siever 2011, S. 585). Die mit einer Gletscherwoge verbundenen Flutwellen oder Eislawinen sind andere Gefahrenmomente. Solche Ereignisse sind häufiger bei den subpolaren Gletschern zu beobachten. Eine andere Gefahr, die durch die Klimaerwärmung schnell schmelzende Gletscher und ihr Wasser verursachen können, ist seit 2005 oberhalb von Grindelwald im Berner Oberland (Schweiz) zu beobachten. Hier hat sich hinter einem Riegel aus Toteis des Unteren Grindelwaldgletschers und Felssturzmaterial ein See gebildet. „Der See, der sich durch das Schmelzwasser jeweils bildet, entleert sich in der Regel im Frühling / Frühsommer ein erstes Mal: Durch den Kontakt Wasser zu Eis und verstärkt durch den Druck des steigenden Seespiegels bilden sich auf dem Seeboden mit der Zeit Öffnungen im Eis, durch welche das Wasser hindurch in den Basiskanal der Gletscherentwässerung fliesst. Dieses Wasser bringt das Eis zum Schmelzen und durch die Reibung des Wassers beim Ausfliessen, vergrössert sich der Abflusskanal im Eis laufend. Dadurch können sehr grosse Wassermassen innert kürzester Zeit ausfliessen, welche durch die Gletscherschlucht in die Lütschine und anschliessend in den Brienzersee gelangen. Ein Seeausbruch kann sich gutmütig über eine längere Zeit ausdehnen – wie beispielsweise im Juli 2008 – oder er kann sehr plötzlich innert kürzester Zeit und mit grossen Abflussspitzen wie im Mai 2008 ablaufen" (▶ www.gletschersee.ch/index.cfm/treeID/11). Dabei wurde der Golfplatz Aspi in Grindelwald verwüstet. In der Nacht vom 20. Juni 2012 stürzte sich eine Schwallwelle von rund 23.000 m^3 den Berg herunter und ließ das Flüsschen Lütschine unten im Tal kurzzeitig anschwellen (vgl.▶ www.gletschersee.ch/index.cfm?treeID=18). Im Normalfall tritt das Schmelzwasser eines Gletschers jedoch ohne besondere Gefährdungen als sogenannte Gletschermilch – durch Feinstoffe hellgrau bis bräunlich trüb – an der Spitze der Gletscherzunge durch das Gletschertor in Form eines Baches, auch mit mehreren Armen über die Grundmoräne verteilt, ans Tageslicht, um sich später in einem einzigen Bachbett zu sammeln.

Abb. 3.2 Nicht nur in den Alpen, beispielsweise auch im Norden Norwegens, stößt man Gletscherschliff. Die Felsen im Vordergrund haben ihre „gestreifte" Oberfläche durch Gesteinsbrocken erhalten, die das Gletschereis auf seiner Unterseite mitführte. Die einst hobelnde Wirkung des Eises ist unverkennbar in der Landschaft nachzuvollziehen (Jutta Wenner-Chiandetti)

Glazialerosion

Drei Prozesse lassen sich unterscheiden (Press und Siever 2011, S. 586f):
1. „**Exaration** – das Ausschürfen von Lockermaterial und anstehendem Felsgestein im Bereich der Gletscherstirn.
2. **Detersion** – die Schleif-, Schramm- und Kratzwirkung der im Eis eingeschlossenen Gesteinstrümmer am Untergrund des Gletschers.
3. **Detraktion** – das Herausbrechen der an der Gletscherunterseite angefroren[en] Gesteinskomponenten durch die Bewegung der Eismasse."

Die hobelnden Wirkungen der Gletscher, aber auch die Ablagerungen der mitgeführten Gesteine schaffen es nachhaltig, Landschaften und ihr Relief zu verändern. Die mittransportierten Gesteinsblöcke sorgen am Untergrund für den Gletscherschliff, nicht nur auf den Felsen des Gletscherbettes, sondern auch seitlich an den Wänden eines Tales, das durch die Arbeit des Eises zum Trogtal (siehe unten) umgeformt wird. „Der Gletscher besitzt infolge des enthaltenen Geschiebes eine größere Dichte und somit ein höheres Gewicht, enthält detersiv wirkende Fremdkörper und weist ein enorm viel größeres Volumen aus (das ebenfalls zum Gewicht beiträgt). Er erodiert sowohl durch Detersion (Abrieb) sowie durch Detraktion" (McKnight und Hess 2009, S. 738). Der Untergrund wird glatt geschliffen und poliert; außerdem erhalten die glatten Felsen durch die im Eis mitgeführten Steine Schrammen, Kritzer und Furchen, an denen sich die Stoßrichtung des Eises ablesen lässt (Abb. 3.2).

Neben dem Feinschliff, mit dem das Eis das Gelände in endlosen parallelen Linien überzieht, sorgt es auch fürs „Grobe", für die Vertiefung, Versteilung und Ausweitung eines Tales. Aus den ursprünglichen Kerbtälern des Hochgebirges mit ihrem V-förmigen Querschnitt entstehen durch diese Prozesse die charakteristischen Trogtäler mit ihrem U-förmigen Talgrund und den Trogschultern. Die mäandrierenden Talverläufe, wie sie Flüsse über lange Zeiträume schaffen, werden durch den starreren Eisstrom eher begradigt, hervorstehende Felssporne teilweise abgeschliffen und der Talgrund ebenso bearbeitet. Sollten hier unterschiedlich harte oder verwitterte Gesteine anstehen, modelliert der Gletscher ein unregelmäßiges Relief mit „leer geräumten" Mulden und blank polierten Anhöhen im Talgrund heraus. Nicht nur in den Alpen, auch in Norwegen mit den Fjorden haben die Gletscher eindrucksvolle Trogtäler geschaffen. Oftmals hat die erodierende Kraft der Gletscher in den Seitentälern nicht gereicht, dieses bis auf das Niveau des Haupttales zu senken, sodass an den Übergängen sogenannte Hängetäler entstanden. Ihr Talschluss schließt mit einer deutlichen Stufe zum Haupttal und seiner Trogsohle ab, über das sich Wasserfälle ergießen können, das Gewässer vielleicht eine Schlucht oder enge Klamm gebildet hat. Eine Wege- bzw. Straßenverbindung in das Hängetal ist nur in zahlreichen engen Serpentinen möglich. Ebenso typisch für die U-Täler sind die Trogschultern, relativ ebene Flächen oberhalb der Trogkanten und des U-förmigen Profils.

Neben der erosiven Wirkung der Gletscher besitzen sie auch eine ablagernde – eine „trockene" – wie eine glazifluviale, d.h. durch Schmelzwässer verursachte, Sedimentation. Das Geschiebe, wie das von einem Gletscher transportierte Gesteinsmaterial bezeichnet wird, bildet verschiedene Ablagerungsformen – Moränen, zum Teil schon auf und im Gletscher sowie an seinen Rändern. Typisch für die Moränen im Unterschied zu den Geröllen, den fluviatilen Sedimenten, ist die ungeregelte, nicht in Schichten nach Größe bzw. Gewicht sortierte Ablagerung. Dieses regellose Durcheinander gilt für alle Moränenarten. Den Lauf eines Talgletschers rahmen die Seitenmoränen, die zum einen aus dem Geschiebe, zum anderen aus Bergsturzmaterial der angrenzenden Hänge bestehen. In unseren Zeiten des Gletscherrückgangs sind sie gut als begleitender Wall mit ihrer häufig etwas steileren Innenseite zu erkennen und machen das einstige Gletscherbett sehr anschaulich. Sie zeigen in der Regel den letzten Höchststand des Eises an, der dann keineswegs in fernen Zeiten liegen muss, sondern sich auf konkrete Jahreszahlen oder Dekaden festlegen lässt.

Auf die letzten Gletscherhöchststände in den Alpen zum Ende der seit dem späten Mittelalter während Kleinen Eiszeit folgten ab der zweiten Hälfte des 19. Jahrhunderts – mit Ausnahme der Zeit um das Jahr 1920 sowie um 1980 Jahr, als ca. zwei Drittel der Gletscher noch einmal etwas vorstießen – Phasen des kräftigen Verlusts: „1870 besaßen die Alpengletscher ein Volumen von 200 km^3 und nahmen 4400 km^2 an Fläche ein. Doch bereits zu Ende der 1970er Jahre war das Volumen auf 140 km^3 zurückgeschmolzen. Insgesamt gab es zu diesem Zeitpunkt noch 5100 Alpengletscher. Doch auch diese Zahlen sind längst nicht mehr aktuell. Seit Ende der 1970er Jahre hat sich die Fläche der Alpengletscher nochmals um ein Viertel und das Volumen um ein weiteres Drittel reduziert" (Zängl und Hamberger 2004, S. 10, zit. in: Fritschle 2006, S. 6). „Heute gibt es in den Bayerischen Alpen nur noch 5 Gletscher, in den Schweizer Alpen hat sich die Gletscherfläche seit dem letzten Gletscherhöchststand von 1800 km^2 verringert und im Gesamtalpenraum sind viele kleine Gletscher komplett abgeschmolzen, zerfallen oder nur noch als kleine Firnfelder vorhanden" (a.a.O., S. 10, 70).

In diesem Zusammenhang sei der Blick auf die Entwicklungen an dem größten Gletscher der Westalpen bzw. der Alpen überhaupt, den Großen Aletschgletscher, sowie den größten der Ostalpen, dem Pasterzenkees, geworfen. Der Aletschgletscher, der seit 2001 zum Weltnaturerbe Schweizer Alpen Jungfrau-Aletsch gehört (Erweiterung des Gebiets 2007), wies 2007 eine Länge von ca. 22,75 km auf. Er bedeckt eine Fläche von 81,7 km^2, und die Mächtigkeit seines Eises am Konkordiaplatz beträgt rund 900 m. Seit seinem letzten Höchststand in der Mitte des 19. Jahrhunderts hat er sich um fast 5 km zurückgezogen. Durchschnittlich 30 m verliert er jährlich an Länge, doch es kann in heißen Sommern durchaus auch das Doppelte dieses Wertes sein. Bei der Pasterze im Großglockner-Gebiet wurde ein Längenverlust von 11 km auf 8,4 km und ein Flächenverlust von 26,5 km^2 auf 18,5 km^2 festgestellt (vgl. Fritschle 2006, S. 12).

Am Beispiel des Aletschgletschers sind im Sommer, wenn der untere Teil des Gletschers nicht mehr vom Schnee bedeckt ist, sehr anschaulich mehrere Mittelmoränen zu sehen. Eine Mittelmoräne entsteht, wenn sich zwei Gletscherzungen

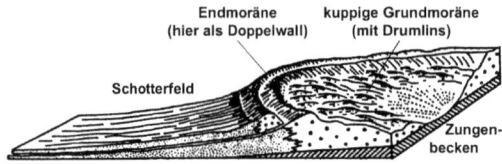

◘ Abb. 3.3 Die glaziale Serie im Alpenvorland (Zepp 2011)

zu einem Eisstrom vereinigen; dann wird die gemeinsame Seitenmoräne zur Mittelmoräne. Beim Zusammenfließen mehrerer Gletscher kann sich daraus auch ein Muster mehrerer paralleler Linien ergeben. Der sich im Inneren des Gletschers bis auf seine Sohle fortsetzende Teil der Mittelmoräne heißt Innenmoräne. Unter dem Eis entwickelt sich die Grundmoräne aus dem Gesteinsschutt, den das Eis vom Untergrund ablösen konnte, aber auch aus dem unteren Teil der Innenmoränen. Den weitesten Vorstoß einer Gletscherzunge markiert ihre Endmoräne; sollte es nach dem Rückzug eines Gletschers in späteren Zeiten noch einmal zu einem weiteren Wachstum des Eises kommen, kann eine erneute Endmoräne hinter der älteren entstehen – dies gilt auch für die verschiedenen Stadien von aktuellen Inlandvereisungen sowie denjenigen der Eiszeiten.

In wesentlich größeren Dimensionen treten die Endmoränen im Vorland als Zeugnisse eiszeitlicher Gletschervorstöße auf. „In Tieflandgebieten können sie sich über mehrere hundert Kilometer erstrecken und über 100 m Mächtigkeit erreichen" (Goudie 2008, S. 127). Hier prägen dann auch die Grundmoränen als ausgedehnte Moränenlandschaften – als Jungmoränenland – mit ihren charakteristischen Formen das Land, wie im Alpenvorland oder im Norddeutschen Tiefland (▶ Kap. 11) Dieser Formenschatz aus glazialen und glazifluvialen Ablagerungen wird auch unter dem Sammelbegriff „glaziale Serie" zusammengefasst. „Die glaziale Serie beginnt in der Grundmoränenlandschaft; in der Nähe des Eisrandes liegt sie typischerweise als kuppige Grundmoräne vor; hier treten als weitere Elemente auf: Sölle, Drumlins, glazifluviale Kames und Oser sowie die heute häufig von Seen eingenommenen Schmelzwasserrinnen und Zungenbecken. Weiter nach außen folgen die Endmoränen (meist als Satzmoränen), die eine Stillstandsphase des Gletschereises markieren, und anschließend die Schmelzwassersedimente; in Norddeutschland sind dies die Sander und im Alpenvorland die Schotterfelder. Den Abschluß der glazialen Serie der nordischen Vereisung bilden die Urstromtäler, durch die die vereinigten Schmelzwässer nach Westen zur Nordsee abflossen. Im Alpenvorland gibt es keine Entsprechung, da hier das Schmelzwasser ungehindert in bereits existierenden Tälern nach Norden abfließen konnte. Die Formen und Sedimente der glazialen Serie sind nun in den Jungmoränenlandschaften (Würm-/Weichseleiszeit) zu erkennen; wegen der periglazialen Überprägung sind in Altmoränenlandschaften die Elemente der glazialen Serie meist nicht mehr zu identifizieren" (Zepp 2011, S. 205f) (◘ Abb. 3.3).

Für das Entstehen von Hohlformen in der Grundmoränenlandschaft sind auch Toteisblöcke verantwortlich. Unter „Toteis" versteht man vom „lebendigen", sich bewegenden Gletscher abgetrennte Blöcke, die sich durch ein ungleichmäßiges Zurückschmelzen ergeben. Sie sind meist von Schmelzwasserablagerungen bedeckt. Diese Sedimentschicht wirkt isolierend, sie schützt das Toteis vor direkter Sonneneinstrahlung, das somit langsam abschmelzen kann. Ist das Toteis dann abgeschmolzen, hinterlässt es eine unterschiedlich große Mulde im Gelände, je nachdem, wie groß der Block war. Diese Hohlformen füllen sich mit Wasser und werden zu Seen. Die kleinsten Formen, die nicht viel mehr als rundliche Löcher in der Landschaft und kleine Teiche ergeben, nennt man Soll (Plural: Sölle) oder auch Toteiskessel.

Drumlins geben vielen Grundmoränenlandschaften ein hügeliges Relief. Diese gewöhnlich in Gruppen auftretenden stromlinienförmigen Hügel aus Geschiebe, aber auch mit Kernen aus anstehendem Gestein – Felshöckern – zeigen mit ihren Längsachsen die Bewegungsrichtung des Eises an. Drumlins können Höhen von 25 m bis über 50 m erreichen und mehrere Hundert Meter bis sogar 1 km lang sein. Sie „sehen von ihrer Form her wie lange, umgedrehte Löffel aus, wobei im Gegensatz zu den Rundhöckern die steile Seite gegen das Eis gerichtet ist und der flache Hang die strömungsabgewandte Seite kennzeichnet" (Press und Siever 2011, S. 592). Goudie (2008, S. 128) bezeichnet die Schwärme von Drumlins in der Landschaft mit ihrer oftmals regelmäßigen Ordnung und dem nahezu elliptischen Grundriss scherzhaft und anschaulich als „Eierkorbrelief". Zu den Hinterlassenschaften des Gletschers gehören auch riesige Felsbrocken, sogenannte erratische Blöcke oder Findlinge.

Als glazifluviale, d. h. von den Schmelzwässern geprägte, Formen prägen Sander, Kames und Oser die Landschaften nach dem Rückzug der Gletscher. Bahnt sich Schmelzwasser – und Niederschlagswasser – seinen Weg durch die Endmoräne, werden die feinkörnigeren Ablagerungen herausgewaschen und mittransportiert. Große Sanderflächen ähnlich den Schwemmkegeln entstehen vor den Endmoränen, d. h. an der dem Eis abgewandten Seite. Dabei ergibt sich im Prinzip eine Sortierung der Sedimente bzw. ursprünglichen Geschiebe mittels der Korngrößen; da sich jedoch die Wasserführung und damit das Transportvolumen in kurzen Wechseln ändern können, erfolgt eine „penible" Schichtung nach Korngrößen nicht unbedingt großflächig, sondern kleiner strukturiert und auch übereinander. Bei einer schwächeren Wasserführung könnten sich beispielsweise feine Sedimente auf einer Schicht mit groben Kiesen ablagern. Eine andere Variante der glazifluvialen Ablagerungen sind die Kames, geschichtete Hügel mit einer teilweise ebenen Oberfläche, die sich auf oder zwischen abtauendem Eis in der Nachfolge der Deltaschüttung von Schmelzwasserströmen gebildet haben. Im Unterschied dazu entstehen Oser aus den Ablagerungen eines in Hohlräumen unter dem Gletscher fließenden Schmelzwasserflusses. Sie treten als gewundene dammartige Aufschüttungen von Sanden und Kiesen über den einstigen Abflussrinnen mit mehreren Kilometern Länge in der Grundmoränenlandschaft auf. Manche tief von Gletscherzungen ausgehobelte Becken haben sich nach dem Rückgang des Eises mit Wasser gefüllt und auf diese Weise die auffallend langgestreckten Seen am Alpenrand entstehen lassen. Ein Bilderbuchbeispiel für einen sogenannten Zungenbeckensee ist der Gardasee, dessen südlicher Teil von Seiten- und Endmoränen umgeben wird. Durch die Moränenwälle am Südende erreicht der Gardasee eine Tiefe von 150 m, doch seine mit 350 m tiefste Stelle verdankt der See der Glazialerosion (vgl. Goudie 2008, S. 127). Im bayerischen Alpenvorland sind der Ammersee und der Starnberger See sowie im Schwarzwald der Titisee ähnlichen Ursprungs.

Erosion

„Vielseitig gebrauchter Begriff für sämtliche Prozesse, durch die Bodenmaterial und aufgelockertes Gestein durch Flüsse, Gletscher, Wellentätigkeit oder Wind abtransportiert und in Form von (geschichteten) Sedimenten abgelagert werden.
Im deutschen Sprachraum ist der Begriff oft enger gefasst und wird für den linearen Abtrag durch fließendes Wasser oder durch Talgletscher verwendet. Der linear wirkenden Erosion wird die an der Festlandsoberfläche flächenhaft wirkende Denudation gegenübergestellt." (Press und Siever 2011, S. 670)

3.1 Auswirkungen des Gebirgsklimas auf den Menschen

Einige Aspekte des Gebirgsklimas, die touristisch relevant sein können, sollen im Folgenden angerissen werden. Ein wichtiges Phänomen ist der Föhn, der sich aus den Gegensätzen zwischen der Luv- und Leeseite eines Gebirges ergibt. „Wenn feuchte Luft auf einen Gebirgszug stößt und aufsteigt, kühlt sie sich ab. Sobald der Taupunkt erreicht ist, kommt es zur Kondensation, also zur Wolkenbildung und es beginnt zu regnen. […] Während es auf diese Weise auf der windzugewandten Seite der Gebirge, der Luvseite, zu starken Regenfällen kommen kann, empfängt die windabgewandte Leeseite dagegen deutlich weniger Niederschlag […]. Die Leeseite ist in der Regel durch das erneute Absinken der Luft charakterisiert. In der Folge kommt es zu einer Erwärmung der Luft, was man als *adiabatische Erwärmung* bezeichnet, und zu klarem, trockenen Wetter. Die Eigenheiten von lokalen Winden wie Föhn in den Alpen oder der Chinook in den Rocky Mountains sind auf dieses Phänomen zurückzuführen" (Goudie 2008, S. 257). Föhnwinde entwickeln sich in allen größeren Gebirgen. Beim Absinken auf der Leeseite kann sich die Luft je 100 m um 1° C erwärmen, sodass die Fallwinde einen deutlichen Temperaturanstieg auslösen und sich als „Schneefresser" bemerkbar machen. Die trockene Luft des Föhns erlaubt auch eine besonders gute Fernsicht, sodass

> **„Höhenkrankheit – Erkennen der Gefahr**
>
> 1. **Frühzeichen:** Kopfschmerz, Übelkeit, Appetitlosigkeit, Schlafstörungen, kurze nächtliche Atemstörung, Leistungsabfall, Wasserödeme unter der Haut, Sehstörung, Herzschlag in Ruhe beschleunigt um über 20 %.
> 2. **Warnzeichen:** Rapider Leistungsabfall, konstante, schwere Kopfschmerzen, Atemnot bei Anstrengung, nächtliche Atemnot in Ruhe, schnelle Atmung, Herzjagen, Schlaflosigkeit, schwere Übelkeit, Erbrechen, trockener Husten, Gleichgewichtsstörungen, Schwindel, Benommenheit, Lichtempfindlichkeit, Gang-/Stehunsicherheit, weniger als ½ l Urinausscheidung pro 24 Stunden; Patient darf nicht alleine absteigen!
> 3. **Alarmsystem:** Schwerkranker, bewusstloser oder ‚verrückter' Patient, Atemnot in Ruhe,
> 4. schwerer Husten mit braunem Auswurf, Bewegungsstörungen, Druck auf der Brust, rasselnde Atmung."
>
> (Auswärtiges Amt, Merkblatt zur Höhenkrankheit ▶ www.auswaertiges-amt.de)

die Berge „zum Greifen nah" scheinen können. Für wetterfühlige Menschen bedeuten Föhnwetterlagen jedoch auch Kopfschmerzen, innere Unruhe, Schlafstörungen, Herz- und Kreislaufprobleme. Als kalte Fallwinde treten im Winterhalbjahr die Bora an den dalmatinischen Küsten und in der Provence der Mistral auf.

Zu den typischen Aspekten des Hochgebirgsklimas gehört die Abnahme der Lufttemperatur mit der Höhe. Dabei nimmt die Temperatur nicht immer linear ab, der Temperaturgradient kann auch jahreszeitlich bedingt schwanken, doch als ein Richtwert kann eine Temperaturabnahme von 0,5° C pro 100 m gelten. Ebenfalls mit der Höhe verändert sich die Qualität der auftreffenden Sonneneinstrahlung. „Gebirge erhalten insbesondere mehr ultraviolettes Licht, das für Lebewesen in verschiedener Beziehung als schädlich zu erachtende Wirkungen hat, vom gehemmten Wachstum bei Hochgebirgspflanzen bis zu Hauterkrankungen beim Menschen" (a. a. O.). Die erhöhte UV-Strahlung gefährdet jedoch nicht nur die Haut, sondern sie kann auch äußerst schädigende Auswirkungen auf die Augen haben, wobei auch auf einen Schutz vor den seitlich einfallenden Strahlen zu achten ist – rät das Bundesamt für Strahlenschutz (▶ www.bfs.de/de/uv/uv2/schutz_vor_uv/tipps_uv.html).

„Schließlich seien noch die Auswirkungen des Hochgebirgsklimas auf den Menschen in Meereshöhen ab 3800 m erwähnt, indem infolge des mit der Höhe abnehmenden Luftdrucks und Sauerstoffpartialdrucks die Höhenkrankheit auftreten kann. In 5500 m herrscht noch etwa die Hälfte des Luftdrucks der Meereshöhe und ab 7500 m folgt die sog. ‚Todeszone'" (Burga et al. 2004, S. 24). Doch für den Flachlandbewohner verursachen schon geringere Höhen als die erwähnten 3800 m Probleme. Atemnot ist das erste, schnell festzustellende Anzeichen für eine fehlende Akklimatisation.

Ein langsames Gewöhnen an die Höhe ist Voraussetzung für eine Leistungsfähigkeit in diesen Regionen. „Alle Symptome, die nicht durch Rast oder Ruhetage allein verschwinden, erzwingen den zügigen Abstieg auf Höhen unter 2.500 m. Es ist im Gebirge besonders gefährlich, Früh- und Warnzeichen des Körpers durch Medikamente oder ‚eisernen Willen' zu überspielen", so das Auswärtige Amt in seinem Merkblatt zu Höhenkrankheit. Bei schweren Symptomen der Höhenkrankheit (siehe oben) besteht akute Lebensgefahr; es hilft nur der sofortige Abstieg bzw. Abtransport möglichst weit hinunter.

3.2 Gebirgsflora – mehr als Edelweiß und Enzian

Die Vegetation des Hochgebirges ändert sich mit zunehmender Höhe, indem sich unterschiedliche Pflanzengesellschaften bei den verschiedenen Standortbedingungen entwickeln. „In der Tendenz werden die Pflanzen kleiner, sind einfacher gebaut und zeigen kleinere Wachstumsraten, eine verminderte Produktivität, geringere Artenvielfalt und weniger interspezifische Konkurrenz. Wälder an tiefer gelegenen Hängen in den außertropischen Gebieten nennt man *submontane* oder *montane* Wälder. Der höher gelegene Wald bildet die *subalpine* Zone und darüber liegt die baumlose *alpine* Zone" (Goudie 2008, S. 261).

Lawinen

Unberechenbar sind die Gefahren, die im winterlichen Hochgebirge von den Lawinen ausgehen. Ein Lawinenzug, der Verlauf einer Lawine, teilt sich in drei Bereiche:
1. Das Anrissgebiet, in dem sich die Lawine löst. Hangneigungen zwischen 30 und 50° bieten das größte Gefahrenpotenzial, während sich bei flacheren Neigungen keine Lawinen entwickeln können, und bei Felswänden kann sich in der Regel nicht genügend Schnee sammeln; meist rutscht er vorher schon in kleineren Mengen ab.
2. Die Sturzbahn.
3. Das Auslaufgebiet, in dem die Lawine zum Stillstand kommt und der transportierte Schnee liegen bleibt. Je nach Tallage kann sich das Auslaufgebiet auch am Hang der gegenüberliegenden Talseite befinden.

Man unterscheidet drei Arten von Lawinen: die Schneebrettlawine, die Staublawine und die Lockerschneelawine. Bei einem Schneebrett bricht quer zum Hang eine bis zu 1 m mächtige Schneefläche ab; häufig wird dies durch die Kanten von Skiern ausgelöst. Mit Geschwindigkeiten bis zu 80 km/h können diese Schneemassen zu Tal donnern. Diese Lawinenart ist die häufigste, die Wintersportler gefährdet – es besteht keine Chance, ihr zu entkommen. Bei den Staublawinen sind diese Aussichten noch schlechter, denn sie können bis zu 300 km/h erreichen. Sie können sich aus Schneebrettern entwickeln. Auf ihrem langen Weg über einen steilen Hang vermischt sich der aufgewirbelte Schnee mit Luft zu einer riesigen Schneewolke. Dabei entsteht vor der Staublawine ein großer, zerstörerischer Druck und hinter ihr ein nicht minder gefährlicher Sog. Gelangt das feine Luft-Schnee-Gemisch in die Lunge, droht der Erstickungstod. Diese Lawinenart ist seltener. Bei der dritten Variante, der Lockerschneelawine, löst sich an einem Punkt der Schnee, um sich dann birnenförmig nach unten auszubreiten.

Für den Schutz gegen Lawinen können verschiedene Maßnahmen ergriffen werden. Die traditionelle Weise ist ein dichter Bannwald, der durch eng stehende Bäume Schneemassen „festhalten" kann. Als neuere Schutzmaßnahmen setzte man Lawinenverbauungen auf die Hänge, auf denen sich Lawinen entwickeln können. Eine andere Möglichkeit sind Lawinengalerien über Straßen und Bahngleise. Über ihre Dächer können Lawinen rutschen, ohne Schäden anzurichten. Für den schnellen und kurzfristigen Lawinenschutz werden an gefährdeten Hängen durch gezielte Sprengungen Lawinen künstlich und kontrolliert ausgelöst. Damit lassen sich nicht nur Skigebiete und ihre Pisten, notfalls auch Verkehrswege und Siedlungen schützen. Die ältesten Dörfer und Bergbauernhöfe wurden an möglichst sicheren Standorten angelegt, mit dem Wachstum der Orte war man oftmals gezwungen, auch an gefährdeteren Stellen zu bauen.

Lawinengefahr besteht auch im Sommer für die Bergsteiger in steilen Firn- oder Eisflanken sowie nach Neuschnee.
(▶ www.slf.ch/dienstleistungen/schuelerinfos/index_DE, Institut für Schnee- und Lawinenforschung, Davos)

Eine besondere Höhengrenze in der Vegetation eines Hochgebirges ist die Baumgrenze. Der Übergang von der Waldstufe zur baumlosen kann sich innerhalb von wenigen Dutzend Höhenmetern vollziehen. Dabei tritt bei den Bäumen ein Krüppelwuchs auf, bevor sie als niedrigere Krüppelgehölze das Bild bestimmen. Ursachen für diese obere Baumgrenze sind verschiedene Umweltfaktoren, doch eine allgemein anerkannte Begründung, weshalb das Wachstum der Bäume so abrupt aufhört, hat die Wissenschaft noch nicht hervorgebracht (vgl. a. a. O., S. 264): „Zu viel Schnee zum Beispiel kann Bäume ersticken. Lawinen und Schneekriechen können sie beschädigen oder gar zerstören. Die lang anhaltende Schneedecke vermindert die Wachstumsperiode bis zu einem Punkt, da die Sämlinge sich nicht mehr entwickeln können. Auch die Windgeschwindigkeit nimmt mit der Höhe zu, was für die Bäume ein ernsthafter Stressfaktor ist, wie das die verschiedenen Formen der Winddeformation zeigen […] Einige Wissenschaftler meinen, die in der Höhe zunehmenden Anteile des ultravioletten Lichts könnten von Bedeutung sein. Aber auch auf die Auswirkungen des Äsens von Wildtieren, wie etwa vom Steinbock, wird hingewiesen. Sicher ist jedoch die Temperatur der wichtigste Umweltfaktor, denn bei zu kurzer Vegetationszeit (weniger als 120 Tage mit einer Tagesmitteltemperatur von mindestens 10° C) können Triebe nicht richtig ausreifen. Ihre Kutikula erreicht nicht die endgültige Dicke, die notwendig ist, um Schäden durch Frost und Frosttrocknis zu verhindern" (a. a. O., S. 265). Bäume an der Baumgrenze sind in der Regel immergrün, denn mit ihren Nadeln haben sie bei den extremen Umweltbedingungen Vorteile gegenüber den laubabwerfenden Arten.

Die niedrigen Pflanzen in den obersten Höhenstufen des Hochgebirges entgehen durch diesen Wuchs stärker den Auswirkungen des Windes, andererseits können sie besser von den höheren Temperaturen nahe der Bodenoberfläche profitieren. Außerdem profitieren solch klein gewachsene Pflanzen länger von der isolierenden Wirkung der winterlichen Schneedecke. Nicht nur zwischen den Hochgebirgen in den verschiedenen Ökozonen variieren die Höhenstufen in ihren Ausdehnungen in der Höhe; selbst in den Alpen, den West- und den Ostalpen, treten markante Unterschiede auf. Die Grenze zwischen den beiden Großregionen verläuft vom östlichen Bodenseeufer grob nach Süden.

In den Westalpen, beispielsweise bei Grenoble, beginnt die montane Stufe bei 700–900 m NN und reicht bis ca. 1600 m, die subalpine Stufe dehnt sich in dieser Region zwischen 1500 und 2200 m NN aus, damit liegt die Waldgrenze bei 2200–2240 m NN. In den Ostalpen liegen die Höhenstufen 100–200 m niedriger. In den Dolomiten reicht die montane Stufe von 500–1800 m NN, während die subalpine dagegen ähnlich derjenigen in den französischen Alpen ist. Auch in den Pflanzenarten können sich die Regionen im Westen und Osten der Alpen unterscheiden. So gedeiht in den österreichischen Alpen bereits der Tauern-Enzian als „westlicher Vorposten eines karpatisch-balkanischen Areals" (Burga et al. 2004, S. 101). Aber auch die vorherrschende Gesteinsart prägt die Pflanzengesellschaft: So sind auf Kalkgestein andere Pflanzen zu Hause als auf Silikatgestein, auch wenn es sich um die gleiche Höhenstufe handeln mag. So gedeiht der weinrot-violett getüpfelte Ostalpen-Enzian, der wie der Gelb-Enzian zum Schnapsbrennen genutzt wird, bevorzugt auf kalkhaltigen Böden (▶ www.kalkalpen.at/system/web/zusatzseite.aspx?menuonr=222369936&detailonr=222369934). Der Gelb-Enzian wächst dagegen auch auf Böden über Gneis und Granit. Er zeichnet sich weder durch den kleinen Wuchs noch die blauen Blütentrichter aus, die man mit dem Enzian im Allgemeinen verbindet und wie man ihn in der touristischen Bilderwelt wiederfindet. Der Gelb-Enzian (*Gentiana lutea*) kann gut 1 m hoch werden, besitzt gelbe Blüten, und die Pflanze kann ein stolzes Alter von 60 bis 70 Jahren erreichen.

3.3 Die touristische Eroberung der Alpen – im Sommer

Naturforscher und Briten geben hierbei den Ton an. Nachdem man viele Jahrhunderte lang die Alpenlandschaft außerhalb der besiedelten und genutzten Höhenregionen als bedrohlich angesehen hat und keinen Grund sah, sich freiwillig ohne Not in diese Gebiete zu begeben, ändert sich die Wahrnehmung der Landschaft langsam ab der zweiten Hälfte des 18. Jahrhunderts.

Mit der ersten erfolgreichen Besteigung des Mont Blanc (1786) wird der Beginn des Alpinismus verbunden. Es geht dabei, wie bei zahlreichen Erstbesteigungen in der nachfolgenden Zeit, vor allem um eine Erweiterung des geologischen, geographischen, botanischen Wissens über die unbekannte Hochgebirgswelt. Doch bald treten auch „Lustreisende" in Erscheinung, die gefahrlos die eindrucksvollen Naturschauspiele, wie etwa die Wasserfälle des Lauterbrunnentales, sehen wollen. Die Zahl der Gasthäuser in den Gebirgstälern reicht nicht, sodass das Quartier im Pfarrhaus ein gefragtes wird – selbst königliche Gäste steigen beim Herrn Pfarrer ab. Außerhalb der engen Hochgebirgstäler, so z.B. am Thuner- oder Brienzersee, verbringt man seinen ersten Teil der Schweizer Reise, um auf einen der wenigen Plätze in den Bergdörfern zu warten. Für die Akklimatisierung keine schlechte Lösung! Man bewegt sich auf diesen Reisen auf oftmals durch die Literatur vorgegebenen Routen.

Als Bergsteigerdorf mit Pioniercharakter tritt Zermatt Mitte des 19. Jahrhunderts in Erscheinung. 1865 geriet das Walliser Dorf in die Schlagzeilen mit der dramatischen Erstbesteigung des Matterhorns durch englische Bergsteiger mit ihren Führern aus Zermatt und Chamonix, bei der vier der sieben Alpinisten tödlich verunglückten. Auch die Negativ-Werbung funktionierte und das Matterhorn mit seiner markanten Form lockte weiterhin Alpinisten. Der Zermatter Hotelier Alexander Seiler, Tourismuspionier in diesem Bergdorf, und der 1863 gegründete Schweizer Alpen-Club sorgten bereits drei Jahre nach der Erstbesteigung für eine erste Schutzhütte auf dem Hörnligrat in 3818 m Höhe. Wie sehr sich gerade die Engländer dem Alpinismus verbunden fühlten, zeigt sich darin, dass sie 1857 in

Von „furchtbarer Wüstenei" und „finstern Geklüft" – Landschaftswahrnehmung bis in 19. Jahrhundert

„Das Dorf Gestinen, oder Geschenen, eine halbe Stunde höher am Gebirg, ruht schon an den Gränzen der Felsenwüste, wo das Leben der Pflanzen verschwinden will, und Schutt der Berge, rechts, ein unwirthbares Thal, füllt, von Eisbergen umzogen. Weiter hin hört man zuweilen noch einförmiges Geräusch aus dem Abgrund; zuweilen noch das ersterbende Getöse eines Bachs, der aus unersteiglichen Höhen stürzt und im Sturz verfliegt. Ringsum steigen die Berge der Schöllenen senkrecht, glatt und kahl in grausenhafter Nacktheit empor; schwarze Mauern 100–1000 Fuß hoch. Man wandelt wie auf dem tiefen Boden eines ungeheurn Felsenkessels, oder vielmehr an einer Rippe desselben, längs welchem die Straße sich unter überhangendem Gestein, über jähen Abhängen fortwindet. Oft scheint der Ausweg zu fehlen; und wenn er wieder erscheint, öffnet er nur die Aussicht in noch furchtbarere Wüstenei. Man erblickt den Strom der Reuß, statt tief unter den Füßen, vor sich droben. Er bricht durch den Riß der Berge zwischen dunkel-glänzenden Klippen; schwindelt jählings in die Tiefe hinunter, und zerschellend im finstern Geklüft, steigt er als Wasserstaub gespenstisch unter dem hohen Bogen der Teufelsbrücke wieder auf und umgaukelt sie, unter ewigem Donner und Windsturm, mit Wolken, die einander drängen und jagen. Die Straße verliert sich, denn anderer Raum fehlt für sie, in eine finstere Höhle des gegenüberliegenden Felsen. Der Ausweg vom Thal der Schrecken droht Eingang eines noch grauenvollern Schauspiels zu werden." (Zschokke 1842, S. 62f)

Unter der touristischen Avantgarde in den Schweizer Alpen darf natürlich der vielreisende Goethe nicht fehlen. Auf seiner ersten Schweizer Reise 1775 wandert er zum Gotthardpass und in der Schöllenenschlucht fehlt es selbst einem Goethe kurzfristig an Worten: „Den 21. halb 7 Uhr aufwärts; die Felsen wurden immer mächtiger und schrecklicher, der Weg bis zum Teufelsstein, bis zum Anblick der Teufelsbrücke immer mühseliger. Meinem Gefährten beliebte es hier auszuruhen; er munterte mich auf, die bedeutenden Ansichten zu zeichnen. Die Umrisse mochten mir gelingen, aber es trat nichts hervor, nichts zurück; für dergleichen Gegenstände hatte ich keine Sprache. Wir mühten uns weiter, das ungeheure Wilde schien sich immer zu steigern, Platten wurden zu Gebirgen, und Vertiefungen zu Abgründen" (► www.goethezeit-portal.de/wissen/illustrationen/johann-wolfgang-von-goethe/goethes-erste-schweizer-reise-von-1775.html).

Sich an der „wilden Pracht der Natur" mit leichtem Schauer zu erfreuen, so wie es Heinrich Zschokke von seiner Reise durch Schöllenenschlucht zwischen Göschenen und Andermatt schildert, zeigt trotz eines gewissen Gruselfaktors schon die neue Sichtweise auf die Landschaft. Das Wilde zu suchen und erleben zu wollen, wurde seit der Mitte des 18. Jahrhunderts für Wagemutige – vor allem von Fortschergeist und Zivilisationskritik getrieben – zum Anlass, sich freiwillig in die Hochgebirgslandschaft zu begeben. Albrecht Hallers Gedicht „Die Alpen" (1732) öffnete manchem die Augen für die Schönheit und Erhabenheit der Schweizer Bergwelt, aber auch das klassenlose und freie Leben ihrer ungewöhnlich basisdemokratischen Bewohner konnte in Zeiten des Absolutismus im restlichen Europa ebenso zum Reiseanlass werden. Jean-Jacques Rousseaus *Julie oder Die neue Heloise – Geschichte zweier Liebender am Fuße der Alpen* (1761) rief weitere Scharen von Reisenden zurück zur Natur. Als Folge der Romanlektüre beobachtete der Philosoph Christoph Meiners im Jahr 1788 wahre Fremdenströme am Genfer See und in den umgebenden Bergen. Auch er besuchte „die heiligen Orte der Heloise von Rousseau, wohin jetzt alle Fremden von Lausanne aus wallfahrten und wo sich besonders Engländer mit der ‚Heloise' in der Hand wochenlang aufhalten" (zit. in: Löschburg 1977, S. 110).

London mit dem Alpine Club den allerersten Alpenverein gründeten. Die Ausübung des Bergsports, die wissenschaftlichen Erforschung der Alpen, aber auch ihre touristische Erschließung durch Wege- und Hüttenbau schrieben sich die verschiedenen Alpenvereine der Staaten mit unterschiedlicher Gewichtung auf ihre Fahnen.

Bergbahnen machten es ab dem letzten Viertel des 19. Jahrhunderts den Touristen bequem, in ungeahnte Höhen zu kommen. Nach dem Vorbild der ersten Zahnradbahn der Welt, die ab 1869 auf den Mount Washington im US-Bundesstaat New Hampshire fuhr, folgte 1871 die Rigibahn (► www.rigi.ch) mit ihrem ersten Abschnitt zwischen Vitznau und Rigi-Staffelhöhe, zwei Jahre später erreichte die Bahnlinie mit der Station Rigi-Kulm auch den Gipfel der Rigi. Zu Bahnpionieren wurden häufiger die Hoteliers, die ihre Hotels für die – in der Regel – Sommergäste an exponierten Stellen in der Landschaft errichteten. Die Hotels auf der

Rigi, dem Bürgenstock (► www.kks-buergenstock.ch/) gehören beispielsweise dazu, aber auch das Gießbachhotel (► www.giessbach.ch/geschichte.html). Für das Haus an den Gießbachfällen oberhalb des Brienzersees mussten auch erst ein Verkehrsmittel und eine Streckenführung geschaffen werden: Heraus kam dabei 1879 eine eingleisige Standseilbahn mit einer Begegnungs- und Ausweichstelle, nach dem Ingenieur Roman Abt als „System Abt" hier erstmals angewandt und häufig kopiert. Zu den großen Ingenieurleistungen gehören auch Bahnen wie die Gornergratbahn, die 1898 als Verlängerung von Zermatt den Sommerbetrieb bis in 3089 m NN aufnahm. Seit 1929 fährt sie ganzjährig (► www.gornergratbahn.ch). Noch höher hinauf fährt seit August 1912 die Jungfraubahn im Berner Oberland. Durch den Eiger hindurch und mit einem Blick aus der berüchtigten Nordwand überwindet die Zahnradbahn auf 9,34 km fast 1400 Höhenmeter, um zur höchsten Bahnstation Europas, zum „Top of Europe", dem Jungfraujoch in 3454 m NN zu gelangen (► www.jungfraubahn.ch).

3.4 Die touristische Eroberung der Alpen – im Winter

Wenn auch heutzutage Wintertourismus in den Alpen in erster Linie mit Skilaufen verbunden wird, so gehört jedoch das Bergabrutschen auf den zwei Brettern keinesfalls zu den Anfängen des Winterurlaubs im Hochgebirge! Ein pfiffiger Hotelier, der die Weltmeister des Reisens im 19. Jahrhundert zu packen verstand, stellte einen Meilenstein in der Entwicklung des Wintertourismus – vermutlich auch den Ausgangspunkt. Johannes Badrutt-Berry (1819–1889) muss man auch durch seine anderen Aktivitäten in St. Moritz zu den Tourismuspionieren zählen.

Für den Hotelier und Begründer des renommierten Kulm-Hotels war zwar klar, dass die Verkehrsanbindung im Winter wegen der Schneemassen und Lawinengefahren heikel war, doch genauso konnte er sicher sein, dass die Wochen im Oberengadin sonnenreich sein würden. Mit einer Wette gelang es ihm, die ersten englischen Gäste zu locken. „Sollte schlechtes Wetter den Aufenthalt beeinträchtigen, würde er ihnen die Reisekosten erstatten, lautete 1864 die Abmachung zwischen dem Hotelier und den Briten zum Ende ihres Sommeraufenthalts. Die ersten Wintergäste der Tourismusgeschichte mussten mit dem Schlitten von Chur, der damals nächsten Bahnstation, abgeholt werden. Mehr als 80 Kilometer Schlittenfahrt stand den Reisenden bevor, bis sie das Oberengadin erreicht hatten" (Knoll 2006, S. 85). Petrus spielte mit und die Briten blieben fast zwei Monate. Ihre Mundpropaganda motivierte weitere Landsleute und von Jahr zu Jahr kamen mehr von ihnen nach St. Moritz.

Damit wurden auch die Aktivitäten im Freien, die sportlichen Betätigungen nach englischen Vorlieben eingeführt. Im Winter 1880/81 spielte man erstmals auf dem europäischen Kontinent Curling; 1884 ließ Johannes Badrutt eine Rodelbahn, den Cresta Run, anlegen, auf der im nachfolgenden Winter die ersten Wettbewerbe ausgetragen wurden. Das Rodeln auf dieser Bahn wird heute noch von den Herren – in der Wintermode jener Jahre – gepflegt. Zu den historischen Wintersportvergnügen gehört ebenfalls das Schlittschuhlaufen.

Im ausgehenden 19. Jahrhundert beginnt der Skilauf, aus den nordischen Ländern kommend, zaghaft auch in den Alpen. Nach heutigen Vorstellungen handelt es sich dabei um den Tourenskilauf, denn die ersten mechanischen Aufstiegshilfen, Bergbahnen und Drahtseilbahnen sollten erst kurz vor dem Ersten Weltkrieg gebaut werden. Englischem Pioniergeist sind bereits die ersten Wintersport-Pauschalreisen 1898/99 zu verdanken: Der englische Reiseveranstalter, Hotelier und ehemalige Missionar Sir Henry Lunn führte sie nach Chamonix. Zu Beginn des 20. Jahrhunderts eröffneten er und andere Hoteliers im Berner Oberland weitere Hotels im Winter. Die steigende Beliebtheit des Skilaufens machte es erforderlich, diese Ausbildung zu verbessern, zu organisieren und führte 1932 zur Gründung der Schweizerischen Skischule.

Doch auch die heilsame Wirkung des Hochgebirgsklimas im Winter brachte die ersten Gäste in der kalten Jahreszeit in die Schweizer Alpen. 1865 wagten die ersten Tuberkulosekranken einen Aufenthalt in Davos. Die positiven Effekte sprachen sich herum, und schon 1874 zählte man in diesem Luftkurort mehr Winter- als Sommergäste. Ebenso schätzten die Briten das sich hier schnell entwickelnde Wintersportangebot. Bedeutend war vor allem das Rodeln; der Markenname „Davos" für Holzschlitten ist bis heute ein Begriff.

3.5 Die Studie Alpendorf – vom Preis für die Hinwendung zum Wintertourismus

Bis 1951 war das Walliser Dorf Saas Fee im Winterhalbjahr sechs bis acht Monate von der Außenwelt abgeschnitten. Das Dorf in 1800 m NN konnte man nur über einen Pfad von Saas Grund erreichen, der im Winter wegen der Lawinengefahr jedoch nicht passierbar war. „Jahrhundertelang lebten die Bewohner als Bergbauern und waren wegen der isolierten Lage Selbstversorger […]. Eine weitere Erwerbsquelle stellte die Möbelschnitzerei dar. Der Tourismus machte in Saas Fee bereits Ende des 19. Jahrhunderts einen ersten kleinen Anfang. Das erste Hotel wurde 1881 gebaut. Es stellte sich ein moderater Sommertourismus ein. Um die Jahrhundertwende waren es – wie im nahen Zermatt – hauptsächlich Engländer, die Saas Fee besuchten" (Anft 1993, S. 577).

In den 1970er-Jahren untersuchte der Schweizer Arzt und Psychiater Gottlieb Guntern, der ein Jahr lang in Saas Fee als Allgemeinarzt praktizierte, die Auswirkungen des Massentourismus nicht nur auf die Gesundheit der Einwohner, sondern auch auf das ökonomische und soziale System des Bergdorfes (vgl. Guntern 1979). „Die drastische Veränderung der ökonomischen Basis zog einen alle Lebensbereiche erfassenden soziokulturellen Wandel nach sich" (Anft 1993, S. 577f).

Die vorher das Leben bestimmende Landwirtschaft wurde fast völlig aufgegeben, fast 70 % der Bevölkerung verdienten 1970 im Tourismus als Seilbahnpersonal, im Pistendienst und Transportwesen oder in Hotellerie und Gastronomie ihren Lebensunterhalt. Viele machten sich im Tourismus selbstständig, indem sie sich verschuldeten und investierten. Die Übernachtungszahlen stiegen in den 20 Jahren nach Eröffnung der Straße von ca. 66.000 auf mehr als eine halbe Million – bei nicht einmal 1000 Einwohnern im Jahr 1970.

Für die Bevölkerung bedeutete diese Entwicklung eine enorme Herausforderung und Belastung, die die Geschlechter unterschiedlich betraf. „Im Sinne einer erweiterten Haushaltsführung tragen die Frauen die Hauptlast in der Beherbergung der Touristen. Da deren Männer als Bergführer, Skilehrer oder Pendler teilweise mehrere Tage am Stück außer Haus sind, übernehmen die Frauen die Verantwortung und treffen eigenständig Entscheidungen in bezug auf Gäste, Angestellte oder Arbeiten von Handwerkern. […] über 50 % der Frauen arbeiten mehr als 12 Stunden am Tag, während dies nur bei einem Drittel der Männer zutrifft" (a. a. O., S. 579).

In seinen Studien untersuchte der Mediziner die Stressfaktoren, die zum neuen Alltag in Saas Fee gehörten. Sieben Arbeitstage die Woche mit einer täglichen Arbeitszeit von zwölf bis 15 Stunden in den zehn Monaten Saison betraf vor allem die Frauen. „Die hohe Verschuldung und die damit verbundene Bedrohung, bei konjunkturellen Schwankungen durch sinkende Gästezahlen die Existenzgrundlage zu verlieren, rufen Ängste und damit antizipatorischen Streß […] hervor" (a. a. O., S. 580). Zu den starken körperlichen Belastungen kamen eine Reihe psychischer hinzu, sodass Guntern in Saas Fee einen dreimal so hohen Alkoholkonsum wie im Schweizer Durchschnitt feststellen musste – der vor allem für die Männer galt, während die Frauen verstärkt zu Tabletten griffen und mit dem Schlucken von Tranquilizern den Stand der USA 1960 erreichten.

Diese Entwicklungen, die Guntern in Saas-Fee – auf dem Weg zu einer heute gefragten und erfolgreichen Winterdestination – beobachtet hat, kann als typisch für viele Alpendörfer betrachtet werden, auch wenn dort der Wandel vom Bergbauerndorf zum Wintersportort meist nicht so abrupt vonstatten ging (vgl. a. a. O., S. 582). Im Jahr 2013 besaß Saas-Fee 1618 Einwohner und rachte es 2012 auf 644.159 Gästeübernachtungen in den mehr als 7000 Betten seiner 57 Hotels und der Parahotellerie (Ferienwohnungen, Chalets und Gruppenlagern). In der Hochsaison muss das Dorf eine Infrastruktur für mehr als 10.000 Gäste bereithalten. 2012/13

◘ **Abb. 3.4** Das Wintersport-Gebiet der Region Kitzbühel/Kirchberg bietet 170 Pistenkilometer (99 davon beschneit), 51 Seilbahnen und Lifte sowie 59 im Winter bewirtschaftete Hütten (Gabriele M. Knoll)

wurde Saas Fee unter den 55 „Top Ski Resorts" der Alpen auf Rang 2 (nach Serfaus-Fiss-Ladis/Tirol) und als die führende Destination der Schweiz gewählt – wegen des Naturerlebnisses, der Authentizität, der Gemütlichkeit sowie der Schneesicherheit und Pistenqualität.

Durch den Wintersport erfährt die Landschaft Veränderungen, die unter der Schneedecke versteckt in erster Linie den Abfahrtsskilauf sicherer und komfortabler machen. Im Sommer fallen dagegen diese Erdbaumaßnahmen und sonstigen Eingriffe in die Natur eher negativ auf. Müller (vgl. 2007, S. 84) unterscheidet dabei Beeinträchtigungen des Landschaftsbildes durch Bergbahnen, Planierungen und „Möblierungen" der Landschaft (◘ Abb. 3.4).

Touristische Bergbahnen, egal ob es sich um eine Großkabinenbahn oder einen Skilift handelt, fallen in der Regel „unangenehm" auf; sie stören das Landschaftsbild durch die Schneisen, die sie auf den bewaldeten Hängen hinterlassen. Wie Fremdkörper ziehen sich die mit dem Lineal gezogenen Linien durch die Unregelmäßigkeiten der Kultur- und Naturlandschaften.

Für den Pistenbau sind neben Rodungen vor allem in der Region der Almen und alpinen Matten oftmals Planierungen des Geländes nötig, um den „richtigen" und sicheren Verlauf einer Abfahrtsstrecke zu erhalten. Auch Sprengungen von störenden Felsbrocken, um die damit verbundenen Gefahrenstellen zu beseitigen, können dazu gehören. Solche Geländeplanierungen zählen dank einer gewissen Medienpräsenz zu den bekanntesten Umweltsünden des alpinen Tourismus (vgl. a. a. O.). In den Skigebieten ist man bestrebt, Unebenheiten des Geländes zu beseitigen, um eine bequemere Abfahrt zu ermöglichen, vielleicht auch den Schwierigkeitsgrad einer Piste konstant zu halten und die Komfortansprüche der Skifahrer zu befriedigen. Auch die Verbreiterung einer Piste kann notwendig sein, um eine sichere Benutzung zu gewährleisten. Die Veränderungen des Bodens und der Vegetationsdecke sind im ausgeaperten Zustand während der

Sommermonate unübersehbar. Mit künstlicher Begrünung entstehen „Flickenteppiche", da sich diese neue Vegetation von der ursprünglichen unterscheidet. Eine Begrünung oberhalb der Baumgrenze ist aufgrund der natürlichen Bedingungen schwierig und wenig erfolgversprechend. Bei dem langsamen Wuchs der Pflanzen unter den klimatischen Bedingungen der entsprechenden Höhenstufen des Gebirges kann es über 100 Jahre dauern, bis sich die ursprüngliche Vegetation wieder vollständig entwickelt hat.

Ein anderes Schadenspotenzial bedeutet die Pistenpflege durch die Fahrzeuge, die den Schnee vor allem nach Neuschnee immer wieder zusammendrücken, um eine möglichst glatte, ebene Piste zu schaffen. Dieser kompaktere Schnee schadet der Vegetation, weil er erst später schmilzt und durch seine Kompaktheit auch Fäulnisprozesse in Gang setzen kann. Wird im Frühjahr auf einer nicht mehr ausreichenden Schneedecke Ski gefahren, leiden die Pflanzen unter den scharfen Skikanten, vor allem Sträucher und jüngste Bäume. Solche Schäden in der Pflanzendecke sind auch im Sommer noch deutlich.

Auch die Teiche, die in den höheren Bergregionen als Wasserreservoire für die künstliche Beschneiung angelegt werden, sind eigentlich als „Wasserlöcher" Fremdkörper, beispielsweise in der Almenregion, auch wenn sie nicht ganz so negativ auffallen mögen wie andere Infrastruktur, die für den optimalen Ablauf der Wintersaison nötig ist. Zu den landschaftsbelastenden Elementen gehören auf alle Fälle die ausgedehnten Parkplätze an den Talstationen der Seilbahnen.

Müller (a. a. O.) weist auch auf die „Möblierungen" hin, die nicht minder Eingriffe in die Landschaft bedeuten. Dieses Phänomen betrifft nicht mehr nur den Wintersport, sondern auch die touristischen Aktivitäten während des Sommerhalbjahres. „So wird selbstverständlich jede Freizeit- und Sportanlage ausgeschildert. Am den Spazier- und Wanderwegen gibt es Sitzbänke, Feuerstellen, Abfallkübel und Robby-Dogs [Beuteldepots und Müllbehälter für Hundekot, Anm. d. V.] in mehr oder weniger passenden Farben. Dieses Phänomen, auch als ‚Robby-Dogisierung' der Landschaft bezeichnet, setzt sich zusammen aus unzähligen Kleinigkeiten, die aber in ihrer Gesamtheit das Landschaftsbild beachtlich stören können. Gerade hier wäre mit zum Teil kleinem Aufwand viel zu erreichen" (a. a. O.).

3.6 Klimawandel und Tourismus im Hochgebirge

Die weltweite Erwärmung und der damit verbundene Klimawandel werden auch das Ökosystem Hochgebirge und seine touristische Nutzung betreffen bzw. verändern. „Die steigende Schneefallgrenze ist die im Alpenraum am häufigsten diskutierte Konsequenz einer möglichen Klimaveränderung" (Müller 2007, S. 127). Nach den Prognosen wird bis zum Jahr 2030 die winterliche Schneegrenze um ca. 300 m ansteigen, d. h. die Höhengrenze der Schneesicherheit wurde dann bei 1500 m NN. liegen. Aber auch bei dieser höher liegenden Schneefallgrenze würde das Einschneien später, das Ausapern – der schneefreie Zustand – früher eintreten, sodass sich die Saison um ungefähr einen Monat verkürzen würde. Anstatt 85 % der heutigen Skigebiete, die als noch schneesicher bezeichnet werden können, würde sich ihr Anteil auf 63 % reduzieren. „Als ‚schneesicher' wird in der Forschung ein Skigebiet bezeichnet, wenn in mindestens 7 von 10 Wintern in der Zeit vom 1. Dezember bis 15. April an mindestens 100 Tagen eine für den Skisport ausreichende Schneedecke von mindestens 30 cm liegt" (a. a .O.). Schneearme Winter in der jüngsten Vergangenheit (1988–90 und 2001/02) haben bereits Ahnungen von den wirtschaftlichen Einbußen gegeben. Einnahmeausfälle von 80 % bei touristischen Unternehmen in den tieferen Lagen wurden festgestellt. Nach Schätzungen geht man davon aus, dass in den Schweizer Alpen ein Temperaturanstieg von 2° C einen Umsatzverlust von bis zu 2,3 Milliarden Franken jährlich bedeuten könnte (vgl. a. a. O., S. 128).

Das Abschmelzen der Gletscher wird das charakteristische Landschaftsbild der Alpen verändern. In den entsprechend hohen Regionen der West- und Ostalpen gehören die mit Schnee und Eis bedeckten Gipfel zu der attraktiven Kulisse, auch wenn sich nicht jeder Tourist hier im Sommer bergsteigerisch betätigen möchte. Sommerskigebiete, Sehenswür-

Aus der Tourismuspraxis

Kirchberg und die Trends im Winter

Die Landschaft rund um Kirchberg (Abb. 3.5) in den Kitzbüheler Alpen bietet für den Wintersport viele Vorteile. Auch wenn sich die Skipisten in Höhen zwischen 840 und 2000 m NN befinden, gilt dieses Skigebiet – so Josef Dersch, Leiter des Bauhofs Kirchberg – als schneesicher. Es besteht keine Lawinengefahr, und durch die „Grasberge" in den Kitzbüheler Alpen reicht weniger Schnee als beispielsweise am Arlberg, wo die Zwischenräume zwischen den Felsen gefüllt werden müssen.

Trotz der Schneesicherheit in Kirchberg kommt der Winterbetrieb nicht ohne Kunstschnee aus. Für die 440 ha Pistenfläche oberhalb des Dorfes werden in einem gewöhnlichen Winter ca. 2 Mio. m³ Kunstschnee gebraucht. Dazu hat die Gemeinde fünf Seen am Berg mit einem Volumen von ca. 550.000 m³ angelegt, die in einem „normalen" Winter einmal geleert werden. Die Kosten für 1 m³ künstlichen Schnees beziffert Dersch mit 3,00 Euro. Das Wasser, das für die Produktion des Kunstschnees verwendet wird, hat in Tirol „ganz strenge Vorschriften" zu erfüllen. Es muss Trinkwasserqualität besitzen, denn schließlich werden mit dem Kunstschnee auch landwirtschaftliche Nutzflächen am Berg, Almen und Wiesen, bedeckt. Nach den Ansprüchen der Skifahrer werden rund 60 % aller Pisten im Skigebiet Kitzbühel zusätzlich beschneit. Nachmittags um 16.00 Uhr beginnt das Personal des Bauhofs und der Bergbahnen mit der Präparierung der Pisten für den nächsten Tag. Dazu gehören die Fahrten mit den Pistenraupen zum Festigen des Untergrunds und auch der Nachschub an Schnee aus den Schneekanonen. Man ist bestrebt, Natur- und Kunstschnee immer zu mischen. Der hohe Personal- und Materialaufwand muss sein, denn in den drei Monaten Wintersaison werden ca. 50 % der Einnahmen erwirtschaftet.

Seit einigen Jahren lässt sich beobachten – „nicht nur in Kirchberg sondern als allgemeiner Trend für Österreich", dass sich das gestiegene Gesundheitsbewusstsein auch im Wintersport widerspiegelt. Das zeigt sich vor allem in der stark zunehmenden Nachfrage nach Winterwandern. „Weihnachten sind 40 % Nicht-Skifahrer hier, da ist Winterwandern der große Renner", sagt Josef Dersch. Die rund 70 km Winterwanderwege erfordern ebenso eine permanente Pflege: Auf den bestehenden Wegen muss der Schnee bis auf eine feste Schneedecke geräumt werden, anschließend fährt ein Traktor mit Fräse darüber, um den Schnee wieder etwas aufzurauen. Dieser Vorgang muss alle paar Tage wiederholt werden. Die Tourist-Information Kirchberg bietet täglich geführte Schneeschuhwanderungen an.

Skilanglauf und Tourengehen gehören ebenfalls zu den Aktivitäten der Wintergäste. Die jüngste Attraktion ist die Alpenrosenbahn Westendorf, eine 7 km lange Rodelbahn, die von der Bergbahn, der Gemeinde und dem Tourismusverband gemeinsam gebaut wurde.

Gespräch mit Josef Dersch, Leiter des Bauhofs Kirchberg (Januar 2012) (► www.kitzbueheler-alpen.com/de/kirchberg/winter/winterwandern-schneeschuhwandern-wege.html)

---

digkeiten wie Eisgrotten oder die Möglichkeiten zum Eisgehen/-klettern werden darunter leiden. Maßnahmen, mit dem Abdecken von Gletscherpartien durch Schutzfolien das Schmelzen des Eises zu verhindern, werden nur punktuell vorübergehende Lösungen sein (vgl. a. a. O., S. 129).

Aber auch nicht mit Schnee und Eis bedeckte Hänge werden sich zu ihrem Nachteil verändern. Durch das Auftauen der Permafrostböden, die heute in den Alpen oberhalb von 2700/3000 m NN anzutreffen sind, werden die Hänge instabil, und die objektiven Gefahren, wie Steinschlag, Rutschungen oder Murenabgänge – insbesondere nach starken Regenfällen – werden zunehmen. Nicht nur der Wanderer und Bergsteiger wird dadurch stärkeren Gefahren ausgesetzt, auch die Stabilität der touristischen Infrastruktur in diesen Regionen, wie z. B. die Masten von Seilbahnen oder Trassen von Bergbahnen, wird nicht mehr gewährleistet sein. Weiter unten in den Tälern sind Verkehrswege und Siedlungen ebenfalls dadurch bedroht.

Zum Landschaftswandel werden auch Veränderungen von Flora und Fauna hinzukommen. „Da das Landschaftsbild ein sehr wichtiges Angebotselement ist, sind Auswirkungen auf den Tourismus zu erwarten. Dabei ist vorstellbar, dass sich die Veränderung auch positiv auswirkt" (a. a. O., S. 131). Doch vor allem der Bergwald würde unter den Klimaveränderungen leiden. „Neben der ästhetisch eher negativ einzuschätzenden landschaftlichen Veränderung durch den Rückgang des Bergwaldes wäre insbesondere bei massiveren Einbrüchen des

Literatur

◘ **Abb. 3.5** Auf der Kirchberger Ehrenbachhöhe, dem Ausgangspunkt zahlreicher Pisten, treffen zwei Architekturwelten aufeinander: futuristisch funktional bei den Seibahngebäuden, traditionell bei der Hütte der Skischule Kirchberg (Gabriele M. Knoll)

Bergwaldes dessen heutige Schutzfunktion nicht mehr gewährleistet. […] Die Veränderung der Flora würde also im Alpenraum zu erhöhten Risiken von Naturgefahren wie Steinschlag, Muren und Lawinen führen" (a. a. O.).

Literatur

Anft M (1993) Die Studie „Alpendorf". Auswirkungen des Massentourismus auf das ökonomische und soziale System eines Bergdorfes. In: Hahn H, Kagelmann HJ (Hrsg) Tourismuspsychologie und Tourismussoziologie. Ein Handbuch zur Tourismuswissenschaft. Quintessenz, München, S 577–582

Burga C, Klötzli F, Grabherr G (Hrsg) (2004) Gebirge der Erde. Landschaft, Klima, Pflanzenwelt. Ulmer, Stuttgart

Debarbieux B (1990) Chamonix – Mont-Blanc. Les coulisses de l'aménagement. Collection Montagnes. Presses Universitaires de Grenoble, Grenoble

Faessler P (1991) Reiseziel Schweiz – Freiheit zwischen Idylle und „großer" Natur. In: Bausinger H, Beyrer K, Korff G (Hrsg) Reisekultur. Von der Pilgerfahrt zum modernen Tourismus. C. H. Beck, München, S 243–248

Fritschle J (2006) Gletscherrückgänge in den Alpen in jüngerer Zeit. Hausarbeit Geographisches Institut Johannes Gutenberg-Universität Mainz

Guntern G (1979) Social change, stress and mental health in the Pearl of the Alps. Springer, Berlin

Kupper P (2009) Nationalpark und Tourismus: Eine vergleichende Geschichte der USA und der Schweiz. In: Bundesamt für Naturschutz (Hrsg) Wenn sich alle in der Natur erholen, wo erholt sich dann die Natur?" Naturschutz, Freizeitnutzung, Erholungsvorsorge und Sport – gestern, heute, morgen. Naturschutz und Biologische Vielfalt, Bd. 75. Bonn – Bad Godesberg, S 207–228

Löschburg W (1977) Von Reiselust und Reiseleid. Eine Kulturgeschichte. Insel Verlag, Frankfurt

Müller H (2007) Tourismus und Ökologie. Wechselwirkungen und Handlungsfelder. Oldenbourg, München, Wien

Oppenheim R (1974) Die Entdeckung der Alpen. 3. Aufl., Büchergilde Gutenberg, Wien

Perfahl J (1984) Kleine Chronik des Alpinismus. Rosenheimer Raritäten in Zusammenarbeit mit dem DAV. rosenheimer, Rosenheim

Vogel H (1993) Landschaftserleben, Landschaftswahrnehmung, Naturwahrnehmung. In: Hahn H, Kagelmann HJ (Hrsg) Tourismuspsychologie und Tourismussoziologie. Ein Handbuch zur Tourismuswissenschaft. Quintessenz, München, S 286–293

Zotz B (2010) Destination Tibet. Touristisches Image zwischen Politik und Klischee. Verlag Dr. Kovac, Hamburg

Zschokke H (1842) Die klassischen Stellen der Schweiz. Faksimile Die bibliophilen Taschenbücher. Harenberg, Dortmund (1978)

http://de.wikipedia.org/wiki/Louis_Agassiz (Gletscher- und Eiszeitforscher)

http://whc.unesco.org/en/list/1037 (Schweizer Alpen Jungfrau-Altesch)

www.auswaertiges-amt.de

www.hintertuxergletscher.at/de/erlebnis/natur-eis-palast.html (Gletscherhöhle Hintertuxer Gletscher)

www.gletschersee.ch/index.cfm/treeID/11 (Gletschersee Grindelwald)

www.bfs.de/de/uv/uv2/schutz_vor_uv/tipps_uv.html (Bundesamt für Strahlenschutz)

www.slf.ch/dienstleistungen/schuelerinfos/index_DE (Institut für Schnee- und Lawinenforschung, Davos)

www.goethezeitportal.de/wissen/illustrationen/johann-wolfgang-von-goethe/goethes-erste-schweizer-reise-von-1775.html
www.kalkalpen.at/system/web/zusatzseite.aspx?menuonr=222369936&detailonr=222369934
www.kks-buergenstock.ch/
www.gornergratbahn.ch
www.jungfraubahn.ch
www.rigi.ch
www.giessbach.ch/geschichte.html
www.kitzbueheler-alpen.com/de/kirchberg/winter/winterwandern-schneeschuhwandern-wege.html
www.gletscherarchiv.de/aktuell (Gesellschaft für ökologische Forschung, Gletscherarchiv)

Küstentypen

Gabriele M. Knoll

4.1 Ein Abstecher in die Südsee – 64

4.2 Die Belastung des Küstenraumes – nicht nur durch den *„Homo touristicus"* – 65

4.3 Strandschutz – 66

Literatur – 67

Kaum eine andere Landschaftsform dürfte touristisch weltweit solch eine dominante Rolle spielen wie die Küsten. Weißer Sandstrand, Palmen und blaues Meer – Sinnbild für Tourismus, Urlaub und die „schönsten Tage des Jahres"!

Doch schon von Natur aus sind keine anderen Landschaften derart stark exogenen Kräften ausgesetzt wie die Küstenregionen, treffen hier doch Hydrosphäre, Lithosphäre und Atmosphäre wie sonst nirgendwo aufeinander. Die abtragenden, ablagernden und aufbauenden Prozesse im Übergangsbereich von Land und Meer – die litoralen Prozesse – sorgen hier für permanente Veränderungen. Aus diesem Grund unterliegen die Verläufe und Formen der meisten Küstentypen einem starken Wandel, der sich sogar innerhalb eines Menschenlebens oder eines noch kürzeren Zeitraumes beobachten lässt. Besonders, wenn sensible Küstenbereiche durch menschliche Nutzung, wie z. B. durch den Tourismus, stark beansprucht werden, müssen Maßnahmen ergriffen werden, um diesen Naturraum zu schützen. Dabei geht es zum einen um den Erhalt der natürlichen Vielfalt, aber zum anderen auch darum, späteren Generationen eine nachhaltige touristische Nutzung zu ermöglichen. Eine zusätzliche Bedrohung der Küsten ergibt sich durch den Klimawandel, das allgemeine Ansteigen der Temperaturen und das verstärkte Abschmelzen der Eiskappen an den Polen. Dem weltweiten Anstieg des Meeresspiegels werden Küstenregionen, vor allem solche mit Flachküsten, zum Opfer fallen.

Zu den litoralen Prozessen, die den Küstenbereich formen, gehören die Erosion (Abtragung durch das Wasser), der Transport von Material – von feinkörnigen Lockersedimenten bis hin zu Gesteinsbrocken – sowie die Akkumulation (Ablagerung) dieser Materialien. Neben den Sedimenten, die durch Meerwasser bewegt werden, können ebenso Flüsse und Gletscher durch ihre Ablagerungen einen Teil zum Aufbau einer Küste beitragen. Sogar die feinen Tröpfchen des salzhaltigen Meerwassers, die der Wind an die Küste weht, wirken sich dort landschaftsverändernd aus. Durch den salzigen Niederschlag, den Salzspray, wird die Vegetation beeinträchtigt. Eine schützende Pflanzendecke kann sich auf den Dünen nur schwer entwickeln, und damit bleiben die Sandflächen länger ohne ein sie schützendes und festigendes Wurzelwerk.

Im küstennahen Meeresbereich tropischer Regionen sorgen gesteinsbildende Lebewesen wie Korallen für das Entstehen von Riffen. Diese organisch gestalteten Küsten reagieren besonders sensibel auf klimatische Veränderungen, da die gesteinsbildenden Organismen auf einen engen Lebensraum angewiesen sind. Ein Wandel der Temperaturen oder ein Anstieg des Meeresspiegels, der sie damit in nur um wenige Meter tiefere Bereiche versetzen würde, könnte ihre Lebensgrundlage zerstören. Dadurch wären touristisch attraktive Korallenriffe wie das Great Barrier Riff vor der Nordostküste Australiens schon „von Natur aus" ohne das direkte Zutun des Menschen bedroht.

Die Wirkungen der Wellen und die küstennahen Meeresströmungen modellieren den Küstenbereich am stärksten. Sie sorgen dafür, dass es bei Flachküsten wie bei Steilküsten zu charakteristischen Formen kommt, die wesentlich das typische Landschaftsbild prägen.

Flachküsten gliedern sich in zwei küstenparallele Zonen: den Strand und die Schorre. Die Schorre umfasst den Bereich, der ständig der Wirkung des Meereswassers ausgesetzt ist. Er reicht strandwärts bis zur Linie des mittleren Niedrigwassers, an dem der Strand beginnt. Die Sand- und Kiesbänke der Schorre – auch Riffe genannt – verlaufen parallel zur Küste. Ihre Lage spiegelt sich im Wellenbild wider. Bei niedrigem Wasserstand fällt das strandnächste Riff trocken und wird durch einen Strandpriel, eine mit Meereswasser gefüllte Rinne, vom Strand getrennt.

Der Strand wird in einen nassen und einen trockenen Bereich unterteilt; die Grenze zwischen diesen beiden Abschnitten bildet die Linie des mittleren Hochwassers, auch Uferlinie genannt. Die oberste Hochwassergrenze bzw. der Sturmflut-Wasserstand markieren den oberen Rand des Strandes. Auf den Strand gespülte Sedimente, die vom Rückstrom des Wassers wegen ihrer Korngröße und des damit verbundenen Gewichts nicht mehr zurücktransportiert werden können, bleiben als sogenannte Strandwälle zurück. Für das Entstehen von Dünen ist nicht mehr die ablagernde Kraft des Wassers verantwortlich; sie sind eine Akkumulationsform des Windes.

Treffen harte anstehende Gesteine und Meer aufeinander, bilden sich Steilküsten. Vor dem steil aufragenden Kliff dehnt sich eine Abrasions- oder

Von den Anfängen des Badens im Meereswasser

So selbstverständlich und „natürlich" uns das heutige Verhalten der Touristen in einem Seebad auch erscheinen mag, so war es für Generationen früher Badetouristen unvorstellbar! Spaß dabei zu empfinden, wenn man sich im Meereswasser aufhält, dort zu spielen, zu planschen oder auch sich sportlich zu betätigen, das wäre zumindest einem erwachsenen Badegast des 19. Jahrhunderts kaum in den Sinn gekommen. Genauso wenig war es vorstellbar, seine Haut der Sonne auszusetzen, um einen braunen Teint zu bekommen – für viele heutzutage das sichtbare Zeichen eines erfolgreichen Urlaubs! Dass sich die erste touristische Infrastruktur der jungen Seebäder nicht zum Strand hin orientiert, erscheint heute ebenso fremd.

Die Anfänge des Badens im Meereswasser als touristische Beschäftigung sind im England des 18. Jahrhunderts zu finden. In den 1730er-Jahren fallen in Brighton, Margate und Scarborough die ersten Personen auf, die zum Baden im Meer kommen. Medizinische Gründe bewogen sie zu diesen Reisen, denn einige Abhandlungen über Meerwasserbehandlungen waren veröffentlicht worden. In der feinen Gesellschaft kam es in Mode, nicht nur in Bath zu kuren, sondern auch im „neu entdeckten" Meerwasser. Um 1750 profitierte vor allem Brighton davon und wurde zum angesagten Seebad.

Die 1735 in Scarborough erstmals genutzten Badekarren (*bathing machines*) wurden ab 1754 auch in Brighton eingesetzt. Ein Pferd schob die fahrbare Holzhütte rückwärts in die Fluten. Reichten die Fluten bis an die Treppe des hinteren Ausgangs konnte die Dame, die sich in dem Karren umgezogen hatte und nun ein Badekleid aus Leinen trug, aussteigen und sich im Wasser eintauchen. Man muss berücksichtigen, dass es nicht üblich war – schon gar nicht für vornehmere Damen –, schwimmen zu können und überhaupt mit dem Meer vertraut zu sein. Eine einheimische Frau bot Hilfestellung und vermutlich auch moralische Stütze in dem fremden Element. Es wurde aber auch Meerwasser an Land gepumpt, um dort in Badehäusern kalte und warme Bäder darin anbieten zu können. Sogar für Trinkkuren verwendete man das Salzwasser aus dem Ärmelkanal! Der Tagesablauf in Brighton sah in der zweiten Hälfte des 18. Jahrhunderts folgendermaßen aus: Man stand gegen 6.00 Uhr auf, weil der Badearzt das Seebad vor dem Frühstück empfahl. Danach widmete man sich dem privaten Vergnügen, wie dem Promenieren durch die Grünanlagen von Old Steine, Ausreiten, dem Besuch von Buchläden, Bibliotheken oder Veranstaltungen, dem Teetrinken, um sich am Abend den gesellschaftlichen Leben hinzugeben. Dieses fand in dem 1752 eröffneten Assembly Room statt. Seit Mitte der 1760er-Jahre organisierte ein Zeremonienmeister (*master of ceremonies*) den Ablauf der Abendveranstaltungen. Man traf sich im Assembly Room zu Konzerten, Bällen, zum Kartenspiel, zum Lesen oder auch nur zu gesellschaftlichen Begegnungen. Dieses Reiseverhalten und die dazugehörende Infrastruktur sind stark geprägt vom binnenländischen Badeort – eine Kopie von Bath, die ans Meer verlagert wurde.

War das traditionsreiche Bath mit seinen warmen Quellen im Winter die *social capital of England*, so entwickelte sich Brighton als gesellschaftlicher Treffpunkt der vornehmen Gesellschaft während des Sommers. Als „Pioniere" und Vorbilder sollte ab 1765 die königliche Familie, allen voran der Prince of Wales, der spätere George IV. wirken; der Royal Pavilion steht auch hierfür als Denkmal.

Anfang des 19. Jahrhunderts kam der Spaziergang über dem Wasser in Mode, und in Verlängerung des Parks Old Steine wurde 1820 mit dem Chaine Pier die erste Seebrücke errichtet. Ein charakteristisches Element eines Seebades, die Kombination aus Promenade und Vergnügungsviertel über den Meereswellen, war damit erfunden (◘ Abb. 4.1)

Brandungsplattform aus. Die Gesteinsbrocken, die sich vom Kliff gelöst haben – durch die Kräfte von Meer- wie Regenwasser, Wind, Frostsprengung oder durch die Schwerkraft allein –, schleifen den felsigen Untergrund blank, wenn sie von der Strömung ins Meer hinausgezogen werden. Sie lagern sich dort vor der untermeerischen Felswand in einer Meereshalde ab.

Zur Steilküste gehören bizarre und malerische Felsformen. Wellen und mitgeführte Gesteinsbrocken sorgen für eine besonders intensive Modellierung der Steilwände. Brandungspfeiler, wie etwa die Lange Anna auf Helgoland, Brandungstore, -nischen und -gassen können entstehen. Der Wellenschlag kann am Fuß der Felswände seine zerstörerischen Kräfte auf weichen Gesteinsschichten an Gesteinsfugen oder Klüften voll entfalten: Eine Brandungshohlkehle entsteht, ein Bereich, an dem auch die Verwitterung noch stärker wirken kann. Durch die permanente Beanspruchung und Zerstörung der vorderen Abschnitte der Steilwand wird die Abbruchkante landeinwärts verlegt. Dann spricht man von einem aktiven oder Arbeitskliff. Kommen diese Prozesse zum Stillstand, handelt es

◘ **Abb. 4.1** In Soulac-sur-Mer an der Atlantikküste Aquitaniens feiert man mit „Soulac 1900" seine Belle Epoque und lässt den historischen Badetourimus und andere Freizeitvergnügen jener Zeit wieder aufleben (Gabriele M. Knoll)

sich um ein totes oder Ruhekliff. Solche Zustände müssen nicht endgültig sein, beispielsweise kann durch ein Ansteigen des Meeresspiegels aus einem toten Kliff wieder ein aktives werden.

Die Geomorphologie (vgl. Valentin 1952, zit. in: Zepp 2011, S. 276) unterscheidet bei den Küstenformen die zwei großen Gruppen der „vorgerückten" Küsten und der „zurückgewichenen" Küsten (◘ Abb. 4.2). Zu den vorgerückten Küsten gehören einmal die aufgetauchten Küsten, d. h. hier hat sich durch tektonische Kräfte der Meeresboden gehoben, sodass er nun auch die Küste bildet. Eine zweite Abteilung stellen die aufgebauten Küsten dar, die entweder organisch gestaltet wurden (Mangrovenküsten, Korallenküsten und -riffe) oder anorganisch vorrangig durch Ablagerungen von Sedimenten. Hierbei spielt die Kraft der Gezeiten eine besondere Rolle: Bei schwachen Gezeiten können Haff-, Nehrungs- und Dünenwallküsten entstehen, bei starken Gezeiten Watt-, Inselreihenküsten, aber auch wieder Nehrungsküsten. Die Delta- und Schwemmlandküsten gehören ebenso zu den anorganisch geformten Küsten mit dem Trend zum Wachsen.

Bei den zurückgewichenen Küsten sorgen verschiedene Kräfte dafür, dass die Küstenlinie aufgelöst wird und/oder sich landeinwärts verlagert bzw. zurückweicht. Die Auswirkungen von Gletschern spielen eine bedeutende Rolle; mit ihrer linearen Erosion sorgen sie für Fjord-Schären-Küsten, während sie bei einer flächigen Abtragung Fjärd-Schären-Küsten schaffen. Auch die Arbeit der Flüsse kann bewirken, dass Küsten zurückverlagert werden. Dann können Ria-, Cala-, Canale- und Valloneküsten entstehen. Bleibt noch als letzte Kategorie die zerstörte Küste mit der Form der Kliffreihenküste.

Als Paradebeispiel einer solchen Steilküste sei die Kliffreihenküste der Normandie genannt. Mehr als 100 m hoch erheben sich die weißen Kalkwände der Alabasterküste (Côte d'albâtre), die sich von der Mündung der Seine in Le Havre bis zur Mündung der Somme in Le Tréport zieht und ein traditionsreiches Reiseziel Frankreichs darstellt. Selbst in die internationale Kunstgeschichte (▶ Abschn. 4.2) ha-

Kapitel 4 · Küstentypen

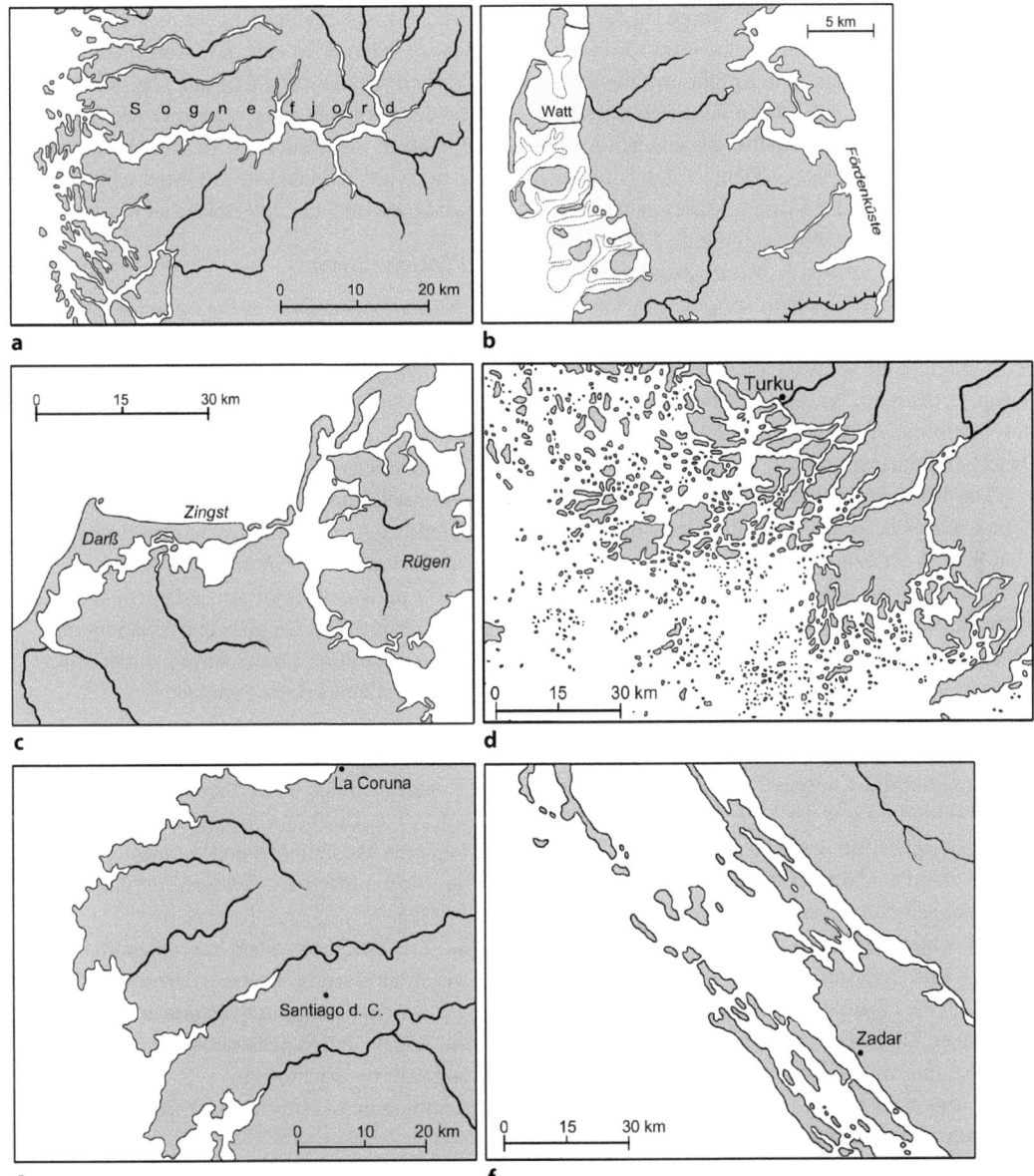

☐ **Abb. 4.2** Küstentypen **a** Fjordküste (Westküste Norwegens), **b** Watten- und Fördenküste (Schleswig-Holstein), **c** Boddenküste (Mecklenburg), **d** Schärenküste (Finnland), **e** Riasküste (Galicien, Nordwestspanien), **f** Canaleküste (Dalmatien) (Zepp 2011)

ben es diese Küste und frühe Touristen gebracht – der Impressionismus verdankt seine Entstehung der Freilichtmalerei dieser Region.

Die Gruppe der untergetauchten Küsten, die ihr Erscheinungsbild der Erosion von Flüssen verdanken, umfasst die Cala-, Canale-, Ria und Valloneküste. Neben den „Vorarbeiten" der Flüsse ist der Anstieg des Meeresspiegels der zweite prägende Faktor. „In der jüngeren erdgeschichtlichen Vergangenheit unterlag der Meeresspiegel scharf ausgeprägten Schwankungen. So lag beispielsweise der Meeresspiegel während eines wärmeren Interglazials vor etwa 125.000 Jahren um ca. 6 m höher als heute. Während der Spitze der letzten großen

Vereisung vor ungefähr 20.000 Jahren lag der Meeresspiegel Schätzungen zufolge um etwa 130 m unter dem heutigen Niveau." (McKnight und Hess 2009, S. 771) Seit ca. 15.000 Jahren lässt sich durch die schmelzenden Gletscher weltweit wieder ein Ansteigen des Meeresspiegels beobachten und damit auch ein Untertauchen der Küsten. Küstennahes Flachland, aber auch ins Meer mündende Täler werden überschwemmt, werden zu Meeresgrund, so z. B. die Deutsche Bucht in der Nordsee oder der von Steilküsten gerahmte Ärmelkanal. Die untergetauchten Küsten bildet die weltweit am weitesten verbreitete Gruppe, denn ein Anstieg des Meeresspiegels von 80–100 m musste sich auf jedem Kontinent, jeder Insel bemerkbar machen.

Der Nordwestküste Spaniens mit ihren versunkenen Flusstälern verdankt die Geomorphologie den Begriff der Ria- oder Riasküste. Die galicische Bezeichnung *ria* für eine Bucht oder Meeresarm steht für eine lange schmale Flussmündung. Eine Reihe von langgestreckten Trichtern als Flussmündungen schafft eine stark zerschnittene Küstenlinie. Einen einzelnen Trichter bezeichnet man als Ästuar; er verdankt seine Form den Gezeitenströmen, der die Flussmündung ausgesetzt ist. An der Nordsee sind die Mündungen der Elbe, Weser und Themse Paradebeispiele für Ästuare, aber auch die beiden Flüsse, die die Alabasterküste der Normandie begrenzen, Seine und Somme, besitzen solche Mündungstrichter. Handelt es sich um eine hügelige oder bergige Küstenregion, ragen nach dem Überfluten nur noch die Hügel- und Bergspitzen als Inseln aus dem Meer. Riasküsten sind beispielsweise ebenso in der Bretagne, in Cornwall, auf Korsika oder außerhalb Europas in Korea, Japan, Südchina oder Ostbrasilien zu finden. Auch der natürliche Hafen von Sydney, der Port Jackson, ist eine 19 km lange Ria bzw. versunkene Flussmündung. Das berühmteste Opernhaus Australiens steht an dieser Ria.

Der Osten Spaniens bzw. Katalonien und die Balearen können mit einem weiteren Küstentyp aufwarten: der Calaküste. Hier bestimmen die in die Steilküsten eingeschnittenen – oft halbkreisförmigen – Buchten bzw. die Mündungen von Trockentälern das Landschaftsbild.

Sinken küstenparallele Gebirgsketten ab, entsteht eine Canaleküste, wie es an den Dalmatischen Inseln anschaulich zu sehen ist. Auch wenn sich natürlich unregelmäßige langgestreckte Inselketten bilden, so fallen doch eine gewissen Ordnung bzw. ihr Verlauf parallel zur Küste auf. Die höheren Bereiche der Bergzüge ragen auch hier wie Inseln aus dem Wasser. Als weitere Küstenform Dalmatiens kann noch die Valloneküste mit ihren schlauchartig gewundenen Buchten unterschieden werden.

Küstentourismus

„Küstentourismus ist die bei weitem dominierende Tourismusform in folgenden Regionen:
- Mittelmeer
- Karibik und Golf von Mexiko
- Inselgruppen des Indischen Ozeans
- Australien
- Inselgruppen des Südpazifiks

Intensiv genutzt werden außerdem die Küsten Westeuropas, der USA, Süd- und Ostasiens sowie punktuell die Küsten Südamerikas (vor allem in Brasilien, Uruguay und Ecuador) und Afrikas (Maghreb-Länder, Ägypten, Westafrika, Kenia, Südafrikanische Republik.

Küstentourismus besteht aus einer Vielzahl verschiedener Aktivitäten, wobei Baden und Strandaktivitäten im Vordergrund stehen. Zusätzlich und in Form von Spezialreisen spielen folgende Aktivitätentypen eine wichtige Rolle:
- Nicht motorisierter Wassersport (Surfen, Segeln)
- Tauchsport (vor allem in Korallenriffen)
- Motorisierter Wassersport (Motorbootfahren, Wasserski, Jetskis, Parasailing)
- Angeln und Muschelsammeln
- Naturbeobachtungen"

(Bundesamt für Naturschutz (Hrsg) 1997, S. 44)

Dem nacheiszeitlichen Anstieg des Meeresspiegels sind natürlich auch die von Gletschern überformten Täler ausgesetzt. Neben den Küsten Westpatagoniens, der westlichen Antarktis und der Südinsel Neuseelands gehören hierzu als eindrucksvolle Beispiele der nördlichen Hemisphäre die Fjordküsten von Norwegen, Grönland und Alaska: blank gehobelte, steile Felswände, die viele Hunderte von Metern und bis zu 1400/1500 m direkt aus dem Wasser ragen, Wasserläufe mit dieser grandiosen Kulisse, die sich bis weit ins Landesinnere verzweigen können.

Auf 204 km Länge bringt es der Sognefjord als längster Norwegens und nach dem Scoresbysund an der grönländischen Ostküste (350 km lang, bis 1450 m tief) als zweitlängster der Erde. Mit seiner maximalen Tiefe von 1308 m hält der Sognefjord auch diesen „Landesrekord". Der 16 km lange und bis zu 600 m tiefe Geirangerfjord und sein Seitenarm, der 17 km lange und bis 500 m tiefe Nærøyfjord, gehören als Westnorwegisches Fjordland zum Welterbe der UNESCO.

Die Kraft des Eises, der mächtigen Gletscherzungen, hat tiefe trogförmige Täler ausgekehlt, deren Talgründe heute tief unter dem Meeresspiegel liegen. An ihren Mündungen können sie unter dem Wasser Schwellen aufweisen, wenn die Gletscher den Untergrund tiefer ausgehoben haben als das Niveau des damaligen Küstenbereichs. Diese Trogtäler zerschneiden das Land mit seinen Hochflächen, dem Fjell, stark und beeinträchtigen das Verkehrswie Siedlungsnetz enorm. In der Regel erheben sich die Talwände direkt aus dem Wasser, sodass es kaum ebene Flächen für Dörfer wie Landwirtschaft gibt – zumal der Zugang über oder durch die Felswände ein anderes Hindernis darstellen würde. So gehört zur klassischen Siedlungsverteilung des Fjordlandes, dass erst am Rand des Wassers in den höheren Bereichen der Trogtäler eine Landnutzung jeglicher Art möglich ist. Oft sind die dort liegenden Orte auch nur auf dem Wasserweg zu erreichen. Deshalb spielen auch heute noch die Schiffsverbindungen der Hurtigruten (▶ Abschn. 12.2) eine große Rolle im alltäglichen Personen- und Warentransport Norwegens. Natürlich profitiert auch der Tourismus von dieser Verkehrsverbindung, die die norwegische Küstenlandschaft mit den Fjorden und den vorgelagerten Inseln komfortabel erleben lässt.

Eine andere Küstenlandschaft Skandinaviens in der Nachfolge einer glazialen Überformung ist die Schärenküste. Im Unterschied zu den Fjorden, wo die Kraft des Eises in den Tälern – als „dirigierte" Glazialerosion – gelenkt wurde, handelt es sich bei dieser Abtragung um eine flächige, eine „freie" Glazialerosion. Der Inbegriff dieser Küstenform ist in der nördlichen Ostsee, vor den Küsten Schwedens und Finnlands, zu finden. Zahllose Inselchen und Inseln, teils nur kahle, vom Eis glatt gehobelte Felsen oder größere mit nennenswerter Vegetation, liegen ohne eine erkennbare Ordnung vor dem Festland.

Dabei handelt es sich um eine „ertrunkene" Rundhöckerlandschaft, die die Gletscher der Eiszeit geschaffen haben. Durch die Abnahme des Druckes mächtiger Gletschermassen auf dem Land, die Glazialisostasie, hebt sich das Land langsam wieder, und die Schären steigen weiter über den Meeresspiegel. Inwieweit der allgemeine Anstieg der Meere diesen Kräfteausgleich durch die Hebung des vom Eis befreiten Landes ausmacht, lässt noch viel Raum für Spekulationen und wissenschaftliche Feldarbeit der nächsten Generationen von Geowissenschaftlern!

> **Rundhöckerlandschaft**
>
> Für diese Überformung der Landschaft sind die alpinen Gletscher, aber wesentlich stärker die flächig wirkenden Inlandeismassen verantwortlich; sie räumen eine Landschaft im wahrsten Sinne des Wortes aus, schieben alles an Lockermaterial vor sich her, um es am Ende in einer Grundmoränenlandschaft abzulagern. Auf dem Weg dorthin entstehen die Rundhöckerlandschaften. Die glatt geschliffenen kristallinen Gesteine, die oftmals nicht nur als einzelne Höcker, sondern auch als Rundhöckerfluren auftreten, sowie ausgehobelte Felswannen bestimmen hier das Bild. Die stromlinienförmigen Felsrücken weisen im Längsschnitt eine Asymmetrie auf: Die Luvseiten – bezogen auf die Strömungs- oder Stoßrichtung des Eises – steigen flach an, während die Leeseiten steiler abfallen. Ein wesentlicher Grund dafür liegt in der stärker wirkenden Frostsprengung auf diesen Seiten nach dem Abschmelzen des Eises.
> Blöcke und Steine im Eis, die später einmal die Moränen bilden werden, zerkratzen dabei den Untergrund und hinterlassen auf den glatt polierten Felsen auch den sogenannten Gletscherschliff. An diesen Gletscherschrammen lässt sich mühelos die einstige Bewegungsrichtung des Eises ausmachen.

Nicht nur die Abtragungen durch Gletscher- und Inlandeis bringen charakteristische Küstenformen hervor, auch die Regionen, in denen es zu Ablagerungen des Eises kommt, können mit spezifischen Landschaftsformen aufwarten, wie es die Förden-

und den Boddenküsten zeigen. Auf den ersten Blick mögen Fjorde und Förden im Kartenbild schon von ihren Formen als langgestreckte Meeresbuchten her ähnlich scheinen, auch verdanken sie beide dem Eis ihren Ursprung, aber trotzdem unterscheiden sie sich in ihrer Entstehung und den Details grundlegend. Hier kamen keine Gletscher aus dem Binnenland, sondern es handelt sich um Relikte der letzten Eiszeit, als die Eismassen der Weichseleiszeit die Ostsee und die angrenzenden Regionen bedeckten. Bei ihrem Abschmelzen entstand eine Grundmoränenlandschaft mit Schmelzwasserrinnen, die sich schon unter dem Eis entwickelten, aber auch Zungenbecken – beide Hohlformen sollten sich noch durch den Anstieg des Meeresspiegels mit dem Wasser der Ostsee füllen und auf diese Weise die Förden bzw. die Fördenküste bilden.

Im überfluteten Bereich einer Grundmoränenlandschaft kann sich auch die Form einer Boddenküste herausbilden; die Ostseeküste Mecklenburg-Vorpommerns kann hierzu die Beispiele liefern und sogar zwischen dem Darß und der Insel Rügen der 1990 gegründete Nationalpark Vorpommersche Boddenlandschaft. Unter Bodden versteht man flache Küstengewässer, die durch Inseln oder Landzungen vom Meer abgetrennt sind. Auch sie sind das Erbe der letzten Eiszeit. Durch den nacheiszeitlichen Anstieg des Meeresspiegels wurde diese Grundmoränenlandschaft überflutet, und in den tiefer gelegenen Flächen konnte sich das Meereswasser sammeln, während die Moränenrücken inselartig herausragen. Charakteristisch ist für die flachen Boddengewässer, die in anderen Regionen auch als Lagunen bezeichnet werden, der geringere Salzgehalt des Wassers, da sie aus Meerwasser sowie dem Süßwasser der in sie mündenden Gewässer gespeist werden. Durch Flutrinnen erfolgt ein Wasseraustausch mit der Ostsee. Dank dieser Konstellation und weiterer Faktoren, wie z. B. dem deutlich höheren Nährstoffreichtum im Bodden und einer klein gegliederten Landschaft aus Windwatten, Stränden, Dünen, Strandwällen, Steilufern, Röhricht, Salzgrasland, Magerrasen, Zwergstrauchheiden und Wäldern, hat sich eine Reihe unterschiedlicher Lebensräume entwickelt.

In den Bodden findet man durch die Mischung von Süß- und Salzwasser (Brackwasser) auch Pflanzen und Tiere aus den beiden Bereichen: „Im Gebiet der Darß-Zingster Boddenkette kommen 48 Fischarten regelmäßig vor: 22 Süßwasser-, 5 Wander- und 21 Meeresfischarten. Typische Süßwasserfische sind Brasse, Plötze, Zander oder Flussbarsch, häufige Meeresfische Hering, Sprotte, Hornfisch, Sand- und Strandgrundel, Grasnadel, Kleine Schlangennadel und Flunder" (▶ www.nationalpark-vorpommersche-boddenlandschaft.de/vbl/index.php?article_id=57, aufgerufen am 26.10.2013). Eine große Bedeutung hat die Boddenküste als Schlaf- und Ruheplatz für Gänse auf ihrem Flug nach Süden. Rund 100.000 Grau-, Saat- und Blässgänse werden hier alljährlich im Herbst bei der Zwischenetappe auf ihrem Weg in die wärmeren Überwinterquartiere gezählt. Auch mehrere Tausend Kraniche machen im Windwatt am Bock, dem größten Kranichrastplatz Mitteleuropas, Station auf dem Zug nach Süden.

Einzigartige wie extreme Biotope stellen die Windwatten dar. Obwohl die Gezeiten in der Ostsee und damit auch an der Boddenküste keine große Rolle – wie beispielsweise an der Nordsee – spielen, gibt es doch unübersehbare Schwankungen des Wasserstandes, die sogar auch für ein Trockenfallen von Flächen verantwortlich sind. Die Ursache ist der Wind; er sorgt dafür, dass bei Niedrigwasser Wattflächen völlig austrocknen und dies durchaus auch wochenlang so bleibt. Zu diesem Gegensatz kommen beispielsweise auch starke Schwankungen im Salzhaushalt hinzu – von der Salzarmut bei Regenfällen zu hohen Konzentrationen im Boden, wenn das Wasser im Sommer verdunstet ist, aber auch die relativ extremen Temperaturunterschiede machen das Leben im Windwatt für seine Bewohner nicht leicht und verlangen eine gute Anpassung. Zwar können nur wenige wirbellose Tierarten unter solchen Bedingungen leben, doch diese kommen dann wiederum in großer Zahl an Individuen vor. Von ihnen profitieren vor allem die Watvögel, wie Säbelschnäbler und Sanderlinge.

An den Steilküsten der Vorpommerschen Boddenlandschaft fällt die Verbindung zur Eiszeit und der nachfolgenden Grundmoränenlandschaft am deutlichsten auf, denn sie werden u. a. von den steilen Abbruchkanten der Endmoränen gebildet, wie es am Dornbusch, am Nordoststrand der Insel Liebitz, bei Ostummanz und Barhöft zu sehen ist. Eine Besonderheit im Nationalpark Vorpommersche Boddenlandschaft sind die Torfkliffs. In einigen verlandenden Bodden sind Torfmoore entstanden, die ebenfalls Abbruchkanten und damit Steilküsten bilden können. An den Ufern der Boddeninseln Borner und Neuendorfer Bülten, Kirr, Barther Oie, Großer Werder, Heuwiese lässt sich dieses Phänomen beobachten.

Die charakteristische Vegetation der Vorpommerschen Boddenlandschaft sind die Röhrichte, die von Natur aus die Gewässerufer, aber auch die Schlickbänke und flachen Inseln bedecken könnten. Durch die Eingriffe des Menschen, durch Eindeichung, Entwässerung, aber auch durch landwirtschaftliche und touristische Nutzung nehmen die Röhrichte heute selbst im Nationalpark nur noch einen kleinen Teil der Flächen ein. Zu den Röhrichten, die an diesen Standorten heimisch sind, gehört nicht nur dasjenige aus Schilf; auch Meersimsen bilden hier noch größere Röhrichte. Eine andere Pflanzengesellschaft, die sich auf spezielle Standortbedingungen eingestellt hat und vielerorts in der Nachfolge der Beweidung der Röhrichte entstanden ist, stellt die Salzvegetation der Salzgrasländer dar. Sie ist vor allem noch auf den Inseln wie beispielsweise Kirr, Ummanz und Hiddensee zu finden. Aber auch diese Flächen mit der dominierenden Boddenbinsenweide sind gefragte Weiden, da sie einen hohen Futterwert haben und nicht nur vom Weidevieh, sondern auch von Wildtieren wie den Gänsen gerne genutzt werden.

Mit der Boddenküste sei nun die Gruppe der „zurückgewichenen" Küsten abgeschlossen. Ebenfalls mit einer an der Ostsee auftretenden Form sollen die „aufgebauten" Küsten beginnen: der Ausgleichsküste mit Nehrung und Haff. Als bekannteste Beispiele seien die Frische Nehrung und das Frische Haff sowie die Kurische Nehrung und das Kurische Haff genannt. Ein heutzutage sicherlich prominenteres Beispiel für diese Küstenform stellt Venedig dar mit der Lagune (Bodden oder Haff) und dem Lido (Nehrung). Doch weltweit schätzt man den Anteil der Nehrungsküsten an sämtlichen Küstenformen auf 13 % (vgl. Goudie 2008, S. 277). Die längsten Abschnitte liegen entlang der Küste der Vereinigten Staaten, wie z. B. die Outer Banks in North Carolina oder an der texanischen Küste und im Golf von Mexiko. (Bei Übersetzungen aus der englischen Literatur werden die Nehrungen als „Barriereinseln" (*barrier islands*) bezeichnet, z. B. McKnight und Hess 2009, S. 768 f.).

Diese Küstenform entsteht durch Strandversetzung, „wenn die Wellen infolge küstenparalleler oder im spitzen Winkel zur Küste wehender Winde schräg auf die Küste treffen. Die Roller laufen dann ebenfalls schräg am Strandwall hoch, ihr Ablauf erfolgt aber dem Gefälle folgend senkrecht. Damit werden Sandkörner und Gerölle mit jedem Schwall am Strande in Windrichtung versetzt, d. h. ein einzelnes Sandkorn treibt im Zickzackweg an der Küste entlang. Springt die Küstenlinie z. B. zu einer Bucht zurück, wächst an dem Vorsprung der Strandwall ins Meer hinaus. Es bilden sich Haken oder Nehrungen (z. B. Kurische Nehrung), die ganze Buchten abschnüren" (Busch 1996, zit. in: Zepp 2011, S. 274f.). Überformen diese Prozesse einen langen Abschnitt einer Küste, reihen sich Nehrung und Haff nahezu aneinander, spricht man von einer Ausgleichsküste.

Durch Abtragung und Ablagerung hat dann eine unregelmäßige Küstenlinie mit Landvorsprüngen und Buchten einen weitgehend geraden Verlauf – fast wie mit einem überdimensionalen Zirkel gezogen – bekommen. Bilderbuchmäßig ist dies bei der Frischen und der Kurischen Nehrung zu sehen. Eine 98 km lange und bis zu 3,8 km breite Landzunge mit bis zu 60 m hohen Dünen, die ca. zur Hälfte zu Russland (46 km) bzw. Litauen (52 km) gehört, schnürt als Kurische Nehrung das angrenzende Haff ab. Im Jahr 2000 wurde die Kurische Nehrung als altes Siedlungsland in die Liste des Weltkulturerbes der UNESCO aufgenommen. Die Frische Nehrung zwischen Polen und Russland bringt es auf eine Länge von ca. 70 km und eine maximale Breite von 1,8 km.

Weist eine Nehrung eine Lücke auf, sodass noch Ostseewasser in die ehemalige Bucht dringen kann, spricht man bei dem landeinwärts liegenden Gewässer von einem Haff oder einer Lagune. Schließt die Nehrung die Bucht vollständig ab, wird dieses Gewässer als Strandsee bezeichnet. Von Natur aus sind diese beiden Gewässer langfristig in ihrer Existenz „bedroht", denn von der Meeresseite bzw. der Nehrung wird Sand bis hin zu Wanderdünen herangewegt, und vom Binnenland tragen Flüsse mit ihren Sedimenten, aber auch Vermoorung und Torfbildung, zu einer allmählichen Verlandung bei.

Die dominierende Küstenform an der deutschen Nordseeküste – und fortgesetzt an der niederländischen und dänischen – ist die Wattenküste. 2009 wurden der deutsche (die entsprechenden National-

Die Anfänge des Badetourismus an der Ostsee

Diese lassen sich zum einen als Wirtschaftsförderung durch einen Landesherren, aber auch als Abwerbung von Gästen aus jungen, wenn auch schon etablierten Seebädern bezeichnen. Herzog Friedrich Franz I. von Mecklenburg-Schwerin nahm Anstoß daran, dass seine wohlhabenden Untertanen ihre neu erwachtet Begeisterung für das Meer und den Drang zu Bädern im Meerwasser nicht an der heimatlichen Ostseeküste befriedigten und stattdessen nach England reisten. Der Herzog kurte selbst seit 1793 in Doberan und nahm auf Empfehlung seines Leibarztes Prof. Samuel Gottlieb auch Bäder im Meerwasser am Heiligen Damm.
Der Ausbau der herzoglichen Badestätte zu einem gesellschaftsfähigen Seebad sollte bald folgen. 1795 wurde der Grundstein für ein erstes Badehaus gelegt. Ganz nach dem englischen Vorbild stieg man hier auch in Wannen mit erwärmtem Meerwasser. Von 1814 bis 1816 wurde das heute noch existierende klassizistische Kurhaus mit seiner monumentalen Säulenvorhalle gebaut. Ab Mitte des 19. Jahrhunderts entstanden zahlreiche in der Regel weiß verputzte Villen, sodass Heiligendamm zur „Weißen Stadt am Meer" wurde. Adel und Großbürgertum hatten sich eine repräsentative wie exklusive Sommerfrische geschaffen.

Ein zweiter geographischer Schwerpunkt bei der Entwicklung des Badetourismus an der Ostsee ist bei den „Dreikaiserbädern" zu suchen. Auch wenn hier schon der Name auf hochherrschaftliche Gäste schließen lässt, so waren Heringsdorf, Ahlbeck und Bansin auf der Insel Usedom ebenso Reiseziele für das „einfache Volk". Doch die Villen der wohlhabenden Gäste zeigen mit ihrer heute wieder herausgeputzten Bäderarchitektur, dass Usedom auch ein Seebad für gehobene Schichten war. Einen Umschwung brachte der Ausbau des Eisenbahnnetzes mit der Linie Berlin-Stettin und dem neuen Endpunkt Bahnhof Heringsdorf 1894. Damit konnte sich die Ostsee als „Badewanne Berlins" etablieren. Nach englischem Vorbild wurden auch auf Usedom Seebrücken (piers) errichtet. Diejenige von Ahlbeck wurde 1898 eröffnet und gilt – natürlich im Laufe der Zeit mehrfach verändert – als die älteste an der Ostsee. Dass diese historische Infrastruktur auch in der heutigen Zeit noch gefragt sein kann, beweist die 1995 eingeweihte Seebrücke von Heringsdorf. Mit ihrer Gesamtlänge von 508 m und 300 m über dem Meer ist sie die längste in Deutschland. Ganz in alter Tradition vereint sie Promenade, Unterhaltungsangebot und Anlegestelle für Fahrgastschiffe. Nicht weit entfernt von Heringsdorf ist im polnischen Seebad Sopot mit 511 m Länge die längste hölzerne Seebrücke der Ostsee und Europas zu finden. Auch diese 1927 erstmals errichtete Seebrücke verbindet Unterhaltungsmöglichkeiten für Badegäste mit der Funktion einer Schiffsanlegestelle.

---

parks in Niedersachsen und Schleswig-Holstein) sowie der niederländische Teil auf einer Länge von ca. 400 km zum Weltnaturerbe der UNESCO erklärt, doch auch vorher standen Teile dieser Landschaft schon unter besonderem Schutz, so z. B. seit 1986 als Nationalpark Niedersächsisches Wattenmeer oder auf niederländischer Seite das Wattenmeer als „Staatliches Naturdenkmal". Bis zu geschätzten 20 Mio. Tages- und Übernachtungsgäste jährlich im Niedersächsischen Wattenmeer zeigen einerseits die hohe Attraktivität dieser Landschaft, aber natürlich auch ihre Gefährdung, der durch die Unterschutzstellung deutliche Grenzen gesetzt werden. 2011 wurde das Gebiet des Wattenmeer-Weltnaturerbes erweitert um den Nationalpark Hamburgisches Wattenmeer an der Elbemündung mit den Inseln Neuwerk, Nigehörn und Scharhörn. Alle drei Regionen waren vorher bereits als Biosphärenreservate der UNESCO anerkannt.

Was macht die Bedeutung des Wattenmeeres aus? Es ist „eines der größten und wichtigsten gezeitenabhängigen Feuchtbiotope und hat als Rastgebiet für Zugvögel globale Bedeutung. ... Das Wattenmeer bildet die weltweit größte zusammenhängende Fläche aus Schlick- und Sandwatt. Insgesamt macht es 60 Prozent aller Tidegebiete in Europa und Nordafrika aus. Neben der reinen Wattfläche gehören zahlreiche andere Lebensräume, wie zum Beispiel Salzwiesen, Marschflächen, Dünen und Sandbänke, zu der eingerichteten Schutzzone. Einzigartig ist die außerordentlich große Artenvielfalt. Etwa 10.000 Arten leben im Wattenmeer. Die Salzwiesen beherbergen rund 2300 Pflanzen- und Tierarten, die marinen und brackwasserhaltigen Zonen circa 2700 weitere Arten. Zu den im Wattenmeer lebenden Säugetieren zählen Seehunde, Kegelrobben und Schweinswale. Im Schlick tummeln sich Muscheln und Krebse, Faden- und Strudelwürmer. Das Watt ist Laichplatz von zahlreichen Meeresfischen wie Scholle und Seezunge. Das große Nahrungsangebot macht das Wattenmeer unentbehrlich als Zwischenstopp für

Kapitel 4 · Küstentypen

> **Ost- und Nordseeküste im Vergleich**
>
> Beide Küsten sind junge Landschaften, die maßgeblich von den Inlandvereisungen während der Eiszeiten überformt wurden – sei es durch die direkten Wirkungen des Gletschereises, seine abtragenden wie ablagernden Tätigkeiten, oder durch Einwirken des postglazialen Meeresspiegelanstiegs. Die Küsten beider Meere erhielten in den letzten 4500 Jahren ihr heutiges Aussehen (◘ Abb. 4.3). Die Nordsee unterliegt als Randmeer des Atlantischen Ozeans dem Einfluss der Tide, der Tidenhub liegt hier zwischen 1,5 und 3,5 m. Die Ostsee ist dagegen ein Binnenmeer, das zwar über Kattegat und Skagerrak mit der Nordsee und dem Atlantik verbunden ist, doch nur Gezeitenunterschiede von wenigen Zentimetern aufweist. „Sie ist ein Brackwassermeer, bei dem es nur bei besonderen Wetterlagen zu einem Austausch mit dem salzreichen Nordseewasser kommt. Der Salzgehalt der Nordsee entspricht dagegen demjenigen eines Weltmeeres." (Müller 2003, S. 74)
> „An der Nordseeküste treten eiszeitlicher und voreiszeitlicher Untergrund nur an wenigen Stellen zu Tage, so auf den Inseln Sylt, Amrum und Föhr, in Schobüll, nördlich Husum sowie auf Helgoland …" (a. a. O.). „Die Ostseeküste besteht – abgesehen von jungen Strandbildungen – aus den Ablagerungen der Weichseleiszeit, überwiegend Jungmoränen. Besonderes Merkmal sind die aktiven Kliffs" (a. a. O.).

◘ **Abb. 4.3** Im Unterschied zur Nordsee findet man an der Ostseeküste strandnah ausgedehnte Kiefernbestände, wie es hier in Litauen nahe des Seebads Palanga zu sehen ist (Carola Welkisch)

Zugvögel. … Durchschnittlich ziehen jährlich zehn bis zwölf Millionen Zugvögel durch das Gebiet." (► www.unesco.de/welterbe-wattenmeer.html aufgerufen am 26.10.2013)

Zur Vorgeschichte der heutigen Nordseeküste und des Wattenmeeres gehören zwei Eiszeiten. In der älteren, der Saaleeiszeit vor bis zu 150.000 Jahren, bildete sich im Norden Deutschlands eine Grundmoränenlandschaft aus, die als Geest bezeichnet wird. Das niederdeutsche Wort „güst" für „karg, unfruchtbar" lässt erahnen, wie es um die Böden dieser Landschaft bestellt ist. Aus der Verbreitung der Geest lässt sich ableiten, wie weit sich die Eismassen ausdehnten und dass sie das Gebiet der heutigen Nordsee und weitere Teile des Binnenlandes bedeckten. Besonders widerstandsfähige Ablagerungen der Gletscher blieben erhalten und bildeten die Kerne beispielsweise von Sylt und Texel. In der letzten Eiszeit, der Weichseleiszeit, reichten die aus Skandinavien kommenden Eismassen nicht mehr so weit nach Süden. Die Nordseeküste verlief ca. 300 km weiter nördlich, und der Meeresspiegel lag rund 100 m unter dem aktuellen Niveau. In jener Zeit gab es den Ärmelkanal noch nicht, war England keine Insel, der Rhein dafür ein Nebenfluss der Themse! Damit konnten die Westwinde im Bereich der späteren Deutschen Bucht viel Sand ablagern und buchstäblich die Grundlage des heutigen Wattenmeeres schaffen. Zum Ende der Weichseleiszeit vor ca. 15.000 Jahren begannen die Eismassen zu schmelzen, der Meeresspiegel stieg wieder an, und die Nordsee begann, sich nach Süden über die weiten Sandflächen auszudehnen, aber auch die Dünenketten und fossilen Strandwälle stellenweise zu durchbrechen; die Flüsse wirkten in ähnlicher Weise von der Landseite, und so konnten sich die Reihe der West-, Ost- und Nordfriesischen Inseln und schließlich auch das Wattenmeer als ein zusammenhängender Meeresbereich bilden. Vor 10.000 bis 12.000 Jahren begann die Entwicklung des Wattenmeeres und hält unter dem Einfluss von Wind und Gezeiten ununterbrochen an.

> **Die Gezeiten – Ebbe und Flut**
>
> Der Mond sorgt mit seiner Anziehungskraft für „Flutberge" auf der Erdkugel – auf der ihm zugewandten Seite der Erde wie auf der abgewandten. „Die Fliehkraft entsteht dadurch, dass sich Erde und Mond gemeinsam um eine gemeinsame Achse drehen. Während sich das Wasser also auf zwei Seiten der Erde zu Flutbergen sammelt, fließt das Wasser aus den dazwischen liegenden Gebieten fort, dort ist Ebbe. Die Erde dreht sich also täglich vom Flutberg der mondabgewandten Seite durch ein Ebbetal zum Flutberg der mondabgewandten Seite und durch ein weiteres Ebbetal zum Ausgangspunkt zurück. Für diesen Weg benötigt sie allerdings länger als einen Tag. Erst nach 24 Stunden und 50 Minuten steht der Ausgangspunkt, z. B. die Nordseeküste, wieder genau dem Mond gegenüber und der Kreislauf beginnt von vorn" (Nationalparkverwaltung Niedersächsisches Wattenmeer 2012, S. 6). Durch diesen Rhythmus von knapp 25 Stunden verschieben sich zwar die Gezeiten von Tag zu Tag, doch der zweimalige Wechsel von Ebbe und Flut bleibt. Etwa alle 12,5 Stunden kommt es zu einem Hochwasser. Das Wasser kommt aus dem Atlantik und lässt den Meeresspiegel in der Deutschen Bucht schließlich um 2–3 m steigen. Solch eine Zunahme macht deutlich, dass Wattwanderungen lebensgefährlich werden können, wenn man sie ohne eine ortskundige Führung zum falschen Zeitpunkt (siehe Gezeitenkalender!) unternimmt.
> Den Höhenunterschied zwischen Hoch- und Niedrigwasser/Tidenhoch- bzw. Tideniedrigwasser bezeichnet man als Tidenhub. An der Nordseeküste, z. B. bei Wilhelmshaven, beträgt er 3,60 m, auf den Ostfriesischen Inseln 1,80 m und in der Ostsee gerade einmal 0,30 m. Er kann aber auch wesentlich höher ausfallen und in Gezeitenkraftwerken zur Energiegewinnung genutzt werden, so seit 1967 in der Bretagne, wo das Gezeitenkraftwerk Rance einen Tidenhub von ca. 8 m in Energie umsetzt. In den nordöstlichen Provinzen Kanadas lässt sich der weltweit höchste Tidenhub von rund 15 m beobachten.

Zwischen dem Wattenmeer und den älteren Geestflächen entstanden in den Verlandungszonen des Meeres nach der letzten Eiszeit die Marschen. Dieser breite Landstreifen auf der Höhe des Meeresspiegels zeichnet sich durch einen hohen Grundwasserstand in den Böden aus, der sich u. a. auch in ausgedehnten Mooren zeigt, aber ebenso – einst – in einer permanenten Bedrohung durch Überflutungen der Nordsee. So siedelten sich die ersten Bewohner in der Marsch um 500 v. Chr. auch auf Uferwällen von Flüssen und Meeresbuchten an, um so den Auswirkungen von Sturmfluten zu entgehen, während auf der Geest schon um 3000 v. Chr. die ersten Siedlungen entstanden. Erst mit dem Ausbau von künstlichen Erhöhungen, von Wurten/Warften und Deichen, und Techniken, dem Boden das Wasser zu entziehen, wurde ab dem frühen Mittelalter die Marsch mit ihren fruchtbaren Böden intensiver und durchgehend genutzt.

Der Bereich der Marschen, der nicht nur von seiner Lage, sondern auch von seiner Vegetation noch die engste Verbindung zum Meer aufweist, sind die sogenannten Salzmarschen. Hier in der Verlandungszone des Meeres, die nur noch unregelmäßig überflutet wird, zeigen Flora und Fauna der Salzwiesen ihre Anpassung an den ständigen Kontakt zum Meerwasser, aber auch an wechselnde Wasserstände und einen hohen Salzgehalt. Ein Liter Wasser im Wattenmeer enthält ca. 30–35 g Kochsalz – das entspricht einer Menge von drei Esslöffeln! Die Pionierpflanze, die unter diesen Standortbedingungen gut gedeihen kann, ist der Queller, ein Halophyt (Salzpflanze, griech. „Hals" – Salz, „Phyton" – Pflanze). Sein Name verrät schon seine Strategie, sich mit dem Salzwasser zu arrangieren: Er verdünnt den Salzgehalt in seinem Zellsaft, indem er Wasser einspeichert und so im Laufe eines Sommers „aufquillt". Andere Pflanzen können das mit dem Wasser aufgenommene Salz wieder ausscheiden, so z. B. der Strandhafer. Bei trockenem Wetter kann man winzige Salzkristalle auf seinen Blättern erkennen. Die Portulak-Keilmelde lagert dagegen das unerwünschte Mineral in Haaren ab, die sie abwerfen kann. Natürlich gibt es in den Salzwiesen auch eine Tierwelt, die sich auf diese besonderen Verhältnisse spezialisiert hat, und zwar eine durchaus artenreiche. So gibt es 25 Insektenarten, die allein von der Strandaster leben, ca. 400 Tierarten arrangieren sich mit den 25 häufigsten Blütenpflanzen der Salzwiesen. Eine große Rolle spielen diese Biotope auch für die Vogelwelt: Hier brüten Austernfischer, Rotschenkel, Wiesenpieper, Seeschwalben sowie Möwen, und Zugvögel nutzen sie als Rastplätze.

> **Zugvögel**
>
> Unter den Zugvögeln unterscheidet man je nach Art und Intensität ihres Standortwechsels die Langstrecken- bzw. Kurzstreckenzieher. Bei den „Kurzstrecken" handelt es sich immer noch um die Distanzen zwischen Nord- und Mitteleuropa und dem Mittelmeerraum. Phänomenale Leistungen vollbringen dagegen die Langstreckenzieher, die Strecken von bis zu 10.000 km zweimal im Jahr zurücklegen. Es sind Vögel, die zwischen der Arktis und beispielsweise der westafrikanischen Küste pendeln. Auf dieser Strecke haben viele Arten nur ein einziges Rastgebiet: das Wattenmeer. Hier müssen sie sich stärken, so viel an Kraft sammeln, dass sie Entfernungen von mehreren Tausend Kilometern auch nonstop zurücklegen können.
> Ein Beispiel: „Um etwa die 4500 Kilometer lange Strecke zwischen dem Nationalpark Banc d' Arguin in Mauretanien und dem Nationalpark Niedersächsisches Wattenmeer zu bewältigen, braucht ein Vogel ohne Windunterstützung und bei einer Flugreisegeschwindigkeit von ca. 60 km/h etwa 75 Stunden, also mehr als drei ganze Tage nur Fliegen, ohne Rast, ohne Nahrungsaufnahme" (Nationalparkverwaltung Niedersächsisches Wattenmeer (Hrsg) 2013, S. 24).
> Die Pfuhlschnepfe, ein Langstreckenzieher und auch der Symbolvogel der Zugvogeltage, wiegt bei ihrer Ankunft im Wattenmeer gut 300 g. In den folgenden drei Wochen wird sie täglich 10 g zunehmen, um dann mit einem Gewicht von ca. 500 g zu starten. Dieses zusätzliche Gewicht steckt in einem Fettpolster auf dem Brustmuskel. Doch der Körper des Zugvogels verändert sich auch noch weiter zur Vorbereitung auf die Strapazen des Langstreckenfluges, so wird beispielsweise der Magen-Darm-Trakt kurz vor dem Abflug zurückgebaut, da auf dem Flug nichts gefressen wird, und wenn die Reise gen Norden geht, in der Arktis zum Zeitpunkt der Ankunft auch noch nicht viel an Nahrung zu erwarten ist. Wichtig ist für die Zugvögel bei ihrem „Auftanken" und „Stärken im Wattenmeer", dass sie nicht an ihren Rastplätzen gestört und aufgescheucht werden. Dies erhöht den Energieverbrauch bis auf das Zehnfache und lässt sich in dem kurzen Aufenthalt im Wattenmeer nicht wieder ausgleichen.
> Die Nahrungsgrundlage im Wattenmeer ist von Natur aus optimal für die Millionen an Zugvögeln, die dort zweimal im Jahr Station machen, denn seine biologische Produktion ist 20-mal so hoch wie diejenige des tropischen Regenwaldes, dem Sinnbild für üppige Flora und Fauna!

Das Watt verlangt seinen Bewohnern als amphibischer Lebensraum noch mehr ab. Der Wechsel von Überflutung und Trockenfallen, die Strömung, der Salzgehalt, aber auch die Temperaturen und eine ungehinderte Sonnenstrahlung schaffen extreme Verhältnisse; auch erscheinen die charakteristischen ausgedehnten Sand- und Schlickflächen auf den ersten Blick wenig belebt. Das endlose Muster der Rippelmarken prägt das Bild des Watts bei Ebbe. Sie verlaufen quer zur Strömungsrichtung und besitzen eine flachere Luv- und steilere Leeseite. Bei diesem unverkennbaren Muster handelt es sich jedoch nur um eine bestimmte Art des Watts, nämlich des Sandwatts – das Schlickwatt bildet keine kleingliedrige Struktur aus sondern glänzende Flächen mit unregelmäßigem Umriss. Auch in den Korngrößen ihrer Sedimente unterscheiden sich die beiden Formen: Das Sandwatt besteht als grobkörnigerem Material als das Schlickwatt. Dieser Unterschied macht sich schon bei einer Wattwanderung deutlich bemerkbar. Während man auf dem sandigen Untergrund unbeeinträchtigt gehen kann, sinkt man näher an der Küste im rutschigeren Schlickwatt bei jedem Schritt ein. Der Grund dafür liegt in der Zusammensetzung des Schlickes aus Ton sowie den Überresten von Pflanzen und Tieren. Diese Mischung kann zwei- bis dreimal soviel Wasser speichern wie das Sandwatt und dementsprechend auch rutschiger und matschiger sein.

Aus der Tourismuspraxis

Zugvogeltage im Nationalpark Niedersächsisches Wattenmeer

Seit 2009 werden in jedem Herbst im Nationalpark Niedersächsisches Wattenmeer jeweils neun Tage lang Zugvogeltage veranstaltet. „Die Zugvogeltage sind ein innovativer Beitrag, das Wattenmeer und seinen Wert als Weltnaturerbe erlebbar zu machen. Denn kaum ein Phänomen veranschaulicht die internationale Bedeutung des Wattenmeeres so eindrucksvoll wie der Vogelzug!", so die Nationalparkverwaltung. Millionen von Vögeln aus Skandinavien, Island, Sibirien und Kanada machen auf dem ostatlantischen Zugweg in die Winterquartiere am Atlantik, West- und Südafrika hier Rast. Finanziell unterstützen die Wattenmeerstiftung, die Deutsche Bundesstiftung Umwelt und der Förderverein Nationalpark Niedersächsisches Wattenmeer diese Aktionstage.

Mit mehr als 150 Veranstaltungen wendet man sich an viele Zielgruppen, an Familien – auch mit Extraprogrammen für Kinder –, an Naturfreunde ohne Vorkenntnisse wie an Ornithologen und Kenner des Wattenmeeres. Den Schwerpunkt bilden Exkursionen zu Fuß, mit dem Fahrrad, dem Schiff und Bus und sogar von einem Zug aus. Diese Gruppen werden von fachkundigen Führern begleitet, aber auch die eigens für die Zugvogeltage eingerichteten Beobachtungsstationen sind zu festgelegten Zeiten mit Fachleuten besetzt. Vorträge und Seminare werden angeboten; Ausstellungen, Lesungen und Theatervorführungen nähern sich dem Thema Zugvögel auch auf künstlerische Weise.

Der weltumspannende Aspekt des Vogelzuges wird auch in kulinarischen Angeboten veranschaulicht. Bei „Vogelzug-Menüs" stehen Gerichte nach Rezepten aus den Ländern des ostatlantischen Zugweges, die vorzugsweise aus biologisch erzeugten und fair gehandelten Zutaten gekocht werden, auf der Speisekarte. Ähnlich bringen Konzerte oder musikalische Einlagen bei anderen Veranstaltungen die Musikwelt dieser Regionen, in denen die Zugvögel brüten, rasten oder überwintern, zum Klingen. Für diese Zugvogeltage bieten die beteiligten Orte eigene Pauschalangebote.

Die Nationalparkverwaltung zur Philosophie der Aktion: „Es geht aber nicht nur darum, die Faszination des Vogelzugs zu erleben und zu verstehen, dass Vogelzug eine weltumspannende Dimension hat, in der das Wattenmeer eine zentrale Rolle einnimmt. Es geht auch darum, mit dem eigenen Verhalten zum Schutz der Umwelt beizutragen. Deswegen ist es selbstverständlich, dass alle Exkursionen und Vogelbeobachtungen, die während der Vogelzugtage angeboten werden, weder die Vogelwelt noch die übrige Natur im Wattenmeer beeinträchtigen. Auch die begleitenden Veranstaltungen, das Reisen, das Essen und das Wohnen sollen möglichst naturverträglich und nachhaltig gestaltet werden, also verantwortungsbewusst gegenüber kommenden Generationen – nicht nur in der Wattenmeerregion. Kurz: Die Zugvogeltage sollen zu einem Modell für sanften, den Prinzipien der Nachhaltigkeit ausgerichteten Tourismus im Weltnaturerbegebiet Wattenmeer zu werden" (▶ www.zugvogeltage.de).

Mit den organischen Substanzen im Schlick beginnt eine wichtige Nahrungskette für die Tierwelt. Bakterien zersetzen die feinen Pflanzen- bzw. Tierreste im Untergrund beispielsweise in ihre Stickstoff- und Phosphorverbindungen und schaffen damit die Lebensgrundlage für die Algen, die wichtigsten Pflanzen im Watt. Auf 1 cm² Schlick leben geschätzt 1 Mio. Algen, die von den kleinen im Boden lebenden Tieren gefressen werden. Bis zu 40 Schlickkrebse oder 100 Wattschnecken können sich auf der gleichen winzigen Fläche finden. Wattwürmer, Seeringelwürmer, Bäumchenröhrenwürmer und spezialisierte Muscheln, wie die Sandklaffmuschel oder Herzmuscheln mit ihren schnorchelähnlichen Röhren (Syphone), gehören zu den Bewohnern des Watts. Von ihnen profitieren wiederum die größeren Tiere, die Fische und Vögel; der Ablauf dieser ökologischen Prozesse im Wattenmeer war ein Kriterium für die Anerkennung als Weltnaturerbe der UNESCO (a. a. O., S. 15).

Bei Ebbe muss das Watt nicht komplett trockenfallen, ein Netz aus bach- oder flussähnlichen Wasserläufen durchzieht die Landschaft und ermöglicht den Meerestieren, hier auf die nächste Flut zu „warten". Durch diese Priele und kleineren Rinnen fließt das letzte Wasser bei Ebbe ab und strömt bei Flut wieder herein. Auch der Mensch nutzt diese Wasserstraßen, um mit Booten und Schiffen durch das Wattenmeer zu fahren. Da die Fahrrinnen ihren Verlauf schnell verändern können, werden sie mit jungen Birkenzweigen, sogenannten Pricken, abgesteckt und markiert.

Zum Ökosystem Wattenmeer gehören natürlich auch Strand und Dünen. Auf der sich in west-öst-

Abb. 4.4 Auf den Weißdünen (hier ein Beispiel von der litauischen Ostsee) kann sich nur eine schüttere Vegetation vor allem aus Strandhafer und Strandroggen entwickeln. Die Weißdünen sind direkt dem Seewind ausgesetzt und erhalten dadurch ständig neues Material – in der Regel weißen Quarzsand. Erst durch Wurzelgeflechte der Pflanzen erhält die Düne eine gewisse Stabilität und eine dichtere Vegetationsdecke kann sich entwickeln (Carola Welkisch)

licher Richtung aneinanderreihenden Kette der West- und Ostfriesischen Inseln haben sich die touristisch interessanten Sandstrände auf den Nordseiten entwickelt. Wind und Wellen verhindern hier den Pflanzenwuchs, erst an den erhöhten Strandpartien können die Pionierpflanzen – allen voran die Strandquecke – Fuß bzw. Wurzel fassen und den Anfang einer Vegetationsdecke bilden. Der Wind trägt die kleinen Wurzelstöckchen an ein Sandhäufchen, an dem es liegen bleibt und im nährstoffreichen Sand austreibt. Schon als kleine Pflanze wirkt die Strandquecke als Sandfänger und lässt in ihrem Windschatten eine Minidüne entstehen, während sich ihr Wurzelgeflecht im Untergrund ausdehnt und den Sand befestigt. Die Schmirgelwirkung des wehenden Sandes macht den oberirdischen Teilen der Strandquecke nichts aus, sodass sie sich vermehren und verbreiten kann. Aus einer solchen Miniaturdüne – Primärdüne – entwickelt sich schließlich bei ausreichendem Nachschub an Sand die sogenannte Weißdüne (◘ Abb. 4.4).

Diese bietet wiederum dem Strandhafer die richtigen Standortbedingungen, sodass beide, Pflanze und Düne, voneinander profitieren. Der Strandhafer wächst schnell und hoch und gibt somit dem herangewehten Sand Halt, dass die Weißdüne wachsen kann. Ein natürlicher Schutz für das hinter ihr liegende Gebiet bildet sich und kann eine wichtige Grundlage für das Entstehen neuer Pflanzengesellschaften darstellen, die wiederum die älteren Dünen mit einer dichten Vegetationsdecke überziehen und somit befestigen. Auf die Weißdüne folgt hier die Graudüne, die ihren Namen den Farbnuancen des sie bildenden Sandes verdankt. Diese Farbveränderung ergibt sich durch die Humusschicht und die darin befindliche Huminsäure. Das

Regenwasser wäscht den Kalk aus dem Dünensand, sodass auf den älteren Dünenhügeln landeinwärts der Boden versauert. Dadurch können die abgestorbenen Pflanzenteile nicht mehr komplett verrotten und bilden somit auf dem Dünensand die Humusschicht, die für die Verfärbung sorgt. Charakteristische Pflanzen sind oftmals horstartig wachsende Gräser wie Silbergras und Sandsegge. Weiter zum Inselinneren hin folgt auf die Graudüne der Bereich der Braundüne, die dann den Übergang zu den mit Gebüsch oder Wald bestandenen Dünen bildet. Die Braundünen verfügen nun über eine geschlossene Vegetationsdecke vor allem aus Heidegesellschaften mit der Krähenbeere oder dem Heidekraut. Auch Kriechweiden und Sanddorn sind hier typisch.

Zur Landschaft des Wattenmeeres können auch die Geestkliffs gehören. Großräumig betrachtet liegt eigentlich die Marsch zwischen dem Meer und der Geest, doch in einigen Gebieten, wie z. B. in Niedersachsen in Dangast am Jadebusen oder zwischen Cuxhaven-Duhnen und Berensch oder in Schleswig-Holstein bei Schobüll an der Husumer Bucht, reichen die Höhenzüge der Geest bis an das Wattenmeer heran und bilden hier natürliche Deiche, die das Hinterland vor Sturmfluten schützen. Diese Geestrücken wurden früher bei Sturmfluten auch vom Meer angegriffen, wodurch sich die mehrere Meter hohen Kliffs herausbilden konnten. In Dangast hat man bereits 1905 das Geestkliff durch eine Backsteinwand gesichert. Galt es hier doch nicht nur den markanten Geländeanstieg zu bewahren, sondern vor allem die historischen Gebäude der rund hundert Jahre zuvor – natürlich nach englischem Vorbild – gegründeten Seebadeanstalt zu retten.

> **Biosphärenreservat**
>
> Biosphärenreservate sind nach § 25 Abs. 1 BNatSchG „einheitlich zu schützende und zu entwickelnde Gebiete, die
> 1. großräumig und für bestimmte Landschaftstypen charakteristisch sind,
> 2. in wesentlichen Teilen ihres Gebiets die Voraussetzungen eines Naturschutzgebiets, im Übrigen überwiegend eines Landschaftsschutzgebiets erfüllen,
> 3. vornehmlich der Erhaltung, Entwicklung oder Wiederherstellung einer durch hergebrachte vielfältige Nutzung geprägten Landschaft und der darin historisch gewachsenen Arten- und Biotopvielfalt, einschließlich Wild- und früherer Kulturformen wirtschaftlich genutzter oder nutzbarer Tier- und Pflanzenarten, dienen und
> 4. beispielhaft der Entwicklung und Erprobung von die Naturgüter besonders schonenden Wirtschaftsweisen dienen."
>
> Nach den Internationalen Leitlinien der UNESCO sollen Biosphärenreservate vor allem drei Funktionen erfüllen:
> 1. „Schutz: Beitrag zur Erhaltung von Landschaften, Ökosystemen, Arten und genetischer Vielfalt;
> 2. Entwicklung: Förderung einer wirtschaftlichen und menschlichen Entwicklung, die soziokulturell und ökologisch nachhaltig ist;
> 3. Logistische Unterstützung: Förderung von Demonstrationsprojekten, Umweltbildung und -ausbildung, Forschung und Umweltbeobachtung im Rahmen lokaler, regionaler, nationaler und weltweiter Themen des Schutzes und der nachhaltigen Entwicklung."
>
> (► http://www.bfn.de/0308_bios.htmlaufgerufen am 21.10.2013)
>
> Nach diesen Leitlinien müssen sich die Biosphärenreservate alle zehn Jahre einer Evaluierung stellen; in Deutschland überprüft das MAB-Nationalkomitee den Zustand des Biosphärenreservats. Zu den Biosphärenreservaten Deutschlands (Stand Oktober 2013), die von der UNESCO anerkannt wurden, gehören: Südost-Rügen, Schleswig-Holsteinisches Wattenmeer und Halligen, Hamburgisches Wattenmeer, Niedersächsisches Wattenmeer, Schaalsee, Schorfheide Chorin, Flusslandschaft Elbe, Spreewald, Karstlandschaft Südharz, Oberlausitzer Heide- und Teichlandschaft, Vessertal-Thüringer Wald, Rhön, Bliesgau, Pfälzerwald, Schwäbische Alb und das Berchtesgadener Land.

Bevor das Wattenmeer 2009 zum Weltnaturerbe der UNESCO erklärt wurde, besaßen Teilbereiche schon den Status eines von der UNESCO anerkannten Biosphärenreservats: das Niedersächsische Wattenmeer seit 1993, das Schleswig-Holsteinische Wattenmeer seit 1990, das 2004 um die Halligen erweitert wurde. Das Biosphärenreservat Schleswig-Holsteinisches Wattenmeer erstreckt sich über 4431 km² von der dänischen Grenze bis zur Elbmündung. „Zunächst bestand es aus zwei Zonen: der Kernzone (1570 km²) und der Pufferzone (2840 km²). Sie entsprechen den Zonen 1 und 2 des Nationalparks Schleswig-Holsteinisches Wattenmeer. Dort hat die Natur Vorrang, eine eingeschränkte wirtschaftliche Nutzung im Sinne des Nationalparkgesetzes ist aber zulässig. 2004 kam die Entwicklungszone (21 km²) hinzu. Sie entspricht den fünf großen, bewohnten Halligen im Wattenmeer: Gröde, Hooge, Langeneß, Nordstrandischmoor und Oland. Seitdem heißt das Gebiet ‚Biosphärenreservat Schleswig-Holsteinisches Wattenmeer und Halligen'. Die fünf kleinen Halligen sowie einige unbewohnte Inseln und Sandbänke liegen in der Kernzone des Biosphärenreservats" (▶ www.nationalpark-wattenmeer.de/sh/biosphaerenreservat aufgerufen am 30.10.2013).

Ein besonderes geographisches Phänomen an der Nordseeküste – und weltweit einmalig – sind die Halligen: kleine in der Regel unbedeichte Marschinseln, die deshalb besonders stark den Naturgewalten ausgesetzt sind. Sie besitzen teilweise nur einen niedrigen Sommerdeich oder auch gar keinen Schutz, und nur die Häuser stehen auf Warften. Im Winterhalbjahr werden die Halligen häufig überflutet, trotzdem leben auf den kleinen Inseln ganzjährig insgesamt ca. 360 Menschen. So gefährdet die flachen Inseln selbst sind, so stellen sie für die Festlandsküste kleine Bollwerke dar, denn sie brechen die Wellen, mindern die Sturmböen etwas und stabilisieren die Wattflächen. Für die Bewohner der Halligen war die Sicherung ihrer Zukunft auf den Marschinseln der Anlass, sich in das Biosphärenreservat aufnehmen zu lassen. Dies soll helfen, den einzigartigen Lebensraum zu bewahren wie zu entwickeln und somit auch nachfolgenden Generationen eine Lebensgrundlage in der Landwirtschaft, im Küstenschutz und im Tourismus zu finden.

Wie die Halligen so ist der gesamte große Bereich des Wattenmeeres an der deutschen Nordseeküste wirtschaftlich auf den Tourismus angewiesen. Er macht rund 20 % der gesamten Wertschöpfung der Region aus. Nutzungskonflikte zwischen dem Tourismus und dem empfindlichen Ökosystem sind vorprogrammiert und zeigen sich, u. a. in

- „Schädigungen der Dünen und der Vegetation durch Fußtritt mit der Folge von äolischen Abtragungen und gestiegener Erosionsempfindlichkeit der Dünenfront gegenüber der Meeresbrandung,
- Umnutzung und Versiegelung natürlicher Flächen durch Hotels, Straßen, Apartmenthäuser, Häfen/Marinas u. a.,
- Müllproduktion und Abwasserverschmutzung,
- Umwandlung des natürlichen Küstensystems in einen künstlich gestalteten Küstenstreifen aufgrund notwendig gewordener Konstruktionen zum Schutz vor Erosion,
- Störung der Lebensräume von Vögeln, Robben und Fischen." (Bundesamt für Naturschutz (Hrsg) 1997, S. 189)

Die Maßnahmen, die zum Schutz der Dünen und Strände durchgeführt wurden, viele Eingriffe und künstliche Elemente in der Küstenlandschaft haben unerwünschte ökologische Folgen hervorgerufen. So bilden Deiche „Grenzwälle" zwischen den Bereichen der Gezeitenküste und verhindern den Austausch von Wasser, Sedimenten und Nährstoffen, die sich auf das empfindliche Ökosystem, seine Flora und Fauna niederschlagen. Schutzbauten können auch die Attraktivität eines Küstenbereichs beeinträchtigen und sich wiederum auf seine touristische Nutzung auswirken. Auch die natürliche Abtragung, vor allem durch die Winterstürme und Verlagerung der Strände, erfordert den Eingriff des Menschen. Doch dafür hat man an der Nordseeküste eine naturverträgliche wie relativ kostengünstige Lösung gefunden, die seit den 1950er-Jahren bereits praktiziert wird. Sand wird von Küstenabschnitten herangeholt, an die er verlagert wurde, wie z. B. auf Wangerooge von der Ostspitze auf den Hauptstrand in der Inselmitte. Auch Sylt erleidet jährlich einen Küstenschwund von 1–1,5 m. An der Nordsee müssen alle fünf bis sieben Jahre ca. 1 Mio. m³ Sand pro Kilometer Strand aufgeschüttet werden.

Gefährdungen der Korallenriffe

Das Great Barrier Reef
„Obwohl das große Barriereriff ein massives Gebilde ist, das der Kraft des Pazifiks zu widerstehen scheint, sind schon viele Befürchtungen über seinen zukünftigen ökologischen Zustand geäußert worden. Teile davon werden zum Beispiel von der Dornenkrone (Acanthaster planci, einem Seestern) angeknabbert und zerstört. Aus Gründen, die noch stark diskutiert werden, hat diese Seesternart in den letzten Jahren an Zahl stark zugenommen. Zu den weiteren Gefährdungen gehören die Verschmutzung durch Abwassereinleitungen aus Industrie und Touristenorten, die Verschlammung durch Flüsse sowie die Belastung mit Pestizidrückständen aus der Landwirtschaft." (Goudie 2008[4], S. 248)

Korallenriffe in der Karibik
Im Jahr 2005 wurde bei der US-amerikanischen Jungferninsel Saint John beobachtet, dass innerhalb nur eines halben Jahres 30 % der Korallen abgestorben waren. Seit Jahrzehnten kennt man bereits das Ausbleichen von Korallenriffen; das Phänomen El Niño in den Jahren 1982/83 bzw. 1997/98 lieferte messbare Beweise. Die Erwärmung der oberen Schichten des Meerwassers versetzt die Korallen in einen Wärmestress, dem sie nicht gewachsen sind: Sie bleichen aus und sterben ab.
„Der Verlust an Korallenriffen durch Ausbleichen und andere natürliche oder vom Menschen verursachte Gründe sehen viele Forscher als alarmierend an. Wenn die Korallen absterben, geht ein ganzes Ökosystem zugrunde. Fische und viele andere Meerestiere, die im Ökosystem Korallenriff und nirgendwo anders leben, leiden unter seinem Niedergang. Die örtliche Fischfangindustrie kann zurückgehen, und der Schutz der Sturmwellen, dessen sich niedrig gelegene Inseln durch ihre Saumriffe erfreuen, wird auf lange Sicht vermindert, wenn sich die Korallen über längere Zeiträume nicht erholen. Der Verlust an Artenvielfalt ist, wenn es im Rahmen dieses Phänomens zu Aussterbeereignissen von Arten kommt, natürlich unumkehrbar." (McKnight und Hess 2009, S. 777)

4.1 Ein Abstecher in die Südsee

Nach diesem Exkurs zu den europäischen Küsten soll noch die Küstenform der tropischen Zone skizziert werden, die von großer Bedeutung für den Tourismus ist: die Korallenküste. Am stärksten mit den tropischen Urlaubsparadiesen werden die Korallenküsten und Korallenriffe verbunden, was bei ihrer weiten Verbreitung in dieser Klimazone auch geographisch korrekt ist. Regionen mit ausgedehnten Korallenriffen sind beispielsweise die südostasiatische und die pazifische Inselwelt, die Karibik und die Ostküste Afrikas.

Nach der Küstenklassifikation von Valentin gehört die Korallenküste zu den organisch gestalteten aufgebauten Küsten und ist das Werk unzähliger winziger Tierchen. „Die entscheidende Komponente bei der Entstehung eines Korallenriffs ist natürlich die zu den Nesseltieren gehörende Koralle, namentlich die Untergruppe der Steinkorallen. Diese winzigen Kreaturen, die zumeist nur wenige Millimeter groß sind, leben in riesigen Kolonien aus unzähligen Individuen, die sich sowohl durch ihr lebendes Skelett wie auch mit einem Außenskelett (Exoskelett) am Untergrund verankern. Jeder einzelne Korallenpolyp (einer Steinkoralle) fällt aus den im Meerwasser enthaltenen Ionen Kalk (Calciumcarbonat) aus und scheidet mit seiner Hilfe ein Kalkskelett um den unteren Teil seines Körpers ab" (McKnight und Hess 2009, S. 773f).

Auf diese Weise entstehen Korallenbauten, die schließlich Riffe bilden. Wesentliche Grundlage für die Aktivitäten der Tierchen sind bestimmte Faktoren in den Flachwasserbereichen tropischer Meere. Die Wassertemperaturen dürfen auch im kältesten Monat im Mittel nicht unter 22° C und grundsätzlich nicht unter 18° C fallen. Aus diesem Grund sind die Korallenriffe auf den Ostseiten der Kontinente weiter polwärts zu finden als auf den Westseiten, die unter dem Einfluss kälterer Meeresströmungen stehen. Nicht nur in der Horizontalen, auch in der Vertikalen ist der Lebensraum der Korallen eng begrenzt. Sie bevorzugen einen felsigen Untergrund, und am geeignetsten sind die Lichtverhältnisse in einem Bereich von ca. 5–25 m Tiefe. Von Schlamm getrübtes Wasser, wie es für Flussmündungen charakteristisch ist, mögen Korallen genauso wenig wie schmutziges oder besonders salzarmes oder gar Süßwasser.

Stimmen die Wasserverhältnisse, können die Korallen in Symbiose mit anderen Meeresbewohnern wie Krebsen, Muscheln oder Kalkalgen drei verschiedene Riffarten bilden: Saumriffe, Sperrriffe bzw. Barriereriffe und Atolle. Nahe der Küste eines Kontinents oder auch nur einer Insel können auf einer Terrasse im Meer relativ breite Saumriffe entstehen. Zwischen dem Saumriff und dem Festland befindet sich ein flacher, vom Meer überspülter Bereich: eine Lagune. Ist die Lagune wesentlich größer und tiefer, spricht man von einem Sperrriff oder – aus dem englischen Sprachgebrauch kommend – Barriereriff. Das berühmteste, das auch diesen Namen trägt, ist das Great Barrier Reef vor der Nordostküste Australiens. Dabei bildet eine ausgedehnte Grundgebirgsterrasse (Kontinentalschelf), die zum großen Teil, aber nicht vollständig, mit Korallenbauten überzogen ist, das Riff sowie zahlreiche Inseln; es ist die mit Abstand weltweit größte Korallenformation, die es allein schon auf eine Nord-Süd-Ausdehnung von ca. 2000 km bringt.

Am Beispiel von absinkenden Vulkanen lassen sich die drei Riffarten in chronologischer Abfolge beobachten – Charles Darwin hat bereits auf seiner Weltumsegelung auf dem Vermessungs- und Forschungsschiff 1831 bis 1836 diese Zusammenhänge erkannt. Um eine Vulkaninsel bzw. die über den Meeresspiegel herausragende Spitze eines auf dem Meeresgrund aufsitzenden Vulkans bildet sich ein Saumriff an den Flanken des Berges. Versinkt diese Insel allmählich im Wasser, wird der Ring der Wasserfläche immer größer. Dabei bilden die Korallen mit ihren Bauten eine Art Zylinder, der den Fuß des Vulkans umgibt. Geht dieser Prozess des Absinkens oder des Ansteigen des Meeresspiegels weiter, und die Korallen finden die für sie erforderlichen Lebensbedingungen vor, entsteht ein mehr oder weniger kreisrundes Atoll mit einer landfreien Lagune.

„Lange Zeit nachdem Darwin seine Theorie entwickelt hatte, wurden in den pazifischen Atollen im Zusammenhang mit Atombombentests in den Fünfzigerjahren tiefe Löcher gebohrt. Diese Bohrungen ergaben eine Riffmächtigkeit von mehr als 1000 Metern, bevor sie den Basaltboden des Ozeans erreichten. Sie bewiesen, dass die Korallen in vielen Millionen Jahren aufwärts wuchsen, während die Erdkruste zwischen 15 und 50 Metern pro Million Jahre absank. Darwins Theorie erwies sich somit im Grundsatz als richtig" (Goudie 2008, S. 245f).

4.2 Die Belastung des Küstenraumes – nicht nur durch den *„Homo touristicus"*

Die Natur arbeitet selbst mit an der Zerstörung der Küstenregionen, doch der Mensch trägt nicht minder eifrig seinen Teil dazu bei. Kilometerweise von Bettenburgen gesäumte Strände gehören in zahllosen Destinationen zum typischen Bild. Doch auch ohne den Tourismus und seine Infrastruktur kommt es durch die Konzentration von Siedlungen, Städten und wirtschaftlichen Aktivitäten in diesem Raum zu neuen Belastungen und teilweise zur Verstärkung der natürlichen Faktoren. Verliert eine Küste ihren natürlichen Schutz, etwa durch die Dünen, Vegetation wie Mangrovenwälder oder vorgelagerte Inseln, werden Ökosysteme nachhaltig geschädigt, was wiederum Folgen für die dort lebenden Menschen haben wird.

Zu den Auswirkungen des Küstentourismus bzw. des Baues und Betriebs der dafür erforderlichen Infrastruktur gehört u. a. ein Flächenverbrauch, der wiederum zur Unterbrechung und Störung von Lebensräumen für Flora und Fauna führt. Für den Bootsverkehr – von Sportbooten bis zu Kreuzfahrtschiffen – werden flache Küstenabschnitte ausgebaggert, Hafenbecken angelegt oder auch küstennahe Bereiche, die beispielsweise von Korallenriffen geprägt sind, für erweiterte, vertiefte Passagemöglichkeiten zerstört. Die Gewinnung von Baumaterialien – Stein, Holz, Kies und Sand – kann Küste wie Hinterland betreffen und zur Entwaldung, zu erhöhter Erosion und zum Verlust natürlicher Lebensräume führen. In Regionen mit nicht ausreichendem Niederschlags- und Oberflächenwasser verstärken Grün- und Sportanlagen, wie z. B. Golfplätze, die Wasserknappheit. Austrocknung, Versalzung von Böden, Konkurrenz und Konflikte mit der Landwirtschaft sind vorprogrammiert (◘ Abb. 4.5).

Einen unabsehbaren Komplex stellen die Auswirkungen des Treibhauseffekts und des damit verbundenen Anstiegs des Meeresspiegels dar. Auch wenn es noch viele Unwägbarkeiten gibt, die wissenschaftliche Meinungen sehr unterschiedliche Positionen widerspiegeln und sich das Ausmaß und die konkreten Folgen eines Meeresspiegelanstiegs heute kaum vorstellen lassen, so gibt es längst Regi-

◘ Abb. 4.5 Der Tourismus an der Côte d' Azur – hier ein Blick auf den Boulevard de la Croisette und die angrenzenden Hänge in Cannes – begann in der ersten Hälfte des 19. Jh. mit Villen und Hotels in den Hängen. Vor allem Engländer schätzten es, im milden Klima zu überwintern. Der Drang in die direkte Strandnähe sollte sich erst im frühen 20. Jh. entwickeln, als Beispiel möge das 1911 eröffnete Hotel Carlton (rechts im Bild) dienen (Gabriele M. Knoll)

onen, wie etwa die pazifische Inselwelt mit ihren nur wenige Meter aus dem Wasser ragenden Inseln oder bergigen Inseln, die Landverluste beklagen müssen.

„Es gibt eine ziemliche Übereinstimmung darüber, dass der Meeresspiegel bis zum Jahre 2100 in der Größenordnung zwischen einem halben und einem Meter ansteigen könnte. Diese Zahlen mögen auf den ersten Blick nicht groß erscheinen, aber in ohnehin von Überschwemmungen bedrohten Gebieten (zum Beispiel tief liegende Küsten, Deltas, Marschen, Feuchtgebiete, Korallenatolle) wären die Auswirkungen deutlich. … Auch einige der großen Stadtregionen der Welt würden gefährdet, darunter London, Rotterdam, Tokio, Bangkok, Miami und Kalkutta. Tief liegende Gebiete, die wie die Malediven im Indischen Ozean liegen, würden fast vollständig überschwemmt" (Goudie 2008, S. 291).

4.3 Strandschutz

Eine aktuelle wie historische Form, einen Strand zu schützen, ist der Bau von Buhnen. Solche rechtwinklig zum Strand angelegten niedrigen Dämme aus Stein oder Holzwände, die auch an Flussufern zu finden sind, sollen Wellen brechen und das Ab-transportieren des Sandes hindern. Zur Hälfte erfüllen die Buhnen diese Aufgabe, doch zur anderen fördern sie die Erosion! Ins Meer ragende Molen als Hafenmauern und Anlegestellen für Boote und Schiffe wirken in gleicher Weise.

Diese in die Strömung gebauten Mauern sorgen dafür, dass auf ihrer Luvseite – der Strömung zugewandten Seite – verstärkt Sand abgelagert wird, sich ein Strand hier deutlich vergrößert. Auf der Leeseite des Bauwerks wird die Strömung dagegen die Erosion fördern und den dortigen Sand abtragen, um ihm vor dem nächsten Hindernis, der nächsten Buhne beispielsweise oder einem Landvorsprung, wieder zu sedimentieren.

Eine andere, nicht minder zweischneidige Aktion ist der Schutz eines Klifffußes durch eine Verbauung im Anschluss an einen Sandstrand. Diese Mauer am Übergang vom Strand zum Kliff wird schließlich die Wellen zurückwerfen, die dann beginnen, den Sand vor der Mauer abzuspülen. Auf längere Sicht hin wird der Steilanstieg des Kliffs zwar geschützt, doch der Strand am Fuß wird verschwinden und das Strandniveau durch die Abrasion tiefer gelegt. Dieses niedrigere Strandniveau ist naturgemäß wieder stärker der erodierenden Kraft des Wassers ausgesetzt, und die Mauer am Klifffuß wird auch weiter zu ihrem Fundament hin freilegt, erscheint höher – und stellt auch nicht unbedingt ein optische Bereicherung für das Stranderlebnis dar.

Literatur

Bundesamt für Naturschutz (Hrsg) (1997) Biodiversität und Tourismus. Konflikte und Lösungsansätze an den Küsten der Weltmeere. Springer, Berlin

Farrant S (1980) Georgian Brighton 1740 to 1820 University of Sussex Occasional Papers, Bd. 13. Brighton

Havins PJN (1976) The Spas of England. Robert Hale & Company, London

Müller M (2003) Das Antlitz der deutschen Küsten. In: Liedtke H, Mäusbacher R, Schmidt K-H, Institut für Länderkunde, Leipzig (Hrsg) Relief, Boden und Wasser. Nationalatlas Bundesrepublik Deutschland, Bd. 2. Spektrum, Heidelberg, Berlin, S 74–75

Nationalparkverwaltung Niedersächsisches Wattenmeer (Hrsg) (2012) Unser Nationalpark – mitten im Weltnaturerbe Wattenmeer Schriftenreihe Nationalpark Niedersächsisches Wattenmeer, Bd. 8. Wilhelmshaven

Nationalparkverwaltung Niedersächsisches Wattenmeer (Hrsg) (2013) Zugvogeltage im Nationalpark Niedersächsisches Wattenmeer. Wilhelmshaven

Rohr v G (Hrsg) (2008) Nachhaltiger Tourismus an Nord- und Ostsee. Steuerungsnotwendigkeiten und -möglichkeiten der Landes- und Regionalplanung, Arbeitsmaterial der Akademie für Raumforschung und Landesplanung (ALR). 5. Aufl., Verlag der ALR, Hannover

Stehr N, v Storch H (2010) Klima, Wetter, Mensch. Budrich, Opladen, Farmington Hills

Walton JK (1983) The English Seaside Resort: A Social History 1750–1914. Leicester University Press, Leicester

www.balnea.net/biblioteca/43.html (The Victorian Seaside by Professor John Walton, BBC Social History)

www.bfn.de/0308_bios.html

www.nationalpark-wattenmeer.de/sh/biosphaerenreservat

www.nationalpark-vorpommersche-boddenlandschaft.de

www.unesco.de/welterbe-wattenmeer.html

Vulkanismus

Gabriele M. Knoll

5.1 Fuji-san – Einbahn-Wanderverkehr auf dem heiligen Berg Japans – 82

Literatur – 83

G. M. Knoll, *Landschaften geographisch verstehen und touristisch erschließen*,
DOI 10.1007/978-3-642-55426-1_5, © Springer-Verlag Berlin Heidelberg 2014

Weshalb soll es gerade die Eifel sein, um das Thema Vulkanismus abzuhandeln? „Wenige Vulkangebiete der Erde sind durch Steinbrüche so gut aufgeschlossen wie die Eifel; den Aufbau und die Entstehung von Vulkanen kann man daher selten so gut studieren wie hier", schreibt der Vulkanexperte Hans-Ulrich Schmincke (Schmincke 2010³, S. 90). Hier gibt es in Deutschland ebenso die jüngsten vulkanischen Erscheinungen, d. h. der Formenschatz ist noch nicht so lange den exogenen Kräften ausgesetzt, und er kann sich noch vielerorts auch für den Laien eindrucksvoll wie anschaulich präsentieren. Vor gerade einmal 11.000 Jahren fand in der Vulkaneifel der letzte Ausbruch statt, was für geologische Zeitverhältnisse gerade mal einen „Wimpernschlag" zurückliegt. Zum anderen gibt es in der Westeifel eine solche Häufung und Vollständigkeit an Zeugnissen des Vulkanismus, dass daraus ein Geopark wurde, sogar einer der vier „Pionier-Geoparks" auf der europäischen Bühne. Dies bedeutet für den Interessierten, dass das Thema Vulkanismus hier auch didaktisch gut aufbereitet wurde, denn die Geoparks (siehe Kasten „Was sind Geoparks?") haben einen Bildungsauftrag.

Der Vollständigkeit halber soll noch kurz erwähnt werden, dass die geologische Vielfalt der Eifel besonders groß ist. Als Teil des Rheinischen Schiefergebirges kann man ebenso mit Kalk- und Sandsteingebieten auf seinem devonischen „Schieferfundament" aufwarten. Die Abgrenzungen der Vulkaneifel sind nicht identisch mit dem Landkreis Vulkaneifel, dem ehemaligen Landkreis Daun. Nach einer entsprechenden Vorlaufzeit wurde zum 1. Januar 2007 der Landkreis Daun rechtsgültig umgetauft. Diese Namensänderung zeigt, wie sehr sich die Bevölkerung in der Region mit dem geologischen Erbe identifiziert.

Das Rheinische Schiefergebirge hat im Laufe seiner Geschichte zwei Epochen erlebt, in denen es zu landschaftsprägenden vulkanischen Erscheinungen kam: im Tertiär und im Quartär. „Die Vulkanfelder der Eifel liegen (…) in einer in den vergangenen 40 Millionen Jahren zweimal gehobenen – und sich noch heute hebenden – Scholle, dem Rheinischen Schild" (Schmincke 2010³, S. 92). Bei den Hebungsprozessen entstanden Verwerfungen und Bruchlinien in dem Grundgebirge, und es bildeten sich Hohlräume in der Erdkruste, durch die das Magma aus einer Tiefe von ca. 100 km nach oben drang. Auf dem aus dem Devon stammenden Grundgebirge wurde durch die Aktivitäten des tertiären Vulkanismus vor ca. 45–35 Mio. Jahren eine neue mächtige Schicht „aufgetragen": Die Vulkanlandschaft der Hocheifel mit der Hohen Acht (747 m), dem höchsten Berg der Eifel, und beispielsweise der Nürburg und dem Hochkelberg entstand. „Das Hocheifeler Vulkanfeld bildet das Westende eines tertiärzeitlichen Vulkanstreifens, der im Osten an der Elbe in Nordböhmen beginnt und über Rhön, Vogelsberg, Westerwald quer durch Mitteleuropa zieht" (Burggraaff et al. 2012, S. 29). Ein Charakteristikum des tertiären Vulkanismus in der Hocheifel sind die Basalte.

Der Vulkanismus der Westeifel, aber auch derjenige der Osteifel rund um den Laacher See, gehören zur jüngeren Phase, dem Quartär. Vor rund 500.000 Jahren kam es im Zusammenhang mit noch stärkeren Hebungen des Grundgebirges – von über 200 m – zu diesem quartärzeitlichen Vulkanismus. Seitdem hebt sich die Eifel immer noch um etwa 1 mm im Jahr. Das mag als wenig erscheinen, aber die Prozesse, die den Vulkanismus auslösten, sind keinesfalls abgeschlossen! Die Osteifel weist ca. 100 Vulkane auf. Der letzte große Ausbruch fand hier vor 12.900 Jahren am Laacher See statt, den Schmincke (2010³, S. 171) als „die gewaltigste spätquartäre Vulkanexplosion in Mitteleuropa" bezeichnet. Asche und Bims wurden über 30 km hoch in die Atmosphäre geschleudert und gelangten bis nach Schweden und Italien, wo sie nachgewiesen werden konnten. Die Eruptionen in der Westeifel waren nicht so rekordverdächtig in ihren Ausmaßen, aber mit dem letzten Ausbruch vor ca. 11.000 Jahren sind sie die jüngsten im Lande. Das Westeifeler Vulkanfeld zieht sich in einer Länge von rund 50 km von Ormont an der belgischen Grenze im Nordwesten bis nach Bad Bertrich im Südosten und umfasst rund 270 Vulkane, 75 davon sind als Maare ausgeprägt. Die Maare stellen das „Markenzeichen" der Westeifel und damit auch die besonderen Attraktionen des Natur- und Geoparks Vulkaneifel dar.

Die Palette der vulkanischen Formen in der Westeifel umfasst Maare mit Maarsee oder in der Variante als Trockenmaar, Schlackenkegel – mit dem Windsborner Bergkratersee sogar einen Vulkankegel mit Kratersee, den einzigen nördlich der Alpen – und verschiedene andere hydrologische Erscheinungen wie Mofetten, Mineralquellen und sogar einen kleinen Kaltwassergeysir.

Was sind Geoparks?

Ziele der Geoparks
- Die Bedeutung des geologischen Untergrunds für die Gestalt des jeweiligen Raumes soll vermittelt werden. Wie prägen die geologischen Verhältnisse die Oberflächenformen, welche Auswirkungen haben sie auf die Natur- und Kulturlandschaft? Es soll Wissen über die Zusammenhänge im Erdinneren und an der Erdoberfläche, über Geophysik, Geologie, Mineralogie, Paläontologie, Bodenkunde und Meteorologie an Kinder und Erwachsene vermittelt werden. Die Beziehungen zwischen dem geologischen Erbe und der Geschichte in jenem Raum – von der Archäologie bis zur Kultur-, Wirtschafts- und Sozialgeschichte – sind andere Schwerpunkte. Die regionalen und kulturellen Identitäten sollen dadurch gefördert werden.
- Wichtige Rollen spielen der Naturschutz und die Bewahrung einer intakten Umwelt.
- Steinbrüche, Höhlen, Schaubergwerke, geowissenschaftliche Museen und ein breites Spektrum an Führungen, Exkursionen, Workshops und anderen Aktionen für alle Altersgruppen sollen den Geotourismus fördern.
- Durch ihre Angebote können die Geoparks, die meist in strukturschwachen Gebieten liegen, einen Beitrag zur nachhaltigen wirtschaftlichen Entwicklung der betroffenen Region leisten.
- Geoparks sollen dazu beitragen, die Ziele der Agenda 21, der Bewahrung der Schöpfung, zu verwirklichen und Umweltbildung sowie Verantwortungsbewusstsein fördern.
- Die UNESCO und die EU unterstützen die Gründung von Geoparks. „Geoparks sind keine neue Kategorie von Schutzgebieten, sondern sie bieten die Möglichkeit, den Schutz von Landschaft und Naturdenkmälern mit Tourismus- und Regionalentwicklung zu verbinden."

Geoparks in Deutschland
Am 16. August 2002 verlieh die GeoUnion Alfred-Wegener-Stiftung den ersten vier „Nationalen GeoParks" das Prädikat, das stets für fünf Jahre gilt. Danach erfolgt eine erneute Evaluierung.
Derzeit gibt es 14 Nationale GeoParks: Bayern-Böhmen, Bergstraße-Odenwald, Eiszeitland am Oderrand, GrenzWelten (Grenze NRW/Hessen und damit vom Sauerland bis zur Hessischen Senke), Harz-Braunschweiger Land-Ostfalen, Inselsberg – Drei Gleichen (Thüringen), Kyffhäuser, Muskauer Faltenbogen, Ries, Ruhrgebiet, Schwäbische Alb, TERRA.vita (Teutoburger Wald, Wiehengebirge), Vulkaneifel, Westerwald-Lahn-Taunus.
(▶ www.nationaler-geopark.de)

Europäisches Geopark Netzwerk (EGN)
Das EGN wurde im Jahr 2000 gegründet. Derzeit gibt es 54 Geoparks in 18 europäischen Ländern. Voraussetzung für die Mitgliedschaft im europäischen Verbund wie im weltweiten ist der Status eines nationalen Geoparks.
(▶ www.europeangeoparks.org)

Global Network of National Geoparks
2004 entstand die weltweite Verbindung von nationalen Geoparks, der zurzeit 91 Geoparks in 28 Ländern angehören. Die Förderung eines nachhaltigen Tourismus steht auch hier im Blickpunkt der Aktivitäten.
(▶ www.globalgeopark.org)

Werden die Eifelvulkane wieder ausbrechen?

Die eindeutige Antwort: Ja!
Der Vulkanexperte Hans-Ulrich Schmincke meint dazu: „Wie wenig geologisch die Annahme ist, der Vulkanismus in der Eifel sei erloschen, kann man sich ganz einfach klarmachen, wenn man sich in einen fiktiven Paläo-Rheinländer versetzt, der etwa im Jahr 13.000 vor heute geäußert hätte, in der nahen Zukunft seien weitere Eruptionen im Laacher-See-Gebiet zu erwarten. Da zu jener Zeit über 50.000 Jahre lang keine Vulkane ausgebrochen wären, hätten ihn vermutlich seine Hordengenossen als Scharlatan oder Hysteriker bezeichnet und mit einer Basaltsäule um den Hals im Rhein ertränkt. Wie viele Paläo-Rheinländer bei der bald danach erfolgten hochexplosiven Eruption des Laacher-See-Vulkans – der Pinatubo-Eruption 1991 vom Magmavolumen und Ablauf her ähnlich – oder im bei der Eruption aufgestauten See umkamen, ist nicht überliefert." (Schmincke 2010, S. 211)
Sein Fazit lautet, „dass zukünftige Eruptionen in den jungen Vulkangebieten der Eifel äußerst wahrscheinlich sind". (s. o.)

Tab. 5.1 Vulkanisches Lockermaterial

Korngröße	Bezeichnung
< 2 mm	Asche (Tephra)
2–64 mm	Lapilli
64 mm	Bomben (Magmafetzen)

(vgl. Schmincke 2010, S. 121)

Die häufigste Form eines Vulkans, den Schlackenkegel, identifiziert jeder als einen solchen: Die oftmals deutlich dreieckige Silhouette entspricht ganz der Vorstellung und dem Idealbild, aber auch die Maare sind Vulkane. Im Unterschied zur Positivform eines Vulkans handelt es sich beim Maar um eine Negativform, einen Trichter in der Erdoberfläche. „Maartrichter (-krater) sind in die Gesteine des prä-eputiven Untergrundes eingeschnitten" (Wagner et al. 2012[3], S. 253). „Sie entstehen durch das Zusammentreffen und -wirken von heißem Magma und Grundwasser in einer hydraulisch aktiven Bruchzone im Festgestein. Heftige Wasserdampfexplosionen fragmentieren das umgebende Festgestein und fördern es nach oben. Nach einer gewissen Zeit bricht die Explosionskammer ein und an der Erdoberfläche bildet sich dadurch ein Maartrichter" (► www.geopark-vulkaneifel.de/index.php/geologie/geo-wissen-a-z, aufgerufen am 5.10.2013). Welche Kraft und Sprengwirkung hinter dem Wasserdampf steckt, verdeutlichen zwei Zahlen: Bei dem Kontakt eines Liters Wasser mit dem Magma entstehen 1700 l Wasserdampf. Dieses enorme Volumen zerbröselt Gestein, der Druck schleudert es hoch und lässt einen Explosionsschlot entstehen. Der Schlotrand bricht ein, und es bildet sich ein Wall, der sich schließlich nach dem Abklingen der Wasserdampferuptionen mit Wasser füllt – ein auffallend runder Maarsee bildet sich in dem Trichter.

An dem Wall und seinen Ablagerungen aus Gesteinsfragmenten und vulkanischen Aschen (Tephra) lässt sich ablesen, wie oft es hier zu Eruptionen gekommen ist. An ihnen kann man – ebenso wie bei den Schlackenvulkanen – nachvollziehen, dass das Maar und sein Wall durch viele einzelne, meist relativ kleine Ausbrüche entstanden sind. Bei den großen Maaren der Westeifel hat man zwischen 500 und 1000 Tephraschichten (sprich Eruptionen) gezählt, während es bei den kleinen nur bis um 100 Schichten sein können. In ihrer Mächtigkeit unterscheiden sich die Schichten des Lockermaterials wesentlich: Sie können wenige Millimeter bis ca. 20 m mächtig sein. Immer wieder sind diese Tephraschichten mit Gesteinsbrocken unterschiedlicher Größe durchsetzt, festes Material, das beim Ausbruch von den Wänden des Festgesteins mitgerissen wurde. Zu den Ausbrüchen und Ablagerungen des Walles gehören auch Lapilli (italienisch: Steinchen), kleine Gesteinsbrocken (◘ Tab. 5.1). Die höchsten Wälle der größten Maare können eine Mächtigkeit von mehr als 100 m erreichen, während es bei den kleinen auch schon einmal nur 10 m sein können. Die Wissenschaft geht davon aus, dass die Vulkane der Westeifel je nach Größe von einigen Tagen bis hin zu mehreren Jahren aktiv gewesen sein müssen.

Auch in der Größe, in ihren Durchmessern, weisen die Maare beträchtliche Unterschiede auf: Das Meerfelder Maar ist mit einem Durchmesser von maximal 1730 m das größte der Westeifel. Es erreicht heute eine Tiefe von ca. 200 m und soll am Ende seiner Eruptionstätigkeit sogar doppelt so tief gewesen sein. Das kleinste Maar der Westeifel, die Hetsche, bringt es gerade einmal auf einen Durchmesser von ca. 60 m (◘ Abb. 5.1).

Von den bisher 75 entdeckten Maaren der Eifel sind die meisten heutzutage Trockenmaare. In diesen Fällen ist der Maarsee bereits verlandet, und die Moorbildung hat eingesetzt, wie z. B. beim Strohner Maarchen oder Märchen. Ein Dutzend der Trichter besitzt noch seinen See, so das Pulvermaar, Holzmaar oder die drei Maare südlich von Daun: Gemündener, Weinfelder und Schalkenmehrener Maar. Die Maare mit einem See, aber auch diejenigen mit einem Moor, stehen unter Naturschutz.

Zu den vulkanischen Aktivitäten gehören auch besondere Austritte des Wassers, von den Mofetten über Mineralwasserquellen bis zu Geysiren. Untrennbar verbunden sind diese Erscheinungsformen des Wassers mit den vulkanischen Gasen; die vier wichtigsten sind Wasserdampf, Kohlendioxid (CO_2), Schwefeldioxid (SO_2) und Schwefelwasserstoff (H_2S). Am Ende ihrer Eruptionen geben die Vulkane vor allem Kohlendioxid ab, das sich im Grundwasser löst und dieses in kohlensäurehaltiges Mineralwasser verwandelt. Als bekanntestes

◘ Abb. 5.1 Ein charakteristisches Landschaftsbild der Vulkaneifel verbindet Maare mit Vulkankegeln. Hier sind es in der Umgebung von Daun das Gemündener Maar und der Nerother Kopf, die Kuppe links im Hintergrund (Gabriele M. Knoll)

Beispiel der Vulkaneifel sei hier nur das Gerolsteiner Mineralwasser genannt.

Was ist Mineralwasser?

1. „Es hat seinen Ursprung in einem unterirdischen, vor Verunreinigungen geschützten Vorkommen und wird aus einer oder mehreren natürlichen oder künstlichen Quellen gewonnen.
2. Es ist von natürlicher Reinheit.
3. Es besitzt auf Grund seines Mineralgehalts oder sonstigen Eigenschaften ernährungsphysiologische Wirkung.
4. Zusammensetzung, Temperatur und sonstige Eigenschaften müssen im Rahmen natürlicher Schwankungen konstant sein. Bestimmte Stoffe (wie z. B. Schwermetalle) dürfen vorgegebene Grenzwerte nicht überschreiten.
5. Das Wasser muss amtlich anerkannt sein."

(Thein 2007, S. 299f)

Während Mineralquellen gleichmäßig ihr Wasser an die Erdoberfläche schütten, „schießen" es die Geysire als intermittierende Quellen in durchaus regelmäßigen Folgen in Form von hohen Fontänen in die Luft. Im Unterschied zu den Mineralquellen sammeln sich Wasser und Wasserdampf, die später den Geysir bilden werden, in einem unterirdischen Hohlraum. Hat sich hier genügend angesammelt, sorgt der entstandene Druck für das Entladen, das durch einen schmalen Ausgang, durch eine Spalte, stattfindet. Diese in Intervallen auftretenden Fontänen gehören ebenfalls zu den vulkanischen Erscheinungen (◘ Abb. 5.2).

Die beiden Eifeler Geysire, derjenige bei Andernach und der kleine „Brubbel" in Wallenborn, zählen zur zweiten Gruppe. Während bei den „gewöhnlichen" Geysiren der Wasserdampf die Antriebskraft für das Herauspressen des Wassers ist, sorgt bei den Kaltwassergeysiren Kohlendioxid für die aufsteigende Wassersäule – doch das Prinzip ist das gleiche; es lässt sich auch am Beispiel jeder geschüttelten Mineralwasserflasche beobachten! Es

● Abb. 5.2 Der Geysir Andernach ist mit seiner bis zu 60 m hohen Fontäne der höchste Kaltwassergeysir der Welt. In 6–8 Minuten leert sich jeweils der Brunnen und braucht dann wieder rund zwei Stunden, um sich mit kohlendioxidhaltigem Grundwasser zu füllen und einen entsprechenden Druck aufzubauen (Gabriele M. Knoll)

schließt jedoch nicht aus, dass der Mensch der Natur und ihren physikalischen Vorgängen auch hier manchmal nachhilft, wie es beim Andernacher Geysir geschieht. Der Ausbruch der Fontäne muss sich in den Schiffspendelverkehr von Andernach zum Namedyer Werth einfügen. Wenn die Besucher das Schiff verlassen haben und nach einem kleinen Spaziergang an der Stelle des Geysirs angekommen sind, soll das Naturspektakel pünktlich einsetzen. Dieser Geysir stellt mit einer Fontänenhöhe von bis zu 60 m den weltweit höchsten Kaltwassergeysir dar.

Bescheidener geht es dagegen beim Wallenborner Kaltwassergeysir, dem „Brubbel", in der Westeifel zu. Etwa alle halbe Stunde sprudelt hier das vom Kohlendioxid angetriebene Wasser in einer bis zu 4 m hohen Fontäne aus seinem gefassten Loch. Auch bei diesem Wasseraustritt hat der Mensch seine Finger im Spiel, denn der „Brubbel" trat ursprünglich nur als Mineralwasserquelle aus. 1933 unternahm man Bohrungen, um zu klären, ob sich eine wirtschaftliche Nutzung des Wassers lohnen könnte. In einer Tiefe von 25 m, so stellte man fest, trat vermehrt Kohlendioxid aus; bei ca. 39 m Bohrtiefe kam es zu einem schlagartigen Ausbruch eines Gemischs von Kohlendioxidgas, Wasser und Bohrschlamm – man hatte damit unbeabsichtigt einen Geysir geschaffen. Der neue Ausgang wurde verrohrt, und der Geysir mit seinem 9° C kühlen Wasser wurde zur neuen Attraktion am Ortsrand. Die Einwohner haben das Mineralwasser schon immer nicht nur getrunken, sondern auch zum Backen ihrer Spezialität des „Heelischkoochens", eines Buchweizen-Pfannkuchens, genutzt. 2001 musste die Verrohrung des „Brubbels" saniert werden, weil zunehmend seitlich das Gas austrat. Nun steigt der Geysir regelmäßig alle 35 Minuten fotogen in die Höhe.

Die Geschichtsstraße „Rund um den Hochkelberg" führt u. a. zu einer Mofette in den Gelenberger Wald. Das Kohlendioxid steigt durch eine Erdspalte auf und tritt hier in einer Mulde von ca. 1 m Durchmesser aus, die mit Regenwasser gefüllt ist. Das Blubbern hier ist nicht das Zeichen einer Mineralquelle. Mofetten stehen für kalte Gasaustritte, die Vulkanologie kennt auch heiße Gasaustritte, die sogenannten Fumarolen. Dass es sich bei der Fumarole im Gelenberger Wald um den Austritt eines giftigen Gases handelt, zeigen die toten Vögel und Kröten, die an dieser „falschen" Stelle versucht haben, Wasser zu trinken oder zu baden. Lange hielt man das Austreten von Kohlendioxid für ein Indiz eines erlöschenden Vulkanismus, doch inzwischen weiß man mehr: Es ist das Zeichen eines nur ruhenden Vulkanismus.

Und wie lebt man auf den ruhenden Vulkanen? Wie hat man sich schon vor Jahrhunderten hier eingerichtet und nutzt die geologische Vielfalt? Ulmen soll hierfür als Beispiel dienen. Die ältesten Spuren des Menschen sind östlich des historischen Ortskerns von Ulmen im Hochpochtener Wald zu finden: Grabhügel, eine kleine dreiteilige Wallanlage und andere Siedlungsrelikte aus der La-Tène-Zeit (um 500 v. Chr.) wurden hier entdeckt. Die Fundamente römischer Landhäuser, aber auch die römischen Gräber, Funde von Münzen und anderen Gegenständen bezeugen, dass dieses Gelände auch gut ein halbes Jahrtausend später besiedelt war. Dabei lag man keinesfalls so abgelegen, wie man es heute im Staatsforst Zell bzw. Staatsforst Cochem annehmen könnte, denn eine Straße, die die Römerstraßen im Rheintal und im Maastal miteinander verband, führte hier durch.

Im 12. Jahrhundert rückte das Ulmener Maar als jüngstes Maar der Eifel und jüngste vulkanische Erscheinung Deutschlands (Ausbruch vor ca. 11.000 Jahren) in den Blick des pfalzgräflichen Ministerialengeschlechts von Ulmen. Auf dem Aschering des Maarwalles errichteten sie eine Ober- und eine Niederburg. Die Ruine der Oberburg mit ihren Umfassungsmauern aus dem 17. Jahrhundert, als die Kurtrierische Verwaltung die Burg als Amtssitz nutzte, ist heute noch erhalten. An dieser Ruine lässt sich ablesen, welche Gesteine in der Umgebung vorkommen und sich als Baumaterial verwenden ließen; hier sind es aus dem Unterdevon stammende Tonschiefer, Grauwacken und Sandsteine.

Ihr gegenüber steht erhöht am nach einer Unterbrechung wieder aufsteigenden Thephrawall die Pfarrkirche St. Matthias. Folgt man unterhalb der Kirche der Cochemer Straße, kann man die Tephraschichten, die den Hang bilden, als großen Aufschluss sehen und auch nachprüfen, wie locker diese Ablagerungen heute noch sind! (◘ Abb. 5.3) Aus diesem Profil bzw. seinen zahllosen Schichten geht hervor, dass ein Maarausbruch kein einmaliges Ereignis war, sondern sich aus Folgen bis zu mehreren Hundert Einzeleruptionen zusammensetzt. An der Zusammensetzung der Ablagerungen wird deutlich, dass größtenteils – bis zu 90 % – Gesteinsmaterial aus dem Grundgebirge gefördert wurde und vulkanisches Material eine untergeordnete Rolle spielt. Die „Baumateriallieferung" für die Burgen und die mittelalterliche Kirche dürfte auch von hier stammen, denn die unterdevonischen Tonschiefer, Grauwacken und Sandsteine wurden hier schon in „handlicheren" Formaten herausgeschleudert, wie man an dem Aufschluss gut erkennen kann. Dass es sich bei diesen Eruptionen und Ablagerungen um relativ kalte Vorgänge handelte, war für den Abbau und die Nutzung von Vorteil. Die Bestandteile wurden nicht durch die üblich hohen Temperaturen miteinander verbacken oder durch Lavafetzen verkrustet.

◘ Abb. 5.3 Die Tuffablagerungen an der Cochemer Straße in Ulmen zeigen mit ihrer Schichtung verschiedene Ausbruchs- und Ablagerungsphasen. Es ist auch bemerkenswert, dass die vulkanischen Aschen so fest „verbacken" sind, dass sich senkrechte Wände über lange Zeiten halten (Gabriele M. Knoll)

Die erste Kirche an diesem Standort an der Cochemer Straße entstand zur gleichen Zeit wie die Burg. Die baufällige Kirche des 12. Jahrhunderts wurde Ende des 15. Jahrhunderts durch einen spätgotischen Neubau ersetzt. Im 19. Jahrhundert, einmal zu Beginn, dann 1855, drohte St. Matthias wieder einzustürzen und wurde jedes Mal repariert. Zum Ende des 19. Jahrhunderts fehlte es an Platz für die gewachsene Zahl der Gemeindemitglieder, sodass 1904/05 die heutige neugotische Pfarrkirche errichtet wurde.

Dieses Gebäude mit seiner Innenausstattung wäre bei seiner Vielfalt an heimischem Baumaterial den Stopp auf einer geologischen Exkursion wert! Das Bruchsteinmauerwerk stammt aus der Grauwacke des devonischen Grundgebirges, die Maßwerkfenster stammen aus dem dazugehörenden roten Buntsandstein. Nicht überraschend ist es,

Naturparke – Destinationen für einen nachhaltigen Tourismus

1957 wurde in der Lüneburger Heide der erste Naturpark Deutschlands ausgewiesen. Seit 1963 vertritt der Verband Deutscher Naturparke (VDN) mit Sitz in Bonn die Interessen der Naturparke in der Bundesrepublik Deutschland. Im Herbst 2013 gehören ihm 104 Naturparke an, die zusammen ca. 26 % der Fläche der Bundesrepublik einnehmen. „Naturparke sind eine Schutzgebietskategorie nach dem Bundesnaturschutzgesetz (§ 27, Anm. d. Verf.), sie verbinden den Schutz und die Nutzung von Natur und Landschaft. Die Balance zwischen intakter Natur, wirtschaftlichem Wohlergehen und guter Lebensqualität wird durch Naturparke angestrebt. Sie sind damit Vorbildlandschaften für die Entwicklung ländlicher Regionen insgesamt und bieten die Chance, auf einem Viertel der Fläche Deutschlands nachhaltige Entwicklung voranzutreiben. Naturparke besitzen auch auf europäischer Ebene eine zukunftsweisende Rolle für den Schutz der Natur, die landschaftsbezogene Erholung und die integrierte nachhaltige Entwicklung des ländlichen Raums" (► www.naturparke.de aufgerufen am 17.10.13).

Neben dem Natur- und Landschaftsschutz gehören ebenso eine umweltverträgliche Regionalentwicklung, vor allem des ländlichen Raumes, ein nachhaltiger Tourismus und zunehmend auch eine Umweltbildung zu den Aufgaben der Naturparke. Darin unterscheiden sie sich nicht von den Geoparks. Der größte Unterschied in der gesamten Vielfalt der Naturparke und Geoparks liegt im Organisatorischen, in der gesetzlichen Grundlage und der Finanzierung. Während sich Geoparks regelmäßig alle vier Jahre einer Evaluierungskommission stellen müssen, um das Zertifikat behalten zu dürfen, sind die deutschen Naturparke per Gesetz in ihrer Existenz gesichert.
Die Leistungen eines Naturparks definiert der VDN folgendermaßen (Positionspapier beschlossen vom VDN-Vorstand am 21.4.2010):
- „Die auf gesetzlicher Basis eingerichteten Naturparke sind ein Qualitätsmerkmal und bieten ein hervorragendes Image für das touristische Marketing. Touristische Organisationen und Leistungsträger können mit dem Label ‚Naturpark' für ihre Region werben.
- Naturparke erhalten und entwickeln Natur und Landschaft, die den Kern touristischer Angebote in diesen Landschaften bilden. Hierzu zählen insbesondere Naturschutz- und Landschaftspflegemaßnahmen sowie Lenkungsmaßnahmen für Besucher.
- Naturparke können qualitativ hochwertige Angebotsbausteine für das Naturerleben zur Verfügung stellen, beispielsweise geführte Touren und weitere Veranstaltungen.
- Eine gute Infrastruktur, wie beschilderte Wegenetze, Naturpark-Infozentren, Naturerlebnispfade und Informationstafeln, bildet eine wichtige Grundlage für erfolgreiche touristische Angebote.
- Naturparke unterstützen die Entwicklung eines nachhaltigen Tourismus in der Region, indem sie verschiedene Interessensgruppen und die verschiedenen Belange wie Naturschutz, Tourismus, Landwirtschaft etc. zusammenführen." (a. a. O.)

---

dass ein Gebäude im Rheinischen Schiefergebirge mit Schiefer gedeckt wurde. Aus der spätgotischen Kirche blieben einige Ausstattungsstücke erhalten, die die Geologie der Eifel widerspiegeln. Der frühgotische Taufstein wurde aus Basaltlava gehauen. Das 4 m hohe Sakramentshäuschen zeigt spätgotische Steinmetzkunst aus der Mitte des 16. Jahrhunderts in rotem Sandstein. Am Pfarrhaus steht ein Grabkreuz aus Basaltlava für den 1817 verstorbenen Pfarrer Burkhard, aber auch andere Kreuze aus diesem Gestein und aus rotem Sandstein gehören zur hiesigen Kulturlandschaft.

An der Cochemer Straße ist nicht nur der eindrucksvolle Aufschluss zum jüngsten Ausbruch in Deutschland mit dem üblichen Sortiment an Lapilli und vulkanischen Bomben zu sehen, sondern auch die Verwendung der vulkanischen Gesteine als Baumaterial. Bei den Wirtschaftsgebäuden ist dies am steinsichtigen Mauerwerk leicht zu erkennen, während man bei den Wohngebäuden hier die düsteren Mauern in der Regel weiß verputzte. Als gut zu behauenden Stein und farblichen Akzent wählte man meist den roten Sandstein für Tür- und Fenstergewände. Zur traditionellen Architektur in der Eifel gehört auch der Fachwerkbau.

Strohn, ein typisches Eifeler Bauerndorf mit rund 500 Einwohnern, hat sich ganz dem vulkanologischen Erbe verschrieben. Die Gemeinde profitiert seit ca. 50 Jahren wirtschaftlich vom Bruchzins einer Baustofffirma, die Lava und Basalt am Wartgesberg vor allem für den Straßenbau abbaut. Der Wartgesberg südöstlich des Dorfkerns besteht aus drei Schlackenkegeln, die sich über einer hier Nord-Süd verlaufenden Förderspalte aufreihen. Sie sind als einzelne Vulkankegel jedoch nicht mehr zu unterscheiden – der starke Eingriff in das Landschaftsbild gerade durch den Abbau vulkanischer Gesteine macht sich auch hier bemerkbar.

Trotzdem haben diese drei ehemaligen Schlackenkegel für drei unterschiedliche geologische Attraktionen gesorgt, die zum Anlass genommen wurden, eine touristische Infrastruktur und entsprechende Angebote zu erstellen. Aus dem nördlichen Vulkan stammt die wegen ihrer Größe bekannt gewordene „Strohner Lavabombe"– 120 t schwer schätzt man den Koloss. 1969 löste sich bei Sprengarbeiten der überdimensionale Brocken von ca. 5 m Durchmesser, der nun am südlichen Dorfrand frei zugänglich zu sehen ist. In diesem Fall handelt es sich jedoch – streng geologisch – um eine „falsche" Lavabombe. Sie wurde nicht aus Lavafetzen während ihres Fluges aus dem Krater gebildet, sondern sie entstand im Krater und wurde erst kurz nach ihrer Entdeckung von dort entfernt. Vermutlich schon als größerer Brocken steckte die „falsche" Lavabombe im Krater, sodass sie selbst die Kräfte einer Eruption nicht weit hinausschleudern konnten. Der Bombenkern rollte wieder tiefer in den Schlot, wurde wieder etwas herausgeschleudert, rollte wieder zurück und erhielt – wie ein Schneeball, den man rollt und der dabei größer wird – durch das flüssige Magma neue „Schichten".

Das Beispiel einer „echten" Lavabombe entdeckte die Museumsleiterin des Vulkanhauses Strohn, Irene Sartorius, im Winter 2007. Dieses Exemplar in der Nachbarschaft der großen „Falschen" weist die typische Spindel- oder Tropfform auf. Diese ergibt sich beim Flug eines Lavafetzens durch die Luft. So klein diese korrekte Lavabombe auch erscheinen mag, mit 1,46 t bringt sie immer noch das Gewicht eines Mittelklassewagens auf die Waage – der durch die Luft geflogen ist!

Wenn auch schon die „Strohner Lavabombe" den ersten Tourismus nach Strohn gebracht hat, indem sie für Naturliebhaber und geowissenschaftliche Exkursionen der Universitäten rund um die Eifel zu einem Ziel wurde, so hat sich das seit dem Entdecken der „Strohner Lavaspaltenwand" 1992 noch wesentlich verstärkt. Dieser erhaltene Teil einer Lavaspaltenwand gilt als ein Naturdenkmal von europäischer Bedeutung. 1996 wurde sie am Tag des offenen Denkmals erstmals der Öffentlichkeit vorgestellt, und es wurde deutlich, dass sie geschützt in einem Gebäude der Allgemeinheit zugänglich gemacht werden sollte.

2002 wurde aus einem historischen Bauernhaus, einem sogenannten „Trierer Einhaus" – d.h. alle Funktionen des Bauernhofs sind unter einem Dach zu finden – das Museum Vulkanhaus Strohn (▶ www.vulkanhaus-strohn.de), das die Gemeinde u. a. aus dem Bruchzins vom Wartgesberg finanzieren konnte.

Als ein 11-t-Riesenpuzzle wurde die 6 m lange und 4 m hohe Lavaspaltenwand in 80 Teilen in den ehemaligen Stall gebracht und wieder zusammengesetzt. Die Wand ist Teil einer ehemaligen Förderspalte. Heute erscheint sie fast wie ein Ausschnitt einer Höhlenwand mit einem Tropfsteinüberzug, doch es handelt sich um aufgespritzte Magmafetzen, die von den Gasen heraufgeschleudert wurden und dann noch glühend die Wand wieder etwas herunterflossen und dabei angeschmolzen wurden. Anschließend färbten aufsteigende Eisenhämatite die Wand blau, und durch diese Farbe fiel den Steinbrucharbeitern das besondere Relikt des Vulkanismus auf.

Lavaströme vom Wartgesberg prägen auch die Landschaft rund um Strohn, das selbst auf einem solchen liegt, der das Alftal aufwärts geflossen ist (siehe Büchel 1994). Ein anderer Lavastrom aus dem jüngsten Schlackenkegel des Wartgesbergs wurde mit einer Länge von 5,5 km zum längsten Lavastrom der Eifel. Er floss nach Süden in die „Strohner Schweiz" und füllte hier das Tal des Flüsschens Alf und die Ausgänge der Seitentäler. Das Gewässer bahnte sich weiterhin seinen Lauf durch sein ehemaliges Bett, erodierte das vulkanische Gestein und schuf ein kleines Durchbruchstal. An den Talhängen ist der angeschnittene Lavastrom zu sehen.

Zu den Schlackenkegeln auf der Strohner Förderspalte gehören auch Maare, wie im Süden das Sprinker Maar und nördlich des Dorfes das Strohner Märchen. Letzteres entstand vor 20.000 bis 30.000 Jahren im Zusammenhang mit dem Römerberg-Schlackenvulkans, an dessen Hangfuß es liegt. Der Kraterwall des kleinen Maares (ca. 170 m

Die Deutsche Vulkanstraße zwischen Maaren, Schlackenringen, Basaltsäulen und Geysiren

Seit September 2006 verbindet die Deutsche Vulkanstraße die geologischen, aber auch kulturgeschichtlichen Sehenswürdigkeiten rund um den Vulkanismus auf einer Strecke von rund 280 km durch die Eifel. Die Osteifel mit dem vulkanologischen Höhepunkt des Laacher Sees, die Hocheifel rund um die Nürburg sowie die Westeifel wurden hier auf eine touristisch interessante Reihe gebracht. Für den wissenschaftlichen Hintergrund und das Konzept dieser Route steht Prof. Wilhelm Meyer vom Geologischen Institut der Universität Bonn.
Die Vielzahl der Gruben, der Besucher-Steinbrüche und Aufschlüsse soll hier nicht aufgezählt werden, wohl aber einige geotouristisch interessante Stationen, die weitere Aspekte des Vulkanismus einbringen. In der historischen Nutzung der Vulkangesteine steht die Mühlsteinproduktion zwischen Andernach und Mayen und der Handel ganz vorne. Bereits die Römer bauten, wie es im Römerbergwerk Meurin didaktisch aufbereitet wurde, Tuff ab und fertigten aus den Blöcken Mühlsteine, aber auch Haustüne für ihre großen Baustellen, ihre Militärlager und Städte am steinarmen Niederrhein. Mit Pferdefuhrwerken transportierte man die Steine nach Andernach, wo sie auf flache Lastschiffe (Prahme) verladen und rheinabwärts verschifft wurden. Auch im Mittelalter war diese Nutzung der vulkanischen Gesteine unverändert angesagt, daran erinnert u. a. der historische Kran aus der Mitte des 16. Jahrhunderts am Andernacher Rheinufer.
Die Hohlräume, die der Steinabbau hinterließ, blieben nicht ungenutzt: In den Basalthöhlen von Mendig als „Natur-Kühlschrank" lagerten die Bierbrauer ihre Fässer. Die Eis- und Mühlsteinhöhle im Basaltschlackenkegel des Rother Kopfes kann als steil abfallender Gang das ganze Jahr über mit Eis dienen. Dies wusste und schätzte man schon im 17. Jahrhundert am Kurfürstlichen Hof von Köln bzw. Bonn und holte sich Eis für das Kühlen von Getränken und Speisen von hier. Der natürliche Eisschrank ergibt sich durch den abfallenden Gang: Die im Winter einfallende kalte Luft kann zu wärmeren Zeiten nicht zum höher liegenden Höhleneingang aufsteigen, denn kalte Luft ist schwerer als warme – sie bleibt unten. Zusätzlich sorgen die isolierende Wirkung des Vulkangesteins, des bewaldeten Hanges und die Nordlage des Höhleneingangs dafür, dass die Durchschnittstemperatur der Höhle bei 0° C liegt. Bei diesen frischen Verhältnissen wurden in einer zweiten Höhlenkammer aus der Basaltschlacke Mühlsteine gehauen.
Das düster scheinende Ortsbild mancher Eifeldörfer ergibt sich aus der Nutzung dieses Gesteins auch als Baumaterial. Mancherorts wurde es vorgezogen, die schwarz-braunen Mauern weiß zu verputzen und ihnen mit den roten Sandstein-Fenster- und -türgewänden ein freundlicheres Aussehen zu geben. Doch man kann auch Beispiele wie Mendig nennen, wo die schwarz-braunen Häuser aus Basaltlava-Steinen das Ortsbild bestimmen(▶ www.deutsche-vulkanstrasse.com) (◘ Abb. 5.4).

Durchmesser) ist bereits abgetragen, auch der Maarsee existiert nicht mehr; es handelt sich um ein Finalmaar. Die ovale Form fällt trotzdem durch ihre Vegetation auf, die sich vom Umfeld deutlich unterscheidet. In der Geländemulde hat sich ein Hochmoor mit einer inzwischen rund 10 m mächtigen Torfschicht entwickelt. Zu den charakteristischen Pflanzen dieses Biotops gehören Wollgras, Moosbeere und Rosmarinheide, die schon auf den ersten Blick zu identifizieren sind. Doch in der Pflanzengesellschaft des Strohner Märchens wurden ca. 250 Pflanzenarten nachgewiesen, darunter auch der fleischfressende Sonnentau. Ein anschauliches Beispiel für ein Maar, das noch von einem großen Maarsee gefüllt wird, befindet sich auf der Nordseite des Römerbergs mit dem Pulvermaar.

Die Kulturlandschaftsgeschichte der Westeifel – damit sei zwar der vulkanische Untergrund, aber noch nicht der Natur- und Geopark Vulkaneifel verlassen – verdankt den Zisterziensermönchen der Abtei Himmerod wesentliche Impulse nicht nur für ihr religiöses und kulturelles Leben, sondern auch für das Wirtschaftsleben. Da sich gerade die Angehörigen dieses 1098 gegründeten Ordens im Mittelalter europaweit als Pioniere beim Urbarmachen und der Wirtschaftsförderung in den meist noch kaum besiedelten Räumen betätigt haben, soll die Spannbreite dieser Aktivitäten am Beispiel der Abtei Himmerod dargestellt werden. Heute noch lässt sich hier in der relativen Abgeschiedenheit des Salmtales und der Klosteranlage samt ihrer zahlreichen Wirtschaftsgebäude und Fischteiche manches Ursprüng-

Geotourismus

Der Geotourismus, eine relative junge Version des Tourismus, wurde maßgeblich im geographischen Zusammenhang mit der Eifel entwickelt, sodass an dieser Stelle einige Informationen und Abgrenzungen zu Naturparken und Geoparks gegeben werden sollen.

„Unter Geotourismus versteht man naturbezogenen Tourismus mit Schwerpunkt auf Geo-Objekten (z. B. Aufschlüsse von Gesteinen, Böden, Mineralen und Fossilen) und deren Derivaten (z. B. Anlagen und Bauten des Bergbaus). Als Folge von geändertem Freizeitverhalten in Richtung ‚Naturerlebnis' und zunehmendem Interesse an Geo-Themen als Teil der Umweltbildung werden verstärkt geotouristische Angebote entwickelt. Da diese nicht nur Information und Freizeitwert bieten, sondern auch zur Strukturentwicklung einer Region beitragen können, bildet Geotourismus eine wichtige Schnittstelle zwischen Ökonomie und Ökologie", so das Landesamt für Geologie und Bergbau Rheinland-Pfalz auf seiner Homepage (▶ www.lgb-rlp.de/geotourismus.html, aufgerufen am 17.10.13).

Neben dem Engagement der Natur- und Geoparke in der Umweltbildung, im Vermitteln von Fachwissen der unterschiedlichen Geowissenschaften, sehen sich hierbei auch geowissenschaftliche Einrichtungen, wie z. B. der Geologische Dienst NRW in der Pflicht, als Teil ihrer Öffentlichkeitsarbeit ihr Expertenwissen unter das Volk zu bringen. Am jährlich bundesweit stattfindenden Tag des Geotops – vergleichbar mit dem Tag des offenen Denkmals – werden in einzelnen Aktionen geologische Exkursionen für interessierte Laien veranstaltet. Damit sind geotouristische Angebote keinesfalls an Naturparke oder Geoparks gebunden.

Neben den Hobbygeologen, Steine-, Mineralien- und Fossiliensammlern, Natur- und Ökotouristen gelten besonders Familien mit Kindern als wichtige Zielgruppen des Geotourismus. Dazu passend liegen „Edutainment" und „Sciencetainment" aktuell im Trend, wie es sich auch an den hohen Zuschauerquoten von Sendungen wie *Quarks & Co* beobachten lässt.

Aus der Tourismuspraxis

Gästeführer im Natur- und Geopark Vulkaneifel

Die Geschäftsleitung des Natur- und Geoparks Vulkaneifel setzt sich besonders für eine hohe Qualität seiner Gästeführer ein. Als Grundlage müssen die potenziellen Gästeführer eine entsprechende Grundausbildung der Industrie- und Handelskammer nachweisen oder eine des Eifelvereins, die im Regelfall einen 150-Stunden-Kurs umfasst. Darauf wird ein 170-Stunden-Kurs für die Spezialisierung als Natur- und Geopark-Führer gesattelt. Bei der inhaltlichen Fortbildung besteht die Auswahl zwischen dem Modul Flora und Fauna sowie demjenigen zur Geologie, die jeweils von Fachdozenten durchgeführt werden. Es ist auch möglich, beide Schwerpunkte zu absolvieren – was alle Teilnehmer des ersten, 2013 abgeschlossenen Durchgangs wahrgenommen haben. Ein anderer Themenbereich ist die Kulturgeschichte der Region. Zusätzlich zur inhaltlichen Weiterbildung gehört das Entwickeln der Soft Skills, wie z. B. das Sprechtraining durch eine Fachkraft des Theaters. Konfliktmanagement zählt ebenso zur Ausbildung wie Angebots- und Produktentwicklung. Im Letzteren steckt auch die Abschlussprüfung der gesamten Ausbildung: Es muss ein touristisches Angebot, d. h. eine ausgearbeitete Tour, präsentiert werden.

Für den Natur- und Geopark Vulkaneifel bedeutet dies, dass kreative wie individuelle Ideen gefordert und gefördert werden und das touristische Angebot bereichern. Die Aktion für die ersten 20 Teilnehmer kostete den Park ca. 30.000 Euro, wobei jeder Teilnehmer noch einmal 500 Euro für die Ausbildung beisteuern musste. In der ersten Gruppe waren zu drei Vierteln Akademiker aus den entsprechenden Geowissenschaften, das letzte Viertel kann man als geowissenschaftliche Autodidakten bezeichnen. Unterschiedliche Motive führten die Damen und Herren – zwischen Mitte 30 und 50 Jahren – in diese anspruchsvolle Weiterbildung: Für die einen soll es ein nebenberufliches Standbein werden, für die anderen ein Wiedereinstieg ins Berufsleben nach einer Familienphase und als Drittes der Versuch, sich als arbeitsloser Akademiker eine Verdienstmöglichkeit zu schaffen. Das Honorar einer Führung oder Veranstaltung können die Gästeführer komplett – ohne Abgaben an den Natur- und Geopark – für sich behalten. Aus diesem Pool an kompetenten freien Mitarbeitern kann der Park auch bei anderen Veranstaltungen jenseits des Tagesgeschäfts, wie etwa bei Messeauftritten, profitieren.

Abb. 5.4 Die Kölner Erzbischöfe griffen bei den verschiedenen Bauphasen ihrer Burg in Andernach immer auf die Steinvorkommen der Region zurück. Die schwarzen Brocken von Basaltsäulen wurden wegen ihrer Härte auch häufig bei den mittelalterlichen Stadtmauern im Rheinland verwendet. In den Andernacher Burgmauern sind auch weichere vulkanische Gesteine zu finden, wie bei dem Bauschmuck, dem Blendmaßwerk. Bruchsteine des Rheinischen Schiefergebirges hat man ebenso vermauert, so in dekorativen dünnen Lagen zwischen den Basaltbrocken in den Wänden oder an der Brücke (Gabriele M. Knoll)

liche aufspüren und der Bogen vom Mittelalter bis in die Gegenwart schlagen.

„Als Kulturleistung der Zisterzienser des Mittelalters besonders hervorzuheben ist die wirtschaftliche Tätigkeit, die die anderer Orden bei weitem übertrifft. Schon durch die von der Regel verlangte Siedlung in Einsamkeit wurden viele Klöster Zentren der Kultivierung des damals in Europa noch dominierenden Urwaldes; manche Namen erinnern an die Rodungstätigkeit (z. B. Himmerod). Das Gebot mönchischer Handarbeit und klösterlicher Eigenwirtschaft ist bereits in den ersten Statuten (1134?) des Zisterzienserordens verankert. Ausdrücklich erlaubt wird der Erwerb der hierzu benötigten Besitzungen (Ländereien, Wasserläufe etc.). Um unabhängig zu sein, entwickelte der Orden im Hochmittelalter eine progressive Wirtschaftsstrategie: ..." (Dinzelbacher und Roth 1997, S. 376)

1135 wurde die Abtei Himmerod im Salmtal gegründet – an einem Platz, der heute noch die wesentlichen Standortfaktoren widerspiegelt, die „einsame" Lage in einem Tal und die Nähe zu einem Gewässer. Zum traditionellen Wirtschaftsleben, das durch die religiösen Speisegebote, den Verzicht auf Fleisch an Fastentagen, mitgeprägt wurde, gehört die Fischzucht. Es ist kein Zufall, dass in der Teichwirtschaft der Regulator des Wasserstandes am Teichausfluss „Mönch" genannt wird. In den Fischteichen der Abtei werden heutzutage nach EU-Normen Hechte, Schleien und Karpfen gezüchtet. Die Fische landen nicht nur in der Klosterküche für die derzeit 13 Mönche und Gäste, sondern sie gelangen auch in den freien Verkauf. Zusätzlich zu der Zucht in eigenen Teichen besaßen die Mönche von Himmerod auch die Privilegien für die Fischerei in der Kyll, der Salm und der Lieser.

Nach den Ordensstatuten hatten ursprünglich auch die anderen Lebensmittel für den Alltag der Gemeinschaft aus der eigenhändigen Arbeit der Zisterzienser zu stammen. Doch das System der Eigenwirtschaft ließ sich bei dem expandierenden Besitz schon im Mittelalter nicht beibehalten. Zu groß wurde der Besitz des Klosters an Land und eigenen Höfen, so genannten Grangien. Diese landwirtschaftlichen Betriebe sollten nicht mehr als eine Tagesreise vom Konvent entfernt sein, um dort mit Laienbrüdern arbeiten zu können und das Geschehen unter Kontrolle zu haben. Mit den Klosterhöfen im näheren und weiteren Umland – das Moseltal und der Mittelrhein von Koblenz bis Köln inklusive – trugen die Himmeroder Mönche zur Entwicklung von Landwirtschaft und Siedlung bei. Management nach modernem Verständnis bewiesen Äbte vom 15. bis 17. Jahrhundert: „Der Verkauf von wenig ertragreichem Hausbesitz in Speyer, Trier, Koblenz und Andernach brachte bares Geld; auch städtischer und ländlicher Kleinbesitz wurde abgestoßen" (Kuhnen 2010, S. 98). Zu den landwirtschaftlichen Nutzflächen gehörte auch der klostereigene Wald, in den die Tiere für die Mast an Eckern und Eicheln getrieben wurden oder zur „einfachen" Waldweide. Bau- und Brennholz wurde geschlagen und verkauft, selbstverständlich diente der Wald auch als herrschaftliches Jagdrevier.

Intensiv betätigten sich die Himmeroder Mönche im Weinbau an der Mosel und auch im Weinhandel. Wirtschaften im Verbund wurde bereits praktiziert, denn schon im Mittelalter arbeiteten die auf Weinbau spezialisierten Höfe an Mosel, Lieser und Rhein mit den Grangien der Umgebung zusammen, die sich auf Ackerbau und Viehzucht spezialisiert hatten: Somit konnte die regelmäßige und ausreichende Düngung der Weinberge sichergestellt werden. Wein benötigte das Kloster schließlich in großen Mengen, galt es doch nicht nur den täglichen Gottesdienst und die Mönche bei Tisch, sondern zusätzlich auch noch Gäste, Pilger, Arme und Kranke mitzuversorgen. „Am Ende des 18. Jahrhunderts war Himmerod mit etwa 666.000 Weinstöcken zweitgrößter Weinerzeuger in Kurtrier, nach dem Erzbistum selbst, ..." (Kuhnen 2010, S. 97). Als ein Zeugnis eines erfolgreichen klösterlichen Weinanbaus kann man heute noch den Mönchhof, einen repräsentativen Renaissancebau, in Ürzig verstehen.

Doch die Zisterzienser etablierten Himmerod auch als das Zentrum der Metallurgie im Kurfürstentum Trier, entwickelten eine Montanlandschaft um ihr Kloster herum. Rohstoff für diese Aktivitäten war das Eisenerz aus den Schichten des Mittleren Buntsandsteins. Der Ort Eisenschmitt, ca. 3 km talaufwärts vom Kloster entfernt, verrät mit seinem Namen schon die Beziehung zur Eisenproduktion. Die Eisenhütte ging zwar 1392 in den Besitz des Erzbischofs von Trier über und sollte sich im späten Mittelalter zur bedeutendsten Waffenschmiede des Erzbistums entwickeln. Für das technische Wissen um neue und effektivere Verfahren zur Verhüttung, den Wandel vom Rennfeuer zum Hochofen, boten sich die Zisterziensermönche an. „Insgesamt setzten Bau und Betrieb eines Hochofens erhebliches Know-how und Kapital voraus, das im Mittelalter wohlhabende Klöster wie Himmerod eher aufbringen konnten als die Landbevölkerung und der niedere Landadel" (a. a. O., S. 106). Schließlich besaß die Abtei auch die Rechte am Wasser, das bis ins späte 18. Jahrhundert als Energiequelle für Gebläse und Hammerwerke zur Verfügung stand. Bis zur Mitte des 19. Jahrhunderts galt das Salmtal um Eisenschmitt und Himmerod als das bedeutendste Zentrum der Eisenproduktion der Südeifel. Wenige architektonische Relikte dieser Wirtschaftsgeschichte gibt es noch vor Ort, dafür sind noch viele Spuren im Gelände erkennbar, von Tagebauen, einzelnen Schlackenfunden bis zu ganzen Schlackenhalden, Köhlerplatten für die Produktion von Holzkohle bis zu Veränderungen in der Talaue durch das Umleiten des Wassers in die Kanäle der Mühlen und Hammerwerke. Der Eisengewinnung und -verarbeitung fielen die Wälder zum Opfer, sodass das Kloster Himmerod vom späten 14. Jahrhundert an, eher am Rand einer Industrielandschaft lag. Das heutige Bild, das wieder an die Anfangszeiten der Abtei erinnert, konnte erst nach dem Untergang der Eisenindustrie im Salmtal im späten 19. Jahrhundert entstehen – als das Saarland und das Ruhrgebiet die Standortfaktoren für das „moderne" Wirtschaften besaßen. „Bis dahin beteten die Mönche jahrhundertelang in einer Zone, deren Ruhe durch rauchende Hochöfen, häufige Hochwasserereignisse und laut pochende Hammerwerke erheblich gestört wurde. Klösterliches Leben in der Einöde könnte zeitweise auch Leben am Rand einer Industriewüste bedeutet haben" (a. a. O., S. 111f).

Heutzutage kann die Abtei wieder ruhigen Gewissens touristische Angebote zur inneren Einkehr anbieten. Doch auch die Kulturlandschaftsgeschichte wurde zum Thema des Rundwanderweges „Schöpfung bewahren". Die Relikte der Eisenproduktion, aber auch die Auswirkungen auf die Landschaft, wurden damit für den Wanderer erschlossen.

Zur Ausbeutung des geologischen Erbes gehört in der Eifel auch die Nutzung der Mineralquellen. Als international bekanntes Produkt sei das Gerolsteiner Mineralwasser kurz vorgestellt, das zwei geologischen Phänomenen seine Entstehung verdankt. Das erkaltende Magma des Eifelvulkanismus setzt immer noch Kohlensäure frei, die das Niederschlagswasser beim Versickern im Untergrund aufnimmt. Diese Kohlensäure wiederum bewirkt, dass das Wasser bei seinem Weg durch das Dolomitgestein der Gerolsteiner Mulde Mineralstoffe und Spurenelemente lösen und aufnehmen kann. Aus einer Tiefe von bis zu 200 m wird es gefördert und gleich an der Quelle abgefüllt – derzeit mehr als 6 Mio Hektoliter jährlich. Unter den deutschen Mineralwassern ist das Gerolsteiner heutzutage das führende, und weltweit ist es der Markenführer unter den kohlensäurehaltigen Mineralwassern.

Auf der Suche nach natürlicher Kohlensäure für die chemische Industrie entdeckte der Geologe und Harzburger Bergwerksdirektor Wilhelm Castendyck 1887 eine Quelle in Gerolstein mit „geysirartigen" Ausbrüchen; 30–40 m hoch soll das Wasser geschossen sein. Er ließ das kohlensäurehaltige Wasser von Prof. Carl Remigius Fresenius analysieren und gründete, nachdem dieser die besondere Qualität attestiert hatte, die Firma „Gerolsteiner Sprudel W. Castendyck Gerolstein". Sofort begann er, das sprudelnde Wasser in Tonflaschen abfüllen zu lassen und als Getränk zu verkaufen; die industrielle Nutzung schien nicht mehr gefragt. Doch an dem kohlensäurehaltigen Wasser hatte er bald kein Interesse mehr, denn er verkaufte seine Firma bereits 1889 – seine Erben könnte es geärgert haben. In den folgenden Jahren erhielt das Gerolsteiner Mineralwasser internationale Auszeichnungen und wurde schon ab 1895 nach Australien exportiert.

Auch Daun kann mit Mineralwasser aufwarten, das nicht nur in Flaschen abgefüllt wird, sondern auch wichtige Grundlage eines Kurbetriebs ist. Das Wasser der Dunaris-Quelle, eines Natrium-Magnesium-Hydrogencarbonat-Säuerlings, wird für Trink- und Badekuren genutzt. Zusätzlich gilt die Gemeinde als heilklimatischer Kurort und Kneippkurort, ebenso Manderscheid.

Zu den postvulkanischen Erscheinungen gehören neben den Geysiren, Kohlensäuerlingen und Mineralquellen natürlich auch heiße Quellen. Die treten am südöstlichen Rand des Geoparks Vulkaneifel in Bad Bertrich in Erscheinung; dabei handelt es sich um die einzige Glaubersalztherme Deutschlands. (Der berühmteste Kurort auf der Basis des Glaubersalzes ist das tschechische Karlsbad; dort wird das Glaubersalz auch als Karlsbader Salz bezeichnet.) In Bad Bertrich wird das 32° C warme Thermalwasser bereits seit dem 3. Jahrhundert genutzt, als die Römer hier – nicht fern ihrer Provinzhauptstadt Augusta Treverorum (Trier) – einen Badeort errichteten. Im Mittelalter „entdeckten" die Trierer Bischöfe den Nutzen der Thermalquelle und sorgten dafür, dass die inzwischen verfallenen Badeeinrichtungen wiederhergestellt wurden. Repräsentativ ließ sich der letzte Trierer Erzbischof Clemens Wenzeslaus 1785 bis 1788 in Bad Bertrich vom Hofbaumeister Andreas Gaertner ein Wohn- und Badehaus, das Kurfürstliche Schlösschen, errichten, das heute noch erhaltene Kurhaus. Einen steinernen Zeugen des Vulkanismus bietet auch in Bad Bertrich anschaulich die neoromanische Pfarrkirche. Das unverputzte Mauerwerk der Steinkirche besteht aus dunklen Schlackenbrocken – „Lavakrotzen" genannt – und hellen Tuffen.

5.1 Fuji-san – Einbahn-Wanderverkehr auf dem heiligen Berg Japans

Seit dem 22. Juni 2013 gehört der berühmteste Vulkan Japans zu den 25 Orten in seiner Umgebung, die als „heilige Orte und Quellen künstlerischer Inspiration" in der Liste des UNESCO-Welterbes als Weltkulturerbe (▶ http://whc.unesco.org/en/list/1418) aufgenommen wurde.

The beauty of the solitary, often snow-capped, stratovolcano, known around the world as Mount Fuji, rising above villages and tree-fringed sea and lakes has long inspired artists and poets and been the object of pilgrimages. Its representation in Japanese art goes back to the 11th century but 19th century wood block prints have made Fujisan become an internationally recognized icon of Japan and have had a deep impact on the development of Western art. The inscribed property consists of 25 sites which reflect the essence of Fujisan's sacred landscape. In the 12th century, Fujisan became the centre of training for ascetic Buddhism, which included Shinto elements. On the upper 1,500-metre tier of the 3,776 m mountain, pilgrim routes and crater shrines have been inscribed alongside sites around the base of the mountain including Sengen-jinja shrines, Oshi lodging houses, and natural volcanic features such as lava tree moulds, lakes, springs and waterfalls, which are revered as sacred. (▶ http://whc.unesco.org/en/list/1418, aufgerufen am 16.10.13)

Die „klassische" Besteigung beginnt auf einer Höhe von 2305 m, an der 5. Station, zu der man noch mit Auto oder Bus gelangen kann. Für den Aufstieg zum Krater benötigt man von hier ca. sechs Stunden, für den Abstieg dann noch einmal drei Stunden. Zum angesagten Naturerlebnis gehört jedoch der Sonnenaufgang, wofür eine Übernachtung in einer der Hütten unterhalb des Gipfels nötig wird. (► www.jnto.de/in-japan/natur-und-outdoor/wandern-und-pilgern.html, aufgerufen am 16.10.13)

Ungeachtet seiner kulturellen und emotionalen Bedeutung darf man den Fuji auch als die höchste Mülhalde Japans bezeichnen. Da es jedem halbwegs gesunden Menschen – auch dank Berghütten und Ärztestation – möglich ist, auf einer der vier Routen den 3776 m hohen Vulkan zu besteigen, kommt es in den Sommermonaten, im Juli und August – der offiziellen Saison – zu Völkerwanderungen, die nur durch „Einbahn-Wanderverkehr" zu managen sind. Geschätzte 300.000 Bergsteiger streben im Sommer dem Sonnenaufgang am Kraterrand entgegen, durchschnittlich 8000 pro Tag. Auf der beliebtesten Aufstiegsroute hinterlassen diese Scharen auf ihrem Nationalheiligtum z. B. jährlich mehr als 1,7 t PET-Flaschen. Bislang sträubten sich die beiden betroffenen Präfekturen Yamanashi und Shizuoka, Gebühren für eine Besteigung zu erheben, um daraus auch das Müllsammeln und Entsorgen zu finanzieren. Die Angst vor einer abschreckenden Wirkung einer solchen Gebühr und Einnahmeverlusten, aber auch fehlende Kooperation unter den beiden Regionen, verhinderten dies. Mit dem Weltkulturerbe-Status des Fuji dürften die Besucherzahlen – und Müllmengen – noch weiter steigen, sodass für 2014 eine Besteigungsgebühr von 1000 Yen (7,75 Euro) probeweise eingeführt werden soll. Da Touristen aus Thailand und Malaysia kein Visum mehr benötigen, rechnet man mit einem weiteren Anstieg der Besucher.

Literatur

Blum W, Meyer W (2006) Deutsche Vulkanstraße. 280 erlebnisreiche Kilometer im Vulkanland Eifel. Görres, FloH, Koblenz, Geisenheim

Büchel G (Hrsg) (1994) Vulkanologische Karte West- und Hocheifel. Institut für Geowissenschaften, Universität Mainz, Mainz

Burggraff P, Haffke J, Kleefeld K-D, Kremer BP (2012) Eifel Auf Tour. Springer Spektrum, Heidelberg

Dinzelbacher P, Roth HJ (1997) Zisterzienser. In: Dinzelbacher P, Hogg JL (Hrsg) Kulturgeschichte der christlichen Orden. Kröner, Stuttgart

Fromme B (2010) Hic vere claustrum est beatae mariae virginis. Himmerods Spuren in Raum und Zeit. Sonderausstellung im Abteimuseum Alte Mühle. Paulinus, Trier

Kuhnen H-P (2010) Zisterzienische Wirtschaftsweise in Himerod. In: Fromme B (Hrsg) Hic vere claustrum est beatae mariae virginis. Himmerods Spuren in Raum und Zeit. Sonderausstellung im Abteimuseum Alte Mühle. Paulinus, Trier, S 92–119

Landesamt für Vermessung und Geobasisinformation Rheinland-Pfalz (Hrsg) (2012) Natur- und Geopark Vulkaneifel. Topgraphische Karte 1:50.000 mit Wander- und Radwanderwegen

Megerle H (2008) Geotourismus. Innovative Ansätze zur touristischen Inwertsetzung und nachhaltigen Regionalentwicklung. Kersting, Rottenburg

Meyer W (2002) Geologischer Führer zum Geo-Pfad Vulkanpark/Laacher See. 2. Aufl., Görres, Koblenz

Schmincke H-U (2010) Vulkanismus. 3. Aufl., Wissenschaftliche Buchgesellschaft, Darmstadt

Schmincke H-U (2013) Vulkane der Eifel. Aufbau, Entstehung und heutige Bedeutung. Spektrum, Heidelberg

Schönhofen W (1990) Gemeinde Ulmen in der Eifel. Rheinischer Verein für Denkmalpflege und Landschaftsschutz (Hrsg). Rheinische Kunststätten, Bd. 351. Neusser Druckerei und Verlag, Neuss

Schultz J (2010) Ökozonen. Ulmer, UTB, Stuttgart

Spielmann W (2005) Geologische Streifzüge durch die Eifel. Gesteine prägen Landschaft und Architektur. 2. Aufl., Rhein-Mosel-Verlag, Alf

Thein J (2007) Die Mineral- und Heilwässer der Eifel. In: Koenigswald W, Simon K-F (Hrsg) Geo Rallye. Spurensuche zur Erdgeschichte. Bonn und Umgebung. Bouvier, Bonn, S 298–324

Wagner HW, Kremb-Wagner F, Koziol M, Negendank JFW (2012) Trier und Umgebung. Geologie der Süd- und Westeifel, des Südwest-Hunsrück, der unteren Saar sowie Maarvulkanismus und die junge Umwelt- und Klimageschichte Sammlung Geologischer Führer, 3. Aufl., Bd. 60. Bornträger, Stuttgart

http://asienspiegel.ch/2013/06/der-preis-fur-die-fuji-besteigung/

http://whc.unesco.org/en/list/1418 (Fuji-san)

www.deutsche-vulkanstrasse.com

www.geopark-vulkaneifel.de (Westeifel)

www.jnto.de/in-japan/natur-und-outdoor/wandern-und-pilgern.html

www.lgb-rlp.de/geotourismus.html

www.naturparke.de

www.vulkanpark.com (Vulkanpark Landkreis Mayen – Koblenz, Osteifel)

Eine typische Mittelgebirgslandschaft

Gabriele M. Knoll

6.1 Optimal angepasstes Bauen – das Schwarzwaldhaus – 91

6.2 Die Entdeckung einer fremd gewordenen Welt – Ferien auf dem Bauernhof – 93

6.3 Auf dem Westweg in die Ferne und auf Genießerpfaden in die nähere Umgebung – Trends im Wandertourismus – 93

Literatur – 94

G. M. Knoll, *Landschaften geographisch verstehen und touristisch erschließen*,
DOI 10.1007/978-3-642-55426-1_6, © Springer-Verlag Berlin Heidelberg 2014

Der Schwarzwald stellt als Naturraum und Kulturlandschaft eine wichtige Destination im Deutschlandtourismus dar, sodass dieses Mittelgebirge im Südwesten der Bundesrepublik als Beispiel präsentiert werden soll. Die aktuellen Tourismuszahlen rechtfertigen dies zusätzlich: „Die Ferienregion Schwarzwald profitiert vom Trend zum Deutschlandurlaub und einer starken Auslandsnachfrage. Mit 19,2 Mio. Übernachtungen in den ersten elf Monaten peilt der Schwarzwald eine neue Rekordmarke an. Für das Gesamtjahr 2012 rechnet die Schwarzwald Tourismus GmbH mit rund 20,4 Mio. Übernachtungen – soviel wie seit 20 Jahren nicht mehr" (▶ www.schwarzwald-tourismus.info/Presse/Pressemeldungen-nach-Themen/Schwarzwald-Tourismus/). Aus dieser optimistischen Vorankündigung wurde eine abschließende Bilanz für das Jahr 2012 mit folgenden Zahlen erstellt: 7.337.401 Gästeankünfte (+4,4 % zum Vorjahr) und 20.488.745 Übernachtungen (+4,3 %). Die Zahl der ausländischen Gäste nahm von 2011 auf 2012 um 7,5 % zu, während diejenige der inländischen „nur" um 3,3 % anstieg.

Doch auch ohne diese touristischen Erfolgsmeldungen wäre es gerechtfertigt, den Schwarzwald als *das* Beispiel einer Mittelgebirgslandschaft zu nehmen. Von der Geologie über den Naturraum bis hin zu Elementen der Kulturlandschaftsgeschichte, die teilweise noch immer zum aktuellen Bild im In- und Ausland gehören, hat dieses Mittelgebirge seinen unverwechselbaren Charakter bewahrt. „Black forest" ist eben weltweit ein Begriff!

Gemeinsam mit den Vogesen und der Oberrheinebene stellt der Schwarzwald geologisch betrachtet eine Grabenzone dar. „Der Oberrheingraben ist Teil einer alten europäischen Störungszone, die in Südfrankreich mit dem Rhônegraben beginnt und westlich von Norwegen im Vikinggraben ausläuft. Der Oberrheingraben wird häufig als Idealmodell einer kontinentalen Grabenbruchlandschaft bezeichnet. Er erstreckt sich über 300 Kilometer Länge und ist durchschnittlich etwa 35 Kilometer breit. Im Süden wird er vom Schweizer Jura und im Norden vom Taunus begrenzt" (Eberle et al. 2010, S. 28). Vor ca. 50 Mio. Jahren während des Eozäns begann sich der Oberrheingraben abzusenken, und Wasser des Tethysmeeres drang in das Gebiet ein. Mehrere Hundert Meter mächtige Mergelschichten wurden im späteren Rheintal in Becken und Senken (z. B. dem Mainzer Becken und der Hessischen Senke) abgelagert. Doch das charakteristische Bild eines Grabens (▶ www.oberrheingraben.de/Graben/Geologische_Karte.htm) mit einem deutlichen Grabenrand durch hochgedrückte Schollen entlang der Verwerfungslinien gab es noch nicht: „Bei einem Flug über die eozäne Landschaft des Oberrheingrabens wäre einem potenziellen Betrachter allenfalls die Häufung von Seen, vielleicht auch noch eine Seenkette entlang des künftigen Großgrabens aufgefallen" (a. a. O., S. 29). Im Übergang vom Eozän zum Oligozän – einem großzügig bemessenen Zeitraum von rund 38–28 Mio. Jahren vor heute – hoben sich die den Graben flankierenden Schollen, der spätere Schwarzwald und die Vogesen in spe, heraus. Bewegungen innerhalb der Erdkruste lösen Vulkanismus aus, und so kam es natürlich auch im Zusammenhang mit der Entstehung des Oberrheingrabens immer wieder zu Zeiten eines stärkeren Vulkanismus. „Davon zeugen die Schlote am Katzenbuckel (60 Mio. J. v. h.) und Steinsberg (55 Mio. J. v. h.) und der eozäne Maarsee von Messel" (a. a. O., S. 50). Die vulkanischen Aktivitäten am Kaiserstuhl werden in die Zeit zwischen 17 und 14 Mio. Jahre vor heute datiert. Während des Eiszeitalters, des Pleistozäns (von 2,6 Mio. bis 11.600 J. v. h.), erfuhren die Landschaften des Oberrheingrabens starke Veränderungen: Die Höhen des Schwarzwaldes waren vergletschert und die unteren Hänge demzufolge periglazialer Bereich mit Moränen und anderen Formen der glazialen Serie; die Flüsse transportierten enorme Mengen an Sedimenten und schufen mit ihren mächtigen Kiesschichten Flussterrassen in den Tälern, und der Rhein kam seinem heutigen Lauf ein großes Stück näher. „Mit der Überwindung der Wasserscheide am Kaiserstuhl und der Umlenkung der Aare durch den Nordseerhein im ausgehenden Tertiär war der Rhein zu einem alpinen Fluss geworden" (a. a. O., S. 86).

Im Pleistozän lagen die höchsten Regionen des Südschwarzwaldes mindestens zweimal unter einer Eisdecke. Vom Plateaugletscher auf dem Feldberg (1493 m), mit dem höchsten Gipfel des Mittelgebirges, strömten radial Talgletscher abwärts, die während der Rißeiszeit Längen von mehr als 30 km erreichten (vgl. Eberle et al. 2010, S. 102). Während der Würmeiszeit konnten hier nur noch Gletscherlängen von rund 25 km nachgewiesen werden. Auch im Schwarzwald gelang es den „kleinen" Gletschern – verglichen mit den längeren und mächtigeren der Alpen –, die typischen Trogtäler herauszupräparieren. Aus einem übertieften Zungenbecken, das von Endmoränen abgeschlossen wird, entstand der Titisee als charakteristischer Zungenbeckensee. Zu den Karseen gehört dagegen der Feldsee. Die tiefste Lage der Schneegrenze kann während der Risseiszeit bei 700–800 m NN und in der Würmeiszeit bei 1100–900 m NN ausgemacht werden; die tiefste Lage einer Endmoräne wurde auf einer Höhe von rund 500 m NN gefunden. Während der Risseiszeit stieß im Süden des Schwarzwaldes, im Hotzenwald, das Schwarzwaldeis mit dem Gletschereis der Alpen zusammen (vgl. Liedtke und Marcinek 1994, S. 401).

Im nördlichen Schwarzwald, dem Buntsandstein-Schwarzwald, hat die pleistozäne Vereisung ebenfalls ihre bis heute sichtbaren Spuren hinterlassen. Hier kam es zur Bildung von über 90 Kargletschern in der Umgebung des höchsten Berges, der 1164 m hohen Hornisgrinde. In diesem Gebiet entwickelten sich vor allem in den Mulden der nord- und ostexponierten Höhenlagen aus dem Firn kleinere Kargletscher. An den Karwänden lassen sich manchmal noch Spuren von Gletscherschliff finden. Die Gletscherlängen haben im nördlichen Schwarzwald nur maximal 5–7 km betragen, dementsprechend liegt die tiefste Endmoräne auch „schon" in einer Höhe von 700 m NN. (vgl. Eberle et al. 2010, S. 102).

Einen Einstieg in die kleinteilige Vielfalt des Naturraumes im nördlichen Schwarzwald bietet das Naturschutzzentrum Ruhestein (▶ www.naturschutz.landbw.de/servlet/is/67496/). Schon der Name des höchsten Berges im Nordschwarzwald, der Hornisgrinde (1163 m NN), weist auf einen typischen Naturraum hin: die Grinden. Diese häufiger vorkommenden waldfreien Feuchtheiden oder Bergheiden – die Grinden – verhalfen dem nördlichen Teil des Mittelgebirges auch zu seinem Namen „Grindenschwarzwald" (LIFE-Projekt der EU und Partner aus Baden-Württemberg). Die Bergheiden sind zum einen das Resultat relativ extremer klimatischer Bedingungen (einer durchschnittlichen Jahrestemperatur von gerade einmal 5° C, 2200 mm Niederschlag, schneereichen Wintern und 180 Nebeltagen im Jahr) und zum anderen der Nutzung durch den Menschen. Als im 14. Jahrhundert wegen der stark gewachsenen Bevölkerung die Tallagen für die Viehhaltung nicht mehr ausreichten, trieb man seine Rinder und Ziegen auf die ebenen Hochflächen, die Gipfellagen mit ihrem lockeren Baumbestand. Mit Brandrodung senkte man die Baumgrenze und förderte gleichzeitig den Graswuchs. Die intensive Beweidung hinterließ ihre Spuren in der Landschaft: Die Böden wurden verdichtet und dadurch Vernässung und Moorbildung gefördert – durch die Weidewirtschaft entstanden überhaupt erst die Grinden. Mit der Einführung der Stallhaltung im 19. Jahrhundert wurde die Beweidung der Bergheiden aufgegeben, doch die Bauern mähten noch das Gras für die Heugewinnung. Erst als Mitte des 20. Jahrhunderts auch dieser Grasschnitt nicht mehr durchgeführt wurde, begannen die Bäume und der Wald die Grinden wieder „zurückzuerobern". Im Naturschutzgebiet Schliffkopf wird im Rahmen des LIFE-Projekts das Bild der historischen Kulturlandschaft erhalten bzw. wieder geschaffen. Zum einen rückt man mit der Säge dem Baumwuchs zu Leibe, zum anderen beweidet man bestimmte Flächen wieder. „Die sinnvollste Grindenpflege ist aber die Beweidung. Der Aufwuchs wird kostengünstig ‚entsorgt' und nebenbei liefern die Tiere hochwertige ‚Neben'produkte wie Fleisch und Wurst. Für die Sommerweide auf den Grinden ist das ‚Hinterwälder Rind' bestens geeignet. Es ist wetterunempfindlich, anspruchslos und verursacht aufgrund seines relativ geringen Körpergewichts kaum Trittschäden. Neben 30 ‚Hinterwälder Rindern' kommen im NSG ‚Schliffkopf' auch über 1000 Schafe zum Einsatz. Gemeinsam sorgen sie dafür, dass ca. 100 ha Bergweide waldfrei bleiben" (a. a. O., ▶ http://www.naturschutz.landbw.de/servlet/is/68690/nsg_schliffkopf.pdf?command=downloadContent&filename=nsg_schliffkopf.pdf, NSG Schliffkopf).

Zur Landschaft um die Hornisgrinde gehört auch der älteste Bannwald in Baden-Württemberg, 1911 wurden bereits 84 ha zum „Totalreservat" erklärt, d. h. jegliche Nutzung, jeglicher menschliche Eingriff in den Wald sind verboten. 1998 wurde der Bannwald Wilder See auf 150 ha erweitert und damit ein größeres Refugium für die Tiere geschaffen, die Totholz als Lebensraum benötigen, wie Spechte, Käuze, Fledermäuse und Gartenschläfer. Zum an-

> **Orkantief „Lothar"**
>
> Am zweiten Weihnachtstag, am 26.12.1999, fegte Lothar von der Bretagne kommend über den Südwesten Deutschlands und sorgte dafür, dass u. a. in den Kammlagen des Schwarzwaldes kein Baum mehr stehen blieb (◘ Abb. 6.1).
> „In Karlsruhe wurden Spitzenböen von 151 km/h, im Schwarzwald von mehr als 200 km/h registriert – Werte, die an einigen Stationen die höchsten waren, die je gemessen wurden" (Nationalatlas BRD – Klima, Pflanzen- und Tierwelt, S. 35). Innerhalb von wenigen Stunden wurde das Landschaftsbild des Schwarzwaldes schwerwiegend verändert bzw. geschädigt. Ganze Hänge bestanden nur noch aus einem „Riesen-Mikado" aus abgebrochenen, umgeknickten, umgeworfenen Bäumen, deren Wurzelteller oftmals höher ragten als die Äste; auf den Berghöhen wurde das Bild einsam stehender zerfranster oder auf andere Weise stark geschädigter Bäume zum allseits bestimmenden Eindruck – nicht nur aus der direkten Nähe, sondern auch schon aus der Oberrheinebene, selbst von einer Fahrt über die Autobahn. „Allein im besonders schwer betroffenen Nordschwarzwald wurden rund 30 Mio. Festmeter Holz zu Boden geworfen; über Monate hinweg waren zahlreiche Straßen und Wanderwege unpassierbar (Forstdirektion Freiburg 2003, S. 2). Für eine Tourismusdestination, deren Image im besonderen Maße von ausgedehnten Waldflächen geprägt wird und in welcher Wandern eine der wichtigsten touristischen Aktivitäten darstellt, schien diese Naturkatastrophe verheerende Konsequenzen nach sich zu ziehen. Daher, wie aus forstökonomischen Gründen, wurde bereits wenige Tage nach dem Orkan mit großflächigen Aufräumarbeiten sowie Nachpflanzaktionen begonnen. Diese sind mittlerweile weitgehend abgeschlossen; dennoch wird das Landschaftsbild des Schwarzwalds noch über Jahrzehnte von den Auswirkungen des Sturmes geprägt sein" (Megerle 2007, S. 256).

deren ist das NSG Hornisgrinde reich an Relikten der eiszeitlichen Vergletscherung. Dazu zählen die von der 1700 m langen Hochfläche rund 130 m tief abfallenden Karwände zu den beiden Mulden der Biberkessel. Während der See des Großen Biberkessels inzwischen verlandet ist, gibt es im Kleinen Biberkessel inmitten eines Moores noch einen Restsee. Der Mummelsee ist mit einer Lage von 1036 m NN der höchstgelegene Karsee des gesamten Schwarzwaldes.

Im Naturpark Südschwarzwald (▶ www.naturpark-suedschwarzwald.de) bieten zahlreiche Blockhalden und Felsen Einblicke in die geologische Vergangenheit des Mittelgebirges. Im Unterschied zum Buntsandstein-Schwarzwald wird der südliche Schwarzwald von Granit, Gneis und Porphyr gebildet. Der Ursprung der Blockhalden – gleich aus welchem Gestein sie gebildet werden – geht auf die Eiszeit zurück. Die Felswände, die an die Gletscherzungen heranreichten, waren besonders starken Temperaturschwankungen ausgesetzt. Die Sonnenstrahlen, die die helle Eisoberfläche reflektierte, heizten das anstehende Gestein auf. Der darauf liegende Schnee schmolz und versickerte in den Klüften und Haarrissen des Gesteins. Bei Minustemperaturen entwickelte sich daraus Eis, und die Frostsprengung begann, das Gesteinsgefüge zu lockern und schließlich auch Brocken abzusprengen. An der Kontaktzone von Fels und Eis waren diese Prozesse besonders intensiv. Nach dem Abschmelzen der Gletscherzungen rutschte das lockere Gesteinsmaterial die Talwände hinab und bildete in den unteren Bereichen – am Hangfuß – die Blockhalden (▶ www.naturpark-suedschwarzwald.de/natur/felsen). Diese Blockhalden stellen Biotope und ökologische Nischen mit recht extremen Lebensbedingungen dar: Sie können gleichermaßen als „Kühlschrank und Brutschrank der Natur" fungieren (vgl. Broschüre Felsen und Blockhalden, ▶ http://www.naturpark-suedschwarzwald.de/sites/default/files/upload_imce/254_Broschuere_Felsen_Blockhalden_k_web_mi.pdf, a. a. O.). „Im Innern vieler Blockhalden gibt es dauerhaft Eis. Da kalte Luft schwerer ist als warme, sinkt sie in der Halde nach unten, wo sie am Fuß der Halde als deutlich spürbarer Kaltluftstrom austritt. In den Alpen wurden früher daher häufig Bierkeller in den Fuß von Blockhalden gebaut. Die nach unten fließende Kaltluft sorgt paradoxer Weise dafür, dass sich der obere Haldenkomplex stark erwärmt. Denn: wo Luft ausströmt, muss auch welche einfließen. In diesem Fall ist es Luft, die sich über den Steinen in der Sonne aufheizt. Die Steine der Halde speichern die Wärme lange, so dass im Winter der obere Teil der Blockhalde wärmer ist als die Umgebung" (a. a. O.). Zu den typischen Bewohnern der Blockhalden

Kapitel 6 · Eine typische Mittelgebirgslandschaft

◘ Abb. 6.1 Im nördlichen Schwarzwald – hier der Merkur (668 m NN), der Hausberg von Baden-Baden – sind die Folgen des Orkantiefs Lothar noch immer gut zu erkennen. Einzelne hohe Nadelbäume überragen die deutlich niedrigeren und damit jüngeren Waldbestände. Großflächig wurde dabei mit Laubbäumen aufgeforstet (Gabriele M. Knoll)

gehören das Wollmoos oder als Relikt der Eiszeit der Krause Rollfarn, bei den Tieren sind es der Siebenpunkt-Marienkäfer, die Mauereidechse und die Schlingnatter. Einige Käfer- und Spinnenarten, die sonst vor allem in den Alpen vorkommen, arrangieren sich auch mit dem ständig kühlen und feuchten Luftzug in den Schwarzwälder Blockhalden. Dank ihrer Größe leichter auszumachen sind andere Bewohner der Felsen und Blockhalden: die Gämsen. Zwischen 1935 und 1939 wurde 21 Tiere aus Österreich im Feldberggebiet ausgesetzt, die sich mangels natürlicher Feinde – inklusive fehlenden Lawinen und Steinschlägen – inzwischen so vermehrt haben, dass sie bejagt werden müssen, um die empfindliche Vegetation in den Felsen und Blockhalden zu bewahren.

Die Erschließung des Mittelgebirges und die Gestaltung der Schwarzwälder Kulturlandschaft wurden wesentlich von den Klöstern, wie z. B. Hirsau, St. Blasien, Tennenbach, Allerheiligen und Alpirsbach, mitgetragen. „Im hohen Mittelalter entstanden Reformklöster der Benediktiner und Zisterzienser vor allem in der Weltabgeschiedenheit, mitten im Wald, wo die Mönche begannen, einen wirtschaftlichen Mikrokosmos zu errichten" (Küster 2010[4], S. 233). Nachdem die niedrigeren Lagen besiedelt worden waren, wurde mit verschiedenen Klostergründungen in der zweiten Hälfte des 11. Jahrhunderts die Erschließung der Höhen vorangetrieben. Aus religiösen, politischen und wirtschaftlichen Gründen erhielten die Klöster reiche Landschenkungen, die sie zuzugswilligen Bauern aus dem Altsiedelland als Lehen gaben. Mit zusätzlichen Vergünstigungen und Rechten machte man den Neusiedlern den Umzug und ihre harte Pionierarbeit schmackhaft. Das Waldland wurde in Streifen aufgeteilt, und jeder Rodungsbauer erhielt einen zur Bewirtschaftung und natürlich auch, um sich darauf ein Haus zu bauen. Solche so genannten Waldhufendörfer, die auch in anderen Regionen außerhalb des Schwarzwaldes vorkommen, fallen – ähnlich wie die Moorhufendörfer – durch ihre

Aus der Tourismuspraxis

Der Lotharpfad zwischen Katastrophentourismus und Sensibilisierung für die Waldwildnis – ein erfolgreicher Themenpfad

Im Juni 2003 wurde der Lotharpfad (► www.schwarzwald.com/hochstrasse/lotharpfad.html), ein ca. 800 m langer Themenpfad, durch eine Sturmwurffläche direkt an der Schwarzwaldhochstraße eröffnet. Nach dem Motto „Natur Natur sein lassen" wurde zwar ein selbstverständlich gesicherter Rundweg mit Klettersteig-Elementen durch das „Baum-Mikado" angelegt, doch weitere Veränderungen hat man bewusst vermieden. „Die Fläche, die sich in Staatsbesitz befindet, sollte in erster Linie als ‚Freilandlaboratorium' eine Beobachtung natürlicher Entwicklungsprozesse ermöglichen" (Megerle 2007, S. 256). Nicht einmal ein Hinweisschild stellte man an die Schwarzwaldhochstraße. Doch die Flüsterpropaganda sorgte dafür, dass bereits im ersten Jahr – eigentlich nur einem halben bei der Eröffnung im Sommer – geschätzte 35.000 Personen das einzigartige Naturerlebnis suchten.

Der Pfad wurde 2005 – so Megerle mit ihren empirischen Erhebungen (2007, S. 258ff) – zu 80 % im Rahmen eines Tagesausflugs von Bewohnern der Landkreise Freudenstadt und Ortenau besucht, in deren Gebiet sich der Lotharpfad befindet. Dabei erwies sich der Themenpfad als eindeutige Familiendestination, denn drei Viertel der Besucher waren mit der Familie vor Ort, weitere 14 % mit Freunden. „So wurden von über einem Fünftel der Befragten die Kinder bzw. der Wunsch, den Pfad der Familie bzw. Freunden zu zeigen, als Grund für den Besuch angegeben" (a. a. O., S. 260). Für viele der Besucher, die schließlich zu 80 % aus Baden-Württemberg kamen, war das Erlebnis Lotharpfad auch ein Spaziergang in die eigene nähere Vergangenheit, denn das gesamte Bundesland war im Dezember 1999 von dem Orkan betroffen. „Ein Gang über den Lotharpfad kann daher zum Nachvollziehen der Sturmfolgen und damit auch als Mosaikstein zur Erinnerung dienen. Mittlerweile ist der Lotharpfad hierfür wohl auch der einzige mögliche Ort, da die Sturmschäden ansonsten weitgehend beseitigt worden sind" (a. a. O.). Wie Bäuerle (2004) in ihrer Diplomarbeit zur Landschaftswahrnehmung und Akzeptanz von nicht aufgearbeiteten Sturmwurfflächen bei Feldforschungen herausfand, gibt es enge Zusammenhänge zwischen Alter sowie Bildungsgrad der Besucher und dem Empfinden gegenüber der Sturmwurffläche. „Generell empfinden ältere Menschen sowie Personen mit einem geringeren Bildungsgrad die umgeworfenen Bäume als bedrückend und ästhetisch weniger ansprechend. Mehrfach kamen aus diesem Personenkreis Anregungen, die Fläche ‚endlich aufzuräumen'" (a. a. O., S. 262).

Jedoch geradeso „unaufgeräumt" entwickelt sich der Lotharpfad zu einem erfolgreichen Naturerlebnispfad, und dies ohne ein spezielles Marketingkonzept. Geschätzte 40.000 Besucher im Jahr heben den Weg aus der Menge der Naturerlebnispfade heraus. Der intensiv vermarktete Naturerlebnispfad in Schonach bringt es gerade einmal auf 5000 bis 10.000 Besucher. Megerle (a. a. O., S. 263) nennt folgende Kriterien für die besondere Attraktivität des Lotharpfades:

- Er wird dem generellen Trend nach Natur- und Wildniserlebnis sowie der steigenden Nachfrage nach Wanderwegen gerecht, insbesondere wenn diese Wege möglichst naturnah wie abwechslungsreich sind und noch ein Zusatznutzen, z. B. durch ein besonderes Thema, geboten wird.
- Die Informationsvermittlung beim Lotharpfad findet nicht in Form eines „traditionellen Schilderlehrpfades" statt. Es gibt nur eine einzige Infotafel als inhaltliche Vorbereitung für den Rundgang, die auch von ca. 80 % der Spaziergänger gelesen wird. Weniger scheint hier auch mehr zu sein.
- Die Konzeption des Weges sieht „körperliche Aktivität, Abenteuerelemente sowie Emotionalität und multisensorische Wahrnehmungen" vor, die besonders Familien anspricht.
- Gerade für Kinder gibt es Gelegenheit, die Natur in für sie oftmals selten gewordener Weise intensiv zu erleben.
- „Weitere Erfolgsfaktoren des Lotharpfads sind in seiner regionalen Verankerung und damit Authentizität zu sehen. Auch spielt der Bezug zur Lebenswelt des Besuchers, die in der Mehrzahl der Fälle den Orkan Lothar selbst miterlebt haben, eine wesentliche Rolle" (a. a. O., S. 264).

So scheint der Lotharpfad, obwohl es noch andere Wanderwege in der Bundesrepublik Deutschland gibt, die Sturmwurfholz oder Totholz integrieren, einzigartig zu sein: „Dies verleiht ihm aus touristischer Sicht ein Alleinstellungsmerkmal (USP) und damit eine essenzielle Profilierung" (a. a. O).

geometrische, da geplante Struktur auf: Von einer Straße gehen rechtwinklig die langen Parzellen ab. Hungersnöte und Pestepidemien ließen diese erste Siedlungsphase scheitern, sie brachten hohe Bevölkerungsverluste und einen Rückgang der Siedlungsflächen. Mit dem „Neustart" im 16. Jahrhundert, der Wiederaufsiedlung, sollte dann auch der bis heute existierende Bautyp des Schwarzwaldhauses wie der Vogtsbauernhof (vgl. Schnitzler 1989, S. 16) entwickeln. Die zunehmende Bedeutung der Viehhaltung, wie sie in der Gliederung des Schwarzwaldhauses wiederzufinden ist, lässt sich auch in der Landschaft ausmachen, wo nicht nur die Grinden (siehe oben) als Weideland erschlossen werden, sondern auch verstärkt Wiesen ins Landschaftsbild kommen und dafür auch die Baumgrenze durch Rodungen tiefergelegt wird.

Doch auch andere Berufszweige nutzten den Wald intensiv, sodass er im südlichen wie nördlichen Schwarzwald unter einem Raubbau zu leiden hatte. Mehr als sieben Jahrhunderte lang wird auf den Schwarzwaldflüssen wie der Kinzig oder der Enz Holz geflößt, das über den Rhein bis in die Niederlande gelangt (► www.kinzigfloesser.de/3.html). Doch nicht nur die Waldbestände erfuhren starke Veränderungen, die letztendlich in einen Wechsel vom Tannen-Buchen-Wald in schnell wachsende Fichtenmonokulturen mündeten; auch die Wasserläufe mussten für die Anforderungen als Flößgewässer präpariert werden. Die wichtigsten Arbeiten waren das Ausräumen aller großen Steine aus dem Bachbett, das Sprengen von Felsen und großen Blöcken, die Beseitigung von Ufervegetation, das Durchschneiden starker Mäanderschleifen, die Befestigung von Uferabschnitten bis hin zu speziellen Einrichtungen für das Flößen der Stämme, wie das Einrichten von sogenannten Floßanstalten, beispielsweise den Polterplätzen, Einbindstellen, Wasserstuben und Schwallungen im Ursprungsbereich der Flussläufe (vgl. Schoch 1994, S. 20). Im Kinzigtal wird dieses historische Waldgewerbe durch einen zweiteiligen Flößerpfad (► www.floesserpfad.de/de/Home) zwischen Lossburg, Alpirsbach und Wolfach anschaulich gemacht.

Eng verbunden mit der Flößerei ist ein anderes Gewerbe: das Wiedendrehen. Um die Stämme zu Flößen zu verbinden, brauchte man biegsame Zweige. Nicht nur die Weiden lieferten den nötigen Rohstoff, auch Birke, Haselnuss, Eiche, Hainbuche und Rotbuche wurden genutzt, um die „Stricke aus dem Wald" herzustellen. Durch das Erhitzen der Ruten in sogenannten Wiedöfen wurden diese biegsam und ergaben durch weitere Bearbeitung die gewünschten Holzseile oder Holztrossen. Kürzere und dünnere Wieden dienten aber auch zum Zusammenbinden unterschiedlichster Dinge wie Erntegarben oder als Fasswieden für den Zusammenhalt von Fassdauben.

Großen Holzbedarf hatte die Köhlerei, die Produktion von Holzkohle. Viele Orts-, Flur- und Waldnamen mit der Silbe „Kohl" weisen auf diesen Waldwirtschaftszweig hin. Beispielsweise für die Schmuckherstellung in Pforzheim, aber auch für Hüttenwerke, Eisengießereien, Hammerschmieden und Glashütten, wurde Holzkohle gebraucht. Runde ebene Flächen auf Rodungsinseln könnten Kohlplatten sein, auf denen der Köhler einst seinen Meiler aufschichtete.

In Enzklösterle steht noch eine Kienrußhütte aus dem Jahr 1829, die an die Produktion von Kienruß erinnert. „Kienruß war eine sehr begehrte Form des Kohlenstoffs und fand vor allem für schwarze Ölfarben, Stiefelschmiere, Ofenschwärze, Druckerschwärze, Tusche, Pimentpaste und andere Färbemittel Verwendung" (a. a. O., S. 105).

Die Harzgewinnung – u. a. für die Herstellung von Lacken, Firnissen, Farbstoffen, Apothekerwaren oder Wagenschmiere –, aber auch das Teerschwelen, Pottasche- und Salpetersieden sowie Kleesalzgewinnen sind weitere Waldgewerbe im Schwarzwald, die allein schon im Oberen Enztal praktiziert wurden. Alle diese Nutzungsformen zeigen, wie vielseitig einst der Wald als Wirtschaftsraum für den Alltag des bäuerlichen Lebens und zahlreicher Handwerke und Gewerbe war.

6.1 Optimal angepasstes Bauen – das Schwarzwaldhaus

Wenn auch die Schwarzwälder Hauslandschaft verschiedene Haustypen umfasst, die sich in Konstruktionsdetails und der inneren Gliederung des Gebäudes unterscheiden, so ist doch trotz all dieser regionalen Unterschiede ein Schwarzwaldhaus selbst für den Laien unverkennbar. Der Holzbau besitzt ein tief heruntergezogenes Dach, das mehr als das „halbe" Haus auszumachen scheint. Dieses steile Dach von 45° und mehr wurde ursprünglich mit Roggenstroh und in den höheren Lagen des Gebirges mit Holzschindeln gedeckt. Damit das Dach alle Wände des Hauses gleichermaßen gut vor den Witterungseinflüssen schützen kann, hat sich die Form des Walmdaches durchgesetzt. Das

Abb. 6.2 Dieses Schwarzwaldhaus aus Schonach, das im Freilichtmuseum Neuhausen ob Eck steht, macht ebenso deutlich, welche Schutzfunktion das mächtige Walmdach für das Gebäude hat, auf welch raues, schnee- und regenreiches Klima sich seine Bewohner einstellten (Gabriele M. Knoll)

weit vorkragende Dach schützt somit nicht nur die Außenwände, es bietet auch überdachte Wege rund um das Haus und geschützte Balkone. Der große Nachteil dieses Daches ist, dass das volle Tageslicht und die Sonne kaum in die Fenster und die Räume gelangen können (◘ Abb. 6.2).

Ein weiteres charakteristisches Merkmal des Schwarzwaldhauses ist seine Konzeption als Eindachhaus/Einhaus. Unter einem Dach sind hier Wohnung, Stallung und Vorratshaltung zu finden – auch wenn kleinere Nebengebäude, wie z. B. ein Backhaus oder ein Leibgedinghaus für das Altenteil, dazugehören können. Beim bekanntesten und für jedermann zugänglichen historischen Schwarzwaldhaus, dem Vogtsbauernhof von 1612 im gleichnamigen, 1964 eröffneten Freilichtmuseum in Gutach (► www.vogtsbauernhof.de/), lässt sich diese Zweiteilung in einen Wohn- und einen Ökonomiebereich beobachten. „Der Eindachhof steht senkrecht zum Hang. Der Wohnbereich ist zur Talseite hin ausgerichtet, der Wirtschaftsbereich mit Stall, Keller, Heustock, Bühne und Oberbühne zur Bergseite. […] Im Erdgeschoss liegen Stube, Küche, Stüble, ein quer zur Firstrichtung durchlaufender Hausgang, drei Kammern, Stall und zwei Keller" (► www.bauforschung-bw.de/objekt/id/117120232017/vogtsbauernhof-in-77793-gutach-schwarzwaldbahn/). Im ersten Geschoss befinden sich talseitig Kammern und über dem Stalltrakt der Heustock. Über diesem Geschoss erhebt sich das Dach, das ungefähr doppelt so hoch wie das Haus ist. Selbstverständlich besitzt es auf der Bergseite eine brückenartige Hocheinfahrt, über die früher Fuhrwerke ihre Lasten, vor allem die Heuwagen das Heu für den Winter, hineinbringen konnten.

Zum Schwarzwaldhaus gehört oftmals auch eine Werkstatt. Sie diente nicht nur den Reparaturarbeiten für Haus und Hof, sondern auch für die Heimarbeiten während des langen Winters als zusätzliche Einnahmequelle. Die „Keimzelle" der berühmt gewordenen Schwarzwälder Kuckucksuhren-Produktion ist in diesen Räumlichkeiten zu finden.

Eine andere Spezialität lässt sich ebenfalls in der ländlichen Architektur verorten: der Schwarzwälder Schinken. Traditionell – mancherorts sogar noch bis ins 20. Jahrhundert hinein – besaß das Schwarzwaldhaus keine Kamine. Der Rauch, der beim Kochen in der Küche entstand, konnte/musste sich im gesamten Haus verteilen. So auch beim Vogtsbauernhof: „Neben dem Herd ist das Feuerloch des Kachelofens der Stube, darüber die Öffnung zum Entweichen des Rauches. Im Gewölm hängen an Stangen Speck, Schinken und Würste, die durch den aufsteigenden Rauch haltbar gemacht wurden. Der Rauch zieht durch das Gewölm zum Fenster, wo die zweigeschossige Höhe der Küche sichtbar wird. Er entweicht durch drei Öffnungen in der verbretterten Wand zur Stirnseite in Höhe des zweiten Geschosses oder steigt durch einen Holzschacht nach oben in den Dachraum" (a. a. O.).

6.2 Die Entdeckung einer fremd gewordenen Welt – Ferien auf dem Bauernhof

Mit Ferien auf dem Bauernhof assoziieren die Deutschen „vor allem Tiere (50 %), insbesondere Kühe, Schweine, Hühner und Pferde, die dort (von den Kindern) beobachtet und teilweise auch gestreichelt werden können. Häufig werden aber auch die Unterbringung auf dem Bauernhof (23 %) oder spezielle Zielgruppen (insbesondere Familien/Kinder, 22 %), die Nähe zur Natur (19 %) und die Möglichkeit, das Landleben und die Abläufe auf dem Bauernhof kennenzulernen (15 %), genannt" (Grimm et al. 2012, S. 35).

Doch die Urlaubsdestination Bauernhof umfasst im Schwarzwald bzw. in Baden-Württemberg – und nicht nur dort – heutzutage weit mehr als die oben aufgezählten Aspekte. Allein schon die Differenzierung in Baden-Württemberg (▶ www.urlaub-bauernhof.de/index.shtml?schwarzwald) beweist, dass nicht nur der „klassische" Bauernhof hierbei vertreten ist. Hier im Südwesten Deutschlands gibt es ebenso die Reiterhöfe, die Winzer- und die Obsthöfe sowie die sogenannten „Landvielfalt-Höfe", die sich auf eine Art „Bauern-Wellness" spezialisiert haben. „Natur dort erleben, wo sie ursprünglich ist. Wasser nicht nur sehen, sondern auch fühlen und schmecken können. Augen und Nase in Felder und Wiesen eintauchen. Die Seele baumeln lassen. Das Wissen um die Erhaltung von Vitalität, Gesundheit, Lebensfreude und die heilsame Wirkung von heimischen Kräutern vermitteln die Gastgeberinnen der Landvielfalt-Höfe. Alle Gastgeberinnen der aufgeführten Höfe haben an einer 10-tägigen Schulung teilgenommen, um ihre Kenntnisse rund um das Thema ‚Wohlfühlen auf Ferienhöfen' zu vertiefen" (a. a. O.).

Der Trend zu Qualität zeigt sich auch hier in dem Bestreben, sich zertifizieren zu lassen. Rund 80 % der Höfe in Baden-Württemberg haben dies getan und wurden auf der Skala von einem bis fünf Sternen des Deutschen Tourismusverbands überwiegend mit drei und vier Sternen klassifiziert.

Die Spezialisierung auf den Urlaubsbauernhöfen umfasst auch die Möglichkeiten für barrierefreie Ferien auf dem Land sowie das Erlebnis von „Abenteuer" und urigem Ambiente bei Übernachtungen im Heu, wobei die Heuhotels natürlich mehr als nur das pieksende Bett bieten müssen. Für Gäste mit mobilen Ferienquartieren von Wohnmobilen, Caravans bis zum Zelt lässt sich diese Reiseform mit den Ferien auf dem Bauernhof verbinden. Befestigte Stellplätze mit entsprechender Ausstattung stehen ebenfalls zur Verfügung.

6.3 Auf dem Westweg in die Ferne und auf Genießerpfaden in die nähere Umgebung – Trends im Wandertourismus

Über die Höhen des Schwarzwaldes zieht sich der älteste Fernwanderweg Deutschlands, der Westweg. 1900 wurde er vom Schwarzwaldverein angelegt und erstmalig markiert – liegende rote Raute auf weißem Grund – und verbindet mit einer 285 km langen Strecke Pforzheim und Basel. Dabei steht das Erleben von Landschaft und Natur eindeutig im Vordergrund, denn an der Strecke liegen gerade einmal vier Ortschaften. Natürlich führt die Route über die beiden höchsten Berge des Mittelgebirges: die Hornisgrinde im Nordschwarzwald und den Feldberg im südlichen Schwarzwald. „2007 wurde er den Bedürfnissen moderner Wanderer angepasst, teilweise verlegt und zum Qualitätsweg ‚Wanderbares Deutschland' umgestaltet. Der Westweg zählt außerdem zu den ‚Top Trails of Germany'" (► www.schwarzwald-tourismus.info/Entdecken/Wandern/Westweg). Möchte sich der Fernwanderer an die vorgegebenen Tagesetappen halten, erwartet ihn ein sehr sportliches Zwölf-Tage-Programm, das einen Acht-Stunden-Tag auf dem Wanderweg mit Etappen von 25, 26 und auf dem Abschnitt zwischen Wiedener Eck und Kandern 32 km vorsieht.

Vier „offizielle" Wanderertypen nach dem Marketing-Konzept der Schwarzwald Tourismus GmbH – den „geselligen" Wanderer, den „Genusswanderer", den „Familienwanderer" und den „Entdeckertyp" – umfasst die Zielgruppe Wanderer beim wichtigsten Profilthema „Wandern". (Weitere Profilthemen der STG sind „Mountainbike/Rad", „Gut Essen und Trinken" sowie „Wellness".)

Für die entschieden weniger sportlich ambitionierten Wanderer wurden in den letzten Jahren und auch noch in der nächsten Zukunft die sogenannten „Schwarzwälder Genießerpfade" angelegt. Diese zwischen 6 km und 17 km langen Wege wurden nach dem angesagten Trend, Qualitätskriterien auch bei Wanderwegen zu erfüllen, zum Teil bereits vom Deutschen Wanderinstitut als Premiumwege zertifiziert, für die restlichen Wege läuft das Zertifizierungsverfahren noch. „Das Besondere an den Genießerpfaden: Neben der Landschaft rücken Kulturerlebnisse, Schwarzwälder Küche, Weine, Brände, Biere oder Wasser in den Fokus. Die Freude an der Natur und am Ausschreiten in einer vielfältigen Landschaft paart sich unterwegs mit besonderen Genuss-Highlights. Das können ‚Schnapsbrünnle' oder Obststationen sein, Panoramabänke oder Himmelsliegen genauso wie kulturelle oder kulinarische Höhepunkte" (► www.schwarzwald-tourismus.info/Entdecken/Wandern/Schwarzwaelder-Geniesserpfade). Als Service für den modernen Wanderer gibt es die GPS-Daten, Karten und andere Informationen und Tipps auch für unterwegs von der Homepage herunterladbar. Zum Angebot für die wandernden Gäste gehören die „Qualitätsgastgeber Wanderbares Deutschland" (► www.wanderbares-deutschland.de), die auf die Anforderungen der Wanderer besonders eingestellt – und natürlich auch zertifiziert – sind. Bei den Wandergastgebern gibt es die Insider-Tipps, die aktuellen Wetterinformationen und auch die Möglichkeit, Wanderkleidung zu waschen, zu trocknen. Für die ausgezeichneten „Wanderorte" im Schwarzwald kommt hinzu, dass man ebenso kompetente Wanderberatung durchführen kann, dass es geprüfte Wanderführer, buchbare Pauschalen und für diejenigen, die sich erst vor Ort zum Wandern entscheiden, auch einen Rucksack- und Wanderstock-Verleih (► www.wanderorte-schwarzwald.info).

Literatur

Bäuerle H (2004) Landschaftswahrnehmung und Akzeptanz von nicht aufgearbeiteten Sturmwurfflächen im Nordschwarzwald am Beispiel des „Lothar"-Pfades (unveröffentlichte Diplomarbeit) Freiburg (zit. in Megerle 2007)
Eberle J, Eitel B, Blümel WD, Wittmann P (2010) Deutschlands Süden vom Erdmittelalter zur Gegenwart. 2. Aufl., Spektrum, Heidelberg
Forstdirektion Freiburg/Naturschutzzentrum Ruhestein (2003) Sturmwurf-Erlebnis auf dem „Lothar"-Pfad. Broschüre. O. O. O. S. (zit. in Megerle)
Grimm B, Schmücker D, Ziesemer K (2012) Nachfrage und Kundenpotentiale für den ländlichen Tourismus. In: Rein H, Schuler A (Hrsg) Tourismus im ländlichen Raum. Springer Gabler, Wiesbaden, S 27–41
Günther D (2010) Der Schwarzwald und seine Umgebung. Borntraeger, Stuttgart
Küster H (2010) Geschichte der Landschaft in Mitteleuropa. Von der Eiszeit zur Gegenwart. 4. Aufl., C. H. Beck, München
Liedtke H, Marcinek J (Hrsg) (1994) Physische Geographie Deutschlands. Justus Perthes, Gotha
Megerle H (2007) Lotharpfad im Nordschwarzwald: Sensibilisierungskonzept für Waldwildnis entwickelt sich zum Tourismusmagneten. In: Schmude J, Schaarschmidt K (Hrsg) Tegernseer Tourismus Tage 2006, Beiträge zur Wirtschaftsgeographie Regensburg. Wirtschaftsgeographie und Tourismusforschung. Der neue Kopierer, Regensburg
Rein H, Schuler A (Hrsg) (2012) Tourismus im ländlichen Raum. Springer Gabler, Wiesbaden
Schnitzler U (1989) Schwarzwaldhäuser von gestern für die Landwirtschaft von morgen. Forschungsarbeit am Institut für Orts-, Regional- und Landesplanung der Universität Karlsruhe. Theiss, Stuttgart (Arbeitsheft 2, Landesdenkmalamt Baden-Württemberg)
Schoch O (1994) Von verschwundenen Waldgewerben im Nordschwarzwald. Beispiele aus dem Oberen Enztal. Druckhaus Müller, Neuenbürg
www.bmelv.de/DE/Landwirtschaft/Laendliche-Raeume/RausAufsLand/_texte/Studie-UrlaubBauernhof.html (Bundesministerium für Ernährung und Landwirtschaft)
www.lubw.baden-wuerttemberg.de/servlet/is/21695/ (Landesanstalt für Umwelt, Messungen und Naturschutz Baden-Württemberg, Oberrheingraben)
www.oberrheingraben.de/Graben/Geologische_Karte.htm

Literatur

www.schwarzwald.com/hochstrasse/lotharpfad.html
www.schwarzwald-tourismus.info/Service/Kontakt/Marketing-Strategie-und-Marke/Unser-Marketing-Konzept
www.bauforschung-bw.de/objekt/id/117120232017/vogts-bauernhof-in-77793-gutach-schwarzwaldbahn/
www.naturpark-suedschwarzwald.de
www.kinzigfloesser.de/3.html
www.naturschutz.landbw.de/servlet/is/67496/)
www.floesserpfad.de/de/Home
www.urlaub-bauernhof.de/index.shtml?schwarzwald
www.schwarzwald-tourismus.info/Entdecken/Wandern/Westweg
www.schwarzwald-tourismus.info/Entdecken/Wandern/Schwarzwaelder-Geniesserpfade
www.wanderbares-deutschland.de
www.wanderorte-schwarzwald.info

Schichtstufe und Karstlandschaft

Gabriele M. Knoll

7.1 Die Renaissance der Streuobstwiese – 107

Literatur – 109

G. M. Knoll, *Landschaften geographisch verstehen und touristisch erschließen*,
DOI 10.1007/978-3-642-55426-1_7, © Springer-Verlag Berlin Heidelberg 2014

Das Paradebeispiel einer Schichtstufe in Deutschland ist die Schwäbische Alb. Sie erstreckt sich mit mehr als 250 km in südwestlich-nordöstlicher Richtung vom Hochrhein als Fortsetzung des Schweizer Juras bis zum Nördlinger Ries, von dem sich die Schichtstufenlandschaft als Fränkische Alb fortsetzt. An den Albtrauf, der Höhen von 800–1000 m erreicht, schließt sich die ca. 40 km breite Albhochfläche an, die sanft zum Donautal hin abfällt.

Als eine überdimensionale Treppenstufe im Gelände, als eine Folge von Felswänden und steilen bewaldeten Hängen, ließe sich die Schichtstufe anschaulich beschreiben. Wie konnte sich diese markante Form in der Landschaft entwickeln? Wesentliche Voraussetzungen dafür sind das Vorkommen von Kalkgestein und der Wechsel von unterschiedlich harten Gesteinsschichten (◘ Abb. 7.1).

Die Anfänge dieser Schichtstufenlandschaft fallen in geologische Epochen vor ca. 200–145 Mio. Jahren, in die sogenannte Jurazeit, als sich auch im Südwesten Deutschlands ein warmes, flaches Meer ausdehnte. Vor 200–176 Mio. Jahren beginnt sich ein ausgedehntes Meer im heutigen Mitteleuropa zu bilden. Es ist die geologische Epoche des Lias, die den sogenannten Schwarzen Jura (Schwarzjura) hervorbringt. In seinen Ton-, Sand- und Kalkschichten sind Fossilien wie Ammoniten, Austern und andere Muscheln, Schnecken sowie Belemniten zu finden. Die Schichten des Lias bilden heute das flache Vorland und den Fuß der Schwäbischen Alb.

In der nachfolgenden Epoche, dem Dogger, entstand vor 176–161 Mio. Jahren der Braune Jura (Braunjura). Eisenmineralien gaben dem Kalk braune Nuancen und damit seinen Namen, oftmals erscheint der Braune Jura aber auch in eher gräulichen Farbtönen. Diese Schichtenfolge bildet den Albaufstieg, d. h. den unteren Abschnitt der Geländekante. Das Gestein ist meist nicht freigelegt, sondern von der Vegetation, vor allem von Wald, bedeckt.

Die oberste Schichtenfolge, die die markanten Felswände am Albtrauf und den direkten Untergrund der Albfläche bildet, verdankt die Schwäbische Alb den geologischen Prozessen vor 161–145 Mio. Jahren. Während des Malms bildete sich der Weiße Jura, dessen Kalkschichten am besten in der Landschaft zu erkennen sind – und die Fotomotive der Alb darstellen. Von den Klimaverhältnissen bei der Entstehung des Weißjuras, die mit der Karibik heute zu vergleichen wären, lässt sich auf der rauen Schwäbischen Alb heute nichts mehr erahnen, aber die reichen Fossilienvorkommen – unter anderem von Korallen und Schwämmen – künden noch von einstigen Lagunen und Riffen. Dem einstigen Wasserreichtum steht heutzutage ein überdurchschnittlich trockenes Land gegenüber!

Doch allein mit der Ablagerung der drei in sich wieder komplexen Schichtfolgen des Schwarzen, Braunen und Weißen Jura ist die Schwäbische Alb noch nicht komplett: Es fehlt noch die Bewegung in der Erdkruste. Vor rund 50 Mio. Jahren begann die Absenkung des Oberrheingrabens (▶ Kap. 6) und in der Gegenbewegung wurden die Grabenränder, der Schwarzwald und die Vogesen herausgehoben. In diesem Zusammenhang wurden die Juraschichten weiter östlich leicht schräg gestellt.

Ob sich bei diesen Prozessen schließlich eine Schichtstufe ausbildet, hängt vom Neigungswinkel der Schichten ab: Sie dürfen nur leicht gekippt sein, d. h. mit 1–5° Neigung einfallen – gegen den Horizont „untertauchen". Bei stark gekippten Schichten entstehen sogenannte Schichtrippen, wofür der Teutoburger Wald und das Wiehengebirge gute Beispiele sind.

Schichtstufe

„Asymmetrischer Höhenrücken mit einer steilen Stufenstirn und einer flacheren Seite, der Stufenfläche. Schichtstufen entstehen dort, wo flach einfallende Schichten erosionsresistenter Gesteine durch die Abtragung weniger verwitterungsbeständiger liegender Schichten unterschnitten werden" (Press und Siever 2011, S. 690).

Schichtrippe oder Schichtkamm

„Meist lang gestreckter Bergrücken mit markantem Kamm entstanden in steil stehenden Schichtenfolgen durch selektive Erosion der weniger widerstandsfähigen Gesteinsschichten. Im Vergleich zu Schichtstufen ist bei Schichtrippen der Rückhang wesentlich steiler" (Press und Siever 2011, S. 690).

Kapitel 7 · Schichtstufe und Karstlandschaft

Abb. 7.1 Die charakteristischen Formen einer Schichtstufenlandschaft sind auch in der Umgebung von Bad Urach gut zu erkennen. Den Horizont entlang zieht sich die scheinbar mit dem Lineal gezeichnete Hochebene der Landterrasse, links in der Ferne ist ein markanter Stufensteilhang zu erkennen. An manchen Stellen der Hänge lässt der Wald einen Blick auf den stufenbildenden Kalk zu (Gabriele M. Knoll)

Die verschiedenen Abschnitte einer Schichtstufe werden unabhängig von den sie bildenden Gesteinen folgendermaßen bezeichnet: Über die Fußfläche oder den Stufensockel erhebt sich die Stufenwand oder der Stufensteilhang. Endet diese Steilwand oben in einem annähernd rechten Winkel, in einer markanten Kante, spricht man von einer Trauf-Schichtstufe. Diese Kante auf einer Höhe von knapp 1000 m NN wird beispielsweise am Trauf bei Albstadt durch neu angelegte Premiumwanderwege für den Tourismus erschlossen (► www.traufgaenge.de).

Daneben existieren auch noch die Variationen einer Trauf-Schichtstufe mit Walm, bei der die Traufkante nicht mehr so scharf herausgebildet ist und der Übergang vom Stufensteilhang zur Stufenfläche abgerundet wurde. Noch stärker abgerundete Formen, die für ein ungeübtes Auge kaum mehr als Schichtstufe zu erkennen sind, bietet eine Walm-Schichtstufe. Gleich in welch markanter Form die Stufenstirn ausgebildet ist, Schichtstufen können auch in einer gestaffelten Anordnung vorkommen. Die Stufenfläche – auch Landterrasse genannt – fällt stets sanft ab.

Der Trauf einer Schichtstufe ist am stärksten der Verwitterung ausgesetzt, besonders, wenn keine Vegetationsdecke das Gestein schützt. Durch verschiedene Verwitterungsformen, z. B. Erosion und Frostsprengung, kommt es in der Regel zu einer allmählichen Rückverlagerung der Schichtstufe. Dass ein solches Rückwandern des Albtraufs auch schon einmal ungewöhnlich schnell vonstatten gehen kann, beweist der Mössinger Bergrutsch vom April 1983.

Das „Zurückwandern" des Albtraufs durch die rückschreitende Erosion muss nicht bedeuten, dass sich die Stufenwand mit einer geschlossenen Front verlagert. Es kann auch geschehen, dass einzelne Abschnitte aus einem härteren Gestein bestehen, die der Verwitterung somit stärker trotzen können. Dabei kann sich ein sogenannter Auslieger bilden, ein Berg, der noch mit einem Teil seiner unteren

Der Mössinger Bergsturz

Am 12. April 1983 ereignete sich im Kreis Tübingen der größte Bergrutsch Baden-Württembergs am Mössinger Hirschkopf. Innerhalb von vier Stunden stürzten am Albtrauf im Mössinger Ortsteil Talheim nach vier Wochen Dauerregen auf einer Fläche von 25 ha Gesteinsmassen in die Tiefe. Doch es sollte kein einmaliger Vorgang bleiben, denn bereits zwei Wochen später hatte sich die betroffene Fläche auf ca. 50 ha vergrößert. Nach einer „Pause" von 30 Jahren gab es am 6. Juni 2013 nach starken Regenfällen sechs weitere Rutschungen auf der Gemarkung Mössingen. Im Unterschied zum ersten Mössinger Bergrutsch trafen die Gesteins- und Schlammmassen dieses Mal in Öschingen bewohntes Gebiet; 15 Häuser waren danach unbewohnbar oder gefährdet, 29 Personen mussten evakuiert werden.

Interessant ist es für Biologen, wie sich Flora und Fauna nach solch einem einschneidenden Ereignis wieder entwickeln. Von den derzeit ca. 500 Pflanzenarten gab es rund 230 noch nicht vor dem Bergrutsch. Neu siedelten sich beispielsweise – vor allem vom Wind herangetragen – Bergmargeriten, Fransenenzian, Türkenbund, Thymian, Akelei und mehrere Orchideenarten an. Auch der Wanderfalke und der Kolkrabe fanden in der neuen Steilwand ein Zuhause.
1988 wurden 39,4 ha des Geländes als Naturschutzgebiet ausgewiesen. 2006 wurde der Mössinger Bergrutsch von der Akademie der Geowissenschaften zu Hannover unter der Beteiligung der UNESCO als Nationaler Geotop ausgezeichnet. Das große Interesse an den Dimensionen eines solchen Naturereignisses – vom Sturz und der jungen Steinwüste über die Pioniervegetation und die Entwicklungsstufen bis zum heutigen Landschaftsbild – griffen die Stadt Mössingen und Armin Dieter auf, der den Mössinger Bergrutsch vom ersten Tag an beobachtete und dokumentierte. Mehr als 55.000 Besucher hat Armin Dieter, als „einziger Bergrutsch-Führer Deutschlands" seit 1986 am Hirschkopf zur neuen Touristenattraktion geführt.
Statistisch gesehen soll sich der Trauf der Schwäbischen Alb um 1,6 mm pro Jahr zurückverlagern. Mit seinem großen Bergsturz hätte sich der Mössinger Hirschkopf einen „Vorsprung" von 20.000 Jahren herausgearbeitet, so Armin Dieter.
(▶ www.alberlebnis.de,
▶ www.moessingen.de)

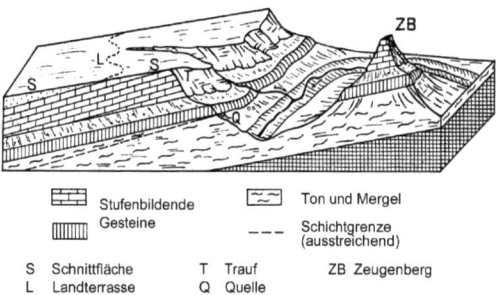

○ **Abb. 7.2** Schichtstufe mit Zeugenberg (Zepp 2011)

Schichten eine Verbindung zur Stufenfront besitzt. Schreiten die Verwitterungsprozesse weiter fort, wird sich im Laufe der Zeit die Schichtstufe weiter von dem „Restberg", dem Auslieger, entfernen und die Verbindungen zur Schichtstufe kappen. Dann spricht man von einem Zeugenberg (○ Abb. 7.2).

Solche Zeugenberge bzw. Auslieger besitzen aufgrund ihrer Lage eine besondere strategische Gunst, sodass sie optimale Standorte für Höhenburgen wurden. Gute Beispiele dafür sind der Zollernberg und der Hohenstaufen. Auf dem 855 m hohen Zollernberg, einem Auslieger im heutigen Bisingen-Zimmern, wird im 11. Jahrhundert eine erste Burg Hohenzollern erwähnt, die zum Stammsitz des preußischen Königshauses und der Fürsten von Hohenzollern werden wird. Ein anderes bedeutendes Herrschergeschlecht, die Staufer, errichtete ebenfalls im 11. Jahrhundert auf einem Zeugenberg seine Stammburg, die Burg Hohenstaufen. Doch schon in prähistorischer Zeit nutzten die Menschen die sichere Lage auf einem Zeugenberg, wie es der Ipf bei Bopfingen zeigt. Auf seinem Hochplateau sind noch die Wallanlagen eines frühkeltischen Fürstensitzes aus der späten Hallstatt- und frühen Latènezeit zu sehen (▶ www.fuerstensitze.de).

So, wie die Schwäbische Alb an ihrer Traufseite markante Landschaftsformen zeigt, so hat sich aufgrund der geologischen Verhältnisse auch auf der Stufenfläche – „auf der Alb" – ein typisches Landschaftsbild entwickelt. Das sanft gewellte Hochland mit Feldern, Wiesen und Wäldern ist vergleichsweise dünn besiedelt. Als eine besondere Vegetationsform fällt hier die Wacholderheide auf (○ Abb. 7.3).

Diese Pflanzengesellschaft lässt sich schon aus der Ferne bestimmen, denn die offenen Grasflächen mit den einzeln oder höchstens in kleinen

Abb. 7.3 Die Wacholderheide hebt sich deutlich vom sonst bewaldeten Rand des Steinheimer Beckens ab (Gabriele M. Knoll)

Gruppen stehenden Wacholdersträucher geben ein unverkennbares Bild ab. Wacholderheiden und die dazugehörenden Mager- oder Trockenrasen sind keine natürlich entstandene Vegetation, sondern die Folge von jahrhundertelanger Beweidung der Flächen durch Schafe und Ziegen. Mit ihrem selektiven Fressen haben die Tiere alles abgegrast, was ihnen schmeckte, doch die stacheligen Wacholdersträucher ließen sie stehen. So entwickelten sich neue Biotope, in denen selten gewordene lichtliebende Pflanzen (z. B. Enziane, Orchideen, Silberdisteln und die Küchenschelle) sowie Tiere, insbesondere Schmetterlinge und Insekten, ihren Lebensraum fanden. Um diese zu erhalten, müssen die offenen Flächen entsprechend freigehalten werden, und so werden heute Schafe als „biologische Rasenmäher und Landschaftspfleger" eingesetzt. Ein wichtiges Element der historischen Kulturlandschaft auf der Alb kann damit bewahrt, die Vermarktung regionaler Produkte gesteigert werden sowie die Gastronomie landestypische Speisen anbieten nach dem Motto „Traditionen, die schmecken" (▶ www.biosphaerengastgeber.de).

> **Karstmorphologie**
>
> „Unregelmäßige Oberflächenformen, gekennzeichnet durch Dolinen, Höhlen und fehlende Oberflächenentwässerung. Bevorzugt in feuchten Klimazonen, wobei im Untergrund liegende, wasserlösliche Gesteine, vor allem Kalksteine (Kalkkarst), aber auch Gips (Gipskarst) von unterirdischen Entwässerungsbahnen durchzogen werden, die ganze Flusssysteme von der Oberfläche in den Untergrund umlenken" (Press und Siever 2011, S. 678).

Die Landschaft der Alb wird durch den Wassermangel geprägt. In der Regel gibt es auf der Stufenfläche kein Oberflächenwasser, d. h. Bäche oder Flüsse wie Seen in jeder Größe kommen nicht vor. Das poröse Kalkgestein, das man mit einem löchrigen Käse vergleichen könnte, lässt sämtliche Niederschläge sofort in größere Tiefen versickern. Bezeichnungen wie „Hungerbrunnen" lassen große Probleme in – zum Glück – vergangenen Zeiten ahnen. Rund zwei Dutzend solcher Hungerbrunnen, alias „intermittierenden Karstquellen", gibt es auf der Schwäbischen Alb, der bekannteste ist derjenige bei Heldenfingen/Gerstetten. Jahrelang kann die Quelle im gleichnamigen Trockental versiegt sein und dann nach schweren Niederschlägen oder während der Schneeschmelze für kurze Zeit Wasser sprudeln lassen.

Die Versorgung mit Wasser, vor allem mit Trinkwasser, war über die Jahrhunderte hinweg für die Bewohner der Alb mit Mühen, Kosten und Entbehrung verbunden. Noch bis ins späte 19. Jahrhundert hinein wurde im Sommer das Wasser in Fässern auf die Alb gebracht. Vom Rand der Alb, aus dem Donautal oder von den permanent strömenden Karstquellen machten sich diese Fuhrwerke auf den Weg. Zum anderen war man darauf angewiesen, das Niederschlagswasser zu speichern und zu nutzen. Kleine Mulden im Gelände wurden mit wasserundurchlässigem Material, vor allem Ton, ausgekleidet. An diese Hülen oder Hülben trieb man das Vieh zur Tränke und schöpfte daraus auch für den Haushalt das Wasser, wenn man keinen Pumpbrunnen besaß. Von der miserablen Qualität des Wassers aus den Hülen und der katastrophalen allgemeinen Wasserversorgung geben zwei Zitate ein anschauliches Bild. „Und wenn auch den übrigen Dörfern der Alb ihre Wasserbehältnisse nicht ganz vertrocknen, so wird doch das Wasser darin so durch die Sonnenhitze verdorben und mit einer Haut von Insecten und aus der Fäulniß entstehenden Pflanzen überzogen, daß es einem Thalbewohner dafür wie vor Sümpfen ekeln muß," überliefert ein Zeitzeuge zum Ende des 18. Jahrhunderts. Um 1870 klagt ein Bewohner: „Für uns ging's schon noch, aber das Vieh saufts nicht mehr" (zit. in: Wasserspiegel 3/2003, S. 14) 1912 wurde per königlichem Dekret die Landeswasserversorgung im östlichen Baden-Württemberg als erstes deutsches Fernwasserversorgungunternehmen gegründet. 1917 nahm es seinen Betrieb auf.

Der Blautopf in Blaubeuren gehört zu den ergiebigsten Karstquellen Deutschlands, nach dem Aachtopf, der von Donauwasser gespeist wird, ist er die zweitwichtigste. Aus dem 21 m tiefen Trichter des Blautopfs fließen in trockenen Zeiten knapp 300 l/s – was ca. der Füllung von zwei Badewannen entspricht –, während die maximale Schüttung bei 32.000 l/s, der Füllung eines Tanklastwagens, liegt. Als statistisch ermittelte Durchschnittsmenge gelten 2150 l/s. Aus einem 160 km² großen Einzugsgebiet nordwestlich des Blautopfs sammelt sich in den Höhlensystemen das Wasser, das hier ans Tageslicht gelangt und in die Blau fließt. Die größten bekannten Höhlenräume auf der Alb gehören zu diesem System: Die 2006 entdeckte Apokalypsen-Höhle ist eine Halle von 180 m Länge sowie 70 m Breite und 40 m Höhe; mit diesen Ausmaßen übertrifft sie das Kirchenschiff des Ulmer Münsters. Die Höhlen des Blautopfs sind nur für Höhlentaucher zugänglich.

Als Kontrast zu diesem unterirdischen Wasserreichtum im Kalkgestein stehen die charakteristischen Trockentäler der Schwäbischen Alb. Auf den ersten Blick „normal" erscheinende kleine Täler schneiden die Stufenfläche ein, doch beim genaueren Hinsehen wird dann deutlich, dass sich im Talgrund nie ein Bach oder Flüsschen befindet; Wiesen oder Felder überspielen die Auen. Über die Entstehung von Trockentälern gibt es eine Reihe von Hypothesen (vgl. Goudie 2008[4], S. 167ff).

An statistisch 155 Tagen im Jahr fällt das Donautal zwischen Immendingen und Möhringen trocken. Auf mehreren Kilometern erscheint es dann als Trockental, doch an den Schottern und anderen Ablagerungen im Bett der Donau wird deutlich, dass der Fluss nur vorübergehend abwesend ist. Nach starken Regenfällen kann jedoch selbst im Sommer die Donauversickerung komplett ausfallen, oder man kann am Ufer zumindest das Verschwinden von Rinnsalen im Schotter, in sogenannten Schwundlöchern, beobachten. Das Donauwasser fließt, wie es schon Versuche im Herbst 1877 bewiesen haben, in den 12 km entfernt liegenden Aachtopf. Nach ca. 60 Stunden tritt es hier wieder an die Oberfläche. Aber auch aus dem Flussbett bei Fridingen versickert Donauwasser in Höhlensysteme, um dann nach rund 220 Stunden ebenfalls in der Aachquelle mit ihrer durchschnittlichen Schüttung von 8590 l/s anzukommen. Damit gelangt Donauwasser über die Aach in den Bodensee und sogar in den Rhein.

Zu den charakteristischen Formen an der Oberfläche einer Karstlandschaft, die auch zum schnelleren Abfluss des Niederschlagswassers beitragen, gehören die Dolinen. Als trichter-, schüssel- oder schlotförmige Vertiefungen oder Mulden können sie eine Folge von Einstürzen unterirdischer Hohlräume sein, wenn deren Decken zu dünn geworden sind. Den Rand und vor allem den Boden bedecken neben Gesteinsblöcken vor allem lehmige Lösungsrückstände des Kalksteins, die die Hohlform auf diese Weise mit einer wasserundurchlässigen Schicht auskleiden und quasi von Natur aus eine Hüle entstehen lassen.

Häufiger als diese Einsturzdolinen oder „Erdfälle" sind die sogenannten Lösungsdolinen. Sie entstehen durch die chemische Auflösung (Korrosion) des Kalkes. Klüfte und Fugen im Gestein sind nahe der Erdoberfläche besonders stark der Wirkung des Niederschlagswassers – vor allem des im Wasser gelösten Kohlendioxids, der Kohlensäure – ausgesetzt, sodass sich diese Spalten von oben her erweitern. Die meist rundlichen Dolinen können Durchmesser von einigen Metern bis zu ca. 1 km erreichen, während ihre Tiefe ungefähr bis zu einem Drittel entsprechen kann. „Dolinen gelten als Leitformen des Karstformenschatzes, weil sie weltweit in nahezu allen Karstlandschaften vertreten sind" (Zepp 2011, S. 247).

Ein weiteres typisches Merkmal der Karstlandschaft sind die Höhlen. Die Auflösung des Kalkgesteins findet nicht nur nahe oder direkt an der Erdoberfläche statt, sondern genauso an den unterirdischen Spalten, Klüften oder größeren Hohlräumen. Unter idealen Bedingungen können sich ausgedehnte Höhlensysteme von beachtlicher Länge und Tiefe sowie über mehrere Ebenen verteilt entwickeln. Das größte derzeit bekannte und vermessene Höhlensystem Deutschlands stellt die Riesending-Schachthöhle in den Berchtesgadener Alpen mit einer gemessenen Länge von 18,2 km und einer Tiefe von 1,059 km dar. Den Rekord auf der Schwäbischen Alb hält die Blauhöhle, die sich an den Blautopf in Blaubeuren anschließt, mit einer vermessenen Länge von 10,5 km.

Aus dem Vokabular des Höhlenforschers (Speläologen)
Halle, Dom – großer Höhlenraum
Schacht, Schachthöhle, Tiefenhöhle – weitgehend senkrecht verlaufendes Höhlensystem
Schlaz – wasserfester und strapazierfähiger Overall des Höhlenforschers aus Ölzeug („Ostfriesennerz")
Schluff – schmaler Gang, der nur kriechend überwunden werden kann
Sinter – Kalkablagerungen ähnlich derjenigen der Stalagmiten und Stalaktiten, die in flächigerer Form „Vorhänge" ausbilden
Stalagmiten – Tropfsteine, die sich auf dem Höhlenboden entwickeln und nach oben wachsen
Stalaktiten – Tropfsteine, die von der Höhlendecke herunterwachsen
Tropfsteinsäulen – Stalaktiten und Stalagmiten sind zu einer zusammenhängenden Form zusammen gewachsen
Stollen – mehr oder weniger waagerecht verlaufende Gänge im Kalk
(Verband der deutschen Höhlen- und Karstforscher e. V., ▶ www.vdhk.de)

Wie bedeutend die Höhlen für die Besiedlung der Schwäbischen Alb waren, zeigen einige Beispiele aus dem Ach-, Blau- und dem Lonetal, deren wichtigste Funde im Original oder als Repliken im Urgeschichtlichen Museum Blaubeuren (▶ www.urmu.de) ausgestellt werden. Diese Höhlen am Südrand der Alb gehören zu den wichtigsten altsteinzeitlichen Fundstellen der Welt. Sie gelten als „Schatzkammern der Eiszeitkunst", da in jener Epoche die Gletscher der Würmeiszeit weit in das Alpenvorland reichten. In jener Zeit vor ca. 80.000 bis 10.000 Jahren war die Albhochfläche eine Grassteppe, die unter anderem Wildpferden, Wisenten sowie dem Mammut und damit auch den altsteinzeitlichen Jägern und Sammlern gute Lebensbedingungen bot. In der kalten Jahreszeit lebten die Menschen in den Höhlen und hinterließen hier in vielen Schichten aus den entsprechenden Besiedlungsphasen ihre Spuren, die besonders gut die Zeiten überstehen sollten.

Im Geißenklösterle im Achtal wurden Tierfiguren und ein Mischwesen Mensch/Tier aus Mammutelfenbein gefunden, die mit ihrem Alter von ca. 35.000 Jahren zu den ältesten bekannten Artefakten der Welt zählen. Unter den Objekten aus dieser Höhle befinden sich auch drei Flöten, Musikinstrumente aus Mammutelfenbein und Schwanenknochen.

Der Hohle Fels im Achtal gehört zu den gut erforschten Höhlen, in denen die Universität Tübingen aktiv ist und jeden Sommer Grabungen mit internationalen Studententeams durchführt. 2008 entdeckte dabei eine Schweizer Studentin Fragmente einer 5,97 cm großen Frauenfigur aus Mammutelfenbein, die als „Venus vom Hohle Fels" bekannt wurde. Das Kunstwerk des Aurignacien

Aus der Tourismuspraxis

HöhlenErlebnisWelt Giengen-Hürben

Die HöhlenErlebnisWelt Giengen-Hürben zeigt, wieviel sich touristisch aus einer ganz „normalen" Höhle machen lässt, wie sie Besucher für einen ganzen Tag am Ort binden kann und ca. 80 Teilzeitarbeitsplätze geschaffen hat.

Die Charlottenhöhle wurde 1893 entdeckt und sogleich als Besucherhöhle erschlossen. Elektrische Beleuchtung aus demselben Jahr gibt nicht nur eine Ahnung von der Erschließung einer touristischen Attraktion, sondern erlaubt noch bestens datierbare Wachstumsphasen von Tropfstein an den historischen Leitungen! Die Führungen durch die Höhle, die mit einem begehbaren Gangsystem von 587 m zu den längsten Schauhöhlen in Süddeutschland gehört, übernehmen die Mitglieder des Höhlen- und Heimatvereins e. V. 2002 Giengen-Hürben. Darunter sind ungewöhnlich viele junge Leute, sodass das Spektrum an Themenführungen und Touren für bestimmte Zielgruppen erweitert werden konnte. Neben den Standardführungen bietet man unter anderem Sinnesführungen, Märchenführungen oder Begehungen nur für Fotografen. Eine moderne Ausstattung mit LED-Licht erlaubt eine bunt ausgeleuchtete Höhle beispielsweise für Halloween-Führungen. Höhlenentdeckung als Höhepunkt eines Kindergeburtstags wird ebenso angeboten wie ein Höhlen-Standesamt für amtliche Trauungen. Nicht nur pädagogisch klug, stimmt ein Zeitreisepfad mit Infostelen die Besucher beim Anstieg zur Charlottenhöhle auf die Geschichte von der Urzeit bis zu den Staufern ein – an den Stationen kann der Gast auf dem steilen Weg somit „unauffällig" Verschnaufpausen einlegen.

Aus der alleinigen Attraktion Charlottenhöhle wurde zwischen 2002 und 2008 die HöhlenErlebnisWelt Giengen-Hürben. Im sogenannten HöhlenHaus werden seit 2005 die Besucher in einer kleinen Ausstellung mit dem Wesentlichen der Karstlandschaft Schwäbische Alb vertraut gemacht und erfahren etwas zur steinzeitlichen Geschichte vor rund 35.000 Jahren im benachbarten Lonetal. Zusätzlich befindet sich in diesem langen Holzgebäude, das in seiner Form an Bauten der Bandkeramiker erinnern soll, eine Infostelle des GeoParks Schwäbische Alb. 2008 konnte das Erlebnismuseum HöhlenSchauLand eröffnet werden. Kinder wie Erwachsene werden interaktiv an die Themen regionale Geologie, Ur- und Frühgeschichte sowie Archäologie und den Lebensraum Höhle herangeführt. Die Kosten von 836.000 Euro für das HöhlenSchauLand in der ehemaligen Turn- und Festhalle der Gemeinde wurden zu 70 % aus Mitteln des Förderprogrammes LEADER+ der Europäischen Union sowie des Landes Baden-Württemberg, zu 20 % vom Höhlen- und Heimatverein Giengen-Hürben und zu 10 % von der Stadt Giengen finanziert.

Auch der Außenbereich der HöhlenErlebnisWelt zeigt, dass man sich vor allem an Familien mit Kindern wendet. Dazu gehören ein großes Spielgelände mit einem Wasserspielplatz an der Hürbe, einem der wenigen Bäche der Alb, und eine einfache familiengerechte Gastronomie. Veranstaltungen, wie beispielsweise Fossilienschatzsuche, Jagen wie Eiszeitjäger, Flechtkurse oder ein Steinzeitmarkt runden das Angebot ab. Das Konzept geht auf: Aus den rund 40.000 Personen jährlich, die einst nur für die Charlottenhöhle kommen konnten, sind ca. 150.000 Besucher der HöhlenErlebnisWelt geworden, die jetzt auch einen ganzen abwechslungsreichen Ausflugstag an der Hürbe verbringen.
(▶ www.baerenland.de)

---

wurde vor 35.000/32.000 Jahren geschnitzt. Die Höhle und die damit auch die Spuren der Grabungsarbeit können im Sommerhalbjahr besichtigt werden (▶ www.museum-schelklingen.de).

Auch das Kalkgestein der Schwäbischen Alb wird nicht nur direkt als Baumaterial abgebaut, es wird ebenso als Rohstoff für die Zementherstellung gewonnen. In Dotternhausen gelingt es Rudolf Rohrbach 1961, den heimischen Ölschiefer mit seinen mineralischen Elementen als zweiten Bestandteil für den Zement zu erschließen. Sein Werk ist weltweit das einzige, das den Ölschiefer abbaut. Als gebrannter Ölschiefer wird er für die Herstellung des Portlandschieferzements Riteno benötigt, der sich unter anderem durch seine moderate Wärmeentwicklung, ein großes Wasserrückhaltevermögen und eine gute Grünstandfestigkeit auszeichnet und für viele Aufgaben, vom Wohnungs- über den Gewerbe- und Industrie- bis zum Fahrbahnbau, verwenden lasst.

Während der Ölschiefer des Lias epsilon aus dem nahe gelegenen Steinbruch per LKW ins Werk gebracht wird, gondelt der Kalk des Malm per Seilbahn vom Plettenberg herunter. Zum Jahresende 2004 wird Rohrbach Zement mit der Schweizer Holcim AG fusioniert, und das Werk in Dotternhausen ist nun Teil des zweitgrößten Zementherstellers der Welt.

1989 wurde zum 50-jährigen Firmenjubiläum das Werkforum als Ausstellungs- und Veranstaltungsort mit einem Fossilienmuseum eröffnet. In

Geologisches Erbe *in natura* und in Szene gesetzt im GeoPark Schwäbische Alb

„GeoPark-Infostellen führen Sie in verschiedene Erdzeitalter. Ob zu den einstigen Lebewesen des Jurameeres, zu den fossilen tropischen Korallenriffen, in die bizarre Höhlenwelt der Alb, durch einen Meteoritenkrater oder auf die Spuren der Steinzeitmenschen, jede GeoPark-Infostelle hat Einmaliges zu bieten. Und: Die GeoPark-Infostellen bringen nicht nur Steine zum Erzählen spannender Geschichten, sie geben auch Tipps zu besonderen Ausflugszielen in Ihrer näheren Umgebung, wo Sie regionale Produkte kaufen oder wo Sie gut essen können."
Schwerpunkte der GeoPark-Infostellen:

- Urweltmuseum Aalen (größtes städtisches Fossilienmuseum Süddeutschlands, ▶ www.urweltmuseum-aalen.de)
- Museum im Kräuterkasten (Vor- und Frühgeschichte der Ebinger Alb, naturkundliche Sammlung, ▶ www.albstadt.de)
- GeoPark-Infostelle Bad Boll/ Göppingen (Geologie, Jurafango, Schwefel- und Thermalwasser, ▶ www.bad-boll.de, ▶ www.goeppingen.de/,Lde/start/Kultur/museen.html, ▶ www.erlebnisgeologie.de)
- Urgeschichtliches Museum Blaubeuren (Archäologie, älteste Kunstwerke der Menschheit, ▶ www.urmu.de)
- Burg Katzenstein Dischingen (Geologie und Geschichte, ▶ www.burgkatzenstein.de)
- Fossilienmuseum im Holcim Werkforum (Museum und Klopfplatz, ▶ www.holcim.de/sued)
- Riffmuseum im Bahnhof Gerstetten (Unterwasserwelt des Jurameeres, ▶ www.gerstetten.de)
- Höhlenhaus Hürben (interaktives Höhlenmuseum, Charlottenhöhle, ▶ www.hoehlener-lebniswelt.de)
- Tiefenhöhle Laichingen (tiefste Schauhöhle Deutschlands, ▶ www.tiefenhoehle.de)
- Naturschutzzentrum Schopflocher Alb (Geologie und Natur am Albtrauf, ▶ www.naturschutzzentrum-schopfloch.de)
- Münsinger Bahnhof, Zentrum für Natur, Umwelt und Tourismus (Reiseziel Natur – die Lebensräume der Schwäbischen Alb, ▶ www.muensingen.de)
- Biosphärenzentrum Schwäbische Alb (▶ www.biosphaerenzentrum-alb.de)
- Freilichtmuseum Neuhausen ob Eck (ländliche Geschichte der Südwestalb, ▶ www.freilichtmuseum-neuhausen.de)
- Höhle des Löwenmenschen Rammingen (▶ www.rammingen-bw.de, ▶ www.lonetal.net)
- Bärenhöhle und Nebelhöhle (▶ http://hoehlenwelten.sonnenbuehl.de)
- Schloss Brenz (Fossiliensammlung, Geologie, ▶ www.sontheim-an-der-brenz.de)
- Meteorkrater-Museum Steinheim (▶ www.steinheimer-becken.de, ▶ www.steinheim-am-albuch.de)
- Alb-Gold Kundenzentrum Trochtelfingen (Geologie, Kräuter und Nudeln, ▶ www.alb-gold.de)

Regelmäßige Veranstaltungen in den Geoparks
- GeoPark-Fest (April)
- Aktionstage zur Woche des Europäischen GeoParks (Mai/Juni)
- Tag des Geotops (3. Sonntag im September)

(▶ www.geopark-alb.de)

---

den beiden Abbaugebieten des Dotternhausener Werkes, vor allem im Ölschiefersteinbruch, konnten spektakuläre Funde ans Tageslicht gefördert werden. Touristen bietet Holcim die Gelegenheit, in diesem Ölschiefer nach Fossilien zu suchen – doch nicht im Steinbruch. Für sie kippen LKWs immer wieder Ladungen des begehrten Gesteins auf den öffentlichen Klopfplatz am Werkforum, wo man auch die Ausrüstung zum Steineklopfen ausleihen kann. 2014 wird auf der ältesten stillgelegten Abbaufläche im Schieferbruch ein Schiefererlebnispark eröffnet.

Fossilien

Als Fossilien bezeichnet man die Reste von Lebewesen, die vor mehr als 10.000 Jahren gelebt haben. Die meisten Fossilien stammen aus Ablagerungsschichten von Seen und Meeren, da hier die Sedimente Verwesungsprozesse verhindert haben. Auch Reste von Lebewesen, die im Eis oder im Dauerfrostboden die Zeiten überstanden haben, gehören zu den Fossilien; d. h. eine Versteinerung ist nicht das alleinige Kriterium.
Unter optimalen und eher seltenen Bedingungen können auch Abdrücke von Weichteilen, wie die Fangarme von Seelilien, Fischschuppen, Federn oder die Aderung von Flügeln, erhalten werden.

☐ **Abb. 7.4** Das Heldenfinger Kliff präsentiert sich touristisch gut aufbereitet mit ausführlichen Informationstafeln, dem Original, einem Sandkasten mit vergrabenen Muscheln für die Kleinen, Rastmöglichkeiten und oberhalb des Hanges ein kleiner Gesteinslehrpfad (Gabriele M. Knoll)

Die Prachtexemplare des Fossilienmuseums stammen aus besagtem Ölschiefer des Lias epsilon und besitzen damit ein Alter von rund 180 Mio. Jahren. Zu den großen Bewohnern jenes flachen warmen Meeres und Höhepunkten der Ausstellung gehören beispielsweise Ichthyosaurier (ein Skelett von 2,20 m oder auch ein Schädel von allein 1,12 m Länge), Krokodile, Krebse, Schmelzschuppenfische und Haie, die aus den Schichten herauspräpariert werden konnten und in seltener Vollständigkeit zu sehen sind. Auch Flugsaurier lebten im Uferbereich des Jurameeres und blieben als Fossilien erhalten. Große Mengen von Belemniten („Donnerkeile") und Seelilien, auch in Gruppen von mehreren Metern Länge, sind in Dotternhausen zu sehen.

Zu den häufigsten Fossilien gehören auch in den Schichten der Schwäbischen Alb die Ammoniten. Ammoniten sind keine Schnecken, sondern Kopffüßer – ähnlich den Tintenfischen – mit einem dünnschaligen Gehäuse. Aus dem Gehäuse ragten die Augen und die Fangarme heraus. Die Ammoniten bewegten sich durch Rückstoß vorwärts. Wegen ihres dünnschaligen Gehäuses konnten sie nur in ruhigen Flachmeergebieten leben, weil die Brandung in Küstennähe gegen Felsen geschleudert und damit ihre Gehäuse zerstört hätte. Bei einem Leben in größerer Tiefe hätte die Schale dem Wasserdruck nicht standhalten können. Ammoniten konnten in einer großen Artenvielfalt nachgewiesen werden – allein im Lias epsilon schon über 50 verschiedene Arten, die einen Durchmesser von bis zu 86 cm erreichen konnten. Der größte Ammonit des Schwäbischen Jura brachte es auf einen Durchmesser von 1,5 m. Den Rekord weltweit halten jedoch Ammoniten aus Westfalen mit Durchmessern von 2–3 m. Am Ende der Kreidezeit, vor ca. 65 Mio. Jahren, starben die Ammoniten aus (vgl. Jäger 2005, S. 17).

Ein winziger Rest eines jurazeitlichen Kliffs blieb in Gerstetten, Ortsteil Heldenfingen, erhalten, der freigelegt und auch museumsdidaktisch aufbereitet wurde (☐ Abb. 7.4).

Bei dem Heldenfinger Kliff handelt es sich um einen ehemaligen Küstenabschnitt mit Abrasions- oder Brandungsplatte, der sogenannten Schorre, der Brandungshohlkehle und der Kliffwand (▶ Kap. 4) en miniature. Besonders fällt die Hohlkehle mit ihren zahllosen Löchern auf. Sie sind die langlebigen Spuren von Bohrmuscheln, Bohrschwämmen oder -würmern. Zu den Fossilien in diesem einstigen Meeresbereich gehören auch verschiedene Arten von Austern. Die bedeutendsten Fossilienfunde, zu denen u. a. Knochen und Zähne von Haien, Rochen, Meeressäugern und eingeschwemmten Landtieren gehören, befinden sich im Staatlichen Museum für Naturkunde in Stuttgart. Eine Sammlung von Fossilien und die Rekonstruktion des Lebensraums Riff, in dem im Gerstettener Raum mehr als 150 Korallenarten nachgewiesen wurden, sind im alten Bahnhof, im Riff-Museum Gerstetten, zu sehen.

7.1 Die Renaissance der Streuobstwiese

Die Kulturlandschaft der Schwäbischen Alb – vom Vorland über den Albtrauf bis zur Stufenfläche – besitzt als ein besonderes Element die Streuobstwiesen. „Etwa 30 % aller Streuobstbestände Deutschlands sind in Baden-Württemberg zu finden. Das Land kann mit Fug und Recht als Kernland des Streuobstwiesenanbaus bezeichnet werden, und der Albtrauf, der seinerseits wieder ein Drittel der baden-württembergischen Bestände trägt, als dessen Zentrum" (Küpfer 2010, S. 28). Mit mehr als 1,5 Mio. Obstbäumen auf ca. 26.000 ha Fläche in den Landkreisen Böblingen, Esslingen, Göppingen, Reutlingen, Tübingen und Zollernalbkreis gehört diese Region heute zu den größten zusammenhängenden Streuobstlandschaften Europas – obwohl nach dem Zweiten Weltkrieg rund die Hälfte der baumbestandenen Flächen aufgegeben wurde.

Im 16. Jahrhundert hatten Landesfürsten den Anbau von Obstbäumen und die Anlage von Streuobstwiesen gefördert, da sich die Erkenntnis durchgesetzt hatte, dass sich mit Äpfeln und Birnen als Grundnahrungsmittel Missernten bei den Feldfrüchten ausgleichen ließen. Während der Obstanbau bis zu jener Zeit auf Ortsrandlagen und vor allem auf Kloster- und Schlossgärten beschränkt blieb, wird er ab dem 16. Jahrhundert zu einem Element der offenen Landschaft – besonders gefördert durch die Landesherren. „In sogenannten Generalreskripten war zum Beispiel festgelegt, wie viele Obstbäume jeder ansässige, zuziehende oder heiratende Untertan wo zu pflanzen hatte. So etwa auf den gemeindeeigenen Wiesen, den Allmenden, an Wegen und Landstraßen. Wer einen Obstbaum pflanzte, hatte ihn auch zu pflegen und nach seinem Absterben durch einen neuen zu ersetzen. Vernachlässigung der Bäume und Baumfrevel wurden hart bestraft" (Just und Schroefel 2010, S. 8f).

Zahlreichen Gründe, beispielsweise Rodungsprämien, dorfnahe Neubaugebiete, Wandel in der Landwirtschaft bis zu Veränderungen im Verbraucherverhalten, bedeuteten schließlich den Verlust der Hälfte der Streuobstwiesenflächen nach dem Zweiten Weltkrieg. „Etwa seit den 1980er Jahren rückt die Streuobstwiese wieder stärker ins Bewusstsein – allerdings weniger aus ökonomischen, sondern vielmehr aus ökologischen und … soziokulturellen Gründen. Die Sorge um einen weitreichenden Verlust der Obstwiesen treibt Naturschützer, Heimatverbundene und Konsumenten mit Interesse an gesunden, regional erzeugten Lebensmitteln um" (Küpfer 2010, S. 20). Der ökologische Wert der besonders an Pflanzen und Tieren reichen Lebensräume ist nicht nur Naturschützern bekannt und hat die Zukunft vieler bedrohter Biotope durch diverse Schutzmaßnahmen gesichert. Der im Mai 2012 gegründete Verein Schwäbisches Streuobstparadies mit Sitz in Bad Urach, dessen Arbeitsgebiet die gesamten 26.000 ha Streuobstfläche Baden-Württembergs umfasst, engagiert sich einerseits für den Erhalt dieser Kulturlandschaft und zum anderen für ihre Vermarktung. Dies bedeutet unter anderem nicht nur die Vermarktung der Produkte, sondern auch die Nutzung des touristischen Potenzials. Durch die Steigerung des Bekanntheitsgrades und mehr Besucher in der Region werden eine bessere Auslastung und höhere Umsätze erwartet. Wander- und Radwege erschließen die Streuobstwiesen, komplettiert durch Erlebnispunkte rund um den Most, aber auch Veranstaltungen, wie z. B. Streuobstwochen in Gastronomie und Handel, der „Tag der offenen Kelter" gehören dazu, sowie Streuobst-Pauschalen, -Gastgeber und -Wellness. Die naheliegende Zielgruppe bilden Gäste aus dem Großraum Stuttgart.

Der Steinheimer Meteorkrater

Diese markante runde Form in der Alblandschaft fällt auch einem geographisch ungeübten Auge auf. Doch es handelt sich bei diesem Becken, in dem Steinheim am Albuch und die Gemeinde Sontheim im Stubental liegen, weder um eine riesige Doline noch die größere Form – eine Polje –, sondern um einen Meteorkrater.

Vor ca. 15 Mio. Jahren stürzten zwei Asteroide auf die Erde, der eine mit einem geschätzten Durchmesser von 100 m bildete den Einschlagkrater von Steinheim, der größere mit einem vermuteten Durchmesser von 1000 m schuf das Nördlinger Ries. Während das Nördlinger Ries einen höheren Bekanntheitsgrad erlangte, kann der Steinheimer Krater mit einer Rarität, einem Alleinstellungsmerkmal aufwarten: Es ist der weltweit einzige Meteorkrater, dessen Zentralhügel noch erhalten ist. Ein solcher Hügel entsteht durch den Aufprall des Asteroids. Dabei wird zunächst das Gestein durch den Himmelskörper rund 300–400 m tief in einer überdimensionalen Mulde zusammengedrückt. In einer Gegenreaktion „springen" die gequetschten Gesteinsmassen wieder zurück nach oben, jedoch nicht nur in ihre ursprüngliche Lage zurück, sondern noch höher, sodass sie einen Zentralhügel im Krater bilden (◘ Abb. 7.5). Die gewaltigen Kräfte des Einschlags – vermutete 78 Mrd. Kilowattstunden, die reichen würden den derzeitigen Strombedarf der Gemeinde Steinheim für mehr als 3000 Jahre zu decken! – bewirkten Veränderungen im betroffenen Kalkgestein. Durch die Stoßwelle des Einschlags entstand der sogenannte Strahlenkalk, ein „Zeuge der ersten Minuten". Diese Strahlenbündel im Jurakalk prägen das Gestein des Zentralhügels, aber auch die Rückfallbrekzie, die Gesteinstrümmer, die nach dem Einschlag wieder auf die Erde fielen.

1947 entdeckte der amerikanische Geologe Robert Sinclair Dietz, dass diese Umwandlung des Gesteins nicht – wie vorher vermutet – durch vulkanische Aktivitäten, sondern durch Einschläge kosmischer Körper entsteht. Inzwischen gelten Gesteine mit dieser typischen Struktur (Shatter-Cones) als Leitgestein für Meteoritenkrater, wobei es sich nicht unbedingt um Kalke handeln muss. Auch in anderen Sedimentgesteinen und in kristallinen Gesteinen, wie Granit und Gneis, wurden weltweit Shatter-Cones gefunden. Diese Gesteinsumwandlung wurde 1936 zum ersten Mal entdeckt – im Steinheimer Becken. Doch erst nach dem Zweiten Weltkrieg ergaben die Forschungen von Dietz, dass man hier auf der Schwäbischen Alb in einem Meteorkrater lebte. Touristisch ist diese geologische Rarität heute durch das Meteorkrater-Museum in Steinheim am Albuch, einen geologischen Lehrpfad sowie dem Meteorkrater-Rundwanderweg Steinheim erschlossen. (▶ www.steinheim-am-albuch.de)

Mehr vom traditionellen Wirtschaftsleben auf der Schwäbischen Alb – jedoch ohne, dass es derart erfolgreich wie die Streuobstwiesen den Sprung in die Gegenwart geschafft hätte – bietet das Freilichtmuseum Neuhausen ob Eck. Dazu gehört die Schäferei, die mit den Wacholderheiden typische Landschaftselemente auf die Stufenfläche gebracht hat. Fachwerkbauten stellen die regionaltypische Architektur dar – entweder mit ausgemauerten Gefachen oder solchen mit Flechtwerkfüllungen. Massive Steinbauten wurden auf dem Land, im Dorf nur bei Gebäuden errichtet, wenn sie ein Handwerk mit Feuer beherbergen sollten, wie Töpfereien oder Schmieden.

Literatur

◘ Abb. 7.5 In der Mitte des Steinheimer Beckens erhebt sich der weltweit einzige erhaltene Zentralhügel eines Meteoriteneinschlags (Gabriele M. Knoll)

Literatur

Dieter A (2013) Nationaler Geotop Mössinger Bergrutsch. Mauser & Tröster, Mössingen

Eberle J, Eitel B, Blümel WD, Wittmann P (2010) Deutschlands Süden vom Erdmittelalter zur Gegenwart. 2. Aufl., Spektrum, Heidelberg

Höhlen- und Heimatverein e. V. Giengen-Hürben (2011) Erlebnismuseum HöhlenSchauLand. Bewerbungsunterlagen für den Wettbewerb „Vorbildliches Heimatmuseum 2011"

Jäger M (2005) Das Fossilienmuseum im Werkforum. Ein Führer durch die Ausstellung von Jura-Fossilien. 3. Aufl., Holcim, S 15–29

Just F, Schroefel U (2010) Pomologie Reutlingen. In: Kreisverband der Obst- und Gartenbauvereine Reutlingen (Hrsg) Entstehung und Entwicklung der schwäbischen Streuobstwiesen. Reutlingen, S 6–14

Küpfer Ch (2010) Streuobst im Wandel der Zeit. In: Kreisverband der Obst- und Gartenbauvereine Reutlingen (Hrsg) Entstehung und Entwicklung der schwäbischen Streuobstwiesen. Reutlingen, S 15–29

o. V. (2003) Wassermangel in Baden-Württemberg. Not macht erfinderisch. In: Wasserspiegel. Das Kundenmagazin der Landeswasserversorgung, Heft 3, S. 14 f.

www.alberlebnis.de
www.baerenland.de
www.fuerstensitze.de
www.geopark-alb.de
www.geo.uni-tuebingen.de/arbeitsgruppen/urgeschichte-und-naturwissenschaftliche-archaeologie/grabungen/deutschland/hohle-fels.html
www.moessingen.de
www.museum-schelklingen.de
www.nationaler-geopark.de
www.schule-bw.de/unterricht/faecheruebergreifende_themen/landeskunde/modelle/verbuende/geowissenschaften/kalksteine/albwasser/
www.streuobstland.de
www.vdhk.de (Verband der deutschen Höhlen- und Karstforscher e. V.)
www.webgeo.de/eg_006/ (Karstquellen Blautopf und Achtopf)

Klima bestimmt das Landschaftsbild

Kapitel 8   Immerfeuchte und Sommerfeuchte Tropen – 113

Kapitel 9   Tropisch/subtropische Trockengebiete – 135

Kapitel 10   Mittelmeerregion – 159

Kapitel 11   Feuchte Mittelbreiten – 179

Kapitel 12   Boreale Zone – 193

Kapitel 13   Subpolare und Polare Zone – 199

Ein angenehmes Klima für die schönsten Tage oder Wochen im Jahr, das richtige Ferienwetter – die Rolle des Klimas für den touristischen Alltag kann nicht überschätzt werden. Was nützt die beste Infrastruktur, das abwechslungsreichste Angebot, wenn das Wetter nicht mitspielt? Aus diesem Grund soll der dritte Teil des Buches den Faktor Klima in den Vordergrund stellen. Auch das Klima gestaltet die Landschaften in unverkennbarer Weise und bedingt ein typisches Bild der entsprechenden Regionen. Es schafft einen charakteristischen Naturraum, der das Wirkungsgefüge von Klima, Böden, Flora und Fauna sowie Landnutzung widerspiegelt. Doch auch die Aktivitäten des Menschen unterscheiden sich in den verschiedenen Großräumen, wenn sie in engem – traditionellen – Zusammenhang stehen. Die Kulturlandschaften haben sich in den verschiedenen Ökozonen unterschiedlich entwickelt. Als ein markantes Beispiel seien hier nur einmal die Bauformen genannt: Die Architektur in den Subtropen beispielsweise hat auf ganz andere Klimabedingungen zu reagieren als diejenigen der Borealen Zone. Vom zur Verfügung stehenden Baumaterial, den Anforderungen an die Bauten selbst, lässt sich vieles eindeutig in Beziehung zum umgebenden Naturraum setzen. Selbst einzelne Phänomene des Klimas werden im Brauchtum der jeweiligen Bevölkerung gepflegt und gefeiert und gehören damit meist auch zu den touristischen Attraktionen, wie die Mittsommernacht oder der Polartag.

Die Einteilung der Erde in Ökozonen kann hier nicht in „enzyklopädischer" Vollständigkeit wiedergegeben werden; es sollen Schwerpunkte gesetzt werden, um wichtigen Facetten des Tourismus ihren Bezug zum geographischen Raum zu geben. Das Schwarzwaldhaus gehört nicht an die Nordsee, Blockhütten sind unvorstellbar in der Wüste.

Schultz (2010, S. 6) definiert die Ökozonen folgendermaßen: „Ökozonen sind Großräume der Erde, die sich jeweils durch eigenständige Klimagenese, Morphodynamik, Bodenbildungsprozesse, Lebensweisen von Pflanzen und Tieren sowie Ertragsleistungen in der Agrar- und Forstwirtschaft auszeichnen. Entsprechend unterscheiden sie sich in auffälliger Weise nach dem jährlichen und täglichen Klimagang, den exogenen Landformen, den Bodentypen, den Pflanzenformationen und Biomen sowie den agraren und forstlichen Nutzungssystemen. Ihre Verbreitung auf der Erde ist breitenabhängig und gewöhnlich disjunkt (fragmentiert) auf die Kontinente verteilt." Dabei unterscheidet er folgende neun Ökozonen: Polare Ökozone der Eiswüsten, Subpolare der Tundren und Frostschuttgebiete,- Boreale Zone, Feuchte Mittelbreiten, Trockene Mittelbreiten (der Grassteppen, Halbwüsten und Wüsten), Winterfeuchte Subtropen, Immerfeuchte Subtropen, tropische/subtropische Trockengebiete (Dornsavannen und Dornsteppen/Wüsten und Halbwüsten), Sommerfeuchte Tropen und längs des Äquators die Immerfeuchten Tropen (Schultz 2010, S. 9).

Immerfeuchte und Sommerfeuchte Tropen

Gabriele M. Knoll

8.1 Die Ökozone der Immerfeuchten Tropen – 114

8.2 Die Ökozone der Sommerfeuchten Tropen – 122

8.3 Höhenstufen in tropischen Gebirgen – 129

8.4 Kilimanjaro – 129

8.5 Abstecher in die tropischen Kulturlandschaften Südostasiens – 131

Literatur – 133

G. M. Knoll, *Landschaften geographisch verstehen und touristisch erschließen*,
DOI 10.1007/978-3-642-55426-1_8, © Springer-Verlag Berlin Heidelberg 2014

8.1 Die Ökozone der Immerfeuchten Tropen

Parallel zum Äquator dehnt sich die wiederum mehrfach untergliederte Zone der Tropen aus. Das Relief der betroffenen Kontinente, aber auch die Exposition zu den Hauptwindrichtungen schlagen sich in deutlichen Unterschieden nieder. Wo die winterlichen Passatregen oder die Monsunregen die sommerlichen Zenitalregen ergänzen, kann die Zone der Immerfeuchten Tropen sogar bis über den 20. Breitengrad nördlich und südlich des Äquators hinaus reichen. Das Kerngebiet der Immerfeuchten Tropen liegt jedoch innerhalb der Breiten 10° N und 10° S, damit macht es einen Anteil von ca. 8,4 % am Festland der Erde aus und nimmt eine Fläche von rund 12,5 Mio. km² ein.

Das Klima der Immerfeuchten Tropen weist keine nennenswerte Unterschiede zwischen den Jahreszeiten auf: Die durchschnittlichen Temperaturen liegen über das ganze Jahr hinweg recht konstant bei 25–27° C. Im Laufe eines Tages kann es dagegen zu Schwankungen von maximal 6–11° C kommen, sodass man hier von einem thermischen und solaren Tageszeitenklima sprechen kann. Die hohen und oft heftigen Niederschläge von 1500–3000 mm und mehr fallen als Zenitalregen, d. h. die saisonalen Regenmaxima folgen den höchsten Sonnenständen. Dabei können am Rand der Immerfeuchten Tropen zweimal im Jahr Regenzeiten im April und Oktober auftreten, denen zwei, drei regenarme bis trockene Monate folgen können. In den Kerngebieten der Immerfeuchten Tropen, wie dem westlichen Amazonasbecken oder dem zentralen Kongobecken, gibt es überhaupt keine trockenen Monate. Bei den starken Gewitterschauern sind Niederschlagsmengen von 25 mm pro Stunde nichts Ungewöhnliches. Auch die Häufigkeit von Tagen mit solchen Gewittern mag überraschen: Zwischen 75 und 100 sind normal, Belém in Brasilien bringt es sogar auf 243 Tage im Jahr.

Eine hohe Luftfeuchtigkeit von 75–80 % ist ebenso charakteristisch für diese Zone wie ein Bewölkungsgrad von 50–60 % im Jahresmittel. Dies mildert die die Temperaturen, sodass extrem hohe Werte, wie sie in außertropischen Gebieten möglich sind, in Äquatornähe nicht auftreten können. Dafür halten die Immerfeuchten Tropen den weltweiten Rekord an verdunsteten Wassermengen: Mehr als 1000 mm Niederschlag können unter diesen Bedingungen verdunsten – keine Ökozone, auch nicht ein Ozean in gleicher Breitenlage, kann da mithalten! Die Gründe für diese hohen Verdunstungsmengen liegen zum einen in den einmalig großen Oberflächen des Regenwaldes mit seinen Blättermassen, dem Wassernachschub aus dem Boden sowie der Sonnenenergie und Wärme, die permanent vorhanden ist. Selbst der tropische Regenwald weist bei seinem Stockwerkbau unterschiedliche Mikroklimate auf. So gelangen im ungünstigsten Fall gerade einmal 1–3 % des Sonnenlichtes durch das dichte und mehrstöckige Blätterdach auf den Waldboden. Die Temperaturen sind noch ausgeglichener im Inneren des Waldes, und die Luftfeuchtigkeit bewegt sich zwischen 90 und 100 % (◘ Abb. 8.1).

Der immerfeuchte tropische Regenwald – exakter Tieflandregenwald – ist die dominierende Vegetationsform dieser skizzierten Klimaverhältnisse. Mit Abwandlungen, die durch die Höhenstufen bedingt sind, folgen in den Gebirgen die montanen Nebelwälder. Für die Flora des Regenwaldes mögen die Bedingungen teilweise recht extrem sein, doch das hindert die Natur nicht, gerade hier den artenreichsten Vegetationstyp der Erde gedeihen zu lassen. Dabei gibt es für Botaniker sogar noch wesentliche Unterschiede zwischen den Regenwäldern Amerikas, Afrikas und Asiens, doch die treten in den Hintergrund angesichts der Anpassung an das Klima, die Lichtverhältnisse und die extreme Luftfeuchtigkeit. Eine Reihe der Phänomene, wie sich die tropischen Pflanzen mit diesen Bedingungen arrangieren (klimaökologische Anpassung), lässt sich hierzulande an Blumentöpfen studieren! Die Mode der Orchideen in den Wohnzimmern zeigt auch in den gemäßigten Breiten, dass Luftwurzeln dazu dienen, die notwendige Feuchtigkeit aus der Luft zu ziehen, und die wachsartigen Blüten lassen Wasser abperlen. Tiefer liegende Blattrippen, die auch noch in einer Träufelspitze enden, liefern dem Wasser gleich die Bahnen, aus denen es leicht ablaufen kann.

Als Pflanzenarten, die sich in besonderem Maße auf die Verhältnisse im tropischen Regenwald eingestellt haben und auch fast nur hier ihre natürlichen Standortbedingungen vorfinden, sind die Lianen und die Epiphyten zu nennen: 90 % aller Lianenarten sind auf die Tropen beschränkt – in unseren

8.1 · Die Ökozone der Immerfeuchten Tropen

> **Steckbrief Immerfeuchte Tropen**
>
> **Verbreitung** Die Zone der Immerfeuchten Tropen dehnt sich zwischen dem 10. Breitengrad nördlich und südlich des Äquators in Mittel- und Südamerika, Afrika und Südostasien aus. Unter besonderen Bedingungen kann diese Zone bis zum 20. Breitengrad beiderseits des Äquators reichen, wie z. B. im Golf von Bengalen sowie der Andamanensee und den Küstenregionen von Myanmar bzw. Thailand.
> **Klima** Es gibt kein Jahreszeitenklima, sondern ein Tageszeitenklima. Die mittleren Tagestemperaturen liegen zwischen 25 und 27° C. Tag und Nacht sind mit zwölf Stunden Dauer immer gleich lang. Die Niederschläge von 1500–3000 oder 4000 mm können ganzjährig fallen, es können aber auch regenlose Zeiten von bis zu drei Monaten auftreten. Ein charakteristisches Phänomen der Immerfeuchten Tropen ist neben der hohen Luftfeuchtigkeit (ca. 80 %) der Zenitalregen.
>
> **Vegetation** Die typische Pflanzengesellschaft ist hier der immergrüne tropische Regenwald. Ihn kennzeichnen der mehrstöckige Waldaufbau mit seinem obersten geschlossenen Kronendach in einer Höhe von 40 m und mehr, die einzelne Baumriesen immer noch um weitere 20–30 m überragen können, ein dichter Baumbestand sowie ein großer Artenreichtum.
> **Tierwelt** Die Fauna des Regenwaldes stellt gemeinsam mit derjenigen der Korallenriffe die artenreichste der Erde dar, doch viele Tierarten treten jeweils nur mit einer geringen Zahl an Individuen auf. Die meisten Tiere leben in den höheren Stockwerken des Waldes. Reptilien, Amphibien dominieren; zu den wichtigsten Vogelarten gehören Kolibris, Aras und Paradiesvögel. Die Lebensbedingungen im dichten Regenwald sind für Säugetiere weniger ideal, doch zu den bedeutendsten zählen Affen, Faultiere, Raubkatzen (Tiger in Asien, Jaguar in Mittel- und Süd-
>
> amerika) sowie als größtes Säugetier in dieser Pflanzengesellschaft der afrikanische Waldelefant.
> **Wirtschaft** Die traditionellen Wirtschaftsweisen im tropischen Regenwald umfassen Jagen, Sammeln und Wanderfeldbau auf Brandrodungsflächen für die Selbstversorgung oder den lokalen Markt. Für das moderne Wirtschaftsleben und auf den Weltmarkt hin orientiert sind Plantagen u. a. für Kaffee, Kakao, Tee, Bananen, Ananas, Zuckerrohr, Soja, Palmöl, Kautschuk, großflächige Rodungen für Viehzucht, vor allem Rinderhaltung, für den Anbau von Pflanzen (Palmen, Zuckerrohr) für Biotreibstoffe, aber auch der Handel mit Tropenhölzern sowie der Abbau von Bodenschätzen bedeutend.
> **Tourismus** Vor allem die tropischen Küsten und Inseln Südostasiens sowie der Karibik sind gefragte Destinationen des Ferntourismus (vgl. Schultz 2010, S. 104–114, 2002, S. 277–304).

Breiten gedeihen immerhin noch drei Lianen: der Efeu, die Waldrebe und die Weinrebe. Lianen sind holzige Kletterpflanzen, die mit relativ geringem Aufwand in die oberen Schichten ans Licht gelangen können, da sie sich auf Bäume stützen. Epiphyten sitzen bevorzugt in den höheren Bereichen mit besseren Lichtbedingungen; dabei wachsen sie entweder direkt an den Stämmen, auf Astgabeln oder Ästen, wo sie einen geschützten Platz für die Keimung gefunden haben. Zu dieser Gruppe gehören die meisten Orchideenarten, aber auch – fast ausschließlich in Amerika – die ebenfalls in den Wohnzimmern heimisch gewordenen Bromelien. Farne, Flechten und Moose können hier ebenfalls zu den Epiphyten gerechnet werden. Epiphyten sind keine Parasiten, d. h. sie schädigen die Pflanzen nicht, auf denen sie sitzen. Um in der luftigen Höhe und abgeschnitten von Wasserreservoir des Bodens genügend Wasser und Nährstoffe zu erhalten, besitzen diese Arten andere Einrichtungen, das wichtige Nass zu speichern. So kann sich Regenwasser in Blatttrichtern sammeln, oder die Pflanzen besitzen Saugschuppen. Optimale Verhältnisse finden Epiphyten vor allem durch den Steigungsregen in den montanen Nebelwäldern vor, in denen es ständig von den Blättern tropft.

> **Stockwerkbau des immergrünen tropischen Regenwaldes**
>
> - „die obere Baumschicht der sich berührenden Baumkronen (höher als 25 Meter);
> - die mittlere Baumschicht (zehn bis 25 Meter);
> - die untere Baumschicht (fünf bis zehn Meter);
> - die Strauchschicht;
> - die Krautschicht" (Goudie 2008, S. 236).
>
> Diese fünf Schichten werden von einzelnen Baumriesen bis in eine Höhe von 60–90 m überragt.

70 % der Pflanzen, die im Regenwald vorkommen, sind Bäume. Im Unterschied zu Wäldern

◘ Abb. 8.1 Wie ein dichter Teppich bedeckt von Natur aus der immergrüne tropische Regenwald das ausgedehnte Amazonasbecken. In der flachen Landschaft können der Fluss und seine Nebenarme stark mäandrieren. Die braune Farbe des Wassers deutet auf Mengen an feinem Schwemmmaterial hin, das durch die reichen Niederschläge in die Flüsse gelangt (Urbanhearts/Fotolia)

der gemäßigten Breiten, in denen relativ wenige Baumarten, diese dafür aber in großer Individuenzahl auftreten, wachsen im tropischen Regenwald auf einem Hektar zwischen 40 und teilweise mehr als 100 verschiedene Baumarten. Dabei sind die Unterschiede zwischen den Regenwäldern Südamerikas, Afrikas und Asiens groß. Charakteristisch für die Enge in diesen Pflanzengesellschaften sind schlanke Bäume mit einer relativ hoch ansetzenden Krone, die wiederum eher klein ausgebildet ist. Es ist übrigens schwer, das Alter der Bäume zu bestimmen, da sie keine Jahresringe entwickeln; „Schätzungen auf Grund von Zuwachsmessungen ergaben 200–250 Jahre" (Walter 1973, S. 53).

Die Standfestigkeit der „dürren Baumriesen" wird durch Brettwurzeln gefördert, die bis zu 9 m hoch reichen können. Gebietsweise bilden mehr als 40 % der Regenwaldbäume diese Wurzelform aus. „Vielfach wird angenommen, dass sie die Standfestigkeit erhöhen. Ihre eigentliche Funktion liegt aber wohl darin, dass sie die Stamm-/Wurzeloberfläche im bodennahen Bereich vergrößern und damit die Atmung unterstützen" (Schultz 2002[3], S. 288). Pfahl- und Stützwurzeln über der Erde sind andere typische Formen, unter der Erdoberfläche reichen die Wurzeln dagegen nicht so tief wie beispielsweise in den laubwerfenden Wäldern Europas. Bei ständig sehr feuchten Böden ist eben keine große Wurzeltiefe nötig.

Eine Besonderheit, die zwar nicht als Alleinstellungsmerkmal für tropische Pflanzen gilt, die man hier aber weit häufiger als in den Außertropen antreffen kann, ist die Kauliflorie, d. h. die Blüten und demzufolge auch die Früchte eines Baumes sitzen direkt am blattlosen Stamm und nicht an Ästen bzw. Zweigen. Bei einer solchen Stammblütigkeit können die Blüten nicht nur durch fliegende Tiere wie Fledermäuse oder Flughunde, sondern auch durch kletternde Tiere bestäubt werden; zum anderen gibt es auf diese Weise einen festeren Halt für schwere Früchte. Der Kakao- und der Papayabaum, die beide in der unteren Baumschicht des Regenwaldes vorkommen, gehören zu diesen Gewächsen.

An den tropischen Pflanzen lässt sich entsprechend des Tageszeitenklimas auch kein Jahreszeitenwechsel ausmachen, aber sie weisen trotzdem eine Periodizität auf, die jedoch nicht an eine bestimmte Jahreszeit gebunden ist. Da kann sich ein Baum gerade im vollen Laub zeigen, während sein Artgenosse unbelaubt daneben steht. Sprossaustrieb, Blüte, Fruchten und Blattabwurf finden im tropischen Regenwald zur selben Zeit statt.

Im scheinbaren Widerspruch zur üppigen Vegetation des tropischen Regenwaldes steht die Nährstoffarmut seiner Böden; das Gros der Nährstoffe ist in der Vegetation gebunden und kommt gar nicht erst über eine Blätterakkumulation oder Humusschicht in den Boden. „Die Streu wird durch Pilze und andere Mikroorganismen schnell zersetzt, und ihre Nährstoffe werden sofort durch ein oberflächliches dichtes Wurzelwerk wieder den Bäumen zugeführt. Es besteht also ein direkter, geschlossener Nährstoffkreislauf. Die Nährstoffe zirkulieren aber im Wesentlichen zwischen der lebenden Vegetation, der abgestorbenen organischen Substanz und den obersten durchwurzelten Bodenschichten, kaum aber im Boden. Deshalb sind viele Böden unter dem Regenwald trotz der hohen Biomasseproduktion der Vegetation, die sie tragen, vergleichsweise wenig fruchtbar" (Goudie 2008, S. 236).

Aus diesem Grund gehört der extrem flächenintensive Wanderfeldbau auf Brandrodungsflächen – neben dem Sammeln und Jagen – zu den traditionellen Wirtschaftsformen im tropischen Regenwald. Durch das Roden der Bäume und Abbrennen des nicht verwertbaren Holzes sowie des Laubes wird eine Verarmung des Bodens in Gang gesetzt. Zunächst profitiert der Boden zwar noch von der Anreicherung durch die Nährstoffe in der Asche (Aschedüngung), doch durch die hohen Niederschläge werden sie recht schnell wieder ausgewaschen. Die Fruchtbarkeit des Bodens lässt nach, sodass neuer Wald gerodet werden muss, um an neue Ackerflächen für den Anbau von Maniok, Taro oder Yams zu kommen. Auf den aufgelassenen Flächen wird sich ein Sekundärwald ausbreiten, der nach frühestens 15 bis 30 Jahren wieder eine ausreichende Grundlage für eine nächste Brandrodung bieten würde.

Trotz dieser natürlichen Einschränkungen wurde in den Immerfeuchten Tropen während der letzten Jahrzehnte – und ein Ende ist keinesfalls abzusehen – großflächig Regenwald gerodet, um Plantagen anzulegen. Die Verluste des artenreichen Ökotops fallen weltweit unterschiedlich aus: „In manchen Gebieten ist die Bedrohung relativ gering (zum Beispiel in Westamazonien und in großen Teilen des Kongobeckens in Zentralafrika), während in anderen die Ausbeutung der Regenwälder sehr rasch voranschreitet (beispielsweise auf den Philippinen, der malayischen Halbinsel, in Thailand, Indonesien, Westafrika, Ostamazonien und auf Sri Lanka). Tatsächlich kann in Südmexiko und auf Madagaskar die Rate der Regenwaldzerstörung zehn Prozent in einem Jahr betragen" (Goudie 2008, S. 237).

Die Zerstörung der Tropenwälder hat in den letzten Jahrzehnten immense Ausmaße angenommen, sodass nach Schätzungen der FAO (Food and Agriculture Organization of the United Nations) jährlich 0,7–0,8 % ihrer Fläche verschwinden und mittlerweile mindestens 60 % des Gesamtbestands nicht mehr existieren (vgl. Scholz 2011, S. 842). Neben der bereits erwähnten Brandrodung und dem Roden für die Brennholzgewinnung, die eher den Bedarf der einheimischen Bevölkerung decken, gehört der kommerzielle Holzeinschlag zu den folgenschwereren Eingriffen – aktuell besonders intensiv in den Regenwäldern Indonesiens und Malaysias. Wenn auch dabei betont wird, dass nur einzelne Bäume gefällt werden, um ihr Stammholz für Möbelindustrie und Bodenbeläge zu nutzen, so hinterlässt dieses selektive Fällen trotzdem größere Schäden, da die umstehenden Bäume ebenfalls in Mitleidenschaft gezogen werden. Nutzen dann noch Pioniersiedler die durch die Holzfirmen vorgegebenen Straßen und Schneisen, dann vergrößert sich der Verlust an ursprünglichem Wald noch. Eine ähnliche Auswirkung haben die staatlichen Siedlungsprojekte, wie z. B. „Transamazonica" in Brasilien oder „Transmigrasi" in Indonesien. Als Hauptverursacher der Tropenwaldzerstörung sieht Scholz (a. a. O.) die spontane kleinbäuerliche Rodungskolonisation in Asien und Afrika. In Thailand und auf den Philippinen sind zwischen 1960 und 2000 die Anteile der Waldflächen an den Staatsgebieten von jeweils rund 60 % auf weniger als 20 % geschrumpft.

Zu den Regenwäldern, die für die Bedürfnisse des Weltmarktes geopfert werden, gehören auch die Flächen in Südamerika, die für eine extensive Rinderhaltung, das Ranching, gebraucht werden. „In den wechselfeuchten Randgebieten Amazoniens ist die Ranchwirtschaft zweifellos die Hauptursache für den Waldverlust und dringt allen internationalen Protesten zum Trotz immer tiefer in den Regenwald" (a. a. O., S. 843). Zur Viehhaltung kommt oftmals noch der großflächige Anbau von Soja als Futtermittel – oder aber auch als Rohstoff für Biodiesel – hinzu. Das Ranching in den Savannenzonen (▶ Kap. 9) kann bereits auf eine mehrere Jahrhunderte alte Geschichte zurückblicken.

> **Plantage**
>
> Kriterien einer Plantage:
> 1. „Die Betriebsgröße muss ein bestimmtes Minimum von ca. 50 bis 100 ha überschreiten.
> 2. Im Mittelpunkt der Produktion stehen pflanzliche Produkte für den Export/Weltmarkt (*cash crops*).
> 3. Die Produktion findet in Form einer betrieblichen Spezialisierung als Monokultur statt.
> 4. Im Gegensatz zur kleineren Pflanzung werden die erzeugten Produkte vor Ort mit Hilfe moderner Maschinen zum Zweck der Vermarktung be- und verarbeitet, der Absatz geschieht vom Betrieb aus. Dazu gehören auch Einrichtungen zur Qualitätskontrolle der Produkte, Forschungslabors, Aufzuchtstationen etc.
> 5. Die Wirtschaftsform ist daher kapitalintensiv und befindet sich häufig in Besitz von Ausländern bzw. Europäern, US-Amerikanern und Asiaten mit einheimischer Staatsbürgerschaft.
>
> Die Plantagen bilden nicht nur wirtschaftliche Nuclei, an die auch die Kleinbauern der Umgebung Produkte über den Vertragsanbau (*contract farming*) liefern können, sondern sie enthalten in der Regel auch Einrichtungen der sozialen und kulturellen Infrastruktur (z. B. Krankenstationen, Schulen, Freizeiteinrichtungen), wodurch sie oft zu wichtigen Entwicklungsschwerpunkten wurden" (nach Manshard 1988, S. 48 f., zit. in: Hornetz und Jätzold 2009, S. 95 f.).

Die zweite auf den internationalen Handel ausgerichtete Wirtschaftsform ist der Anbau von *cash crops* (Verkaufspflanzen) in den Plantagen. Die Plantagen werden in der Regel von internationalen Konzernen betrieben und liefern in Monokulturen Produkte für den Weltmarkt, beispielsweise für die Lebensmittelindustrie Kaffee, Kakao, Tee, Ananas, Bananen, Gewürze wie Pfeffer, Zimt, Vanille, Nelken, Muskat oder auch Palmöl. Letzteres und das Zuckerrohr sind zu Grundlagen für die Produktion von Biotreibstoffen geworden; auch die chemische Industrie kommt ohne den Rohstoff Palmöl nicht mehr aus. Malaysia und Indonesien liefern derzeit mehr als 80 % der Weltproduktion an Palmöl; dafür wurden in Indonesien seit 1990 über 6 Mio. ha Ölpalmplantagen – meist auf Kosten des tropischen Regenwaldes – neu angelegt (a. a. O.).

Neben dem Verlust an Biodiversität in Flora und Fauna führen die Rodungen des tropischen Regenwaldes und die Ausbreitung von Monokulturen zu einer beschleunigten Bodenerosion zur steigenden Gefahr von Überschwemmungen. Durch den höheren Bodenabtrag führen die Gewässer mehr Sedimente, was die Folgen von Überflutungen noch verstärkt. Wesentlich mehr an Dünger und Pestiziden gelangt in die Gewässer, da die nährstoffarmen Böden unter den Monokulturen ohne diese Hilfsmittel ihre einkalkulierte Leistung nicht bringen können. Des Weiteren gehen durch die ausgedehnten Rodungen nicht einschätzbare Mengen an Biomasse verloren, die nun für das Speichern von Kohlenstoff ausfallen. In diesen Dimensionen ergeben sich mit der Steigerung des Treibhausgaseffekts auch Auswirkungen auf das Weltklima.

Die charakteristischen Klimabedingungen in den Immerfeuchten und Wechselfeuchten Tropen wirken sich besonders in den Kalkgebieten aus und schaffen dort einzigartige Landschaftsformen. Da diese auch touristisch interessant sein können, wie es vor allem die Region von Guilin in Südchina beweist, sei noch ein abschließender Blick auf den tropischen Karst geworfen. Gleichmäßig hohe Temperaturen und die hohen Niederschläge sorgen für eine stärkere Korrosion – und damit die Auflösung des Kalkgesteins, indem sie die Abbauprozesse von organischen Substanzen beschleunigen und damit auch die Bildung organischer Säuren fördern. Während in den gemäßigten Breiten in den Karstlandschaften die Hohlformen wie Dolinen oder Trockentäler dominieren, sind es unter den Bedingungen des tropischen Klimas die Vollformen. Steil aufragende Felsgebilde, wie der Kegel- und der Turmkarst, bilden sich heraus und stellen einen „reifen" Karst dar, eine bereits stark aufgelöste Kalklandschaft.

Dazu gehört der Kegelkarst, der lehrbuchmäßige kegelförmige Hügel bilden kann, wie es auf der philippinischen Insel Bohol in zahllosen Ausführungen zu sehen ist. Steilere Varianten des Kegel-

Aus der Tourismuspraxis

Agrotourismus in Thailand

Landwirtschaft ist nicht nur ein wichtiger Teil der thailändischen Wirtschaft, sie gehört auch wesentlich zur Identität des Staates, so die Tourism Authority of Thailand. Als Teil eines nachhaltigen Tourismus sieht man seit 1995 den Agrotourismus – vermarktet als „Green Travel in Thailand". Erfahrungen aus erster Hand, Wissen über Landwirtschaft in Thailand, die Vielfalt und der Reichtum der Agrarprodukte, aber auch ein besseres Verstehen des thailändischen Lebens und Ausflüge in umweltfreundliche „Locations" sollen den Agrotouristen geboten werden. Mehr als 400 Dörfer sind inzwischen Standorte des Agrotourismus, und seit 2002 werden Attraktionen des Agrotourismus auch mit dem Thailand Tourism Award ausgezeichnet, so z. B. 2004 die Ang Khang Royal Agricultural Station in der Provinz Chiang Rai, wo Blumenkulturen den Anbau von Schlafmohn (und die Opiumgewinnung) ersetzen, oder 2008 das Mae Chan Valley in derselben Provinz, das für seine Aktivitäten rund um den Tee aber auch den Weinbau ausgezeichnet wurde.

Für das Programm „Green Travel" wurde das Land in fünf Destinationen – geographische Regionen – unterteilt, in denen sich nicht nur die verschiedenen Naturräume, sondern auch die Kulturen unterschiedlicher Bevölkerungsgruppen widerspiegeln. Von einer besonderen landschaftlichen Vielfalt profitiert man im Norden mit seinen Bergen, bewaldeten Hügeln, Regenwald und Flusstälern. Reisterrassen, Kaffee- und Teeplantagen, Macadamianuss-Kulturen, den Anbau von Gemüse und Heilkräutern steuert die Landwirtschaft für den Agrotourismus bei. Die Reisernte von November bis Januar und die Kaffeeernte von November bis Februar werden besonders empfohlen, doch ist dank des tropischen Klimas natürlich ganzjährig Saison für den Agrotourismus.

Zu den Angeboten in Thailands Norden, die mit dem landwirtschaftlichen Jahr und dem Alltagsleben der Bewohner der Region verbunden sind, gehört u. a. eine dreitägige Tour zu den Kaffeeplantagen in der Provinz Chiang Rai. Hier stehen der biologische Anbau des Kaffees, aber auch die Traditionen der Akha auf dem Programm. Zu den Einblicken in das Leben der Paganyaw, die in derselben Provinz vor allem den Terrassenanbau des Reises pflegen, zählen ihre Handweberei, traditionelle Küche und die Forellen- sowie Flusskrebszucht. Im Doi Mae Salon Nok Agro-tourism Centre liegt der Schwerpunkt auf dem Teeanbau, der hier auch die Opiumherstellung abgelöst hat. Ausgehend vom Prince Chakraband Pensiri Centre for Plant Development wird den Touristen die Produktion von Gemüsesamen einheimischer Sorten nahegebracht. Diese Programmangebote in den ländlichen Regionen schließen in der Regel auch die Übernachtung in Privatquartieren – als „homestay" – in den Dörfern ein. Höhepunkte für Gäste wie Einheimische sind die zum landwirtschaftlichen Jahr gehörenden Feste und Veranstaltungen, wie z. B. wiederum im Norden Thailands in Chiang Mai während des Februars das „Samoeng Strawberry Festival" und das „Flower Festival"; ein Ananasfest im Mai sowie die „Lychee and Best of Phayao Fair" oder im Dezember das „Doi Mae Salong Tea Tasting an Cherry Blossom Blooming Festival" und ein „Mulberry and Silk Festival".

(▶ https://7greens.tourismthailand.org/en/download/05.pdf)

---

karstes gibt es im Süden Thailands und im Valle de Viñales auf Kuba. Die lokale Bezeichnung „Mogote" für den westkubanischen Kegelkarst hat inzwischen auch Eingang in die englischsprachige Literatur und deren Übersetzungen gefunden (vgl. McKnight und Hess 2009, S. 663). Die spektakulärsten Vollformen des tropischen Karstes, den sogenannten Turmkarst, bietet Südostchina – vor allem die Region Guilin – mit einer Fortsetzung in den Norden Vietnams.

Die Transamazonica und andere Gründe, den brasilianischen Regenwald zu vernichten

Mit der Gewinnung von Kautschuk begann in der zweiten Hälfte des 19. Jahrhunderts die wirtschaftliche Nutzung der tropischen Regenwälder Amazoniens, die über das Maß der Selbstversorgerwirtschaft der dort lebenden Indianer hinausging. Ende der 1960er rückten diese Regenwälder, die rund 30 % des weltweiten Bestands ausmachten, in das Interesse der brasilianischen Politik. Damit sollten die natürlichen Ressourcen Amazoniens erschlossen und genutzt und dieser riesige Landesteil von rund 5,8 Mio. km^2 in den nationalen Siedlungs- und Wirtschaftsraum einbezogen werden (vgl. Kohlhepp 1998, S. 38). „Die geplante ‚Inwertsetzung' dieser Region wurde von den Militärregierungen zwischen 1964 und 1985 als Beitrag zur Erfüllung der nationalen Planziele in einem wachstums- und exportorientierten wirtschaftlichen Entwicklungsmodell verstanden" (a. a. O.).
1970 begann man mit dem Bau der Transamazonica unter dem Motto „Land ohne Menschen für Menschen ohne Land". Entlang dieser fast 5000 km langen Straße und Ost-West-Verbindung sollte in einem 100 km breiten Streifen der Regenwald gerodet und auf den so gewonnenen Flächen von den Kolonisten Landwirtschaft betrieben werden. Vor allem aus dem von Dürren geplagten Nordosten Brasiliens sollten Siedler mit staatlicher Förderung – 100 ha Land auf Kreditbasis, dazu ein Holzhaus, Werkzeug und Saatgut – eine Existenzgrundlage bekommen und Neuland erschließen. Auch Städte sollten gegründet werden; doch die Rechnung ging nicht auf: Statt der geplanten 1 Mio. Familien wagten nur 7000 den Schritt (vgl. Scholz 2011, S. 846f), und von diesen wanderten ebenso viele wieder ab, u. a. deshalb, weil sie mit Landwirtschaft in den Immerfeuchten Tropen keine Erfahrungen hatten und auch die Anbindung an Märkte nicht klappte. Schuld daran war auch der weitgehend gescheiterte Straßenbau; über weite Abschnitte kam die Transamazonica nicht aus dem Zustand einer Erdpiste heraus, die in Regenzeiten kaum zu befahren ist.
Der im Erschließungsprogramm ebenfalls inbegriffene Aspekt, soziale Spannungen in den bevölkerungsreichen Regionen abzubauen, sollte nicht funktionieren bzw. verlagert werden, da in Amazonien neue Fronten zwischen der einheimischen indianischen Bevölkerung und den Siedlern geschaffen wurden. Die Probleme verstärkten sich noch, als ab Mitte der 1970er-Jahre große, auf den Fleischexport ausgerichtete Rinderfarmen angelegt wurden, für die ausgedehnte Rodungen für Weideland notwendig wurden. In den 1980er-Jahren kamen starke Verluste an Regenwald hinzu, weil nun auch der Abbau von Bodenschätzen (u. a. Eisenerz, Gold, Mangan, Erdöl), die Gründung von Industrieanlagen und der Bau von Wasserkraftwerken hinzukamen.
1992 wurde auf der Weltumweltkonferenz in Rio de Janeiro als Teil der Agenda 21 ein Pilotprogramm zur Erhaltung der tropischen Regenwälder Brasiliens beschlossen, denn die Rodungen in diesen Ausmaßen wirken sich bis auf das Weltklima aus. Die Schwierigkeiten, in der 5 Mio km^2 großen Planungsregion die Ausführungen zu kontrollieren, und konträr laufende Wirtschaftsinteressen lassen am Erfolg der guten Absichten zweifeln. Allein in den Jahren 2005/2006 wurde in Amazonien Regenwald gerodet, der einer Fläche Nordrhein-Westfalens entspricht.

Aus der Tourismuspraxis

Wandertourismus in der Karibik – die „Naturinsel" Dominica möchte sich auf dem internationalen Markt positionieren

Dominica, nicht zu verwechseln mit der weiter nördlich gelegenen Dominikanischen Republik, ist eine Insel der Kleinen Antillen, zwischen Martinique und Guadeloupe gelegen, und hat sich für ihre touristische Entwicklung den nachhaltigen Tourismus bzw. Ökotourismus auf die Fahnen geschrieben.

Mit finanzieller Unterstützung der EU wurden die Weichen für „Dominica – The Nature Island" gestellt. Als Urlaubsziel für Wanderer in der Karibik möchte sich der selbstständige Staat Commonwealth of Dominica positionieren. Neben anderen Nischenbereichen Tauchen und Wellness soll die Entwicklung des Wandertourismus eine wichtige Rolle spielen. Von den 2012 registrierten ca. 79.000 Übernachtungsgästen – gegenüber 266.000 Passagieren von Kreuzfahrtschiffen, die einen Stopp auf der Insel einlegten –, gaben rund 29.000 als Motiv ihres Aufenthalts *nature tourism* an.

Der Naturraum der bergigen Insel (ca. 46 km Nord-Süd-Ausdehnung, ca. 26 km Ost-West) bietet auf vulkanischem Untergrund fünf verschiedene Vegetationszonen bis zu den montanen Nebelwäldern, da sich die Insel mit ihren höchsten Höhen bis 1447 m NN erhebt; mehr als 60 % der Insel sind von Wald bedeckt. Als einzige ostkaribische Insel besitzt Dominica mit dem Nationalpark Morne Trois Pitons in ihrem Südosten seit 1997 auch ein UNESCO-Weltnaturerbe. Die Vielfalt der Flora, der Vulkanismus mit seinem Formenschatz von Kraterseen, Fumarolen, heißen Quellen, dem zweitgrößten „kochenden" See der Welt, bis zu Schwefelaustritten, aber auch die Flüsse und zahlreichen Wasserfälle in einer tief zerschnittenen, geologisch jungen Landschaft von gerade einmal 26 Mio. Jahren, führten zu der Aufnahme in diese Liste (◘ Abb. 8.2). (► www.avirtualdominica.com/worldheritagesite.cfm)

Als 184 km langer Fernwanderweg durchzieht seit 2011 der Waitukubuli National Trail (► www.waitukubulitrail.com/) die gesamte Insel von Süd nach Nord und verbindet mit seinen 14 Abschnitten das UNESCO-Welterbe, mehrere Nationalparks und Waldschutzgebiete sowie historische bedeutende Stätten und traditionelle Routen der einheimischen Völker der Caribs und Kalinagos. Eine Gehzeit von zwei bis zweieinhalb Wochen wird dafür veranschlagt. Die Wanderer auf dieser Route sind noch sehr überschaubar: 2012 wurden 215 Personen gezählt. „Der Waitukubuli National Trail rangiert unter den besten Wanderwegen der Welt und zieht eine zunehmende Zahl an Nutzer an (benötigt aber noch viele mehr, um sein Überleben zu sichern)", so im Masterplan des Commonwealth of Dominica (2013, S. 109) zu lesen. Der Fernwanderweg soll den ländlichen Gemeinden mit einem geförderten „Homestay Program" die Chance geben, Unterkünfte und andere Dienstleistungen anzubieten, und den Wanderern die Gelegenheit zu erfahren, wie die Menschen entlang des Weges leben und arbeiten. Bislang besteht die touristische Infrastruktur vor allem aus Privatquartieren, Gästehäusern und zusätzlich entweder in einigen Dörfern oder nicht weit davon entfernt Restaurants und kleinen Läden zur Versorgung der Wanderer (a. a. O.) Als nächste Ziele, die erreicht werden müssen, um in den Gemeinden die erwarteten Einnahmen vom Wanderweg und seinen Nutzern zu erhalten, sieht man folgende:

- Qualitativ höherstehende Unterkünfte und Verpflegungsmöglichkeiten an den Enden jedes der 14 Wegeabschnitte einzurichten; bislang wurden bereits Qualitätsstandards bei Privatunterkünften und Gästehäusern durchgesetzt, im gastronomischen Bereich bleibt viel zu tun – „der Standard der Speisen kann oft unter den Erwartungen liegen".
- Einige der Unterkünfte sollen auf ein höheres Niveau gebracht werden, entweder durch Kredite oder Zuschüsse oder – nach irischem Vorbild – durch einen speziellen Fonds für ländliche Entwicklung bzw. Unterkünfte auf Bauernhöfen.
- Marketing und Reservierungen sollen optimiert werden, eine zentrale Buchungsstelle geschaffen werden. Doch Anbieter von Pauschalen sollen weiterhin ihre eigenen Produkte – den Gepäcktransfer der Wanderer zu den Etappenzielen inklusive – bewerben und vermarkten.
- Im Keim sei „jede Tendenz, egal ob in Anekdoten oder in der Realität, von Belästigungen der Wanderer auf dem Trail" zu ersticken.

Für jede Wanderung, nicht nur auf dem Waitukubuli National Trail, sondern auch den nach Schwierigkeiten gestaffelten Tages- oder Halbtagestouren zu den herausragenden Sehenswürdigkeiten, stehen ausgebildete und von der Discover Dominica Authority zertifizierte Wanderführer zur Verfügung. Ein nationales Tourguide-Programm soll sicherstellen, dass die „Guides in Erster Hilfe und Herz-Lungen-Reanimation ausgebildet sind und Kenntnisse der Pflanzen- und Tierwelt besitzen." (► www.discoverdominica.com) Feste Tarife für die Leistungen der Guides gibt es nicht, man weist darauf hin, unbedingt den Preis vor Antritt der Wanderung auszuhandeln.

Abb. 8.2 Die Nordostküste Dominicas – hier beim Dorf Vieille Case – prägen die einstigen Lavaströme des Vulkans Morne aux Diables. Gerade am Übergang zum Meer sind die typischen vulkanischen Strukturen erkennbar. Die steilen Hänge bieten nur Dörfern Platz und stellen auch den Ausbau von Infrastruktur vor große Schwierigkeiten. So erhielt Vieille Case erst Dorfstraßen, eine Wasserversorgung und Elektrizität nach 1961, nachdem ein Dorfbewohner, Erward Oliver Le Blanc, Premierminister der Insel geworden war. Eine erste Straßenverbindung hatte man in der Mitte des 20. Jh. geschaffen (Discover Dominica Authority)

8.2 Die Ökozone der Sommerfeuchten Tropen

An die Zone der Immerfeuchten Tropen mit den charakteristischen Regenwäldern schließt sich beiderseits des Äquators diejenige der Sommerfeuchten – oder Wechselfeuchten – Tropen an. Diese reichen bis zu den tropisch/subtropischen Trockengebieten an den Wendekreisen. Da die Savannen hier die wichtigste Pflanzenformation darstellen, spricht man auch von der „Savannenzone", dem „Savannenklima" oder dem „Savannengürtel". Rund 25 Mio. km² oder gut 16 % der Erdoberfläche nimmt diese Klimazone ein.

Das Klima der Wechselfeuchten Tropen kennt bereits größere Temperaturschwankungen als dasjenige der Immerfeuchten Tropen und kann in extremen Lagen hoch und fern des Äquators sogar vereinzelte Fröste aufweisen, doch im statistischen Mittel ergibt sich ein ausgeglichener Verlauf der Temperaturkurve. Alle Monatsmittel liegen über 18° C; kurz vor Beginn der Regenzeit sind Temperaturen von 40° C und mehr nicht ungewöhnlich. Die Monate der – unterschiedlich langen – Trockenzeit sind vergleichsweise kühler, vor allem um ihre Mitte herum. Diese winterliche Trockenzeit dauert mindestens drei Monate, kann sich aber auch bis auf ein halbes Jahr und mehr ausdehnen. Im Jahr fallen durchschnittlich zwischen 500 und 1500 mm Niederschlag. Die Dornsavannen, die mit weniger als 500 mm Niederschlag im Jahr auskommen, werden bereits zu den tropisch/subtropischen Trockengebieten gezählt.

Steckbrief Sommerfeuchte Tropen

Verbreitung
Die Zone der Sommerfeuchten Tropen – auch Wechselfeuchte Tropen genannt – schließt sich in beiden Hemisphären an die Zone der Immerfeuchten Tropen an. In Afrika ist sie auch östlich der Regenwaldzone im Ostafrikanischen Hochland anzutreffen; ausgedehnt in Südamerika an das Amazonasbecken anschließend, während im nördlichen Südamerika sowie in Zentralamerika und der Karibik dagegen eine kleinflächigere Verbreitung auszumachen ist. In Südasien nehmen sie wiederum große Flächen ein, z. B. in Vorder- und Hinterindien. Die nördliche Küste Australiens kann ebenso zu den Wechselfeuchten Tropen gezählt werden.

Klima
Im Jahresverlauf gibt es einen relativ ausgeglichenen Gang der Temperaturen: Alle monatlichen Mittel liegen über 18° C. Doch die Niederschläge variieren deutlich von einer Trockenzeit bis hin zu einer Regenzeit von fünf bis neun Monaten, dementsprechend schwanken die jährlichen Niederschlagsmengen zwischen 500 und 1500 mm. Eine Besonderheit dieser Klimazone sind die Monsune.

Vegetation
Aufgrund der beachtlichen Unterschiede in den Niederschlägen bilden sich zwei Savannentypen: die Feuchtsavannen und die Trockensavannen mit ihren typischen Pflanzengesellschaften. Man unterscheidet nach dem Graswuchs die Hochgras- und Kurzgrassavannen, die jeweils von Feucht- bzw. Trockenwäldern durchsetzt sein können.

Tierwelt
Für die Graslandschaften ist eine artenreiche Insekten- und Spinnenfauna ebenso charakteristisch wie die arten- und individuenreich vertretenen Reptilien und Vögel. Zum Inbegriff der Tierwelt der Savannen sind jedoch die Herden der Großsäuger, von Elefanten über Giraffen, Zebras und Antilopen, sowie die Rudel der Raubkatzen geworden.

Wirtschaft
Klimatisch bedingt besitzt diese Zone ein größeres Potenzial für die ackerbauliche Nutzung als die äquator- wie polwärts angrenzenden Ökozonen. Zur traditionellen Landnutzung gehört der Regenfeldbau mit einer Landwechselwirtschaft, die Brachen einschließt. Hirse- und Maisanbau sind weit verbreitet; in Regionen mit der Möglichkeit eines Bewässerungsfeldbaus – vor allem in Südostasien – die Kultur des Nassreises. Auch Rinderhaltung ist in der Zone der Wechselfeuchten Tropen häufig. Das aktuelle Wirtschaftsleben wird u. a. von spezialisierter Landwirtschaft für den Weltmarkt, z. B. dem Anbau von Baumwolle, Erdnüssen, Mais, Tabak und Weizen, mitbestimmt.

Tourismus
Die Savannenlandschaften sind seit Kolonialzeiten Ziele des Safaritourismus, zunächst für die Großwildjagden der Kolonialherren, heute offiziell nur noch für Fotosafaris und als Gelegenheit zur Tierbeobachtung (vgl. Schultz 2010, S. 95–103, 2002, S. 248–275).

Monsun
Diese Klimaerscheinung prägt vor allem die dem Westwind zugewandten Küsten Südostasiens, vor allem diejenigen von Indien, Myanmar und Thailand. Sie ist jedoch auch in geringeren Ausmaßen in Westafrika, im nordöstlichen Südamerika, auf den Philippinen, in Nordostaustralien und auf einigen Westindischen Inseln zu beobachten.
Im Sommer entwickeln sich Hitzetiefs über den Kontinenten, die von den Ozeanen wasserdampfhaltige Luftmassen anziehen. Dann fallen in Verbindung mit dem Sommermonsun sehr hohe Regenmengen; es können in jedem der zwei, drei vom Monsun bestimmten Monate jeweils mehr als 750 mm Niederschlag fallen – eine Menge, die in den gemäßigten Breiten innerhalb eines ganzen Jahres zusammenkommt!
Jährliche Niederschlagsmengen von 2500–5000 mm an den Hängen des Himalajas sind die Regel. „Ein Extrembeispiel ist Cherrapunji (in den Khasi-Bergen im ostindischen Assam gelegen), das eine mittlere Jahresniederschlagsmenge von 10.650 mm verzeichnet. Cherrapunji hat als Extremwerte einmal in drei Tagen eine Regenmenge von 2100 mm erlitten; die durch Messung bekannte Rekordregenmenge eines Jahres beläuft sich auf 26.470 mm" (McKnight und Hess 2009, S. 284).
Kurz vor dem Einsetzen des Sommermonsuns sind die Temperaturen am höchsten. Während des Monsuns fallen sie dagegen wegen der dichten Wolkendecke und reduzierten Sonnenstrahlung etwas ab – dadurch ist das Frühjahr im Monsunklima wärmer als der Sommer.

> **Tropenstürme**
>
> Keine Region der Erde liefert mit traurigerer Regelmäßigkeit Katastrophenberichte und -bilder von Stürmen und Unwettern wie diejenige der Tropen, vor allem der Wechselfeuchten. „Tropische Zyklonen sind geschlossene Tiefdrucksysteme mit einem Durchmesser von in der Regel 650 Kilometern. Sie bringen heftige Winde, sintflutartige Regenfälle und Gewitter. Üblicherweise haben sie ein Zentrum, das Auge, mit einem Durchmesser von zig Kilometern und mit schwachen Winden und mehr oder weniger leicht bewölktem Himmel. Sie haben eine Vielzahl von lokalen Namen: ‚Hurrikan' in der Karibik, ‚Taifun' im Chinesischen Meer, ‚Willy-Willy' in Australien oder ‚Zyklone' im Golf von Bengalen" (Goudie 2008, S. 228f). Für ihre Entstehung benötigen die tropischen Wirbelstürme große Feuchtigkeit, wie sie in den Regionen zwischen dem nördlichen bzw. südlichen Wendekreis herrscht, in denen die Temperaturen an der Meeresoberfläche bei mehr als 27° C liegen. Die westlichen Teile der tropischen Meere bieten solche Verhältnisse im Spätsommer. Die Feuchtigkeit sorgt auch für die notwendige Wärme, um den Sturm anzutreiben und Niederschlag abzugeben. Über dem Meer und den Inseln besitzen die Wirbelstürme ihre größte zerstörerische Kraft, die dann, wenn sie über Festland ziehen, deutlich nachlässt. In der nördlichen Hemisphäre sind Spätsommer und Herbst die Hochzeiten der Tropenstürme, deren Auswirkungen auch über die Tropenzone hinaus bemerkbar sein können. Das besondere Gefahrenpotenzial der Wirbelstürme ergibt sich aus der Kombination von hohen Gezeiten mit meterhohen Wellen, starken sintflutartigen Regenfällen und hohen Windgeschwindigkeiten über mehrere Tage, die in extremen Fällen, wie z. B. der „Haiyan", der Anfang November 2013 über den Osten der Philippinen raste, Windgeschwindigkeiten von 380 km/h zustande bringen. Niedrig gelegene Küstenbereiche, anschließende Ebenen, die weit verbreitete leichte tropische Bauweise und häufig größte Bevölkerungsdichten in diesen Regionen, wie etwa in Bangladesch, sorgen für verheerende Ausmaße derartiger Naturgewalten.

Die Schwankungen in der Dauer der Regenzeit und damit auch in der Menge der Niederschläge wirken sich auf die charakteristischen Vegetationsformen aus.

Nach der am weitesten verbreiteten Pflanzengesellschaft dieser Ökozone spricht man auch vom Savannenklima (Savannenzone, Savannengürtel). Für die meisten Pflanzen ist die Dauer der Regenzeit auch mit ihrer Wachstumsperiode gleichzusetzen, nur die Bäume haben dank ihrer besseren Speichermöglichkeiten eine etwas länger dauernde. Bei 1000 mm Niederschlag im Jahr und einer Zahl von jährlich sieben humiden Monaten liegt die Grenze zwischen den beiden wichtigsten Zonen der Wechselfeuchten Tropen: derjenigen der Trockensavanne bzw. der Feuchtsavanne. Parallel zu dieser Differenzierung unterscheidet man die beiden Savannentypen auch noch nach der Höhe des wichtigsten Bewuchses in Kurzgras- und Hochgrassavannen (◘ Abb. 8.3).

Wenngleich in der Namensgebung der Savannen die Gräser bestimmend sein mögen, so gehören aber auch Sträucher und Bäume in diese Pflanzengesellschaft. Der Kurzgrassavanne werden Trockenwälder, der Hochgrassavanne Feuchtwälder zugeordnet. In allen Mengenabstufungen von dichterem Baumbestand bis zu Solitären sind Bäume anzutreffen. Sie können in einer offenen Graslandschaft auch markant entlang der Flussläufe als Galeriewälder in Erscheinung treten.

Der typische Baum in der Savanne ist zwischen 6 und 12 m hoch, besitzt ein dichtes Wurzelgeflecht und eine abgeflachte Krone. Mit verschiedenen Eigenschaften passen sich die Gehölze an die für sie lange Trockenzeit an. Sie reduzieren die Transpiration stark und werfen ihr Laub teilweise oder komplett ab; die Knospen überdauern in der Regel an den kahlen Ästen. Als Schutz gegen die in der Trockenzeit auftretenden Buschfeuer besitzen einige Baumarten eine besonders dicke Rinde und geschützte Schuppenknospen und sind damit sogar feuerresistent. In den Savannen der verschiedenen Kontinente dominieren jeweils unterschiedliche Baumarten. In Afrika sind es vor allem dornige Akazien, verschiedene Palmen und der Affenbrotbaum, in Australien dagegen verschiedene Arten von Eukalyptus und in Zentralamerika die Kiefer (◘ Abb. 8.4).

8.2 · Die Ökozone der Sommerfeuchten Tropen

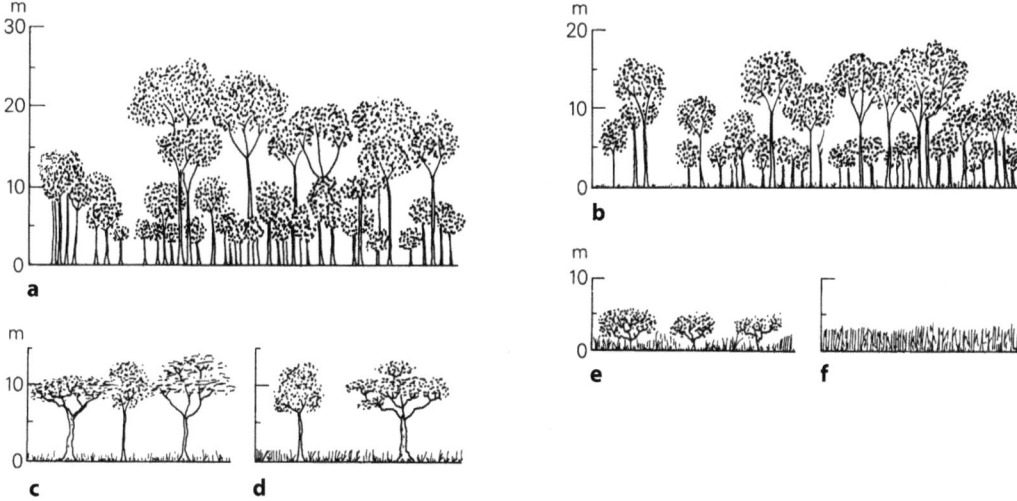

◘ **Abb. 8.3** Vegetationstypen der wechselfeuchten Tropen **a** halbimmergrüner Wald, **b** laubwerfender wechselgrüner Wald, **c** Savannengehölz, **d** Baumsavanne, **e** Dornstrauchsavanne, **f** Grassavanne (Goudie 2008)

◘ **Abb. 8.4** Zu den Giganten in den afrikanischen Savannen gehören die Affenbrotbäume mit ihren dicken Stämmen. Die Laubbäume, die in der Trockenzeit ihr Laub abwerfen, können bis zu 60 m hoch wachsen. Nicht nur ihre Früchte, die Baobab, werden genutzt, auch alle anderen Teile des Baumes, so z. B. die Fasern der Rinde für Schnüre und Seile, die sich auch zu Netzen verarbeiten lassen. Das Holz lässt sich vielseitig verwenden, entweder der ausgehöhlte Stamm komplett oder geteilt für Haus- und Bootsbau (Angelo Iano/Fotolia.com)

An den Küsten der Sommerfeuchten Tropen und noch darüber hinaus reichend bis ca. 30° nördlich und südlich des Äquators finden Mangrovewälder und -sümpfe ihre idealen Lebensbedingungen. In Australien und Neuseeland können sie sogar bis in eine Breite von 37/38° südlich des Äquators vorkommen. Nach dem Standort unterscheidet man Küstenmangroven, die ohne Süßwasserzufuhr vom Land existieren und bis zu 60 km breit sein können, Flussmündungsmangroven in den Deltas und als dritte – weniger bedeutende Gruppe – die Riffmangroven auf aus dem Wasser auftauchenden, toten Korallenriffen.

Die Mangrovewälder an den Küsten des Indischen Ozeans und den Westküsten des Pazifiks, in Indonesien, Neuguinea und auf den Philippinen jeweils in Äquatornähe, stellen die artenreichsten dar, während die Mangroven an der Ostküste des Atlantiks und an den Küsten Amerikas weniger Arten aufweisen. Rund 20 Holzarten können in den am besten entwickelten Mangrovewäldern nachgewiesen werden.

Charakteristisch ist für diese Pflanzengesellschaft die Anpassung an salzhaltiges Wasser und stark schwankende Wasserstände. Unübersehbares Zeichen hierfür sind die Stelz- oder Stützwurzeln, die den bis zu 40 m hohen Bäumen in dem schlammigen und sandigen Untergrund den nötigen Halt geben. Ganze Teppiche von Atemwurzeln, die aus dem nassen bzw. überspülten Boden herauswachsen und senkrecht in die Luft ragen, ziehen den Sauerstoff für die *Avicennia*-Sträucher bzw. -bäume aus der Atmosphäre. Um im Salzwasser überleben zu können, besitzen die Pflanzen verschiedene Möglichkeiten, um das Meerwasser weitgehend zu filtern und Salzkristalle ausscheiden zu können.

Mangroven gehören zudem zu den produktivsten und biologisch vielfältigsten Ökosystemen der Erde; sie setzen Nährstoffe frei, die eine wichtige Nahrungsquelle auch für wirtschaftliche bedeutende Fischarten darstellen. Ihr Holz lässt sich ebenso nutzen. Das Wurzelgeflecht dient zum einen als natürlicher Küstenschutz, zum anderen leistet es einen wichtigen Beitrag zur Wasserqualität. Trotz ihrer hohen ökologischen Bedeutung werden die Mangroven teilweise in großem Umfang zerstört, um Aquakulturen für die Fisch- und Garnelenzucht anzulegen (z. B. in Indonesien und Thailand).

Als ein Beispiel der touristischen Nutzung der Mangrovenwälder und -sümpfe sei der Everglades-Nationalpark im Süden Floridas genannt (▶ www.nps.gov/ever/index.htm). Im Jahr 1979 wurde der 1947 gegründete Nationalpark auf die Liste des UNESCO-Weltnaturerbes gesetzt. Rund ein Viertel der ehemaligen Mangroven existieren heute nur noch, und selbst der Bereich des Nationalparks und Welterbes steht seit 2010 – zum zweiten Mal – auf der Roten Liste der UNESCO. Das Trockenlegen des Hinterlandes, das Ausnutzen von Wasser für künstliche Bewässerung, die Auswirkungen der Landwirtschaft, vor allem die Düngemittel und Pestizide, die aus den Äckern in das Gewässernetz gelangen, bedrohen Flora und Fauna des größten Mangrove-Ökosystems der westlichen Welt. Eine andere Gefahr vor allem für die Tierwelt – Krokodile und Alligatoren inklusive – stellen die aus Asien stammenden und in den 1980er-Jahren dort ausgesetzten Tigerpythons (die ausgewachsenen Würgeschlangen werden ca. 5 m lang und 70 kg schwer.) dar, die sich inzwischen auf eine geschätzte Zahl von über 10.000 Exemplaren vermehrt haben und ihren Teil zum Aussterben bestimmter Tierarten in den Everglades beitragen.

Die Tierwelt der Wechselfeuchten Tropen und der Savannen umfasst zwar auch Schlangen, Krokodile, Echsen sowie Schildkröten und damit alle vier Hauptgruppen der Reptilien, doch besonders arten- und individuenreich ist die Insekten- und Spinnenfauna. Als buchstäblich herausragende Art seien die Termiten mit ihren bis zu 5 oder 6 m hohen Bauten genannt. Diese Nester können schlanke hochaufragende, aber auch breite hügelige Formen haben und fallen im Landschaftsbild auf, da sie nicht nur vereinzelt, sondern auch in ganzen Scharen stehen können. In ihrer Nachbarschaft verändert sich die Vegetation: Die Strauch- und Baumvegetation kann dichter sein, aber auch die Kraut- und Grasflora kann sich von der weiteren Umgebung unterscheiden, sodass man auch von der Sonderform der Termitensavanne spricht. Wie es sich bei einer offenen Graslandschaft vermuten lässt, finden hier unter den Vögeln vor allem die großen Laufvögel wie Strauß, Nandu oder Emu günstige Bedingungen. Doch zum Sinnbild für die Fauna der Savannen wurden die Herden von Antilopen, Büffeln, Elefanten, Gazellen, Giraffen oder Zebras sowie die in Rudeln lebenden Löwen und die Leoparden.

8.2 · Die Ökozone der Sommerfeuchten Tropen

> **Serengeti darf nicht sterben!**
>
> Die Serengeti, der älteste Nationalpark Tansanias, wurde zum Inbegriff für die Savannen und ihre charakteristische Tier- und Pflanzenwelt (► www.tanzaniaparks.com/de/serengeti.html). Einen beachtlichen Anteil an der Berühmtheit gerade dieser Savannenlandschaft in Deutschland hat der 1959 in den Kinos gezeigte Dokumentarfilm *Serengeti darf nicht sterben* des Tierarztes und Frankfurter Zoodirektors Bernhard Grzimek (1909–1987) und seines bei den Dreharbeiten verunglückten Sohnes Michaels (1934–1959) – als sich noch kaum jemand zu solchen Reisezielen auf den Weg machte oder überhaupt daran dachte.
> Anlass für die filmische Dokumentation sowie die Feldarbeiten für die Dissertation des Sohnes waren die Nutzungskonflikte, die sich seit den 40er-Jahren durch die wachsende Bevölkerungsgruppe der Massai und ihrer Rinderhaltung auf der einen Seite und einer Verkleinerung des Nationalparks Serengeti auf der anderen Seite ergaben. Durch die drohenden Flächenverluste und vor allem das Einzäunen des Nationalparks wären die jahreszeitlich bedingten großen Wanderungen der Tierherden zu den Weidegebieten nach den Regenzeiten unterbrochen und das Fortbestehen der Herden in dieser Größe infrage gestellt worden. „So machen sich während der kleinen Regenzeit im Oktober und November über 1 Mio. Gnus und etwa 200.000 Zebras von den Hügeln im Norden zu den Ebenen im Süden auf, um nach der großen Regenzeit im April, Mai und Juni nach Norden zurückzuziehen", so die Homepage des Nationalparks.
> Die Aktivitäten von Vater und Sohn Grzimek sollten ihren Teil dazu beitragen, dass die Tierwanderungen und der Lebensraum Serengeti-Savanne erhalten blieben. Ihr Film wurde 1960 mit einem Oscar als bester Dokumentarfilm ausgezeichnet. Mit dem Buch *Serengeti darf nicht sterben. 367.000 Tiere suchen einen Staat* (Erstauflage 1959, mittlerweile in rund 20 Sprachen übersetzt), weiteren Büchern über die Tierwelt verschiedener Kontinente, einer regelmäßigen Medienpräsenz durch Fernsehsendungen wie *Ein Platz für Tiere* (ARD 1956–1980) und ein vielseitiges Engagement für bedrohte Tierarten wurde nicht nur die Fauna Afrikas in den Blick einer breiten Öffentlichkeit gerückt.

„Die Sommerfeuchten Tropen sind die am dichtesten besiedelten und agrarisch genutzten Räume der Tropen (abgesehen von SE-Asien, wo auch einige der vormals regenwaldbedeckten Gebiete hohe Bevölkerungsdichten aufweisen)" (Schultz 2002, S. 268). Als Gründe sieht Schultz (a. a. O.) die in der Regel etwas weniger ungünstige Bodenfruchtbarkeit, die Tatsache, dass die winterliche Trockenheit die Brandrodung (*shifting cultivation*) erleichtert und eine geschlossene Grasdecke die Viehhaltung begünstigt. Von der stärkeren Sonneneinstrahlung zum Ende der Regenzeit profitieren einige Pflanzen wie Mais, Zuckerrohr und Baumwolle, für die ein wechselfeuchtes Klima ohnehin günstiger ist als ein immerfeuchtes.

Die traditionelle Landnutzung in den Savannen wird durch die unterschiedliche Bodenfruchtbarkeit in der Feucht- bzw. Trockensavanne bestimmt. Es mag dabei überraschen, dass die Fruchtbarkeit der Trockensavanne größer ist; doch hier liegt ein größerer Nährstoffgehalt im Boden vor, und damit kommt es in der Trockensavanne zur Bildung einer stärkeren Humusschicht. „Die meisten Böden der Feuchtsavannen sind hingegen infolge tiefgründigerer Verwitterung des anstehenden Gesteins, höherer Zersetzungsraten der organischen Abfälle und fortgeschrittener Auslaugung ärmer an Nährstoffen und […] an Humus, und beim Feldbau besteht eine Tendenz zur Einschaltung von Bracheperioden oder sogar zum Wanderfeldbau. Nicht mehr das Wasser-, sondern das knappe Nährstoffangebot ist vorrangig limitierend für die agraren Ertragsleistungen" (Schultz 2002, S. 249 f.).

In Regionen mit langen und ergiebigen Regenzeiten kann ein Regenfeldbau mit diversen Nutzpflanzen, wie z. B. Mais, Hirse, Baumwolle, Erdnuss, Bohnen und Süßkartoffel, betrieben werden; bei entsprechenden Bewässerungsmöglichkeiten wird in Südostasien auch Reis angebaut. Bergländer bieten in der Höhenstufe des Steigungsregens und Nebels gute Voraussetzungen für Tee- und Kaffeekulturen.

Der Ackerbau in den Wechselfeuchten Tropen wird auch heute noch in der traditionellen Form der Landwechselwirtschaft betrieben (a. a. O., S. 269ff). Dadurch werden Flächen benötigt, die ungefähr eineinhalb bis dreimal so groß sind wie diejenigen eines permanenten Selbstversorgerbetriebs (Subsistenzwirtschaft). Beim Wanderfeldbau geben die Bauern nach mehreren Jahren der Nutzung ihre Felder auf und lassen sie als Naturbrache ruhen, oder nutzen sie in der Zwischenzeit wie andere, nicht

Safaris

„Unter Safari wird in touristischen Zusammenhängen sowohl die Jagdreise wie auch der Ausflug zur Beobachtung von Tieren in der Wildnis verstanden. Das Wort *safari* stammt aus der afrikanischen Sprache Kisuaheli, wo es aus dem Arabischen *safer* kommend allgemein für Reise steht. Die engere Bedeutung von Safari als (Jagd-)Reise (Großwildsafari) entwickelte sich aus der Benennung für solche Reisen, bei denen Tiere in Teilen Afrikas und Indien erlegt werden" (Fuchs et al. 2008, S. 607). In der Vergangenheit – heutzutage eher in Ausnahmefällen – handelte es sich bei einer Safari als Großwildjagd um eine Reiseform mit einem hohen Sozialprestige. Nur den exklusiven Kreisen einst der Kolonialherren und anderer wohlhabender Europäer waren derart aufwendige Unternehmungen möglich. Ursprünglich fanden die Jagden zu Fuß statt, und eine vielköpfige Mannschaft als Träger und Servicepersonal hatte für die komfortablen Zeltunterkünfte in den Savannen und die standesgemäße Verpflegung in der Wildnis zu sorgen. Für die Safaritouristen jener Zeit war das Sammeln von Trophäen, wie den Fellen von Raubkatzen oder Stoßzähnen von Elefanten, eine wesentliche „Pflicht" und Beweis für ihre Teilnahme an Großwildjagden. Objekte der Begierde waren vor allem die *big five*: Elefant, Kaffernbüffel, Nashorn, Leopard und Löwe. Diese besonders gefragten Tiere sind heute zu begehrten Foto- oder Filmmotiven geworden; die Großwildjagd wurde weitgehend durch eine „demokratisierte" Fotojagd ersetzt. Der motorisierte Ausflug in die Wildnis zur Beobachtung und zum Fotografieren bzw. Filmen der Tiere gehört häufig zu Pauschalreisen in die Nationalparks und Wildreservate Afrikas. Im östlichen Afrika bilden Kenia, Tansania und Uganda mit ihren jeweiligen Nationalparks die wichtigsten Ziele, im südlichen Afrika zählen Botswana, Namibia und Südafrika zu den bedeutendsten Destinationen. Drei Millionen Safaritouristen werden jährlich in Afrika geschätzt; Asien spielt nach dem Ende der Kolonialzeit und der Vorliebe der Briten für Jagden auf diesem Sektor keine Rolle mehr. Gewandelt hat sich auch die Art der Unterkunft während einer Safari. Den meist komfortabel ausgestatteten Zelten sind – teilweise nicht minder luxuriöse – Lodges in den Reservaten, aber auch schlichtere wie preiswertere Quartiere gefolgt. Die moderne Safari muss nicht mehr nur motorisiert in Jeeps oder anderen Fahrzeugen stattfinden; das Angebot der Fortbewegungsmittel ist größer geworden und umfasst auch Fahrten mit dem Kanu, dem Heißluftballon, Ritte zu Pferd und wieder in historischer Weise als „Walking-Safaris", Erkundungen und Tierbeobachtungen zu Fuß. (▶ www.wildlife-safari-afrika.de/)

---

bebaute Flächen der Savanne als Viehweide. Während der Brachezeit auf den „alten" Äckern müssen neue durch Brandrodung gewonnen werden. Kleine Betriebe, die eine große Vielfalt an Pflanzen für ihre Subsistenzwirtschaft anbauen und Vieh auch als Düngerproduzenten und Zugtiere für den Pflug halten, sind charakteristisch.

Die moderne Dauerfeldbewirtschaftung nimmt weniger auf die natürlichen Ressourcen und Anforderungen lokaler Märkte Rücksicht. Bei Produktionen für den internationalen Handel, wie beispielsweise beim Anbau von Baumwolle, Erdnüssen, Tabak, Sisal oder Kaffee bzw. Tee, werden durch einen entsprechenden Kapitaleinsatz „natürliche" Bedingungen geschaffen, die sich über die Grenzen und die Ausstattung der Naturräume hinwegsetzen. Doch auch eine Viehhaltung im großen Maßstab, sei es als Mast- oder Milchrinderwirtschaft, wird somit möglich und praktiziert.

Zum traditionellen Wirtschaftsleben in den Savannen gehört auch die nomadische oder halbnomadische Viehhaltung als alleinige Wirtschaftsform, d. h. ohne Ackerbau als zweites wirtschaftliches Standbein. Besonders bekannt sind in diesem Zusammenhang die Massai als Rinderhirten in den Savannen Ostafrikas. Der Lebens- und Wirtschaftsraum dieser Nomaden wurde bereits im 19. Jahrhundert durch das Abstecken von Jagdrevieren der Kolonialherren, später durch das Ausweisen von Nationalparks stark eingeengt. Vor allem in Südamerika und im Norden Australiens hat sich – dann schon in die Zone der Trockenen Mittelbreiten hinein reichend – in unbesiedelten Regionen die extensive Weidewirtschaft in Form des Ranchings mit Rindern ausgebreitet. Aber auch einige Arten des jeweils heimischen Wildtierbestands, wie Kängurus in Australien und Strauße in Südafrika sowie weltweit Krokodile, werden in Wildfarmen gezielt als Fleisch- und/oder Hautlieferanten gezüchtet und gehalten. Versuche, andere Tiere in dieser Form zu nutzen, etwa Elenantilopen im südlichen Afrika, gibt es ebenso.

8.3 Höhenstufen in tropischen Gebirgen

Tropische Hochgebirge bringen ihre eigenen Vegetations-Höhenstufen hervor, die sich deutlich von denjenigen beispielsweise der Alpen unterscheiden. Sind sie den Steigungsregen ausgesetzt, nehmen die Niederschlagsmengen an ihren Luvseiten deutlich zu und schaffen damit die entscheidende Voraussetzung für Nebelwälder. Durch die permanent hohe Luftfeuchtigkeit entwickeln sich besonders artenreiche Pflanzengesellschaften mit einem auffallend hohen Anteil an Epiphyten. Aber auch von den Ästen herunterhängende „Vorhänge" von Moosen sind eine typische Erscheinung an Gebirgshängen, die nahezu ständig in Wolken gehüllt sind. Diese montanen Nebel- bzw. Wolkenwalder sind ungefähr in Höhen zwischen 1000 und 2500 m NN, aber auch noch darüber hinausreichend, anzutreffen. Die Höhe der Baumschicht, wie sie noch charakteristisch für den immergrünen tropischen Regenwald der Tiefländer ist, nimmt mit zunehmend höheren Standorten ab. Farne, aber auch Palmen und Bambus, zählen zu den typischen Pflanzen der feuchtesten Höhenstufe.

Oberhalb der Wolkenstufe nehmen die Niederschläge deutlich ab, und die Vegetation wandelt sich. Das Laub der Bäume wird kleiner und besitzt diverse Einrichtungen, um das gespeicherte Wasser zu halten. wie z. B. verdickte Blatthäute oder Haarschichten, die die Transpiration durch den Wind verhindern. In den tropischen Anden Kolumbiens beispielsweise entspricht dies dem Gebirgslorbeerwald, der sich in Höhen von 3000–3300 m NN an den Bergregenwald anschließt und bis auf ca. 4000 m NN reicht. In diesen Regionen befindet sich in den feuchten Tropen auch die obere Baumgrenze, die in den trockenen Subtropen jedoch mit bis zu 4500 m NN ihre größten Höhen erreicht.

Die auf den Gebirgslorbeerwald folgende Stufe nimmt das Höhengrasland der Páramos ein – nicht nur in den Anden, auch in Ostafrika und auf Neuguinea wird diese Vegetationsstufe mit dem spanischen Begriff bezeichnet. „Die alpine Stufe der feuchten Tropen wird als Páramo bezeichnet. Die floristische Zusammensetzung der Páramos in Afrika, Südamerika und Indonesien ist sehr unterschiedlich. Dennoch sind alle geprägt durch eng am Boden wachsende Pflanzen, vor allem aber durch das Vorkommen hochwüchsiger Pflanzenarten, den sogenannten Schopfpflanzen und Wollkerzen" (Goudie 2008, S. 263). Die am höchsten vorkommende Blütenpflanze der Welt (*Saussurea gnaphalodes*), ein Korbblütler aus der Gattung der Alpenscharten, stammt aus den Frostschuttfluren der Nordflanke des Mt. Everest in einer Höhe von 6400 m NN. Der Gattungsname *Saussurea* setzt dem Schweizer Naturforscher, Erstbesteiger des Mont Blanc und damit Begründer des Alpinismus, Horace-Bénédict de Saussure (1740–1799) ein kleines Denkmal auch in der Botanik.

8.4 Kilimanjaro

Der höchste Berg Afrikas im Nordosten Tansanias ist ein Vulkanpaar mit zwei recht unterschiedlichen Gipfeln: Der höhere Hauptgipfel (5895 m), der Kibo, besitzt noch seinen vollständigen Kraterring von 2,4 × 1,9 km Durchmesser, in dem sich zwei weitere tiefere Krater befinden. Im firnbedeckten Grund zeugen noch Gasausscheidungen von einem jungen Vulkanismus. Der Kibo entstand vor ca. 1 Mio. Jahren, und seine letzten Eruptionen fanden vor etwa 10.000 Jahren statt (vgl. Klötzli 2004, S. 380). Der niedrigere Gipfel, der 5150 m hohe Mawenzi, besteht nur noch aus einem stark verwitterten Lavapfropfen des Hauptgangs.

„Tief eingeschnittene Schluchten (*Korongos*) durchziehen die nicht sehr steilen Hänge unterhalb etwa 4100 m, wo die meisten Bäche entspringen (,Quellniveau'). Zwischen diesen beiden Hauptgipfeln zieht sich das Halbwüstenplateau des Sattels hin, das nur noch von wenigen Pflanzenarten bewachsen wird (4200 bis 4400 m). Dieses Plateau bildet eine flache Senke von 10 km Länge auf 2 bis 3 km Breite, wo der Kibo dann steil ansteigt" (a. a. O., S. 380 f.).

Auf den Hängen des Kilimanjaros lassen sich bis hinunter auf eine Höhe von 3600 m Spuren einer ehemaligen Eisbedeckung finden. „1898 reichten die Gletscher auf der SW-Seite, der Seite der größten Vergletscherung, noch bis in 4000 m (im NO bis 5700 m), während sie 1930 schon auf 4500 m zurück gewichen waren. Der Unterschied in der Vergletscherung zwischen SW- und NO-Seite ist dem verschiedenen Feuchtigkeitsgrad der Winde und

Landschaftswahrnehmung anno 1815/1842 – der Ausbruch des Vulkans Tambora auf der Insel Sumbawa

„1815, den 5. April, nahm die furchtbare Eruption ihren Anfang. Sie offenbarte sich durch Explosionen, welche alle Viertelstunden gehört wurden, und erreichte am 10. April ihre größte Tätigkeit. Enorme Rauchsäulen stiegen aus dem Krater, der ganze Berg wurde mit glühender Lava übergossen, hüllte sich jedoch bald wieder in die Finsternis der Rauch- und Aschewolken, die sich weit ausbreiteten, so daß ein vorübersegelndes Schiff nur den Fuß des Vulkans erleuchtet und glühend sah. Die Detonationen waren so heftig, daß auf Sumbawa selbst die Häuser sprangen; daß zu Makasar, in 210 Minuten (eine geographische Minute = 5710 Fuß, 60 auf einen Grad) Luftlinie, der englische Kreuzer Benares zum Rekognisziren mit Truppen ausgesandt wurde, weil man die Schläge für schweres Kanonenfeuer hielt, daß sie selbst zu Jogjakerta (auf Java, Mitte) 450 Minuten entfernt, für nahen Kanonendonner gehalten wurde, so daß auch dort die Garnison ausrückte, um dem vermeintlichen Feind zu begegnen. Kurz: der Detonationskreis um den Tambora umfaßte in eliptischer Form ganz Java, Celebes, Ternate, alle ostjavanischen und molukkischen Inseln bis nach Neuguinea hin, den größten Teil von Sumatra und den Nordwesten von Australien […]. Das ist soweit, wie von Suez in Ägypten bis Petersburg oder vom Vesuv zum Nordkap. Die Erderschütterungen wurden gleichzeitig in diesem Raum gespürt.

Die Detonationen und die Erdbeben dauerten tagelang an. Sie erschütterten den ganzen Archipel am 12. und an anderen Tagen von früh bis spät. Auch das Meer wurde bewegt. In der Bucht von Bima (im Nordostteil der Insel Sumbawa) erhob sich am 10. April vormittags bei völliger Windstille das Meer zu einer ungeheuren Woge, die höher stieg als die höchsten Springfluten. Die Flut dauerte nur drei Minuten. Sie spülte aber Häuser und Bäume weg, warf große Seefahrzeuge weit auf das Land, darunter auch ein vor Jahren versunkenes Schiff des Königs. Ihre Ausläufer reichten bis Bulokombo auf Celebes und bis zur Ostküste von Java, wo das Wasser der großen Flüsse stieg.

Auch das Gleichgewicht des Luftozeans wurde durch die übermäßige Erhitzung großer Lufträume gestört. An dem Unglückstag (10. April), an dem die unterirdischen Explosionen ihr Maximum erreicht zu haben schienen, erhob sich vormittags um 9 Uhr im westlichen Teil des Reiches Sangar, das an Temboro grenzt, ein Wirbelwind, der ganze Dörfer und Wälder umblies, der auch die stärksten Bäume entwurzelte, und Bäume, Häuser, Menschen, Vieh, kurz alles, was er antraf, mit emporhob und wie Strohhalme in der Luft umdrehte" (Junghuhn 1852–1854). (Im Original: Junghuhn F W (1852–1854) Java, seine Gestalt, Pflanzendecke und innere Gestalt. 3 Bände. Leipzig)

---

der sich daraus ergebenden unterschiedlichen Niederschlagsmenge zuzuschreiben" (a.a.O., S. 381).

Den Stand der Gletscher zum Ende des 19. Jahrhunderts überlieferten die ersten Bergsteiger, die sich auf den Weg zum Kibo machten. 1889 wurde dieser im dritten Anlauf nach zwei gescheiterten Versuchen in den Vorjahren von dem Leipziger Bergsteiger, Geographen und Forscher Hans Meyer, dem österreichischen Alpinisten Ludwig Purtscheller und dem einheimischen Bergführer Yohani Kinyala Lauwo bestiegen. Auf dem ca. 10 km entfernten Nebengipfel des Mawenzi stand 1912 als Erster der deutsche Geograph und Gletscherforscher Fritz Klute. Zu Zeiten seiner Erstbesteigungen konnte man den Kilimanjaro sogar als höchsten Berg Deutschlands bezeichnen! Von 1885 bis 1918 gehörte das Vulkanmassiv zur Kolonie Deutsch-Ostafrika, und der Kibo wurde „Kaiser-Wilhelm-Spitze" genannt.

Die Höhenstufen der Vegetation am Kilimanjaro beginnen mit der Dornsavanne, dem Trockenwald und dem Dambo-Grasland unterhalb von 1500 m, das von Weide- und Subsistenzwirtschaft genutzt wird. Darauf folgt bis in eine Höhe von 2500 m der Übergang vom Trocken- zum Gebirgs-Lorbeerwald. In dieser Zone bestimmen Plantagen für Kaffee, Bananen, Sisal und Tee das Bild. Oberhalb von 2500–2700 m beginnt der Gebirgs-Ericawald, der mit zunehmender Höhe von heideartigen Flächen und Mooren abgelöst wird. Zwischen 4000 und 4800 m NN dehnt sich die afro-alpine Gebirgssteppe aus, darüber ist die Vegetation nur noch mit Polsterfluren im Gesteinsschutt zu finden.

Seit 1987 gehört das Kilimanjaro-Massiv als Nationalpark zum Weltnaturerbe (▶ http://whc.unesco.org/en/list/403). Die ersten Schutzmaßnahmen gab es zu Beginn des 20. Jahrhunderts, als die deutsche Kolonialverwaltung ein Wildreservat errichtete.

Rund 75.000 Personen versuchen jährlich, den Kilimanjaro zu besteigen. Den meisten dürfte es gelingen, bis zum Gipfel bzw. zum Kraterrand zu kom-

8.5 · Abstecher in die tropischen Kulturlandschaften Südostasiens

Abb. 8.5 Zu den charakteristischen Landschaftsbildern Asiens gehören wie keine andere die Reisterrassen. Diese höchst arbeitsintensive Form der Landwirtschaft verwandelt Bergländer in klein gegliederte Terrassenlandschaften (bvh2228/Fotolia.com)

men, denn der Berg stellt alpinistisch keine Schwierigkeit dar. Der Kibo gilt als der höchste Gipfel der Welt, den ein „normaler" Tourist erreichen kann, wenn er entsprechend akklimatisiert ist. Fünf Tage werden für den Auf- und Abstieg normalerweise benötigt. Besteigungen müssen bei der Verwaltung des Nationalparks angemeldet, Termine gebucht werden.

8.5 Abstecher in die tropischen Kulturlandschaften Südostasiens

Für das endlos breite Spektrum der Kulturlandschaften in diesen Klimabereich soll Südostasien exemplarisch mit einigen wenigen Facetten dargestellt werden, die auch Ziele des internationalen Tourismus sind – als traditionelle Kulturlandschaft diejenige von Bali, Zeugnisse des historischen Städtebaus in Thailand und als weit verbreitete Elemente charakteristische Architekturformen des asiatischen Kultbaus, die nicht nur Reiseziele sind, sondern auch noch einen festen Platz im Alltagsleben der Einheimischen haben.

Bali – eine tropische Kulturlandschaft als Weltkulturerbe

Eine seit mehr als tausend Jahren erhaltene und unverändert funktionierende Form der Landwirtschaft ist auf Bali mit dem aus dem 9. Jahrhundert stammenden Subak-System verbunden. Die Anlage von Reisterrassen und Tempeln basiert auf einer Philosophie, die vor 2000 Jahren im kulturellen Austausch zwischen Bali und Indien entstand – und seit mehr als einem Jahrtausend das Bild der balinesischen Kulturlandschaft prägt. Das Subak-System funktioniert von Beginn an auf demokratischer Basis und schafft es auch heute noch, eine große Bevölkerung mit dem Hauptnahrungsmittel Reis, offiziell ohne den Einsatz von Dünger und Pestiziden, zu versorgen (Abb. 8.5).

„Subak" – balinesisch für „Bewässerungsgemeinschaft" – lässt sich als eine Kooperative bezeichnen, die Personen umfasst, die gemeinsam das Bewässerungssystem der Reisterrassen nutzen, instandhalten und ausbauen. Diese profanen landwirtschaftlichen Tätigkeiten basieren nicht nur auf den natürlichen Gegebenheiten, vor allem den fruchtbaren vulkanischen Böden und dem tropischen Klima, sondern auch auf der Philosophie „Tri Hita Karana", Sanskrit für „drei Ursachen des Glücks". Voraussetzung für dieses Glück sind die Harmonie zwischen Mensch und Gott, zwischen den Menschen untereinander sowie diejenige zwischen Mensch und Natur (▶ www.balistarisland.com/Bali-Information/Balinese-Concept.htm). Auf Bali gibt es insgesamt derzeit noch rund 1200 dieser Kooperativen, die aus jeweils 50 bis 400 Bauern bestehen.

Tempel wurden an den Quellen errichtet, die schließlich die physischen Grundlagen darstellen, andererseits auch die metaphysische Ebene – das Wohlwollen der Götter – einbeziehen. Im Laufe der Jahrhunderte wurde das Wasserreservoir für die Terrassenanlagen erweitert, indem auch Flüsse angezapft wurden und ihr Wasser durch Kanäle, Tunnel und Aquädukte durch die Hänge auf die Nassreisfelder geleitet wird. Eine Fläche von 19.500 ha dieser Reisterrassen des Subak-Systems gehören seit 2012 zum Weltkulturerbe der UNESCO (▶ http://whc.unesco.org/en/list/1194), nicht nur wegen der historischen Kulturlandschaft, sondern auch wegen der immer noch funktionierenden sozialen Strukturen, die das Subak-System beinhaltet.

Stupas, Tempel und Pagoden – traditionelle Bauformen Asiens

Als „Keimzelle" der buddhistischen Architektur Asiens gilt der indische Stupa. Solche Steinbauten in der charakteristischen Form einer Halbkugel entstanden bereits vor Beginn unserer Zeitrechnung, daraus entwickelte sich in Südostasien die Variante eines glockenförmigen Kultbaus. Der Stupa war ursprünglich ein geweihter Grabhügel und wurde zum Aufbewahrungsort für Reliquien. In Sri Lanka bezeichnet man den Stupa als „Dagoba", in Nepal, Tibet und Bhutan heißt er „Tschorte" oder „Chörten". Eines der bekanntesten Beispiele und Ziel von Pilgern wie Touristen aus aller Welt ist der Swayambunath im Kathmandubecken, dessen Anfänge im 5. Jahrhundert v. Chr. vermutet werden. 2006 wurde der Stupa gemeinsam mit anderen buddhistischen und hinduistischen Kultorten des Kathmandutals in die Liste des UNESCO-Weltkulturerbes aufgenommen.

Die halbrunde Form des Stupas symbolisiert das Universum und seine vertikale Achse die Achse der Welt. Diese Achse wird architektonisch auf dem Scheitelpunkt des Halbkreises durch einen schirmartigen Kuppelaufbau, den Chattra, betont. Aus dieser übereinander geschichteten Folge von „Schirmen" wurde schließlich die Pagode. Der Stupa steht auf einem terrassenartigen Unterbau und wird umgeben von einem Ringpfad – zur Umrundung des Heiligtums durch die Pilger, an dem sich auch eine Folge von Gebetsmühlen befinden kann.

Zu den bedeutendsten Stupas Südostasiens gehört die Anlage des Borobudur auf Java (1991 zum Weltkulturerbe der UNESCO erklärt, ▶ http://whc.unesco.org/en/list/592). Zwischen den Jahren 760 und 847 n. Chr. war das 110×110 m große Bauwerk geschaffen worden, das sich aus fünf quadratischen Terrassen und darüber drei abgestuften runden Plattformen zusammensetzt, auf denen sich 72 kleinere Stupas befinden. Jeder der kleinen Stupas mit seinem durchbrochenen, gitterartigen Mauerwerk birgt eine Buddha-Statue. Ein großer Haupt-Stupa bekrönt den künstlichen Hügel mit seiner Höhe von 45 m. Die Anlage von Borobudur war über Jahrhunderte hinweg in Vergessenheit geraten; die Vegetation hatte sie überwuchert und einen „natürlichen" Hügel geschaffen. Erst im 19. Jahrhundert erinnerte man sich an den darin steckenden Stupa und begann, ihn schrittweise wieder freizulegen. Erdbeben sowie Ausbrüche und Ascheablagerungen des Vulkans Meru schadeten Borobudur immer wieder – vorläufig zuletzt im Jahr 2010.

Aus dem Chattra entwickelte sich die Bauform der Pagode, wie es an der Folge der übereinander angelegten Dächer unschwer zu erkennen ist. Üblicherweise schwingen die Dächer bei jedem Geschoss auch weit über das Mauerwerk hinaus, sodass der Schirmcharakter unverändert existiert. Die Geschosse und damit auch die Dächer können sich nach oben verkleinern und damit eine lange Spitze darstellen oder aber dieselben Ausmaße in jedem Geschoss haben, sodass ein eher turmartiges Gebäude entsteht. Eine Pagode kann wie ein Stupa ein für sich allein stehendes, umschreibbares Heiligtum sein oder mit anderen Gebäuden zusammen eine Tempelanlage bilden.

Historischer Städtebau als Weltkulturerbe in Thailand

Zwei historische Königsstädte, Sukhothai (▶ http://whc.unesco.org/en/list/574/) und Ayutthaya (▶ http://whc.unesco.org/en/list/576), stehen nicht nur für die ersten beiden Königreiche auf thailändischem Boden und damit mehr für als 400 Jahre Geschichte, Architektur und Städtebau, sondern die Blütezeiten der beiden Städte sind auch als Stilepochen in die Kunstgeschichte eingegangen. In Sukothai soll König Ramkhamhaeng der Große zum Ende des 13. Jahrhunderts auch die thailändische Schrift erfunden haben. Beide Königsstädte wurden 1991 zum Weltkulturerbe der UNESCO erklärt.

Der Name Sukothai steht für das 1238 gegründete älteste Königreich mit der gleichnamigen Hauptstadt sowie einer modernen Stadt in der Nähe der historischen Ruinenstadt. Rund 450 km nördlich von Bangkok sind damit im Sukhothai Historical Park auch die ältesten Zeugnisse des Städtebaus zu finden. Heute noch existiert ein großer Teil der historischen Befestigungsanlagen aus Erdwällen und Wassergräben der alten Königsstadt, die eine Fläche von 1840×1360 m einnahm. Drei der vier Stadttore, die in jeder Himmelsrichtung angelegt waren, wurden jeweils durch eine Festung geschützt. Im Mittelpunkt der Stadt befindet sich nicht der Königspalast, sondern mit dem Wat (Kloster) Mahathat das wichtigste Heiligtum. Die Anordnung der Bauten, darunter auch fast 200 Chedi (thailändische Bezeichnung für Stupa), zeigt eine streng rechtwinklige Ausrichtung. Weniger konsequent, aber trotzdem gut als solches zu erkennen, ist auch das Straßennetz der ältesten Hauptstadt im Land daran orientiert. Als Baumaterial für die Tempel, Stupas und Säulen dient der Backstein, der verputzt und teilweise auch farbig gefasst wurde. Von den Palästen und anderen Häusern der Königsstadt existieren höchstens noch die Fundamente, denn sie wurden aus Holz gebaut. Nach dem Untergang der Stadt – 1438 wurde Sukothai vom Königreich Ayutthaya eingenommen – sollte Urwald die Ruinen überwuchern, die dann erst wieder im 19. Jahrhundert „neuentdeckt" und in der Mitte des 20. Jahrhunderts freigelegt wurden.

Die Natur lieferte der nachfolgenden Hauptstadt Ayutthaya (Phra Nakhon Si Ayutthaya) die Sicherung der Stadt. Die drei Flüsse Chao Phraya (Menam), Pa Sak und Lop Buri nahmen König Ramathibodi I. für seine Stadtgründung im Jahr 1350 den Aufwand einer Stadtbefestigung ab. Den Standort wählte der König nicht nur strategisch, sondern auch wirtschaftlich klug. War seine Stadt doch – heute ca. 80 km nordwestlich von Bangkok – damals weniger als 100 km Wasserweg vom Golf von Thailand entfernt und noch durch Hochseeschiffe erreichbar. Auf halber Strecke zwischen Indien und China gelegen sollte sich Ayutthaya zu einem international bedeutenden Handels- und Wirtschaftsstandort vor allem im 18. Jahrhundert entwickeln, man pflegte Verbindungen zum Hof Ludwigs XIV. wie zu den Kaiserhöfen Chinas und Japans. In jener Zeit kamen auch Einflüsse der Architektur und Kunst aus fernen Regionen nach Ayutthaya, die mit einer Fläche von 5×3 km zu den größten Städten der Welt gehörte. Entlang des Menam gab es auf beiden Ufern Niederlassungen europäischer und asiatischer Kaufleute.

Der Stadtgrundriss, wie er heute im Historischen Park erhalten ist, zeigt deutlich, dass die Hauptstadt des Königreichs auf dem Reißbrett entworfen wurde. Wie mit dem Lineal gezogen gliedern die rechtwinklig sich kreuzenden Straßen und Kanäle als Wasserstraßen die Stadtfläche des „Venedig des Ostens". Die wichtigsten Gebäude, wie der Königspalast und die bedeutendsten Tempel, z. B. der Wat Phra Si Panphet als königliche „Kapelle", wurden städtebaulich nicht herausgehoben. Einige der Chedi, Stupas, bergen Reliquien der Könige; 33 Herrscher verzeichnete die Geschichte des Königreiches, bis es 1767 von burmesischen Truppen besetzt und zerstört wurde. Die nächste Hauptstadt auf thailändischem Boden sollte sich dann aus einem Fischerdorf nahe der Mündung des Chao Phraya entwickeln: Bangkok.

Literatur

Bischoff C (2007) Kreuzfahrt- und Ökotourismus in der Karibik: Fallbeispiel Dominica. In: Becker C, Hopfinger H, Steinecke A (Hrsg) Geographie der Freizeit und des Tourismus. Bilanz und Ausblick. 3. Aufl., Oldenbourg, München, Wien, S 716–729

Bremer H (1999) Die Tropen. Geographische Synthese einer fremden Welt im Umbruch. Gebrüder Borntraeger Berlin, Stuttgart

Dittmar J (1989) Thailand und Burma. Tempelanlagen und Königsstädte zwischen Mekong und Indischem Ozean. DuMont, Köln

Fuchs W, Mundt JW, Zollondz H-D (Hrsg) (2008) Lexikon Tourismus. Destinationen, Gastronomie, Hotellerie, Reiseveranstalter, Verkehrsträger. Oldenbourg, München

Hornetz B, Jätzold R (2009) Savannen-, Steppen- und Wüstenzonen. Natur und Mensch in Trockenregionen. Westermann, Braunschweig

Klötzli F (2004) Kilimanjaro – Berg der Pracht, Berg der Götter. In: Burga C, Klötzli F, Grabherr G (Hrsg) Gebirge der Erde. Landschaft, Klima, Pflanzenwelt. Ulmer, Stuttgart, S 380–390

Kohlhepp G (1998) Regenwaldzerstörung im Amazonasgebiet Brasiliens. Entwicklungen – Probleme – Lösungsansätze. geographie heute 162:38–39 (www.friedrich-verlag.de/pdf_preview/d56162_3842.pdf)

Junghuhn FW (1977) Der Ausbruch des Vulkans Tambora auf der Insel Sumbawa. In: Narciß GA (Hrsg) Von Hinterindien bis Surabaja. Forscher & Abenteurer in Südostasien. Erdmann, Tübingen, S 84–88

Libutzki O (2007) Strukturen und Probleme des Tourismus in Thailand. In: Becker C, Hopfinger H, Steinecke A (Hrsg) Geographie der Freizeit und des Tourismus. Bilanz und Ausblick. 3. Aufl., Oldenbourg, München, Wien, S 679–690

Scholz U (2011) Strukturen und Probleme der ländlichen Räume in den Tropen. In: Gebhardt H, Glaser R, Radtke U, Reuber P (Hrsg) Geographie. Physische Geographie und Humangeographie. Spektrum, Heidelberg, S 837–855

Strauß H (1971) Südostasiatische Baukunst: Java, Bali, Hinterindien und Birma. In: Pevsner N, Fleming J, Honour H (Hrsg) Lexikon der Weltarchitektur. Prestel, München, S 614–620

Suamba K, Mustadjab M, Koestiono D, Windia W (2013) The Advantage of Agrobusiness for Farmers on the Subak System of Bali. Journal of Basic and AppliedScientific Research, Kairo 3(3):237–245

Volwahsen A (1971) Indien, Ceylon, Pakistan. In: Pevsner N, Fleming J, Honour H (Hrsg) Lexikon der Weltarchitektur. Prestel, München, S 289–294

Walter H (1999) Vegetation und Klimazonen. Grundriß der globalen Ökologie. Ulmer, UTB, Stuttgart

https://7greens.tourismthailand.org/en/download/05.pdf
http://lv-twk.oekosys.tu-berlin.de/project/lv-twk/18-tropsum5-twk.htm#go2
http://whc.unesco.org/en/list/403 (Kilimanjaro)
http://whc.unesco.org/en/list/574/ (Sukothai)
http://whc.unesco.org/en/list/576 (Ayutthaya)
http://whc.unesco.org/en/list/592 (Borobudur)
http://whc.unesco.org/en/list/1194 (Bali, Subak-System)
www.avirtualdominica.com/worldheritagesite.cfm
www.diercke.de/kartenansicht.xtp?artId=978-3-14-100700-8&kartennr=4&seite=219 (Amazonien – Eingriff in den tropischen Regenwald)
www.discoverdominica.com
www.discoverdominica.com/index.php/downloads/view-download/3-tourism/2-tourism-master-plan-2013
www.karst.edu.cn/guidebook/guilin/
www.nps.gov/ever/index.htm
www.tanzaniaparks.com/de/serengeti.html
www.balistarisland.com/Bali-Information/Balinese-Concept.htm
www.wildlife-safari-afrika.de/safari-afrika.php

Tropisch/subtropische Trockengebiete

Gabriele M. Knoll

9.1 Extensive Weidewirtschaft – 148

9.2 Tourismus am Rande der Wüste – 150

9.3 Wintersport im Wüstenklima – 151

9.4 Moderne Oasenwirtschaft in der Sahara – 152

9.5 Die Wüste dehnt sich aus durch die Aktivitäten des Menschen – 154

9.6 Wüstentourismus – Wer profitiert? Beispiele aus Südmarokko – 156

Literatur – 157

An die Zonen der Dornsavanne und Trockensavanne der Sommerfeuchten Tropen schließt sich polwärts diejenige der tropisch/subtropischen Trockengebiete an. Aus Steppen werden Halbwüsten und schließlich die Wüsten – als größte fallen hierunter die Sahara, die Wüsten der Arabischen Halbinsel sowie diejenigen im Inneren des australischen Kontinents. „Kleinere" Wüsten sind im Süden Afrikas die Kalahari und Namib, im Westen Südamerikas als bekannteste die Atacama und im Westen der USA die Mojave-Wüste mit dem Tal des Todes (Death Valley). Die tropisch/subtropischen Trockengebiete machen gut ein Fünftel der Festlandsfläche der Erde bzw. rund 31 Mio. km² aus. Für ihre Verteilung ist die planetarische Luftzirkulation verantwortlich, und es ist kein Widerspruch, dass sich Wüsten, wie beispielsweise die Atacama oder Namib, direkt an die Ozeane als Küstenwüsten anschließen können. Kalte Meeresströmungen sind schuld an dieser Situation. Wenn auch das Bild von endlosen Dünen bis zum Horizont zur Vorstellung von Wüste gehört, so kann diese weitaus mehr Landschaftstypen umfassen. In den folgenden Ausführungen soll wegen der touristischen Relevanz der Wüste diese als Schwerpunkt behandelt werden. Dornsavannen wurden beispielsweise als Destinationen noch nicht entdeckt und ansatzweise erschlossen, während die Trockensavannen mit ihrer Tierwelt schon wieder touristische Ziele sein können.

Das Klima der Wüstenzonen wird von Extremen bestimmt – zum einen durch die Temperaturen, vor allem die Temperaturschwankungen, wie sie keine andere Klimazone hervorbringt, zum anderen durch die Unregelmäßigkeit, mit der die wenigen Niederschläge fallen. Ganze Jahre ohne einen Tropfen Regen verbergen sich in den statistischen Angaben von Jahresniederschlägen. Zu den geringen Mengen kommt eine hohe potenzielle Verdunstung durch die intensive Sonnenstrahlung von einem wolkenlosen Himmel und den Winden hinzu, sodass selbst gemessene 100–120 mm Niederschlag keine länger dauernde Auswirkung auf die Vegetation haben müssen.

Bei den Temperaturverhältnissen lassen sich auch noch große Unterschiede zwischen Wüsten, die an Ozeane angrenzen, und Binnenwüsten beobachten. Die kalten Meeresströmungen mildern die Temperaturschwankungen in den Küstenwüsten für den einzelnen Tag wie das gesamte Jahr. Eine Jahresschwankung von gerade einmal 5° C wurde in Callao in der peruanischen Wüste gemessen; die Tagesschwankung von 11° C liegt auch noch bei einem deutlich geringeren Wert (etwa der Hälfte), als er in der Sahara betragen würde. „Im Gegensatz dazu gibt es in den Binnenwüsten hohe Extremwerte der Temperatur mit Maximalwerten von über 50° C im Schatten. […] Tagesschwankungen von 17 bis 22° C sind die Regel. In den Wintermonaten kommt es in hochgelegenen Binnenwüsten häufig zu Frost" (Goudie 2008, S. 186). Weit größere Temperaturschwankungen können an der Bodenoberfläche auftreten – Unterschiede bis zu 82° C wurden schon gemessen. Die Auswirkungen auf die Gesteinsverwitterung, aber auch die Herausforderungen für Flora und Fauna, sind enorm.

Zu den Wüsten mit den geringsten Niederschlagsmengen gehören diejenigen an den Küsten. Swakopmund in Namibia bringt es beispielsweise nur auf 15 mm im Jahr, während Callao in Peru das Doppelte – und trotzdem nur bescheidene 30 mm – verbuchen kann. Der wesentliche Grund für das Entstehen von Wüsten ist ihre geographische Lage; sie befinden sich in Regionen mit absinkenden Luftmassen, die so stabil sind, dass niederschlagsbringende Störungen und Luftströmungen, sei es aus den feuchten Tropen oder den Tiefdruckgebieten der mittleren Breiten, hier kaum zum Zuge kommen können. Lokale Faktoren verstärken diese Auswirkungen noch, so die Kontinentalität, d. h. die Entfernung zum Meer, wie es die Beispiele der Wüsten Innerasiens zeigen. Die Leelage an Hochgebirgen kann die Trockenheit verstärken, so z. B. in Patagonien im Regenschatten der Anden.

Das Phänomen der Küstenwüsten ergibt sich durch kalte, küstennahe Meeresströmungen. Die Luftmassen über diesen kalten Strömungen sind ebenfalls stabil und zeichnen sich auch nur durch eine relativ geringe Feuchtekapazität aus. „Mit anderen Worten: Sie verstärken die in Wüstengebieten durch vorherrschend absinkende Luftmassen bereits vorhandene Stabilität noch zusätzlich" (Goudie 2008, S. 185). Selbst Nebel, wie er an ca. 200 Tagen im Jahr charakteristisch für die Namib ist und sie zu einer Nebelwüste macht, ändert nichts wesentlich an den Niederschlagsmengen und den

Kapitel 9 · Tropisch/subtropische Trockengebiete

Steckbrief tropisch/subtropische Trockengebiete

Verbreitung Diese Trockengebiete umfassen neben den Wüsten und Halbwüsten auch semiaride Übergangsräume zu den feuchteren Nachbarzonen wie die Dornsteppen und Dornsavannen. Die größte – kaum unterbrochene – Verbreitung ist in einer Zone von der südlichen Atlantikküste Marokkos über Westsahara und Mauretanien sowie den gesamten afrikanischen Kontinent nach Osten und die Arabische Halbinsel zu finden. Das Innere Australiens und die Küsten Südwestafrikas sowie ihr Hinterland, die Westküste Südamerikas und in Nordamerika ebenso Teile der Westküste werden von Wüsten, Halbwüsten und Dornsavannen geprägt.
Klima Extrem heiße Sommer und milde Winter charakterisieren die tropisch/subtropischen Trockengebiete. Von größerer Auswirkung sind jedoch die geringen Niederschläge, die noch eine feinere Differenzierung in einzelne Zonen/Vegetationszonen erlauben. Die Niederschlagsmengen reduzieren sich von ca. 500 mm jährlich in den Trockensavannen über rund 250 mm in den Dornsavannen bis auf 125 mm in den Wüsten. In diesen Mengenangaben steckt eine hohe Variabilität – Jahre völlig ohne Niederschläge sind dabei inbegriffen; große Schwankungen können ebenso den Gang der Temperatur im Laufe eines Tages kennzeichnen. In den Wüsten fallen die wenigen Niederschläge in der Regel als starke Schauer oder Wolkenbrüche.
Vegetation Die Pflanzenwelt muss sich in den Wüsten und Halbwüsten an einen langanhaltenden Dürrestress anpassen. Außerhalb der Oasen kann sie nur in Gebieten existieren, in denen episodisch größere Wassermengen ansammeln können, wie entlang der Wadis oder am Fuß von Bergen. Zahlreiche Pflanzenarten dieser Klimazone besitzen die Fähigkeit, Wasser zu speichern, beispielsweise Kakteen, Euphorbien, Aloen, Agaven und Flaschenbäume. Im Bereich der Dorn- und Trockensavannen wird die Vegetationsdecke dichter, sie können als Grasländer auch mit Strauch- und Baumbewuchs entwickelt sein. Die Holzpflanzen erreichen nur geringe Höhen und haben häufig feingefiederte Blätter und Dornen, wie z. B. die Akazien.
Tierwelt Auch für die Fauna ist Anpassung an extreme Trockenheit und Hitze Voraussetzung für das Überleben. Die Drosselung ihrer Wasserabgabe und Regulierung ihrer Körpertemperatur sind dabei entscheidende Fähigkeiten. Nagetiere und Reptilien gehören zu den noch am häufigsten vorkommenden Tieren der Wüsten.
Wirtschaft Die extrem dünn besiedelten oder unbewohnten Gebiete erlauben als traditionelle Wirtschaftsformen die extensive nomadische Weidewirtschaft, eine intensive Landwirtschaft durch Bewässerungssysteme in den Oasen und den Fernhandel durch Karawanen. Modernes Wirtschaftsleben hat durch den Abbau von Rohstoffen (Erdöl, Erdgas, Bodenschätzen) und großflächige Bewässerungskulturen sowie den Anbau von *cash crops* wie Baumwolle Einzug gehalten. Zu den neuesten Aktivitäten – in der Testphase – gehört die Gewinnung der Sonnenenergie.
Tourismus Das Abenteuer eines Aufenthalts in der Wüste unter den gegebenen natürlichen Bedingungen, wie es noch Durchquerungen mit Expeditionscharakter bedeuteten, ist heutzutage Touren mit GPS-gesteuerten Geländefahrzeugen – individuell oder als Pauschalprogramm – gewichen. Oasen am Rand der Wüste werden nicht mehr nur als Ausflugsziele eines Bustourismus genutzt, sondern sind durch Ausbau der touristischen Infrastruktur (Swimmingpools, Golfplätze etc.) Orte für einen längeren Aufenthalt geworden. Die Avantgarde der touristischen Möglichkeiten im Wüstensand lässt sich in den Vereinigten Arabischen Emiraten beobachten
(vgl. Schultz 2010, S. 84–94, 2002, S. 218–247).

Bedingungen für Flora und Fauna. Diese besonderen klimatischen Verhältnisse und die dazu gehörende Dünenlandschaft wurden 2013 in die Liste des Weltnaturerbes der UNESCO aufgenommen: *The property is the world's only coastal desert that includes extensive dune fields influenced by fog. This alone makes it exceptional at a global scale* (▶ http://whc.unesco.org/en/list/1430). Unter diesen Bedingungen hat sich eine Pflanzen- und Tierwelt mit einer Reihe von endemischen, d. h. nur hier im Südwesten Afrikas oder auch nur in dieser Wüste vorkommenden, Arten – entwickelt (▶ www.nacoma.org.na/Our_Coast/FaunaFlora.htm).

Eine Reihe von Möglichkeiten bietet sich der Wüstenvegetation im Allgemeinen, sich an die extrem trockenen Verhältnisse anzupassen. Zum einen gibt es einjährige (ephemere) Pflanzen, die sich nur unmittelbar nach einem Regenfall entwickeln, die Wüste in ein „plötzliches" Blütenmeer verwandeln und die übrige Zeit als Samen oder Zwiebel im Boden überdauern, zum anderen mehrjährige Pflanzen, die den Dürrestress z. B. durch Wasserspeichermöglichkeiten überstehen können oder durch Einrichtungen, den Wasserverlust durch die Transpiration zu minimieren (vgl. Goudie 2008, S. 191). Zu diesen Schutzmechanismen gehören wachsartige, dicke Blattoberflächen, kleine und hartlaubige Blätter, eine dichte Behaarung oder auch das Aufrollen und Abstoßen der Blätter zu Beginn der Trockenzeit. Die Sukkulenten, wie Kakteen, Euphorbien oder Agaven, können in ihren Blättern, Stämmen oder Wurzeln das Wasser der sporadischen Niederschläge speichern und davon in der trockenen Zeit zehren. Manche Sukkulenten schaffen es, ein ganzes Jahr ohne Wassernachschub zu überleben. Eine andere Möglichkeit, Trockenheit zu überstehen, ist die Ausbildung eines großen und tief – teils mehr als 10 m – reichenden Wurzelsystems, während die Pflanze oberirdisch weniger an Masse besitzt. Neben den tief reichenden Wurzeln kann eine Pflanze aber gleichzeitig noch ein Netz oberflächennaher Wurzeln haben, das auch das dortige Wasservorkommen sofort nach einem Regenguss aufnimmt. Zur besonderen Herausforderung werden die salzhaltigen Wüstenböden für die Flora, doch auch hierfür haben die sogenannten Halophyten, die salztoleranten Pflanzen, ihre tauglichen Strategien entwickelt.

Nicht minder vielseitig sind die Anpassungen in der Tierwelt an die ariden Bedingungen. Die einen Tiere zeigen ein kurzfristiges, an die Tageszeiten gebundenes Schutzverhalten, andere dagegen ein saisonal gebundenes. „Zu den saisonalen Schutzverhalten gehört die Aestivation, ein Zustand anhaltenden Schlafes oder anhaltender Trägheit, bei dem die Tiere ihren Stoffwechsel und ihre Temperatur während der heißen Jahreszeit oder während sehr trockener Perioden herabsetzen" (Goudie 2008, S. 191). Aber auch die saisonalen Wanderungen der großen Säugetiere oder Vögel sind ein Verhalten zu ihrem Schutz. Zu den kurzfristigen Maßnahmen, der Hitze zu entgehen, gehört für die einige Tiere, sich in der heißesten Zeit des Tages einen schattigen Platz unter Felsvorsprüngen und -nischen, in Bäumen und Gebüsch zu suchen oder sich wie beispielsweise der Taschenspringer (auch Kängururatte genannt) zu vergraben und so vor der Sonnenstrahlung, der Austrocknung und gleich noch vor Räubern zu schützen. Bodenbrütende Vögel hocken hier nicht auf ihren Eiern, um sie zu wärmen, sondern um ihnen Schatten und Kühlung zu bieten! Die riesigen Ohren mancher Hasenart, wie dem Eselhasen (*jackrabbit*), helfen den Tieren, übermäßige Körperwärme wieder loszuwerden (vgl. Goudie 2008, S. 193). Auch Strauße besitzen mit ihrem Gefieder einen Hitzeschutz: Wenn es ihnen zu warm wird, stellen sie ihre Federn auf und schaffen sich so eine größere Schicht, die ihnen die größte Hitze vom Leib hält; zum anderen sind die Federn ihres Gefieders eher spärlich am Rumpf verteilt, sodass eine gute Belüftung der Hautoberfläche möglich wird (◘ Abb. 9.1).

Die Hitze und vor allem die großen Temperaturunterschiede von bis zu 50° C während eines Tages schaffen es sogar, Gesteine zu zerkleinern – dies ist das Werk der Temperatur- bzw. Insolationsverwitterung. Durch die Zusammensetzung der Gesteine aus verschiedenen Mineralien entsteht ein Gemenge, dessen Komponenten unterschiedlich auf die beträchtlichen Temperaturunterschiede reagieren, insbesondere durch verschiedene Farben, die sich wiederum unterschiedlich erwärmen bzw. zusammenziehen; diese Prozesse im Gestein sorgen im Laufe der Zeit dafür, dass Spannungen entstehen und sich das Gefüge lockert. Die extremen Temperaturwechsel sind jedoch nicht allein dafür verantwortlich, so haben Geomorphologen in Laborversuchen herausgefunden (vgl. Goudie 2008, S. 196), es braucht etwas Feuchtigkeit für diese mechanische Verwitterung. In Nebelwüsten gibt es davon reichlich, aber in anderen Wüsten ebenfalls noch genügend für eine Zerkleinerung der Gesteine. „Wenn sich Wasser mit den empfindlicheren Mineralien in einem Gestein chemisch verbindet, können diese aufquellen und so eine genügend große Zunahme des Volumens bewirken, sodass die äußeren Schichten des Felsens wie konzentrische Schalen abgehoben werden. Man nennt dies Schalenverwitterung (Exfoliation). Somit muss nun ein Teil der Verwitterung, die man früher der Insolation (dem großen täglichen Temperaturunterschieden durch die Sonneneinstrahlung, Anm. d. V.) zuschrieb, auf chemische Veränderungen unter Einwirkung von Feuchtigkeit zurückgeführt werden" (Goudie 2008, S. 196).

Zu den typischen Verwitterungsprozessen unter ariden Bedingungen gehört auch die Salzverwitterung. Salze sind in den Wüsten sehr verbreitet, und bei den trockenen Bedingungen liegen sie eher in kristalliner als in gelöster Form vor. Ihre Reaktionen auf Feuchtigkeit sind weit extremer als diejenige anderer Mineralien: Bei Natriumsulfat sowie Natri-

Kapitel 9 · Tropisch/subtropische Trockengebiete

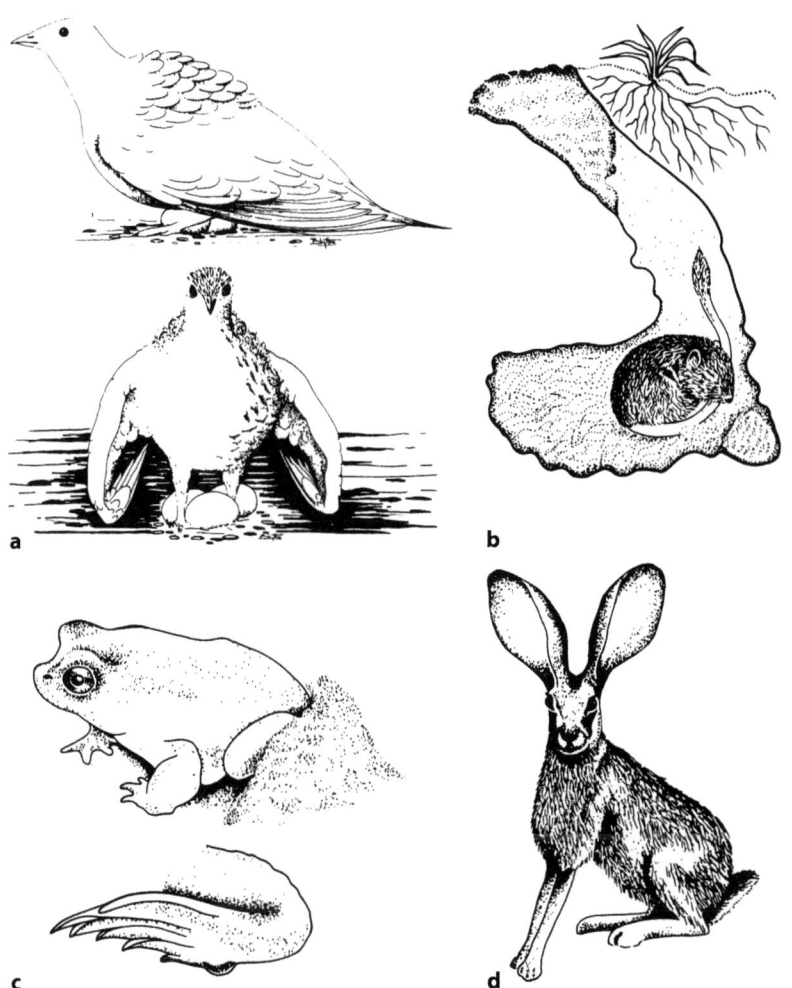

Abb. 9.1 Einige Anpassungsformen der Tiere an die Umweltbedingungen in der Wüste **a** Das bodenbrütende Flughuhn beschattet seine Eier während der heißesten Stunden des Tages und vermindert die Strahlungsmenge durch Ausbreiten der Mantelfedern. Es blickt gegen den Wind und erhebt sich über dem Nest, um so das konvektive Kühlen der beschatteten Eier zu erleichtern. **b** Der Taschenspringer gräbt sich ein und verschafft sich so Schutz vor Räubern, Sonnenstrahlung und Austrocknung. **c** Der Krötenfrosch der Sonora-Wüste hat kräftige Füße mit einem Hornfortsatz, mit denen er sich bei ungünstigen klimatischen Bedingungen in eine Tiefe von bis zu 90 Zentimetern eingräbt. **d** Die riesigen Ohren helfen dem sogenannten Jack Rabbit, übermäßige Körperwärme loszuwerden (Goudie 2008)

umcarbonat kann das Volumen um mehr als 300 % (!) zunehmen – das sprengt jeden Stein!

Auch der Wind trägt mit dem Ausblasen und Abtransport von Staub und Sand (Deflation) seinen Teil zur Verwitterung in Wüstengebieten bei. Bläst er Sand über Felsen, wirkt dieser wie „Schmiergelpapier" und schleift damit Oberflächen glatt, aber greift ebenso Klüfte besonders von weniger widerstandsfähigen Gesteinsschichten an und vergrößert sie. Da sich die mitgeführten Sande in den bodennahen Schichten befinden, können sie wie ein natürliches Sandstrahlgebläse Felstürme in ihren unteren Bereichen verjüngen, sodass Pilzfelsen entstehen. Der Windschliff, auch Korrasion genannt, schafft ebenfalls scharfkantige Grate und bildet auf diese Weise sogenannte Windkanter.

Ein anderes Ergebnis der äolischen, d. h. durch Wind ausgelösten Prozesse, sind die Dünen, die in ausgedehnten Dünenlandschaften vor allem das touristische Bild von der Wüste bestimmen. Dies

> **Staubstürme**
>
> Winde und erst recht Staubstürme sind ein wichtiger Faktor für die Formung von Wüstenlandschaften und dies nicht nur bei der Bildung von Flugsanddünen. Staubstürme können sich auf Flächen von bis zu 2500 km Durchmesser ausdehnen, sodass sie sogar auf Satellitenbildern zu sehen sind. Staub aus der Sahara hat sich schon als feiner roter Belag auf Autos in Westeuropa – Deutschland inklusive – niedergeschlagen. „In einem Sandsturm von durchschnittlicher Heftigkeit können 27 Kubikmeter Luft (Luftwürfel von $3 \times 3 \times 3$ m) ohne weiteres 28 Gramm Staub enthalten. Ein Sturm von 500×600 Kilometern kann also gut und gerne 100.000.000 Tonnen Festmaterial mit sich führen" (Goudie 2008, S. 200). Dass bei solchen Verhältnissen, aber auch bei weniger „biblischen Ausmaßen", die Sicht in einem Sand- bzw. Staubsturm nur wenige Meter beträgt, muss nicht verwundern. Auch nicht, dass man sich vor diesen äolischen Sedimenten kaum schützen kann!
> Zu den regelmäßig auftretenden Staubstürmen gehört der Schirokko, der im Frühjahr und Herbst von der Sahara in den Mittelmeerraum fegt; er wird in Nordafrika auch als Chergui, Chili, Chelili, Gibli oder Chamsin bezeichnet.

trifft am ehesten für die Wüsten Arabiens und die Sahara zu, während in den Wüsten Nordamerikas Sanddünen noch nicht einmal 1 % der Fläche einnehmen. Insgesamt bestehen die Wüsten der gesamten Erde vielleicht zu einem Viertel oder Drittel aus den fotogenen gelben Dünenlandschaften, die Titelbilder und Reisekataloge schmücken.

Der Wind, das Angebot an Sand, die verschiedenen Oberflächen des Geländes und eine eventuelle Vegetation bestimmen die Entwicklung und das Aussehen der Dünenfelder. An Hindernissen in der Landschaft – das kann ein Felsen, aber auch ein Strauch sein – lagert sich im Windschatten Sand ab. Bildet die Düne in dieser Leelage eine lange spitze Form aus, nennt man sie Nebkha. Es ist auch möglich, dass sich der Sand in Form eines Halbmonds um das Hindernis anhäuft und damit eine Lünettedüne bildet.

„Die meisten Dünen benötigen zur Entstehung aber kein Hindernis, weder einen Hügel noch ein Gebüsch, auch keine Becken oder ein totes Kamel. Tatsächlich entstehen die regelmäßigsten Dünenformen auf ebenen Oberflächen als freie Dünen" (Goudie 2008, S. 203). Bei vielen Dünenformen steigen ihre Luvseiten allmählich an, während die Leeseiten dagegen wesentlich steiler abfallen. Das gilt beispielsweise für die kleinen sichelförmigen Barchanen, aber auch für die parallel verlaufenden Ketten der Transversaldünen. Liegen eine – wenn auch rudimentäre – Vegetationsdecke oder eine gewisse Bodenfeuchtigkeit vor, dann können sich sogenannte Parabeldünen entwickeln. Ihre Form erinnert an Parabeln oder – profaner – Haarnadeln, deren Spitzen in die Hauptwindrichtung zeigen. Sie kommen in Gruppen vor und bilden damit Wellenlinien oder rechenartige Formen. Eine weit verbreitete Variante sind Längs- oder Longitudinaldünen (Seifs), die sich mehr oder weniger parallel zum Wind entwickeln und demzufolge keine ausgeprägte Luv- und Leeseite bieten. Diese linearen Dünenrücken erreichen gewöhnlich Höhen zwischen 5 und 30 m, in der Namib sogar mehr als 100 m. Sie können sich über Dutzende bis zu Hunderten von Kilometern erstrecken. Zu den ungewöhnlichen Formen zählen die Sterndünen. Wesentliche Voraussetzung hierfür ist der häufige Wechsel der Windrichtungen, sodass sich von einem Mittelpunkt aus mehrere Rücken wie die Strahlen eines Sternes bilden. Sterndünen können bis 150 m hoch werden und einen Durchmesser von 1–2 km erreichen. Kommt der Wind nur aus zwei entgegengesetzten Richtungen, entstehen sogenannte Oppositionsdünen.

Ändern sich die Windverhältnisse, die Richtungen wie die transportierten Sande, hat dies natürlich Auswirkungen auf die instabilen Dünenlandschaften, und die charakteristischen Formen in den Dünenfeldern werden sich wandeln. Auch die Mengen des verwehten Sandes fördert die Entwicklung bestimmter Dünen; so entstehen beispielsweise Barchane bei geringen Sedimentmengen, während die Sterndünen für ihre charakteristischen Ausmaße schon weit größere Sandmassen brauchen (◘ Abb. 9.2).

Die aride Zone bringt buchstäblich aufgrund ihrer unterschiedlichen geologischen und geomorphologischen Verhältnisse verschiedene Landschaftstypen hervor: die Schildwüsten, Gebirgs- und Beckenwüsten (vgl. Goudie 2008, S. 182). Unter Schilden sind hier die Grundgebirge alter Kontinente zu verstehen, wie z. B. Gondwana. Relikte dieser Flächen existieren in Indien, Afrika, Arabien und Australien und stellen dort den Un-

Kapitel 9 · Tropisch/subtropische Trockengebiete

Abb. 9.2 Tafelberge im Monument Valley (USA). Der Wechsel von harten und weichen Gesteinsschichten kann neben Schichtstufenlandschaften auch zur Bildung von Tafelbergen führen. Die Verwitterung hat über Jahrmillionen hinweg die einstige Sandsteinschicht auf die imposanten Türme und kleinen Plateaus reduziert, die noch bis zu einer Höhe von ca. 300 m aufragen (languste15/Fotolia)

tergrund wenig reliefierter Wüstenlandschaften dar. Anders sieht es dagegen in den Gebirgs- und Beckenwüsten beispielsweise im Südwesten der USA in Kalifornien und Nevada aus, in denen große Höhenunterschiede auf relativ kleinem Raum möglich sind. Ein anschauliches Beispiel ist dafür in der Mojave-Wüste das Tal des Todes (▶ www.nps.gov/deva/index.htm) als eines der heißesten und trockensten Gebiete der Erde. In dem 1994 zum Nationalpark erklärten Gebiet erheben sich die im Winter auch schneebedeckte Berge über 3300 m in der Nachbarschaft zu Salzebenen, die sogar 86 m unter dem Niveau des Meeresspiegels liegen und damit den tiefsten Ort Nordamerikas darstellen.

Eine weitere Einteilung der Wüsten erlaubt die Unterscheidung nach der Größe der dominierenden Ablagerungen; sie stellt die bekannteste Klassifikation dieser Landschaftstypen dar: Steinwüste (Hamada), Kieswüste (Serir bzw. Reg) und Sandwüste (Erg bzw. Areg). Diese drei Formen lassen sich nur auf ebenen Flächen finden.

„Sandmeere" mit ihren verschiedenen Dünenformen (siehe oben) sind in den meisten Wüsten in mehr oder weniger großen Ausmaßen anzutreffen; die größten in der Sahara, wie z. B. der Erg Schesch, der Westliche und der Östliche Große Erg in Algerien, Letzterer auch in den Süden Tunesiens hineinreichend. Auch im Inneren Australiens gibt es ausgedehnte Dünenfelder, „doch dabei handelt es sich nicht um echte Ergs, weil der größte Teil des Sandes von der Vegetation am Ort gehalten wird und daher nicht ungehindert vom Wind fortgetragen werden kann" (McKnight und Hess 2009, S. 686). Die großen Sandmengen, die notwendig sind, um Ergs entstehen zu lassen, sind vermutlich Relikte einer früheren Epoche, sagen McKnight und Hess (a. a. O., S. 685f). „Da Verwitterungsvorgänge in Wüsten sehr langsam vonstatten gehen, erscheint es wahrscheinlich, dass sich Ergs nur dort gebildet haben können, wo zuvor ein humideres Klima die ursprünglichen Verwitterungsprodukte erzeugt hat. Nach ihrer Bildung wurden diese Verwitterungs-

Rekordverdächtiges Tal des Todes

In dieser Wüstenlandschaft liegt der heißeste Platz der Erde. Am 10. Juli 1913 wurden in Furnace Creek 57° C im Schatten gemessen. Im Winter davor, genauer am 8. Januar 1913, gab es mit −10° C auch schon die tiefsten Werte, die hier bislang gemessen wurden. Der „normale" Sommer im Death Valley bringt tagsüber Temperaturen rund um die 49° C im Schatten und in den Nächten eine Abkühlung auf Werte zwischen 30 und 35° C. Diese hohen Temperaturen erreicht das Wüstental zum einen durch seine Lage 86 m unter dem Meeresspiegel inmitten von Gebirgsketten, die die 3000er-Marke übersteigen. Derart in einem Kessel zwischen hohen und steilen Bergzügen, die auch wiederum die Hitze reflektieren, gelegen, können die Sommertemperaturen solche Rekorde erreichen. Hinzu kommt die Tatsache, dass die Sommer hier etwas länger dauern: Im Sommer 2001 herrschten hier ohne Unterbrechung an 154 Tagen Temperaturen über 38° C. Im Regenschatten mehrerer Gebirgsketten können auch die feuchten Winde vom Pazifik in diesem Teil Kaliforniens kaum mehr etwas abliefern. In der Angabe von 50 mm Niederschlag im Jahresmittel stecken hohe Schwankungen. Die trockenste Periode erlebte das Tal des Todes in 40 Monaten der Jahre 1931 bis 1934, als gerade einmal 16 mm Niederschlag in der gesamten Zeit fielen! Im November 2013 gab es dagegen einige wegen Überflutungen gesperrte Straßen in diesem Nationalpark.
(▶ www.nps.gov/deva/naturescience/weather-and-climate.htm)

---

produkte durch Fließgewässer in das Gebiet ihrer Akkumulation verfrachtet. Dann wurde das Klima trockener, und der Wind übernahm die Rolle des Wassers als hauptsächlichem Mittel des Transports und der Ablagerung."

Die Oberfläche der Kies- oder Steinwüste, auch Serir oder Reg genannt (arabisch: reg = „Stein") besteht aus grobem Kies oder Steinen bzw. Gesteinsschutt. Das feinere Lockermaterial hat der Wind bereits weggeweht oder eventuell auch ein Regenguss weggespült. Es ist durchaus möglich, dass gerade einmal eine Lage Kiesel die Erdoberfläche bedeckt. Da die Kiesel oder Steine dicht beieinander liegen wie die Decke eines Weges, einer Straße, wird der Reg oft auch als „Wüstenpflaster" bezeichnet. Eine andere typische Erscheinung in dieser Wüstenform ist der Wüstenlack (siehe Kasten „Der Lack ist ab!"). Beispiele für Kieswüsten, die dies auch schon mit ihrem Namen verdeutlichen, sind im Süden Libyens und Norden des Tschads der Tibesti Serir oder im Osten Libyens der Kalanscho-Serir.

Der dritte Wüstentyp, die Hamada, wird von endlosen Fluren an größeren Steinen geprägt. Eine solche Felsschuttwüste macht ein Vorwärtskommen in diesem Gebiet für Karawanen und Geländefahrzeuge durch ihre Gesteinsgrößen, aber auch die scharfen Kanten des Verwitterungsschutts oft schwer bis unmöglich. Hier wurden ebenso wie in den Regs, die Feinmaterialien aus der oberen Gesteinsschicht herausgeblasen und andernorts akkumuliert. Ein Beispiel für eine Felsschuttwüste wäre in Marokko die Hamada des Draa am Fuß des Anti-Atlasses.

Wenn auch das Wasser in den ariden Zonen eine ausgeprägte „Mangelware" ist, so gibt es trotzdem Formen, die fließendes Wasser in den trockenen Gebieten hinterlässt. Auch der Spruch, „In der Wüste ertrinken mehr Leute, als dass sie verdursten", hat seine Berechtigung und verweist auf ephemere bzw. episodische Niederschlagsereignisse hin. Die bekannteste Landschaftsform in diesem Zusammenhang sind die Wadis. Regengüsse sorgen hier für einen in der Regel schnell ansteigenden Wasserpegel, der wiederum die Voraussetzung für eine intensive Erosion mangels schützender Vegetation, einen starken Transport und die Ablagerung der Sedimente darstellt. Im Unterschied zu den Flüssen in humiden Regionen, die zu ihrer Mündung hin breiter werden und mehr Wasser mit sich führen, verschwinden rund 99 % der Flüsse in Wüstengebieten irgendwo buchstäblich von der Oberfläche. Ihr Wasser versickert im Flussbett, und/oder es verdunstet in der trockenen Luft, und von dem vorübergehenden Fluss bleibt vielleicht nur noch die Fortsetzung eines trockenen Wadis, wenn er es bei größeren Niederschlagsmengen auch schon zu mehr Länge gebracht und ein Flussbett geformt hat. In den semiariden Gebieten der Sahara ist statistisch gesehen einmal im Jahr mit einer Überflutung der Wadis zu rechnen, während in den ariden Zonen die Wadis manchmal zehn Jahre lang kein Wasser führen (vgl. Goudie 2008, S. 210).

Auch Seen haben in den Wüstengebieten nur eine extrem kurze Lebensdauer, oder die teilweise großen trockengefallenen Seebecken stammen aus Zeiten eines feuchteren Klimas. Abflusslose Becken gehören ebenfalls zum Formenschatz der Wüsten. Wird der einstige Seegrund von Salzkrusten bestimmt, spricht man von einer „Salzpfanne", ist der Untergrund auch noch stark von Tonen durchsetzt, bezeichnet man dies als „Salztonebene". Unveränderliches Kennzeichen solcher Seebecken ist ihre ausgedehnte Ebene, diese kann durchaus mehrere Kilometer betragen und dabei gerade einmal ein Relief von wenigen Zentimetern, beispielsweise mit den Trockenrissen von Salzschollen, besitzen. „Solche trockenen Seebecken gehören zu den ebensten aller Landschaftsformen" (McKnight und Hess 2009, S. 681).

Salzseen entstehen in abflusslosen Becken. Das durch ephemer oder episodisch fließende Flüsse herantransportierte Wasser oder dasjenige, das Niederschläge direkt dem Salzsee gebracht haben kann, verdunstet weitgehend und sorgt damit für einen Anstieg der Salzkonzentration im verbleibenden Oberflächenwasser. Einige der heute noch existierenden Salzseen sind Relikte früherer feuchterer Zeiten, so z. B. auch der Große Salzsee im amerikanischen Bundesstaat Utah (▶ www.utah.com/stateparks/great_salt_lake.htm). Die Anfänge des Sees, der trotz der Abnahme seiner Fläche immer noch nach dem Michigansee der zweitgrößte Nordamerikas ist, reichen zurück in das Pleistozän (vor rund 1,8 Mio. Jahren bis vor 11.700 Jahren). Der Great Salt Lake ist der Rest des Lake Bonneville, der vor ca. 30.000 Jahren entstand; von diesem geschaffene Uferlinien und Terrassen geben noch eine Vorstellung von den historischen Ausmaßen des „Gründersees". Die anschaulichste Zahl dürfte ein über 300 m höher liegender Wasserspiegel des Lake Bonneville sein, der damit auch den größten Teil des heutigen Bundesstaates bedeckte. Heute besitzt der Große Salzsee Ausmaße von ca. 120 km Länge und 50–80 km Breite, und sein Wasserspiegel liegt aktuell bei 1280 m NN.

Die größte Salztonebene mit einzelnen Salzseen der Sahara befindet sich im Süden Tunesiens. Größtenteils südlich der Linie Nefta–Tozeur–Gabes dehnt sich eine Folge von drei Schotts aus: dem Schott el Gharsa im Westen als Fortsetzung des algerischen Schott Melgir, dem Schott el Dscherid und im Osten bis auf 20 km an den Golf von Gabes reichend der Schott el Fejej. Der größte der drei tunesischen Schotts ist der Schott el Dscherid mit Ausmaßen von ca. 70 km Breite und 117 km Länge. Er liegt 16 m über dem Meeresspiegel, während der 20 × 50 km große Schott el Gharsa bis auf 17 m unter den Meeresspiegel reicht. So siedlungsfeindlich das Gebiet im Süden Tunesiens auf den ersten Blick scheinen mag, durch große Grundwasservorkommen und artesische Brunnen kann hier eine Reihe von Oasen existieren.

Als größte Oase Nordafrikas lässt sich das Land an den Ufern des Nils bezeichnen, der auch das Paradebeispiel eines Fremdlingsflusses darstellt. Mit dem Wasser aus den Bergen und großen Seen Zentralafrikas und dem Hochland Äthiopiens fließt er ca. 2700 km durch die Wüste, ohne weiteren Nachschub zu erhalten, und versorgt gleichzeitig die rund 930 km lange Flussoase mit dem lebensspendenden Nass. Über Jahrhunderte, wenn nicht auch schon Jahrtausende hinweg, war es nicht allein das Wasser, das über die Bewässerungssysteme in die Felder geleitet wurde, sondern mit den jährlichen Hochwässern auch die Schlämme des Stromes, die die Fruchtbarkeit der Böden steigerten. Durch den 1971 in Betrieb genommenen Assuan-Staudamm werden diese wertvollen Sedimente im Staubecken gehalten und füllen es im Laufe der Zeit. Dank des Stausees steht jedoch nun ganzjährig ausreichend Wasser für die künstliche Bewässerung des Niltales zur Verfügung. Dadurch ließen sich die landwirtschaftlichen Nutzflächen ausdehnen, die Erträge steigern und neben der traditionellen Subsistenzwirtschaft auch ein exportorientierter Obst- und Gemüseanbau etablieren. Mit der Flussoase, in der vor allem Obst, Gemüse, Reis, Weizen, Zuckerrohr und Baumwolle angebaut werden, stehen gerade einmal 2,9 % der Fläche Ägyptens für die Landwirtschaft und eine Bevölkerung von über 85 Mio. Einwohnern (Stand März 2014) (▶ www.auswaertiges-amt.de/DE/Aussenpolitik/Laender/Laenderinfos/01-Laender/Aegypten.html) zur Verfügung. (Die weiteren Auswirkungen des Staudammes können hier nicht angerissen werden.)

Als eine besondere Landschaftsform in den Wüsten gelten die Inselberge mit dem vermutlich bekanntesten Beispiel, dem Ayers Rock im

Northern Territory Australiens. Diese isoliert in der weitgehend ebenen Landschaft stehenden Hügel oder Berge entstehen, „wenn ein Hang durch Verwitterung und Erosion zurückversetzt wird und aufbricht. Sie bestehen aus unterschiedlichen Gesteinen, unter anderem auch aus feinkörnigen Sandsteinen (zum Beispiel Ayers Rock in Australien) oder aus Graniten. Solche Inselberge, die über 600 Meter hoch sein können, sind zwar nicht allein auf Wüstengebiete beschränkt, bilden aber in vielen Wüsten spektakuläre Landschaftsformen" (Goudie 2008, S. 213). „Mit einem scharfen Fußknick grenzen die steilen Hänge (mit Neigungen von 40–80°) an die umgebenden Flachreliefs. Im Unterschied zu diesen tragen sie meist keine nennenswerte Verwitterungsdecke" (Zepp 2011, S. 227).

Dies trifft auf den Ayers Rock, in der Sprache der hier lebenden Anangu-Aborigines „Uluru" genannt, lehrbuchmäßig zu. Insgesamt 3 km lang, bis zu 2 km breit, 348 m hoch (867 m NN) und mit bis zu 80° steilen Hängen erhebt sich der Sandsteinkoloss aus der ihn umgebenden Ebene des Amadeusbeckens. Halbwüstenvegetation mit Eukalyptus- und Akazienarten, aber auch Dünenfelder, prägen seine Umgebung. Das zweite namensgebende Massiv – ca. 30 km westlich des Ulurus – ist der Inselberg Kata Tjuta (Olgas), eher eine ca. 36 km² große Berggruppe, bestehend aus 36 einzelnen Kuppen, deren höchste sich 546 m über die Umgebung bzw. auf 1065 m über dem Meeresspiegel erhebt. 1993 wurde das Gebiet um den Uluru und den Kata Tjuta zum Uluru-Kata Tjuta-Nationalpark erklärt; 1987 wurde der Nationalpark als Naturerbe, 1994 noch einmal als Kulturlandschaft in die Liste des UNESCO-Welterbes (▶ http://whc.unesco.org/en/list/447) aufgenommen. Die beiden Inselberge gelten den Anangu, die nach archäologischen Forschungen vermutlich seit mehr als 30.000 Jahren in dieser Region leben, als heilige Orte (▶ www.parksaustralia.gov.au/uluru/people-place/culture.html).

Nach Hornetz und Jätzold (2009, S. 69) sind die australischen Aborigines (lat. *ab origine* = „vom Ursprung her") das einzige indigene Volk, das seit der Frühzeit der Menschheit in den Trockenregionen nachzuweisen ist. Vermutlich seit 60.000, wenn nicht sogar 120.000 Jahren, sollen sie in Australien leben. Bis zur Ankunft der ersten Europäer dort sollen es geschätzt ca. 500 Völker mit rund 250 verschiedenen Sprachen gewesen sein. Heute macht der Anteil der Ureinwohner in den dünnbesiedelten Northern Territories 20–25 % aus, doch mehr als die Hälfte der Aborigines leben in den Bundesstaaten Queensland und New South Wales, wo sie jedoch nur 1–2,5 % der Bevölkerung ausmachen.

Als halbsesshafte Jäger und Sammler lebten die Aborigines auf dem Land ihres Clans, eines Territoriums, dass nach ihren Rechtsvorstellungen und ihrer Mythologie niemals in irgendeiner Form veräußert oder verpachtet werden kann. Der Gemeinschaft eines Clans gehörte das Land – bis ihnen die britische Verwaltung Australiens dies und andere Rechte wegnahm. Erst 1967 erhielten die Ureinwohner nach einem Referendum die vollen Staatsbürgerrechte, und daraus resultierend konnten sie auch ihre Eigentumsrechte an ihrem Clanland wieder durchsetzen. In diesem Zusammenhang erhielten die Anangu 1985 ihr Clanland um den Uluru wieder zurück. Damit war auch der Name „Ayers Rock", mit dem William Gosse, der europäische „Entdecker" des Berges 1873 dem damaligen südaustralischen Premierminister Henry Ayers ein Denkmal setzte, nicht länger gerechtfertigt.

Für die Entwicklung von Oasen als Siedlungs- und deutlich abgegrenzte, kleine Wirtschaftsräume – „grünen Inseln" – in den Wüsten sind Wasservorkommen unabdingbar. Dabei kann es sich um Niederschlags- oder Oberflächenwasser, wie dasjenige von Fremdlingsflüssen, sowie erreichbare Grundwasserspiegel handeln. Mit verschiedenen Methoden wird das kostbare Nass zu den Bewässerungskulturen geleitet, aber immer steckt auch eine Art Organisation bzw. eine Zweckgemeinschaft oder eine einzelne Person dahinter, die über die vertraglich geregelte Wasserverteilung wacht, jedoch auch für Instandhaltung der Anlagen, des Netzes an Kanälchen, Wasserstollen und den Zuleitungen sowie das Öffnen und Schließen der Schieber, die den Wasserfluss zu den Feldern regulieren, verantwortlich ist. Über Generationen und Jahrhunderte hinweg ist in der Regel die Verteilung des Wassers festgelegt, werden Wasserrechte vererbt.

In der Kulturgeschichte der Menschheit spielen Oasen, insbesondere die Flussoasen, eine bedeutende Rolle, denn durch das ertragreiche Wirtschaften war es möglich, sich auch gesellschaftliche Gruppen zu „leisten", die nicht zur primären Versorgung

Kapitel 9 · Tropisch/subtropische Trockengebiete

Aus der Tourismuspraxis

Uluru, der heilige Berg der Aborigines

Der markante Berg wird von den seit geschätzten 30.000 Jahren in seiner Umgebung lebenden Aborigines als ein spiritueller Ort von größter Bedeutung angesehen. Dieses Gebiet gehört heute zum 1325 km² großen Uluru-Kata Tjuta-Nationalpark, der seit 1985 von den Anangu als den traditionellen und „Wieder-Landbesitzern" und von der australischen Regierung (Parks Australia) gemeinsam geführt wird.

Die besondere spirituelle und emotionale Bedeutung des Ortes, aber auch die persönliche Verantwortung, die die Anangu für ihn übernommen haben, sowie der Respekt ihrer Gesetze lassen sich auch aus dem Parkführer *Palya! Welcome to Anangu land. Visitor Guide Uluru-Kata Tjuta-National Park* (2013, S. 15) ablesen. *Listen! If you get hurt, or die, your mother, father and family will really cry and we will be really sad too. So think about that and stay on the ground.* © Traditional owner.

Die Grundlage ihres gesamten Lebens und damit auch ihres Engagements im Nationalpark, der jährlich von mehr als einer Viertelmillion Besuchern aufgesucht wird, sowie ihrer aktuellen Arbeit im Tourismus ist *Tjukurpa*. *Tjukurpa refers to the creation period when ancestral beings created the world. From this came our religious heritage, explaining our existence and guiding our daily life. Like religions anywhere in the world, Tjukurpa provides answers to important questions, the rules for behaviour and for living together. It is the law for caring for one another and for the land that supports us. Tjukurpa tells of the relationships between people, plants, animals and the physical features of the land. It refers to the time when ancestral beings created the world as we know it. Knowledge of how these relationships came to be, what they mean and how they must be carried on is explained in Tjukurpa* (a. a. O., S. 10).

Strikte Regeln für die Besucher sowie Verbote und auch Strafen sorgen dafür, dass die verschiedenen Kultstätten am Uluru und seiner Umgebung im Sinn der Aborigines respektiert und nicht betreten werden. Auch das Fotografieren und Filmen ist an manchen Plätzen strikt verboten.

Bei angekündigten Temperaturen von 36° C und mehr wird im Sommer bereits morgens die Besteigung des Uluru verboten, ebenso bei Regen, Feuchtigkeit, bestimmten Windverhältnissen, wenn der Gipfel in Wolken gehüllt ist, während laufender Rettungsaktionen oder aber aus Respekt vor der Kultur der Anangu, etwa in Phasen der Trauer (vgl. Uluru-Kata Tjuta-National Park Visitor Guide 2013, S. 15). Nachts ist der Nationalpark im Laufe eines Jahres mit leicht schwankenden Zeiten geschlossen.

Grundsätzlich rät man, den Inselberg auf einer knapp 11 km langen, ebenerdigen Wanderung, dem „Uluru Base Walk", zu umrunden. Zahlreiche Wanderungen und kurze Spaziergänge werden auch unter der Leitung eines Rangers durchgeführt. Besondere Aussichtspunkte, speziell für den Sonnenuntergang, wurden eingerichtet. Auch Flüge um – aus Respekt vor den Göttern nicht über – das einzigartige Massiv werden für Touristen angeboten.

Ausgangspunkt für touristische Unternehmungen, Quartier und Informationsstelle ist Yulara, ein 1984 eröffneter Touristenort. Yulara liegt am östlichen Endpunkt des Lasseter Highway (Nr. 4), von Alice Springs sind es 432 km, von Adelaide 1575 km bis hierher, nach Westen bis Perth sind es 2070 km Allradstrecke u. a. durch die Große Victoria-Wüste. Zum Ayers Rock Airport sind es gerade einmal 6 km.

Die auf dem Reißbrett geplante Siedlung mit 888 Einwohnern (2011) erhielt eine Reihe von Architekturpreisen und gilt als Vorbild für ein umweltverträgliches Touristenzentrum. Unterkünfte vom Fünf-Sterne-Hotel bis zur Zwei-Sterne-Lodge und einem Campingplatz werden im Ayers Rock Resort angeboten. Zur touristischen Infrastruktur gehören neben dem Besucher-Informationszentrum, vier Swimmingpools im Resort und Tennisplätze. Berührungspunkte mit der Kultur der Aborigines gibt es auf einem Kunstmarkt und in einer Galerie, bei Tanzvorführungen und Kursen im Speer- und Bumerangwerfen. Mit Hubschrauberflügen, aber auch zu Land mit Harley Davidson Touren oder Kamelritten, lassen sich hier das Outback und die Landschaft des Uluru-Kata Tjuta-Nationalparks erleben.

(▶ www.parksaustralia.gov.au/uluru/index.html,UKTNP_VisitorGuide_2013UluruNatP.pdf, ▶ www.australien-info.de/yulara.html,www.ayersrockresort.com.au)

---

der Bevölkerung ihren Teil beitragen mussten. Vor rund 7000 Jahren entwickelte sich auf der Grundlage einer ausgedehnten Bewässerungswirtschaft im Zweistromland an Euphrat und Tigris die Hochkultur der Sumerer und Babylonier, zu der auch große Bauleistungen wie Städtebau und Palastarchitektur gehören sollten. Ähnliche Leistungen brachten die Bewohner der Flussoase Nil hervor – Festungsbau, Städte und allen voran Tempel und Pyramiden sind teilweise heute noch erhaltene Beispiele der ägyptischen Architektur und Ziele des Kulturtourismus mindestens seit dem 16./17. Jahrhundert. Die jährlich wiederkehrenden Überflutungen durch das Hochwasser der großen Ströme brachten nicht nur

Landschaftswahrnehmung anno 1881 – die Flussoase am Nil

„Der Boden sieht aus wie dunkle Mergelerde. Er ist aufgeschwemmtes Land. Da es in Egypten fast nie regnet, müssen die Felder ständig bewässert werden. Vom Hauptstrom des Nils zweigen sich mehrere Nebenströme ab, wie auch Kanäle, die das Land durchschneiden. Während bei uns das Land durch kleine und große Gräben entwässert wird, so wird es dort durch solche bewässert. Die Bewässerung geschieht, wie ich es vielfach sah, auf mancherlei Weise. Hier treibt ein kräftiger Büffel ein Wasserrad, dort schöpft ein Mann vermittelst eines Hebebaumes. Häufig sind es auch zwei Männer, die mit einem dichtgeflochtenen Strohkorbe, der an zwei Seilen befestigt ist, das Wasser in den Graben schöpfen, der es dann dem Felde zuführt. Besäßen die Egypter soviel Holz wie wir, so würden sie wohl statt eines Korbes einen wasserdichten Kübel nehmen. Auch etliche Dampfmaschinen sah ich auf größeren Feldern in Thätigkeit. Der Bauer dort sieht nicht nach oben, wie wir, nach Regen aus, sondern nach unten, nach dem Wasser, das der Nil ihm zuführt, und je nachdem derselbe es ihm zuteilt, ist auch der Feldsegen. – Plinius sagt: Der normale Zuwachs beträgt 16 Ellen; ein niedriger Wasserstand beschwemmt nicht alles, bei höherem treten die Fluten zu langsam zurück. Im letzteren Fall hat man zu wenig Zeit zum Aussäen, weil der Boden noch zu nass ist, im erstern kann man nicht säen, weil er dürstet. Beides bringt das Land in Anschlag. Bei 12 Ellen empfindet es Hungersnot, bei 13 hungert es auch noch, 14 Ellen bringen Fröhlichkeit, 16 Hochgenuß. – Aus dem Nil kommen die fetten und mageren Kühe (Jahre)" (Klüsner 1885[2]).

Klüsner, ein evangelischer Pfarrer aus St. Gallen, startet am 2. März 1881 seine Reise, die ihn über Venedig mit dem Schiff über Triest, Athen, Smyrna nach Ägypten bringt. Weiter geht es nach Jerusalem, durch das „Gelobte Land" und per Schiff über Alexandria, Korfu nach Neapel und dann per Eisenbahn über Rom, Mailand zum Comer See. Mit dem Dampfschiff über den See und dann mit der Postkutsche, einem Pferdeschlitten, über den Splügenpass und mit der Eisenbahn durch das Rheintal, um Mitte Mai 1881 wieder nach St. Gallen zu gelangen.

Wasser auf die landwirtschaftlichen Nutzflächen, sondern auch Schlamm, der die Bodenfruchtbarkeit förderte.

Zu den häufigsten traditionellen Oasentypen gehören die Grundwasser- bzw. Brunnenoase, die Oase mit einem artesischen Brunnen und die Flussoase. Bei einer Grundwasseroase liegt der Grundwasserspiegel so hoch, dass auch schon mit einfachen mechanischen Einrichtungen das begehrte Nass an die Oberfläche gehoben werden kann. Die einfachste Lösung wäre dabei ein Brunnen, durch den das Wasser eimerweise durch die Kraft von Menschen oder Tieren gehoben werden kann und dessen Inhalt man in einen kleinen Kanal schüttet. Mithilfe der Kraft von Tieren, von Kamelen, Eseln oder Ochsen, werden auch Schöpfräder oder Göpelwerke in Gang gehalten, die das Wasser in daran befestigten Tonkrügen „automatisch" aus dem Grundwasser schöpfen und es wenige Meter nach oben transportieren, wo es dann ebenfalls in das Bewässerungssystem geschüttet wird. Eine Hebekonstruktion aus der Antike ist die sogenannte Archimedische Schraube – auch Schraubenpumpe genannt. Archimedes (287–212 v. Chr.) soll sie Mitte des 3. Jahrhunderts vor Christus während eines Aufenthalts am Nil erfunden haben. Eine große hölzerne Spirale (Schraube) befindet sich in einem mit Pech abgedichteten Holzzylinder und wird von einem Mann gedreht, wodurch das Wasser bis zu mehreren Metern höher auf das nächste Feld gelangen kann.

Keine Muskelkraft von Mensch oder Tier benötigen die Oasen an artesischen Brunnen. Nach dem Prinzip der kommunizierenden Röhren steigt das Grundwasser hier „ohne Nachhilfe" auf, denn es steht unter Druck. Das Relief einer bergigen Landschaft nutzt das wiederum aufwendige Qanat-System oder Foggara-System, wie es im Maghreb genannt wird. Dafür werden Verbindungsstollen zu den gefassten Quellen im Bergland gelegt, von denen das Wasser dem Gefälle folgend in einem weitgehend unterirdischen Netz aus Schächten und Stollen zur Oase und den Feldern geführt wird. Diese Bewässerungsmethode wurde bereits vor mehr als 3000 Jahren in Persien entwickelt.

Der traditionelle Anbau in einer Oase gliedert sich in drei Stockwerke. Die unterste Ebene der bewässerten Flächen nehmen vor allem Gemüsekulturen, kleine Getreidefelder (Gerste und Weizen) und als Zusatzfutter für die Kamele, Schafe und Esel vielleicht noch Luzernebeete ein. Diese Nutzpflanzen werden für den Eigenverbrauch (Subsistenz-

Entwicklung und Preis der künstlichen Bewässerung

Der Landwirtschaft in Trockengebieten hilft nicht allein eine ausreichende Menge an Süßwasser, das sich notfalls auch über große Entfernungen in entsprechenden Wasserleitungen relativ problemlos herantransportieren lässt. Die gravierenden Probleme beginnen dort, wo das Wasser in die Böden gelangt und den Prozess der Versalzung in Gang setzt, wenn dem nicht mit geeigneten Entwässerungsmaßnahmen entgegengesteuert wird. Wesentlichster Faktor ist dabei, dass große Teile des Bewässerungswassers nicht wieder nach oben steigen, sondern durch ein Drainagesystem nach unten abfließen.

Selbst die geringe Feuchtigkeit in den Böden der semiariden und ariden Zonen steigt in den Bodenkapillaren nach oben und verdunstet an der Oberfläche. Dabei werden die mitgeführten Salze auf der Bodenoberfläche abgelagert, und die Versalzung setzt ein. Werden diese Flächen dann künstlich bewässert, werden die Salze zum größten Teil wieder gelöst und gelangen zurück in den Boden, sodass sich der Kreislauf mit immer stärkeren Auswirkungen fortsetzt. So können z. B. im Zusammenspiel mit Tonpartikeln, an denen sich Natriumionen anlagern, weitgehend wasserundurchlässige Schichten im Boden entstehen, die das Wurzelwachstum hemmen. Sogenannte Halophyten – salztolerante Pflanzen – können mit einem höheren Salzgehalt im Wasser und Boden existieren, doch vor allem die meisten Kulturpflanzen nicht: Sie sterben ab.

In der ersten Hälfte des 20. Jahrhunderts wurden die Flächen des bewässerten Landes weltweit ungefähr verdoppelt und betrugen ca. 94 Mio. ha. Nicht einmal ein halbes Jahrhundert später war ihre Fläche auf 250 Mio. ha angestiegen. „Ungefähr ein Drittel der Welternte an Nahrungsmitteln stammt von den 17 Prozent der bewässerten Ackerflächen der Welt. Gemessen an der Bruttobewässerungsfläche sind Indien, China, die frühere Sowjetunion, die USA und Pakistan die fünf größten Länder" (Goudie 2008, S. 216).

Zu den negativen Entwicklungen bei der künstlichen Bewässerung gehört beispielsweise auch, dass durch die ganzjährige regelmäßige Wasserzufuhr der Prozess der Versalzung beschleunigt und verstärkt wird. Die Wasserspeicherung in Stauseen lässt in den ariden Gebieten durch die höhere Verdunstung ebenfalls schon die Salzkonzentration im Wasser steigern. Kommt dies auf die versalzenen Felder, verschärft dies die schädliche Wirkung noch. In Küstennähe kann es zum Eindringen von Meerwasser in Grundwasserhorizonte kommen, wenn dort das Süßwasser zu stark abgepumpt wird.

Inzwischen zieht die weltweite Versalzung der Böden in den Bewässerungsgebieten auch große Verluste an noch nutzbaren Flächen nach sich. Beispiele nennt Goudie (2008, S. 218): 15–20 % der Bewässerungsflächen Australiens, 20–25 % derjenigen in den USA sind von Bodenversalzung betroffen, in Ägypten sind es 30–40 %, in Pakistan gerade einmal weniger als 40 % und im Irak als höchstem Wert die Hälfte der Flächen.

Doch es gibt auch effektive Maßnahmen, die Bodenversalzung einzuschränken, zu beseitigen bzw. sie gar nicht erst entstehen zu lassen (vgl. Goudie 2008, S. 218). Die wichtigste ist die Entwässerung des Unterbodens, um den Wasserspiegel tief genug zu halten, dass der Kapillaraufstieg reduziert wird und das Wasser, das die Kulturpflanzen nicht brauchen, abgeleitet wird. Mehr Süßwasser kann die durchwurzelte Bodenschicht „durchspülen". Mit Calcium, Magnesium oder organischem Material lässt sich die Durchlässigkeit des Bodens erhalten. Die richtige Auswahl der Pflanzen – sei es, dass sie mit weniger Wasser auskommen können oder auch auf salzhaltigen Böden noch genügend Ertrag bringen – spielt eine wichtige Rolle. Der sparsame Wasserverbrauch durch Tropfbewässerung ist eine andere wirksame Methode.

---

wirtschaft), höchstens noch für den lokalen Markt angebaut. Ähnliches gilt für die zweite Ebene, die von Obststräuchern oder -bäumen (Zitrusfrüchte, Feigen, Aprikosen und Granatäpfel) geprägt wird. Das oberste Stockwerk stellen die Kronen der Dattelpalmen dar. Sie können Höhen bis zu 30 m erreichen und ihre Wurzeln Tiefen von bis zu 20 m – damit müssen die Palmenhaine bei günstigem Grundwasserstand nicht unbedingt künstlich bewässert werden. Dattelpalmen können durchaus 200 Jahre alt werden und sogar Temperaturen von mehr als 50° C vertragen. Zum anderen braucht die Dattelpalme mindestens 2400 Sonnenscheinstunden im Jahr und für das Ausreifen der Früchte Tagesmaxima von über 35° C bei weniger als 50 % Luftfeuchtigkeit (vgl. Hornetz und Jätzold 2009, S. 246). Im Unterschied zu den anderen Nutzpflanzen der traditionellen Oasenlandwirtschaft dienen die Datteln nicht nur als Grundnahrungsmittel der einheimischen Bevölkerung, sondern sie gelangen auch in größeren Mengen in den Export. In den Flussoasen hat sich auch durch die größeren zur Verfügung stehenden Wassermengen der Anbau von Reis und Baumwolle etabliert.

> **Nomadismus und Transhumanz**
>
> Beides sind Formen der extensiven Weidewirtschaft als Reaktion darauf, dass ausreichende Vegetation nicht ganzjährig an einem Ort bzw. in einem eng umgrenzten Gebiet zur Verfügung steht. Nomaden ziehen mit ihren Viehherden – aber auch mit ihren Familien, dem kompletten Hausrat und Besitz – zu den Flächen, die ihren Herden genügend Nahrung und Wasser bieten. Dabei liegen ihren Wanderungen im Prinzip keine Regelmäßigkeiten zugrunde.
> Bei der Transhumanz pendeln die Hirten während der jeweiligen Jahreszeit zwischen mehr oder weniger festgelegten Weidegründen, während die Tierbesitzer sesshaft sind und Ackerbau betreiben. In den Trockengebieten bedeutet dies das Wandern von der regenzeitlichen Weide in der Trockensavanne in die trockenzeitliche Feuchtsavanne. Am stärksten ist die Transhumanz jedoch im Mittelmeergebiet verbreitet.

9.1 Extensive Weidewirtschaft

Die Trockengebiete, insbesondere die Regionen der Dornstrauchsavanne, eignen sich gerade noch für eine extensive Weidewirtschaft. „Sinkt der durchschnittliche Jahresniederschlag auf unter 500 mm und die Anzahl der humiden Monate auf unter drei, bleibt mit der Unterschreitung der agronomischen Trockengrenze nur noch die Weidewirtschaft als einzige sinnvolle Form der Landnutzung" (Scholz 2011, S. 845). Der große Flächenbedarf bei diesen Bedingungen, einer schütteren Vegetation und unzureichenden Niederschlägen, zwingt die Hirten zu einer mobilen Lebens- und Wirtschaftsweise: zum Nomadismus.

Konkrete Zahlen, die die räumlichen Dimensionen des Nomadismus widerspiegeln, hat Ruthenberg (1980, zit. in: Hornetz und Jätzold 2009, S. 242) ermittelt: Bei 100 mm Jahresniederschlag ist es möglich – aber nur auf einer unzerstörten, gut gemanagten Fläche von 50 ha –, eine Großvieheinheit (GVE; z. B. eine Kuh) zu halten. „Normalerweise liegt die Größenordnung des Flächenbedarfs in einer mageren Zwergstrauch-Halbwüste pro Großvieheinheit (die 7–10 Schafen oder Ziegen entspricht) bei 100–200 ha. Etwa 50 GVE pro Familie sind ein normaler Bedarf zur Lebensgrundlage. Eine wenigstens weilerartige Ansiedlung müsste aus mindestens fünf Familien bestehen. Der Flächenbedarf für die 250 GVE wäre dann 250–500 km² oder 25.000–50.000 Hektar" (Hornetz und Jätzold 2009, S. 242f) Damit wird sehr anschaulich, dass Nomadismus mit festem Wohnsitz nicht funktionieren kann! Als Variante, die inzwischen ebenso verbreitet ist, hat sich der Halb- oder Teilnomadismus entwickelt. Bei dieser Form der Fernweidewirtschaft sind die Familien soweit sesshaft geworden, dass nun nur noch die jungen Männer mit den Herden die erforderlichen Wanderungen unternehmen. Für die Kinder der sesshaft gewordenen Familien besteht damit zumindest die theoretische Chance auf einen Schulbesuch und die Möglichkeit, außerhalb des aussterbenden traditionellen Haupterwerbs der Familie eine neue Lebensgrundlage zu finden.

Die natürlichen Bedingungen bestimmen, welche Tiere gehalten werden können. Im Übergangsbereich zur Trockensavanne dominiert noch das Rind. Mit abnehmendem Weidepotenzial zur Halbwüste und Wüste hin gewinnen neben den Ziegen und Fettsteiß- bzw. Fettschwanzschafen Kamele an Bedeutung. Egal ob Kamel bzw. Trampeltier (zwei Höcker) oder Dromedar (ein Höcker), diese Tiere können mehr als zwei Wochen ohne Wasser auskommen und bei fehlendem Futter von ihren Fettreserven zehren. Aufgrund seiner Ausdauer und guten Laufeigenschaften eignet sich das Trampeltier bzw. in der Sahara das Dromedar hervorragend als Transporttier und verhalf seinen Haltern, etwa den Tuareg und den Somali, zum Transport- und Handelsmonopol in den Trockenräumen der afrikanischen Tropen (vgl. a. a. O.).

Eine durchaus auch konfliktbeladene Symbiose entwickelt sich zwischen den wandernden Hirten und den sesshaften Ackerbauern. Auf ihren Wanderungen können die Viehhalter von den Pflanzenresten auf den abgeernteten Äckern profitieren und die Bauern vom Dung, den die Tiere auf ihren Feldern hinterlassen. Dass es bei diesen Nutzungen einer Fläche durch zwei Gruppen auch zu Problemen kommen kann, lässt sich erahnen. Dabei

> **Game Ranch Management**
>
> Die Nelson Mandela Metropolitan University in Port Elizabeth (Südafrika) bietet einen Studiengang zum Management des Wildtier-Ranchings an. Dabei geht es um eine nachhaltig betriebene Viehzucht und den Ökotourismus.
> Game Ranch Management is the wise management and utilisation of renewable wildlife resources to ensure a sustainable game and ecotourism industry. There is an increasing awareness that South Africa is a major international wildlife destination catering for all tastes, from game viewing to bagging the BIG 5. This has stimulated a growing interest in game ranching as a viable farming venture and career. The aim of the Nature Conservation Department, in conjunction with the Agriculture Department at Saasveld, is to be a leader in wildlife management education and technology. We aim to be a significant player in the growth and development of the southern African game industry, providing internationally recognised students for the industry.
> **What Do Game Ranch Managers Do?**
> Our students are equipped with the knowledge and skills necessary for a career in game ranch management and related fields. The main emphasis of the game ranch manager is to manage natural resources and wildlife populations by integrating human and economic resources to maintain sustainable productivity.
> **Career Opportunities**
> Career opportunities include: game ranch managers, wildlife managers, extension officers, professional hunters, wildlife guides and safari outfitters. Game ranchers will work mainly on private game ranches, game farms and nature reserves. Opportunities will also be available to manage ecotourism ventures in National Parks, provincial nature conservation departments, and properties belonging to regional services councils and certain municipalities.
> (▶ http://snrm.nmmu.ac.za/Game-Ranch-Management)
>
> **BIG 5**
> Zu den „BIG 5" gehören für den Großwildjäger der Afrikanische Elefant, das Nashorn (Spitzmaul- bzw. Breitmaulnashorn, der Afrikanische Büffel oder Kaffernbüffel, Löwe und Leopard. Dabei sind nicht die Körpergröße oder das Gewicht eines Prachtexemplars der fünf Tierarten ausschlaggebend für die Aufnahme in diese „Großen 5", sondern die Gefahren, die mit ihrer Jagd verbunden sind.

spielt auch die soziale Hierarchie eine Rolle. Traditionell standen die Nomaden über den sesshaften Bauern; heute hat sich dies stark geändert, da z. B. die verkehrstechnischen Entwicklungen vor allem die Kamelhaltung und das damit verbundene Transportgewerbe – samt Monopolen und Einkünften – überholt haben und in diesem Zusammenhang das Image von den „Herren der Wüste" Schaden genommen hat.

Die Viehhaltung, die heutzutage unter dem Begriff Ranching als eine neue Wirtschaftsweise in Afrika, Australien und Südamerika erscheinen mag, geht in ihren Anfängen bereits auf Kolonialzeiten oder Siedlungspioniere zurück. „Die Wurzeln liegen nach ARNOLD (1985, S. 163) in den semiariden Gebieten der Iberischen Halbinsel, wo die infolge der *Reconquista* siedlungsleer gewordenen Räume vom König an Adlige zur Nutzung übereignet worden waren, wobei die gewinnbringendste Wirtschaftsform die mit großen Herden und bezahlten Hirten war" (Hornetz und Jätzold 2009, S. 97). Im 18./19. Jahrhundert versuchten burische Siedler im Kalahari-Becken und britische Pioniere im Outback Australiens, mit größeren Betrieben einer stationären Weidewirtschaft ihren Lebensunterhalt zu verdienen. Die Moden in Europa förderten diesen Wirtschaftszweig, denn Leder, Wolle und Felle, vor allem die Persianer-Felle von Karakulschafen, waren sehr gefragt (vgl. a. a. O.). Deutschland spielte dabei eine nicht unwesentliche Rolle: „Die zur Gruppe der Fettschwanzschafe zählenden Karakulschafe, die das ehemals begehrte Persianer Fell liefern, wurden 1907 aus den Trockengebieten Zentralasiens über Deutschland in die ehemalige deutsche Kolonie Südwestafrika eingeführt und konnten nach dem Ersten Weltkrieg von dort nach ihrer Anerkennung als ‚Vollpersianer' durch die damalige Industrie- und Handelskammer in Leipzig den Weltmarkt erobern" (a. a. O., S. 98).

Erst durch die Tierschutzbewegungen in den 1980er-Jahren, die u. a. Kleidung aus Tierfellen, vor allem den repräsentativen Pelzmantel, zunehmend gesellschaftlich ächtete – und schließlich weitgehend aus der Mode brachte, verlor der für Namibia wichtige Wirtschaftszweig an Bedeutung. Der Anteil der Karakulschafzucht, der 1988 noch ein Drittel der landwirtschaftlichen Produktion ausgemacht hatte, sank auf ca. 10 %.

Mit einer neuen Form der extensiven Weidewirtschaft in den Trockensavannen wird im südlichen Afrika experimentiert (vgl. Scholz 2011, S. 845): Neben der traditionellen Haltung von Zeburindern kommt diejenige von einheimischen Wildtieren hinzu. Diese Tiere haben den Vorteil, dass sie zum einen bessere Futterverwerter sind und zum anderen als weniger krankheitsanfällig gelten, da sie bestens an das Ökosystem Savanne angepasst sind. „Speziell in Namibia hat sich ein Großteil der Ranchbetriebe (darunter viele deutschstämmige Betreiber) in den letzten Jahren auf die Wildtiernutzung umgestellt, vor allem auch, um sich über das Angebot von Trophäenjagd und Fototourismus eine neue Einkommensquelle zu erschließen" (a. a. O.) – so auch in Namibia, wo viele Ranch-Betriebe ihre Zukunft in einer Form der Wildtierwirtschaft im Zusammenhang mit dem Tourismus sehen.

Keinesfalls auf die Trockengebiete beschränkt ist die Transhumanz, eine Form der Fernweidewirtschaft. Beachtliche Unterschiede im Jahreslauf der Niederschlagsverteilung und der daraus resultierende unterschiedliche Zustand der Vegetation zwingen die Tierbesitzer zu einem jahreszeitlichen Wechsel der Weidegebiete. Der feste Wohnsitz der Tierbesitzer und Lohnhirten, die mit der Wanderung beauftragt werden, sind weitere Kriterien, die die Transhumanz vom Nomadismus unterscheiden. Im Unterschied zur Almwirtschaft, die eine mit der Transhumanz vergleichbare jahreszeitlich wechselnde Nutzung von Weidegründen beinhaltet, kennt man bei der Transhumanz keine Stallhaltung während des Winters. Der Wechsel von Sommerweide zu Winterweide und retour bestimmt diese Form der Weidewirtschaft. Dabei sind Wanderungen in horizontaler Richtung üblich wie auch in vertikaler, d.h. verschiedene Höhenstufen eines Gebirges ausnutzend. So werden beispielsweise im marokkanischen Atlas, aber auch in den Bergländern des Mittelmeerraumes, im Sommer die hoch gelegenen Wiesen mit den Herden aufgesucht.

9.2 Tourismus am Rande der Wüste

Der Exkurs in das touristische Geschehen der Trockengebiete soll im marokkanischen Atlas-Gebirge (vgl. Brault 2004, S. 3ff, in: ▶ www.unesco-paysage. umontreal.ca/fr/recherches-et-projets/workshop-atelier-terrain-marrakech-2004) beginnen und die Entwicklungen im Übergangsbereich von der mediterranen Winterregenzone über die subtropisch-aride zur ariden Zone skizzieren. 1965 wurde in Marokko das Tourismusministerium gegründet, das zunächst mit Drei-Jahres-, dann mit Fünf-Jahres-Plänen den Ausbau des Tourismus in Angriff nahm. Badetourismus in Agadir und Kulturtourismus im Zusammenhang mit den Königsstädten (*villes impériales*) existierten bereits. Im Fünf-Jahres-Plan von 1988–1992 war ein Schwerpunkt die Förderung des ländlichen Raumes, wo im Zusammenhang mit einer touristischen Entwicklung auch die allgemeine Infrastruktur, wie Straßen, Wasser- und Stromleitungen, ausgebaut werden sollte.

Berg-/Wandertourismus und Wintersport wurden die neuen Betätigungsfelder. Aufenthalte im Gebirge während der heißen Sommermonate besaßen für wohlhabende Städter bereits zur Zeit des französischen Protektorats eine Tradition, ebenso Besuche aus religiösen Motiven. Die Anfänge eines Wandertourismus, vor allem im Massiv des höchsten Berges des Landes – und des zweithöchsten Afrikas, des Djebel Toubkal (4165 m), reichen zurück in die 1920er-Jahre, als die marokkanische Sektion des CAF (*Club Alpin Français*) die ersten Berghütten errichtete. Dies griff man Ende der 1980er-/Anfang der 90er-Jahre wieder auf und begann, einen Wandertourismus im Atlas zu entwickeln, bei dem die Touristen auch Quartiere (*Gîtes d'étape*) bei den Einheimischen vorfinden sollten. Mit dieser Maßnahme versuchte der Staat zudem, der Landflucht entgegenzuwirken.

Eine Studie von Lessmeister und Popp (2004, in: Mayer 2004, S. 400ff), die im Hohen Atlas in einer Feldarbeit die Auswirkungen des Trekkings und die Entwicklungen im Wüstentourismus recherchierten, erlaubt eine erste Bewertung des Erfolgs dieser staatlichen Pläne. Die Mainzer Geographen gehen der Frage nach, ob gerade diese Form des Tourismus, die den Idealen eines früher als „sanft", heute eher als „nachhaltig" bezeichneten Tourismus nahekommt, diejenige ist, von der Einheimische besonders profitieren. Schließlich widerspricht eine aufwendige Infrastruktur den Erwartungen der Touristen bei diesen Formen des Reisens. „Sind somit Trekking- und Wüstentourismus endlich Formen, bei denen die Tourismuskritik verstummen muss und alle normativen Forderungen an einen umwelt- und sozialverträglichen sowie der Regionsbevölkerung zugute kommenden Tourismus eingelöst werden?" (a. a. O., S. 411).

Welche Akteure sind bei einer Trekkingtour im Atlas beteiligt? Ein internationaler Reiseveranstalter sorgt im Normalfall für den Flug nach Marrakesch und eine einheimische Agentur für die Unterkünfte, den Transfer ins Wandergebiet, Begleitpersonen, Tragetiere und die Verpflegung. An der Spitze der einheimischen Personen, die für den praktischen Ablauf der Trekkingtour engagiert werden, steht der Bergführer, der nicht nur für den richtigen Weg, sondern auch für den reibungslosen Ablauf der Wanderung zuständig ist und als Mittler zwischen den Kulturen fungieren sollte. Die Mannschaft der Maultierführer sorgt mit ihren Tieren für den Transport von Gepäck, Zelten, Kochausrüstung und Proviant. Es kann auch vorkommen, dass bei einzelnen Etappen die Wandergruppen in privaten Unterkünften – auch in den Häusern oder Privatpensionen (*Gîtes d' étape*) der Maultier-Führer übernachten. Lessmeister und Popp (a. a. O., S. 405f) stellen die Einnahmen der verschiedenen Akteure zusammen und kommen in der prozentualen Verteilung des „Kuchens" auf keine überraschenden Ergebnisse. Doch man erfährt, dass die Maultiertreiber mit ihrem staatlich festgelegten Lohn von 70 Dirham (DH) (10 DH entsprechen ca. 1 €), von dem noch einmal ca. 15 DH für das Viehfutter abzuziehen sind, mangels Alternativen anderer Erwerbstätigkeiten mit dieser Situation zufrieden sind und die Arbeit als Maultierführer in den Gebirgsregionen attraktiv ist. Ähnliches wurde zu einer freiberuflichen Tätigkeit als Guide ermittelt. Auch wenn die Auslastung der Gîtes gering ist, so sehen ihre Betreiber optimistisch in die Zukunft und erwarten eine Steigerung der Gästezahlen. (Für die Entwicklungen im südmarokkanischen Wüstentourismus siehe ▶ Abschn. 9.5.)

Nicht nur mit guten Bedingungen für Trekking und Wüstentouren, sogar mit einem Wintersportgebiet am Djebel Oukaimeden kann der marokkanische Atlas aufwarten. Im Fünf-Jahres-Plan von 1988–1992 war vorgesehen, das touristische Angebot im Königreich um Wassersportarten, Freizeitsegeln, Golf, einen international ausgerichteten Thermalbadetourismus und den Wintersport zu erweitern. Das 2600 m über dem Meeresspiegel gelegene Dorf Oukaimeden, rund 70 km von Marrakesch entfernt, wurde zum Skiort ausgebaut. Es rühmt sich heute, „das höchste Ski-Resort Afrikas" zu sein und alles anzubieten, was man in einem typisch europäischen Wintersportort findet – Skiverleih, Skischule, Restaurants und Hotels (vgl. ▶ www.travelmarrakech.co.uk/oukaimeden-ski-resort-in-marrakech/). (Auf der Homepage ▶ www.visitmoroco.com ist das Skiresort Oukaimeden dagegen kein Thema! Mehr als der Vorschlag, „am Morgen die schönsten Strände Agadirs zu verlassen, um sich am Nachmittag auf den Skipisten von Oukaimeden wieder zu finden, bevor man dann einen milden Abend unter Palmen in Marrakesch genießt", wird nicht gegeben. Bei den konkreten Möglichkeiten sind Skiläufer aus aller Welt auch nicht gerade die Zielgruppe, sondern das einheimische Publikum.) Die britische Website (siehe oben) vermittelt da schon eher einen Eindruck vom „Skizirkus" am Djebel Oukaimeden. Bei guten Verhältnissen, die von Januar bis Ende März/Anfang April dauern können, gibt es bis zu 20 km Pisten, die längste 3 km lang. Für das Skigelände, das nicht durch Lifte erschlossen ist, kann man sich Esel als Aufstiegshilfen mieten. Auch die Preise erscheinen im Resort Oukaimeden wie aus einer anderen Welt: Der Liftpass kostet 7 Euro pro Tag und die Stunde Skiunterricht zwischen 3 und 8 Euro.

9.3 Wintersport im Wüstenklima

Doch es geht noch eine Nummer „extremer": Dubai bietet seit dem Jahr 2005 Skivergnügen auf fünf Pisten in einer Halle über dem Wüstensand – dass diese exotische Freizeitbeschäftigung ganzjährig möglich ist, muss nicht verwundern. Das erste Indoor-Skiresort des Nahen Ostens (vgl. ▶ www.theplaymania.com/skidubai) bietet 22.500 m^2 Fläche mit „echtem" Schnee in einer 85 m hohen und 80 m breiten Halle mit einer Temperatur von „komfortablen" –1° bis –20° C und fünf verschiedene Pisten, die sich in Schwierigkeit und Länge (bis zu 400 m) unterscheiden. Hinzu kommen noch eine Freestyle Zone und ein 3000 m^2 großer Schneepark mit einer Schneehöhle für das Erlebnis einer Winterlandschaft. „Ski Dubai" hat Platz für 1500 Gäste gleichzeitig. Zum gastronomischen Angebot gehören zwei Themenrestaurants, die an richtigen Wintersport erinnern, so das St. Moritz Café und das Lawinen-Café. Als besondere Attraktion, zu der verschiedene Pauschalen angeboten werden, marschieren viermal täglich Königspinguine in einer Gruppe durch die Skihalle.

Doch Dubai bietet auch ein dem originalen Klima angemesseneres Skilaufen und Snowboardfahren – korrekter: Sandboardfahren –, nämlich auf den Sanddünen der Wüste. Hier bringen keine Esel die Freizeitsportler an den Beginn der Piste, denn der Transfer findet mit Jeeps statt. Für die sportliche Betätigung der Einheimischen wie der Gäste im satten Grün gibt es in Dubai fünf 18-Loch-Golfplätze sowie eine Reihe von Hotels mit jeweils einem eigenen 9-Loch-Platz. Die enormen Wassermengen, die für diese Freizeit- und Touristenvergnügen benötigt werden, stammen nicht aus fossilen Süßwasserbeständen oder dem Grundwasser. Die Gewinne aus dem Erdölverkauf erlauben den Betrieb einer entsprechend leistungsstarken Meerwasserentsalzungsanlage. Die Kraftwerks- und Meerwasserentsalzungsanlage Dschabal Ali produzierte im Jahr 2012 täglich 470 MIG (Millionen Imperiale Gallonen – eine Imperiale Gallone entspricht 4,546091) Trinkwasser (vgl. ▶ www.dewa.gov.ae/aboutus/waterStats2012.aspx). Im Jahr 2001 hatte die Produktion – und die Nachfrage – noch bei rund einem Drittel dieser Menge, bei 148 MIG am Tag, gelegen.

Seit Beginn der 1970er-Jahre erlebt Dubai den rasanten Wandel von einem Fischer- und Handelsort im Wüstensand am Arabischen Golf zu einer Destination des internationalen Tourismus und Geschäftslebens. Der Erdölhandel löste Anfang der 80er-Jahre zunächst einen Geschäftstourismus aus: ... *tourism was at that time limited to business travel, with arrivals in 1985 totalling just 422,000* (Sharpley 2009, S. 185). Aus der Notwendigkeit, das Wirtschaftsleben im Scheichtum auf eine breitere Basis zu stellen und mehr als nur Geschäftsleute aus den Nachbarstaaten und Westeuropas anzulocken, „entdeckte" man, d. h. der Scheich und seine Familie, den Tourismus. Zuerst wurde in den Bau der gehobenen Hotellerie investiert – *As early as 1985, 26 out of 42 Dubai hotels were in the deluxe/first class segment* (a. a. O.). Im Jahr 2012 hat die Besucherzahl Dubais erstmals die Zehn-Millionen-Marke (10,16 Mio.) überschritten bei 399 Hotels (mit 57.345 Betten) und 200 Hotelapart-ment-Komplexen mit 23.069 Apartments (▶ http://pr.dubaitourism.ae). Nach dem Ausbau der Hotellerie widmete man sich auch einem touristischen Angebot, um Urlauber anzuziehen, denn allein Sonne und Strand reichen nicht, um diese Zahl an Hotels und Betten zu füllen. Auch für ein unverwechselbares Profil als international gefragte Destination bedarf es mehr. „Um sich dennoch dauerhaft auf dem internationalen Tourismusmarkt zu positionieren, verfolgt Dubai unter dem Leitbild Übermorgenland eine Strategie des Spektakels und der Superlative, die vor allem in Form gigantischer Bauprojekte umgesetzt wird" (Steinecke 2011, S. 274). Als unübersehbare Landmarke in der Form eines aufgeblähten Schiffssegels wurde 1999 das Luxushotel „Burj Al Arab" eröffnet. Mit dem Bau der künstlichen Inseln in Form einer Palme ab 2001 wurde im Meer die begehrte Strandlage für mehrere Tausend private Villen und einige Hotels, so beispielsweise für das 2008 eröffnete 1539 Zimmer große Atlantis Hotel auf Palm Jumierah, ermöglicht. Eine aus weiteren über 200 künstlichen Inseln geformte „Weltkarte" (Projekt „The World") und der nächste Inselkomplex in Palmenform sind in Arbeit. In Bau befindet sich ebenso „Dubailand", das 2018 eröffnet werden soll und größer werden wird als Disneyland und Disneyworld zusammen; mit 200.000 Besuchern täglich rechnet man (vgl. Sharpley 2009, S. 186). Schon als Teil des touristischen Angebots liefert in der „Mall of the Emirates", einem der größten Shoppingcenters der Welt (eröffnet 2005), „Ski Dubai" (siehe oben) exotisches Sporterlebnis für diese Klimaregion. Veranstaltungen und besondere Events gehören ebenfalls zum Alltag, so wurde u. a. das „Dubai Shopping Festival" ins Leben gerufen, um mehr Besucher anzulocken und die Saisonalität des Tourismus zu reduzieren (a. a. O.). Natürlich bringt diese boomende Tourismuswelt unter der strahlenden Wüstensonne viele Schattenseiten hervor, auf die hier nicht eingegangen werden kann.

9.4 Moderne Oasenwirtschaft in der Sahara

Die im Südosten Libyens sollen als Beispiele für eine moderne Landwirtschaft – mit Hang zum Größenwahn, Fehleinschätzungen und abgehobenem poli-

Der Lack ist ab!

Die Klimaverhältnisse und die Verwitterungsprozesse in der Wüste können auch für harte Krusten auf den Oberflächen sorgen. Diese Krusten unterscheidet man nach der wichtigsten chemischen Verbindung des Krustenbildners. Die häufigsten, am weitesten verbreiteten sind die Kalkkrusten (Calciumcarbonat), die bis zu mehreren Meter mächtig werden können. Kieselkrusten entstehen aus der chemischen Verwitterung von Opal, Chalcedon oder Quarz. Diese Form ist vor allem in Südafrika und Australien weit verbreitet. Calciumsulfat steckt in den Gipskrusten.

„Die Prozesse, die für die Bildung dieser Hartkrusten verantwortlich sind, sind so verschieden wie die Krusten selber. Zum Teil entstehen Krusten aus Salzen, die in verdunstenden Seen abgelagert werden; zum Teil entstehen sie *in situ* und sind mit einer Anreicherung des zementierenden Materials verbunden, indem andere Mineralien ausgewaschen werden; zum Teil bilden sie sich als Folge der Verdunstung von Grundwasser in Gebieten mit hohen Verdunstungsraten; zum Teil entstehen sie in Verbindung mit Pedimenten [Fußflächen an den Gebirgsrändern] und Schwemmkegeln durch die Verdunstung von seitwärts abfließendem Wasser an der Oberfläche oder in oberflächennahen Schichten; ein Teil schließlich hat mit der nach unten gerichteten Auswaschung und Anreicherung von löslichem Material zu tun, das als Staub herangebracht worden ist" (Goudie 2008, S. 195).

Zu einer besonderen Bezeichnung hat es die dünne glänzende Kruste aus Tonmineralen und Eisen- so- wie Manganoxiden gebracht: Sie wird Wüstenlack genannt. Diese verschiedenen Krusten geben den Oberflächen einen gewissen Schutz vor der Verwitterung und der Abtragung. Die Schutzschicht wird durch die Reifen von Geländefahrzeugen auf ihrem Wüstentrip zerstört, und der Abtransport des Lockermaterials durch den Wind gefördert. „Mitten" in der Wüste mögen diese Prozesse irrelevant sein, doch in der Nähe von Oasen fördern sie die äolische Sedimentation und damit die Sandverwehungen und Wanderdünen, die – je nach Windrichtung – die landwirtschaftlichen Nutzflächen der Oasen oder ihre Siedlungen allmählich im Sand „ersticken" lassen, wenn keine Gegenmaßnahmen ergriffen werden.

---

tischen Willen – in ariden Gebieten kurz vorgestellt werden. Bei Erdölbohrungen in den 1970er-Jahren entdeckte man hier große Vorkommen an fossilem Grundwasser, geschätzte Milliarden von Kubikmetern, die aus feuchteren Zeiten in der Sahara vor 12.000 bis 15.000 Jahren stammen müssen. Dieses Wasserreservoir sollte die Grundlage für schließlich 10.000 ha an kreisrunden Getreidefeldern werden. Von leistungsstarken Pumpen in der Mitte der Felder wurde das Wasser in 1120 m lange Arme der Sprinkleranlagen geleitet, die durch ihr Rotieren die runden Felder bewässerten. Die Aktion sollte vor allem die Selbstversorgung des Staates mit Getreide sichern, das zusätzlich zu den hohen Transportkosten von der Wüste in die Städte an der Mittelmeerküste ungefähr zehnmal teurer als auf dem Weltmarkt eingekauftes werden sollte.

In einem zweiten Versuch sollte das moderne Bewässerungssystem Futterpflanzen in der Wüste gedeihen lassen, wohin dann auch die Zucht von Kühen, Schafen und Eseln verlegt werden sollte. Viele Tiere verendeten auf dem Transport in die Kufra-Oasen, und dieses staatlich propagierte Projekt scheiterte ebenfalls. Man besann sich wieder auf den Getreideanbau. Doch die Prognosen über das Absinken des Grundwasserspiegels sollten bald von der Realität deutlich übertroffen werden – nach einem Jahr Pumpen war er bereits um 15 m gesunken (vgl. ▶ www.scinexx.de/index.php?cmd=focus_detail2&f_id=67&rang=18), sodass Anfang der 1980er-Jahre, diese Episode abgeschlossen wurde, um ein gigantischeres Projekt in den libyschen Wüstensand zu setzen, das „Great Man-Made River Project" als größtes und teuerstes Süßwasserprojekt der Erde (vgl. Brockmann und Ellrich 2012, in: ▶ www2.klett.de/sixcms/list.php?page=infothek_artikel&extra=Haack%20Weltatlas-Online&artikel_id=186614&inhalt=klett71prod_1.c.264544.de). Doch nicht nur die Landwirtschaft in der Wüste, sondern auch die Trinkwasserversorgung des Staates sollte damit sichergestellt werden. Große unterirdischen Seen, die noch unter dem Grundwasserspiegel liegen, wurden in den vier Regionen, dem Kufra-Becken, Sarir-Becken, Murzuk-Becken und Hamadah-Becken, angezapft und decken derzeit rund die Hälfte des libyschen Trinkwasserbedarfs ab (a. a. O.). Nach Schätzungen könnten weitere 130.000 ha landwirtschaftliche Nutzfläche gewonnen werden.

„Kritiker bewerteten das finanziell aufwendige, aber in der westlichen Welt kaum bekannte GMMRP als eine unverhältnismäßige Prestigeunternehmung des ehemaligen Staatschefs Muammar al-Gaddafi. Der Fortgang des Projektes ist seit dem politischen Umschwung in Libyen 2011 ungewiss" (a. a. O.).

Um wie vieles bescheidener ist da ein Golfplatz, der von dem Wasser einer traditionell geführten Oase bewässert werden muss. Aber auch er beeinträchtigt die lokale Landwirtschaft. Zum neuen Wirtschaftsleben in der tunesischen Oase Tozeur gehört ein Saharagolfplatz: „Inmitten von Palmen befindet sich der von Ronald Fream konzipierte 18 Loch Golfplatz, der über und über mit Canyons und Felsen besetzt ist und somit ganz natürliche Hindernisse liefert. Die 25 ha Rasen werden durch recyceltes Wasser bewässert, um den Grundwasserspiegel zu erhalten" (► www.tunesien.info/aktivitaeten/golf/golf-des-oasis-in-tozeur.html). Eine Vergrößerung des Platzes auf 36 Loch ist geplant.

Die Konkurrenz am Wasserhahn von Landwirtschaft und Tourismus sollen folgende Zahlen einmal verdeutlichen (vgl. Müller 2007, S. 120f): In tunesischen Oasen werden von Touristen bis zu 670 l Wasser pro Kopf und Tag verbraucht. Für die Nordküste Tunesiens, die immerhin mit höheren Niederschlägen rechnen kann, wurde ein Wasserbedarf für einen 110 ha großen Golfplatz in Tabarka von 3,6 Mio. l ermittelt. In Tabarka wie Tozeur werden die Golfplätze mit recyceltem Wasser bewässert. Dabei besteht die Gefahr, dass das Klärwasser nicht bis zu einem unbedenklichen Zustand gereinigt wird und somit Keime in den Boden, in das Grundwasser, in die Pflanzen und damit in die Nahrungskette gelangen (► www.tunesien.info).

9.5 Die Wüste dehnt sich aus durch die Aktivitäten des Menschen

Zu den globalen Umweltproblemen gehört das Wachsen der Wüsten, die Desertifikation. Dabei sind nicht die Folgen von Dürren gemeint, da die ohnehin angepasste Vegetation sich auch nach einigen Jahren ohne Niederschläge wieder entwickeln wird – ein Jahr Trockenheit oder mehrere Jahre, das ist für diese strapazierfähigen Organismen weniger ein Problem.

Desertifikation und Desertation

„Anthropogen bedingte Ausbreitung wüstenhafter ökologischer Verhältnisse in den bereits an Wüsten angrenzenden Bereichen als Folge von Übernutzung, vor allem Überweidung. Sehr häufig ist die Desertifikation die Folge einer Wechselwirkung zwischen menschlicher Aktivität und klimatischen Veränderungen. Der in Trockengebieten durch natürlichen Klimawandel verursachte Übergang zu wüstenhaften Verhältnissen wird als Desertation bezeichnet." (Press und Siever 2011, S. 667)

Es ist vielmehr die Übernutzung der ariden und semi-ariden Zonen als eine Folge der Bevölkerungsexplosion im 20. Jahrhundert, die durch die Ausdehnung der Landwirtschaft in diese Gebiete, durch übermäßiges Abschöpfen der unterirdischen Wasservorräte, Überweidung, Abholzung und Versalzung der Böden durch unsachgemäße künstliche Bewässerung (siehe oben: Box „Entwicklung und Preis der künstlichen Bewässerung") geschieht. „Es wird allgemein geschätzt, dass die Desertifikation ungefähr 65 Millionen Hektar ehemaliger produktiver landwirtschaftlicher Nutzfläche betrifft und den Lebensunterhalt von 850 Millionen Menschen bedroht" (Goudie 2008, S. 208).

Die Gefahrenzonen für das Ausbreiten der Wüsten liegen an ihren Rändern, wo die Menschen dazu gezwungen sind und es dementsprechend versuchen, ihre landwirtschaftlichen Nutzflächen auszudehnen. So wird der Trockenfeldbau, d. h. Ackerbau ohne künstliche Bewässerung, in Regionen hinein ausgedehnt, die in der Regel zu geringe Niederschlagsmengen besitzen. „Anbau wird heute in Nordafrika und im Nahen Osten in Gebieten mit nur 150 Millimetern und in der Sahelzone mit nur 250 Millimetern Jahresniederschlag betrieben. Wenn der Boden nach dem Anbau oder einer Missernte unbedeckt gelassen wird, neigt er zur Erosion durch Wind und Wasser und beschleunigt die Desertifikation weiter" (a. a. O.) (◘ Abb. 9.3).

Größeren Schaden als der Ackerbau verursacht das Überweiden der Trockengebiete. Häufig werden die Nutztierbestände vergrößert, sodass sie die Tragfähigkeit der Weidegründe überschreiten. Zum

9.5 · Die Wüste dehnt sich aus durch die Aktivitäten des Menschen

Abb. 9.3 Diese Reste an Vegetation und die abgestorbenen Bäume in der Großen Arabischen Wüste lassen vermuten, dass hier einmal eine Wasserstelle bzw. eine Oase war, die inzwischen der Desertifikation zum Opfer gefallen ist (Simon Gerhardt)

anderen wird durch das Ausdehnen des Ackerbaus in die trockeneren Regionen hier den Viehzüchtern Flächen genommen. Der Druck zwingt sie schließlich, ihre Weideflächen in ungünstigere Gebiete auszudehnen oder ganz dorthin zu verlagern. Mit dem Bohren von Brunnen oder anderen Möglichkeiten, die Wassersituation für das Vieh zu verbessern, fällt für die Vegetation die Erholungsphase weg, da länger an einem Ort geweidet werden kann. Die Pflanzenwelt wird darunter leiden und nun zum begrenzenden Faktor. Eine zu stark abgeweidete Vegetation verliert zudem ihre Schutzfunktion für den Boden.

Auch Bäume und Sträucher haben unter diesen Umständen einen buchstäblich schweren Stand. Das Vieh frisst ihr Laub und ihr Holz wird als Brennholz oder zur Produktion von Holzkohle gebraucht. Mit dem Absterben dieser Pflanzen wird der Degradierung der Böden und der Erosion weiter Vorschub geleistet. Ein großes Gefahrenpotential steckt in der falschen künstlichen Bewässerung, die zu einer Versalzung der Böden führt.

Das Problem der Desertifikation ist ein weltweites, es betrifft Millionen vor allem armer Menschen, die durch den Verlust an landwirtschaftlicher Nutzfläche vertrieben wurden und noch werden. Um diese Prozesse mehr in das Bewusstsein der Öffentlichkeit zu rücken, haben die Vereinten Nationen 1994 eine „Konvention zur Bekämpfung der Wüstenbildung" verabschiedet (vgl. McKnight und Hess 2009, S. 688).

„Rund ein Drittel der gesamten Erdoberfläche ist von Desertifikation im weitesten Sinne betroffen. Damit sind weltweit – nach Schätzungen der UNCCD – mehr als 1,2 Milliarden Menschen in rund 110 Ländern von Trockenheit und Wüstenbildung bedroht, über 250 Millionen sind schon jetzt direkt betroffen. In den nächsten Jahren werden immer mehr Menschen gezwungen sein, ihre Heimat wegen der Zerstörung ihrer Lebensgrundlagen zu verlassen. Desertifikation ist ein globales Problem. … Dabei wird großer Wert darauf gelegt, dass die Bevölkerung vor Ort in die Programme und Maßnahmen einbezogen wird und so auch die Möglichkeit der Selbsthilfe entsteht. Die Desertifikationsbekämpfung ist ein wichtiger Beitrag zum globalen Umweltschutz: Aufforstungsmaßnahmen und Erosionsschutz in degradierten Regionen wirken nicht nur dem Verlust biologischer Vielfalt entgegen, sondern tragen durch die Bindung von Kohlenstoff auch zum Klimaschutz bei" (▶ www.auswaertiges-amt.de/DE/Aussenpolitik/GlobaleFragen/Umwelt/Umwelt-VN/VN-Wueste.html).

9.6 Wüstentourismus – Wer profitiert? Beispiele aus Südmarokko

Nur Sandwüste mit Dünen ist in den Köpfen vieler Touristen die „richtige" Wüste, und so konzentriert sich der Wüstentourismus in Marokko auf wenige Standorte: auf die Dünenfelder (Erg) um Merzouga, südöstlich der Oasenregion Tafilalet (Erg Chebbi), sowie im Bereich der Dünen von Iriki bei M'hamid, entlang der algerischen Grenze, südlich von Zagora (vgl. Lessmeister und Popp 2004).

In ihrer Studie stellen Lessmeister und Popp fest, dass seit den 1970er-Jahren der Abstecher in die Wüste zu Studienrundreisen durch das Land gehört, jedoch Kurzaufenthalte von Individualtouristen erst ab den 80er-Jahren zu beobachten sind. Die durchschnittliche Aufenthaltsdauer betrug dabei drei Tage.

In Erfoud und Zagora, den Ausgangsorten für Fahrten in die Wüste, erwarten die Touristen noch Drei- und Viersternehotels. Von diesen starten die Jeep-Fahrten zum Sonnenaufgang in den Dünen. Für die Autobesitzer konnten die Geographen eine schnelle Amortisation ihrer Investitionen nachweisen: „Der jährliche Gewinn pro Fahrzeug lag hier im Jahre 1997 bei 115.000 DH (€ 11.500) – eine exorbitant hohe Summe. Die Fahrer dieser Fahrzeuge verdienen ebenfalls nicht schlecht: Neben ihrem Basisgehalt von 700–1000 DH pro Monat (€ 70–100) erhalten sie für jede Fahrt zum Erg 50 DH (€ 5) vom Besitzer, Trinkgelder der Touristen und 25 % Kommission bei touristischen Käufen in Fossilienläden, an denen man ‚zufällig' vorbeifährt, sowie 50 % Kommission, wenn ein Tourist ein Kamel mietet" (a. a. O., S. 407).

Doch nicht nur die Landroverbesitzer, ihre Fahrer und die Taxibetreiber am Rande der Wüste, auch andere Berufsgruppen wie die Besitzer von Herbergen, kleinen Hotels und Cafés sowie Kamelvermieter, Fossilienverkäufer und „authentische Nomaden" mit ihren Zelten und inszeniertem „Alltag" profitieren von den Touristen. Als neue Berufsgruppe kamen Händler hinzu, die sich auf Souvenirs spezialisierten. Pfiffige Einheimische merkten, dass unter den Touristen der Volksstamm der Tuareg ein besonderes Ansehen genießt, und machten daraus ein Geschäftskonzept: In blaue Gewänder gehüllt lassen sich Kamelritte, Souvenirs und Geschichten besser verkaufen – doch in Marokko gibt es keine „echten" Tuaregs! Auch Reiseveranstalter nutzen inzwischen den Mythos Tuareg als Verkaufsargument. Wer könnte die Wüste besser erklären? Wer mehr Authentizität in einen Wüstentrip bringen? Eine Reise mit solch einem exklusiven wie kompetenten Führer wird garantiert ein Erfolg. Das Neueste im touristischen Angebot im Süden Marokkos: Bauchtänze von Tuaregs für die Touristen (vgl. Bouaouinate 2009, S. 26)!

Am Rand des Erg Chebbi kartierten die Geographen eine lange Reihe von Herbergen: Auf rund 20 km Luftlinie entlang der Straße von Erfoud nach Taouz war die Zahl der Unterkünfte von den ersten vier, die zwischen 1980 und 1983 entstanden, auf insgesamt 55 im Jahr 2002 angewachsen. „Die neuen Herbergen sind nicht nur luxuriöser in der Ausstattung und benötigen in erheblich zunehmendem Umfang auch Wasser für Duschen und z. T. sogar Swimmingpools; estreten nunmehr auch regionsfremde, teilweise ausländische Investoren auf" (a. a. O., S. 411). Hotels mit deutschsprachigen Websites gehören inzwischen auch zum Angebot, wie z. B. das Hotel Kasbah Erg Chebbi (▶ www.kasbahergchebbi.com/wuesten-hotel) – natürlich mit Swimmingpool –, oder man kann heutzutage auch Payback-Punkte bei seinem Aufenthalt in den Herbergen und Hotels am Erg Chebbi sammeln!

Seit dem Jahr 2001 führt eine Asphaltstraße bis an den Erg Chebbi heran, sodass nun auch Reise-

Landschaftswahrnehmung anno 1876 – unterwegs in Serir und Hamada

„Nicht weit von diesem Wadi (Wüstenflusstal) nimmt eine Ebene, bedeckt mit Feuerstein, ihren Anfang, der auch über große Teile der Berge von Esau verstreut liegt: eine steinerne Blöße, vom Wetter geschwärzt, eine Felsenfläche, deren Erdschicht Wind und Regen abgetragen haben. In der klaren Sonne verdampft dieser Kieselboden das Wasser, die Steine glänzen, als wären sie wie die Felsen und sogar die Berge im Sinai von staubführenden Winden, *ajaj*, poliert. Dieses weite und oft über fünf Meter tiefe Kieselbett ist das höchste Plateau der ganzen Provinz; die abgeschliffenen Feuersteine stammen aus dem ausgewaschenen Kalkfelsen darunter, den starke Kieseladern durchziehen. Wir kennen solche Kiesel aus flachen Wasserläufen, aber woher soll hier auf dieser Hochebene, viertausend Fuß über dem Meeresspiegel, das Wasser kommen? Die Araber nennen diese ganze Region *Ard Suwwan*, den Feuersteingrund, was dem Arabia petraea bei den alten Geographen entspricht. Seltsamerweise ist dieser Kies nicht älter als die Vorgeschichte der Menschheit; ich habe dort Feuersteinwerkzeuge gefunden, wie wir sie von einigen Flüssen, Seen und Böden Europas kennen." [...]

„Auf unserem weiteren Marsch fanden wir den Boden unter unseren Füßen seltsam mit Lava übersät, welche sich vom Steinland wie eine Trift abhebt, die vom Westen, wo große schwarze vulkanische Berge zu sehen sind, herabgeflossen ist. Hier und auf weiteren fünfzig Meilen ist Esaus Land eine einzige riesige Steinöde. Wir befinden uns im Gebiet der Howejtat, eines nicht kleinen Beduinenstamms, dessen Grenzen die beiden Meere sind. Die Howejtat sind mehr nomadisierende *fellahin* (Bauern) als Beduinen; viele treiben Ackerbau, und alle wohnen in Zelten" (Doughty 1979, Originalausgabe 1888).

---

busse bis an die 150 m hohen Dünen heranfahren können; der Startschuss für den Massentourismus in die Wüste wurde damit gegeben. Mit den neuen Hotels und ihrer Ausstattung sowie der steigenden Zahl an Touristen wird in dieser Region der Kampf um die Wasservorräte, die unter den Sanddünen lagern, zum Alltag am Rand des Erg Chebbi gehören (► www.geo.uni-mainz.de/ceraw/de/5_09_lessmeister_popp.pdf).

Literatur

Arnold A (1985) Agrargeographie. Schöningh, Paderborn
Bouaouinate A (2009) Les acteurs locaux du tourisme de désert au Maroc : Cas de l'erg Chebbi et de Zagora-M'hamid, Dissertation Universität Bayreuth. http://opus.ub.uni-bayreuth.de/opus4-ubbayreuth/frontdoor/index/index/docId/451
Brault F (2004) Le Tourisme et la transformation du territoire et du paysage au Maroc. Workshop de la CUPEUM Marrakesch. Université de Montréal. www.unesco-paysage.umontreal.ca/fr/recherches-et-projets/workshop-atelier-terrain-marrakech-2004
Brockmann T, Ellrich M (2012) Infoblatt „Great Man-Made River Project" Geographie Infothek. Klett, Leipzig (www2.klett.de/sixcms/list.php?page=infothek_artikel&extra=Haack%20Weltatlas-Online&artikel_id=186614&inhalt=klett71prod_1.c.264544.de)
Doughty Ch M (1979) Reisen in Arabia Deserta: Wanderungen in der Arabischen Wüste 1876–1878. Mit einem Vorwort von Lawrence von Arabien. (Hrsg und übers. Von Hans-Thomas Gosciniak) DuMont-Dokumente: Reiseberichte, DuMont, Köln S. 29 f. (Originalausgabe 1888, Cambridge)
Ellrich M (2012) Infoblatt Weidewirtschaft. In: Geographie Infothek Landwirtschaft. Klett, Leipzig (www2.klett.de/sixcms/list.php?page=geo_infothek&miniinfothek=&node=Landwirtschaft&article=Infoblatt+Weidewirtschaft)
Fachbereich Stadt- und Landschaftsplanung Universität Kassel (Hrsg) (2002) Stadt- und Dorferneuerung in Ägypten. Exkursionsbericht. Kassel
Hornetz B, Jätzold R (2009) Savannen-, Steppen- und Wüstenzonen Das Geographische Seminar. Westermann, Braunschweig
Klüsner F (1885) Reise im Morgenlande. 2. Aufl., Verlag des Tractathauses H. Nuelsen, Bremen
Kürschner-Pelkmann F (2006) Tourismus in wasserarmen Gebieten. Mit Badehose und Golfschläger in die Wüste (www.tourism-watch.de/content/tourismus-wasserarmen-gebieten)
Lessmeister R, Popp H (2004) Profitiert die Regionsbevölkerung vom ländlichen Tourismus? Das Beispiel des Trekking- und Wüstentourismus in Südmarokko. In: Meyer G (Hrsg) Die Arabische Welt im Spiegel der Kulturgeographie. Verlag Universität Mainz Geographisches Institut, Mainz, S 400–411
Müller B (2007) Jagdtourismus und Wildreservate in Afrika und ihre Problematik. In: Becker C, Hopfinger H, Steinecke A (Hrsg) Geographie der Freizeit und des Tourismus. Bilanz und Ausblick. 3. Aufl., Oldenbourg, München, Wien, S 653–665
Novelli M, Humavindu MN (2005) Wildlife tourism. Wildlife use vs local gain: trophy hunting in Namibia. In: Novelli M (Hrsg) niche tourism. Contemporary issues, trends and cases. Routledge, London, New York, S 171–182
Nowel I (1990) Geschichte der Ägyptenreisen seit dem 16. Jahrhundert. In: Entdeckungsreisen in Ägypten 1815–1819.

In den Pyramiden, Tempeln und Gräbern am Nil. 3. Aufl., DuMont Reiseberichte, Köln, S 220–273

Scholz U (2011) Strukturen und Probleme der ländlichen Räume in den Tropen. In: Gebhardt H, Glaser R, Radtke U, Reuber P (Hrsg) Geographie. Physische Geographie und Humangeographie. 2. Aufl., Spektrum, Heidelberg, S 837–855

Sharpley R (2009) Tourism Development and the Environment: Beyond Sustainability? Earthscan, London, New York

Steinecke A (2011) Tourismus. Das Geographische Seminar. Westermann, Braunschweig

United Nations (Hrsg) (2006) Tourism and Deserts. A Practical Guide to Managing the Social and Environmental Impacts in the Desert Recreation Sector. Environment Programme/ Tour Operators' Initiative for Sustainable Tourism. Paris/ Madrid

http://pr.dubaitourism.ae (Statistiken, Pressemitteilungen Dubai-Tourismus)

http://snrm.nmmu.ac.za/Game-Ranch-Management

http://whc.unesco.org/en/list/1430 (Namibwüste)

http://whc.unesco.org/en/list/447 (Uluru bzw. Ayers Rock)

www.nacoma.org.na/Our_Coast/FaunaFlora.htm

www.nps.gov/deva/index.htm (Death Valley)

www.australien-info.de/yulara.html (Yulara nahe Uluru/Ayers Rock)

www.parksaustralia.gov.au/uluru/index.html (Uluru-Kata Tjuta-Nationalpark)

www.geo.uni-mainz.de/ceraw/de/5_09_lessmeister_popp.pdf (aus Meyer 2004, S. 400–411)

www.scinexx.de/index.php?cmd=focus_detail2&f_id=67&rang=18 (Kufra-Oasen/Libyen)

www2.klett.de/sixcms/list.php?page=geo_infothek&miniinfothek=&node=Landwirtschaft&article=Infoblatt+Weidewirtschaft

www.theplaymania.com/skidubai (Skihalle Dubai)

www.dewa.gov.ae/aboutus/waterStats2012.aspx (Dubai Electricity & Water Authority)

www.auswaertiges-amt.de/DE/Aussenpolitik/GlobaleFragen/Umwelt/Umwelt-VN/VN-Wueste.html

www.auswaertiges-amt.de/DE/Aussenpolitik/Laender/Laenderinfos/01-Laender/Aegypten.html

www.utah.com/stateparks/great_salt_lake.htm

www.travelmarrakech.co.uk/oukaimeden-ski-resort-in-marrakech/

www.visitmoroco.com

www.tunesien.info/aktivitaeten/golf/golf-des-oasis-in-tozeur.html

www.tunesien.info

Mittelmeerregion

Gabriele M. Knoll

10.1 Die mediterrane Kulturlandschaft – 166

10.2 Römischer Städtebau über- und unterirdisch – 169

10.3 Tourismus im Mittelmeerraum – 170

10.4 Urbanisationen an der spanischen Mittelmeerküste – jedem seinen Meerblick, aber nicht viel mehr! – 173

10.5 Gemüsefeld oder Golfplatz? Das ist hier die Frage – der Streit ums Wasser – 174

10.6 Das Dach Spaniens auf den Kanarischen Inseln – der Vulkan Pico del Teide – 175

Literatur – 176

Die Winterfeuchten Subtropen sind auf allen Kontinenten vertreten; da sie jedoch im Süden Europas bzw. darüber hinaus im gesamten Mittelmeerraum die größte Verbreitung haben, werden sie auch als mediterrane Subtropen oder Winterregenklimate vom Mittelmeertyp bezeichnet. Im Westen Nordamerikas (Kalifornien) und Südamerikas (südlich der Atacama-Wüste), in der Kapregion Südafrikas sowie im Südwesten (Region um Perth) und Südosten (zwischen Adelaide und Melbourne) Australiens befinden sich die weiteren „Inseln" der Winterfeuchten Subtropen. Die charakteristischen Züge dieses Klimas sind nicht zuletzt durch die große touristische Bedeutung des Mittelmeerraumes auch für unsere Breiten so gut bekannt wie kaum eine andere: Lange trockene Sommer mit Temperaturen über 25° C und Winter, die Tagesmittel von 7–10° C aufweisen. Im milden Winter fällt auch das Gros der Niederschläge.

Darf man die Mittelmeerregion bei einer Ausdehnung von Westen nach Osten von rund 3800 km und ca. 1100 km maximaler Nord-Süd-Ausdehnung überhaupt als einen einzigen Raum betrachten? Wagner (2011, S. 1) äußert sich dazu: „Der Mittelmeerraum gilt geographisch als räumliche Einheit, weil Tektonik und Reliefentwicklung, Bodenbildung und Vegetationsdecke, das subtropisch-wechselfeuchte Klima sowie das Mittelmeer als marines Ökosystem in allen Teilgebieten ähnliche physisch-geographische Strukturen geschaffen haben." Für den großen „interkontinentalen" Naturraum, seine Entstehung und landschaftliche Entwicklung kann man dies für einen großzügigen Überblick durchaus so stehen lassen; bedenkt man jedoch, welche kulturelle Vielfalt gerade diese Region im Laufe ihrer Geschichte hervorgebracht hat, und als aktueller Gegenpol, welche Lebensbedingungen und Probleme die Menschen in diesem Großraum zu meistern haben, dann wird ein differenzierter Blick nötig.

„Die übergeordnete Einheitlichkeit des Mittelmeerraumes offenbart jedoch bei einzelräumlicher Betrachtung eine vielfältige Differenzierung. Die aktuellen Entwicklungsprobleme der Mittelmeerländer zeigen sogar, dass die regionalen Unterschiede – sowohl des naturräumlichen Potentials als auch der Landwirtschaft, des Gewerbes, der Industrie, der Bevölkerungsverhältnisse und der politisch-territorialen Situation – die konkrete Wirklichkeit des Lebens im Mittelmeerraum präzisieren. Die räumlichen Kontraste im Mittelmeerraum sind dominanter als alle Strukturen der Einheitlichkeit", relativiert Wagner (a. a. O.) anschließend. Bei dem exemplarischen bzw. sehr selektiven Vorgehen, das in diesem Buch möglich ist, sollen die ausgewählten Beispiele jedoch einige der charakteristischen Aspekte der Natur- und Kulturlandschaft anreißen.

Die Winterfeuchten Subtropen erreichen im Mittelmeergebiet mit einer Ausdehnung bis auf 45° geographischer Breite an der nördlichen Adria und weiter östlich mit der Schwarzmeerküste und der südlichen Krim auch ihr polnächstes Vorkommen, während in Afrika, Australien sowie und Nord- und Südamerika noch nicht einmal der 40. Breitengrad erreicht wird. „Mit der Fragmentierung der Winterfeuchten Subtropen verbinden sich zahlreiche Unterschiede zwischen den Einzelvorkommen, so beispielsweise hinsichtlich der Flora und Fauna, der Artenvielfalt, vielen physiognomisch-ökologischen Merkmalen sowie der Kultur- und Wirtschaftsentwicklung" (Schultz 2002, S. 185). Wie es schon mit der Überschrift dieses Kapitels ausgedrückt wurde und es auch die touristische Bedeutung rechtfertigt, soll im Folgenden der Schwerpunkt auf die Mittelmeerregion gelegt werden.

Beim Klima des Mittelmeerraumes lassen sich nicht nur wesentliche Änderungen in Nord-Süd-Richtung beobachten, mit den Übergängen zu den kühl gemäßigten Breiten bzw. zu den subtropischen Trockengebieten, sondern auch in west-östlicher Richtung. Hier ist es die nach Osten hin zunehmende Kontinentalität, die für größere Temperaturunterschiede im Laufe eines Jahres sorgt. Bei den Niederschlägen macht sich die Exposition nach Westen – in die Hauptwindrichtung – ebenso bemerkbar. An diesen Küsten fallen, wenn sie Gebirgsketten im Hinterland haben, die höchsten Niederschläge. „Einige Gebirge in Dalmatien im Osten der Adria erhalten über 4500 Millimeter und gehören damit zu den niederschlagsreichsten Gebieten in Europa" (Goudie 2008, S. 154). Markante Veränderungen bei den Niederschlägen sind auch mit zunehmender geographischer Breite festzustellen: Die Regenzeit verlängert sich derart, dass man schließlich nicht mehr von einer Trockenzeit sprechen kann. Während es Tunis noch auf fünf Monate mit weniger als 25 mm Regen bringt, gibt es in Genua schon keinen Monat mehr mit solch geringen Niederschlagsmengen. Im Un-

Steckbrief Winterfeuchte Subtropen

Verbreitung

Die Winterfeuchten Subtropen sind mit einem Anteil von gerade einmal 1,7 % an der Festlandsfläche der Erde und damit gut 2,5 Mio. km² die kleinste Ökozone überhaupt. Sie liegen inselartig auf den fünf Kontinenten verteilt zwischen etwa 30° und 40° nördlicher und südlicher Breite vorwiegend auf den Westseiten der Kontinente.

Klima

Das Gros der Niederschläge fällt in den kühlen Wintermonaten, während in den Sommermonaten eine Trockenzeit herrscht. Die Niederschlagsmengen steigen in der Regel polwärts auf 800–900 mm an. Die Grenze Richtung Äquator liegt bei Werten von 350–300 mm Niederschlag im Jahr. Im Jahresverlauf der Temperaturen gibt es deutliche Schwankungen, die jedoch durch die maritimen Einflüsse weniger stark ausfallen als in den weiter in die Kontinente hineinreichenden Regionen gleicher geographischer Breite. Zu einem Sommer gehören mindestens vier Monate mit Durchschnittstemperaturen von mehr als 18° C, während im Winter kein Monat Durchschnittswerte von weniger als 5° C hervorbringt; gelegentliche Frosteinbrüche sind nicht ausgeschlossen. Die durchschnittlichen Jahrestemperaturen liegen bei 16–18° C.

Vegetation

Die Pflanzenwelt ist an eine Vegetationsperiode in den sechs bis neun humiden Monaten angepasst. Immergrüne Hartlaubwälder und Hartstrauchformationen bestimmen die Flora. Unter den heimischen Nutzpflanzen spielt der Anbau von Oliven, Wein, Zitrusfrüchten, Mandeln und Feigen eine besondere Rolle.

Tierwelt

Zur artenreichen Fauna gehört eine besonders große Zahl an Vogelarten (insbesondere aus den Gruppen der Sing-, Greif-, Hühner- und Taubenvögel), Reptilienarten (vor allem Eidechsen) und Gliederfüßer (z. B. Ameisen, Käfer, Spinnen, Schmetterlinge, Skorpione, Tausendfüßer und Termiten). Die Winterregengebiete sind wichtige Rast- und Nahrungsplätze für durchziehende oder hier überwinternde Zugvögel.

Wirtschaft

Zu den traditionellen Wirtschaftsformen des Mittelmeergebiets gehören in der Landwirtschaft seit „biblischen Zeiten" Dauerkulturen mit Wein und Oliven. Der Anbau frostempfindlicher Obstarten wie Zitrusfrüchte, Feigen, Aprikosen, Pfirsichen ist heutzutage auch maßgeblich auf den Export hin orientiert, ebenso der Anbau von Frühgemüsen und weiteren Obstarten wie etwa Erdbeeren. Die Viehhaltung wird auch heute noch/wieder in den Bergländern in Formen der Fernweidewirtschaft betrieben. (Auf die anderen Wirtschaftssektoren, die diesen dicht besiedelten Raum nicht minder bestimmen, kann in diesem Zusammenhang nicht eingegangen werden.)

Tourismus

Als Großdestination ist das Mittelmeergebiet aktuell mit 190,7 Mio. Touristenankünften im Jahr 2012 die mit Abstand am stärksten von Touristen frequentierte Region der Erde
(vgl. Schultz 2010, S. 70–76, 2002, S. 184–201).

---

terschied zu den Tropen weist das Mittelmeerklima deutliche Temperaturunterschiede im Laufe eines Jahres auf, die sogar gelegentliche Schneefälle in Jerusalem, wie ein halber Meter kalt-weiße Pracht im Dezember 2013, einschließen können. Damit gehört zur Großregion des Mittelmeers ein Jahreszeitenklima.

Eine Besonderheit sind die heißen, aber auch kalten Winde, die von Süd nach Nord bzw. in umgekehrter Richtung die statistischen Mittelwerte stark durcheinander wehen können! Zu den polaren Luftmassen, die im Winter und Frühjahr den mediterranen Frühling sehr stören – besonders wenn man auf der „Flucht" vor dem Winter nördlich der Alpen ist, gehören der Mistral im Rhônetal und die Bora in der nördlichen Adria. Im Sommer können es dagegen heiße Winde aus der Sahara sein, die die sommerliche Hitze noch steigern. „Bekannte Beispiele für solche Winde sind *Gibli* in Tunesien, *Leveche* in Spanien, *Schirokko* in Italien und *Khamsin* in Ägypten. Sie sind oft heiß, staubreich und extrem trocken, obwohl sie manchmal nach dem Überqueren des Meeres auch sehr feucht und unangenehm schwül sein können. Sowohl die sehr kalten als auch sehr heißen Winde haben sehr ungünstige Auswirkungen auf die Ernteerträge in dieser Region" (a. a. O., S. 155).

Die natürliche Vegetation hat sich an diese Temperaturschwankungen, den Dürrestress im Sommer, die häufig nährstoffarmen Böden sowie die periodisch auftretenden Brände (siehe unten) mit den immergrünen Hartlaubwäldern und in der nördlichen Hemisphäre auch Kiefernwäldern angepasst. Typisch für das westliche Mittelmeergebiet sind auch Kork- und Steineichenbestände. Doch die Wälder des Mittelmeerraumes existieren heute nur noch in geringem Maße, denn seit der Antike und somit seit Jahrtausenden wurden sie für den Häuser-, Städte- und Schiffsbau sowie für den täglichen Bedarf als Brennholz und für gewerbliche Zwecke stark gerodet. Hartlaub-Strauchformationen sind den einstigen Waldgesellschaften nachgefolgt und so werden heutzutage die Begriffe „Macchie" und „Garrigue" mit mediterraner Vegetation gleichgesetzt.

Die mediterranen Hartlaub-Strauchformationen werden unter dem Sammelbegriff Matorral zusammengefasst, wobei zwischen einem höheren Matorral – der Macchie – und einem niederen Matorral – der Garrigue – unterschieden wird (vgl. Schultz 2002, S. 189). Als regionale Bezeichnungen für die beiden Pflanzengesellschaften sind *Maquis* im Französischen und *Macchia* im Italienischen im Mittelmeerraum gebräuchlich, während *Matorral denso* in Mittelchile, *Mallee* in Australien, *Fynbos* in Südafrika und *Chaparral* in Kalifornien verwendet werden. Für den niederen Matorral werden neben Garrigue (franz.) die Bezeichnungen *Tomillares* (span.), *Phrygana* (griech.), *Batha* (in Palästina), *Renosterfeld* (in Afrika), *Kwongan* (in Australien), *Coastal Sage* bzw. *Scrub* (in Nordamerika) und *Jaral* (in Chile) gebraucht (vgl. a. a. O.).

Zu den charakteristischen Merkmalen der Macchie, dem hochwüchsigen Matorral, gehören die Höhen der Sträucher und einzelnen Bäume von einem halben bis zu wenigen Metern. Als Anpassung an das Klima besitzen manche Sträucher, die sogenannten Rutensträucher, gar keine Blätter; bei ihnen übernehmen die Sprossachsen die Photosynthese. Tamarisken zählen zu dieser Pflanzenfamilie. Klein- und lorbeerblättrige sowie Dornen tragende Sträucher sind weitere typische Vertreter in der Macchie. Den Unterwuchs bilden vor allem Zwerg- und Halbsträucher, an den lichten Stellen auch eine reiche Krautflora (vgl. a. a. O., S. 190). Der niederwüchsige Matorral, die Garrigue, erreicht gerade einmal Pflanzenhöhen bis zu maximal einem halben Meter. Niedrige Polster, z. B. von Zistrosen, Lavendel, Thymian und Rosmarin, kennzeichnen diese lockere Vegetationsform. Durch die Nutzung der Garrigue als Weiden (Transhumanz) wird das Wachstum von Sträuchern weitgehend verhindert. Während sich die Garrigue in der sommerlichen Trockenzeit als Pflanzengesellschaft im Dürrestress beweist, ist sie im Frühjahr in der Regel ein großes Blütenmeer.

Doch nicht nur an die Dürre auch an Flächenbrände muss die Vegetation dieser Ökozone angepasst sein. Fernsehbilder von Wald- und Buschbränden, beispielsweise in den Mittelmeerländern, aber auch in Kalifornien, sind mit gewisser Regelmäßigkeit vor allem in den heißen Monaten zu sehen. Auch wenn die Feuer oftmals nicht durch Blitzeinschläge bei Gewittern, sondern durch Nachlässigkeit des Menschen entstehen oder auch mit Absicht gelegt werden, so gehören sie „zu den wesentlichen und ebenso ureigenen Merkmalen mediterraner Ökosysteme" (Schultz 2002, S. 192f). Zusätzlich zur Trockenheit wirken die ätherischen Öle und Harze in den Pflanzen feuerfördernd. Da diese Brände zu den natürlichen Umweltfaktoren gehören, hat sich die Vegetation nicht nur daran angepasst, manche Pflanzen brauchen sie teilweise sogar, weil sie die Keimfähigkeit ihrer Samen verbessern oder diese überhaupt erst nach einem Feuer erreicht wird. Durch die Brände werden die mineralischen Nährstoffe in den Pflanzen schneller freigesetzt, als es durch biologisch-chemische Prozesse vonstatten ginge. Doch im Gegensatz zu den Grasfeuern in den wintertrockenen Savannen ist in der mediterranen Vegetation die Gefahr größer, dass die gesamte oberirdische Pflanzenmasse vernichtet wird. Ein solch starker Eingriff in die Vegetation schlägt sich besonders nachteilig in der schützenden Funktion der Pflanzen nieder: Gerade auf den Hängen droht die Gefahr stärkerer Erosion.

Der Apennin, der sich über 1100 km von der Poebene bis in die „Stiefelspitze" Italiens nach Kalabrien zieht, zeigt den Wandel einer Gebirgslandschaft durch die anthropogenen Einflüsse sehr deutlich. „Die heutige Vegetation des Apennins ist das Ergebnis intensiver Eingriffe des Menschen im Laufe der Jahrhunderte, die zu tiefgreifenden Veränderungen führten. Beinahe die gesamte kolline Stufe bis auf 1000 bis 1100 m wurde komplett abgeholzt, um landwirtschaftliche Flächen zu gewinnen (Getreide und Weinberge, in Gebieten mit günstigen klimatischen Verhältnissen auch Olivenhaine); in der montanen Stufe wurde hauptsächlich zur Gewinnung von Weideland gerodet" (Pedrotti 2004, S. 306). So reichte einst auch die natürliche Waldgrenze bis auf eine Höhe von 1800 m, fast überall liegt sie heute tiefer. Aber auch die Niederwaldbestände wurden stark dezimiert, um Brennholz zu

Abb. 10.1 Als Drehort für den Film „Tintenherz" wurde das ligurische Dorf Balestrino bekannt. Wegen eines drohenden Erdrutsches verließen die Einwohner ihre Häuser unterhalb der Burg. Macchie prägt die Landschaft um die aufgelassene Siedlung; in der Historischen Geographie bezeichnet man einen aufgegebenen Ort als Wüstung (Carola Welkisch)

schlagen oder den Rohstoff für Holzkohle zu gewinnen. Bis in die Höhen von 1800 m sind an vielen Hängen noch die Spuren einstiger landwirtschaftlicher Nutzung durch Terrassen und Mauern zu finden (◘ Abb. 10.1).

Wo es noch Bestände von Hochwald gibt, werden sie inzwischen durch National- und Regionalparks oder Naturreservate geschützt. In neun Nationalparks, 28 Regionalparks und über 40 Naturreservaten versucht man, den noch existierenden Teil der montanen, subalpinen und alpinen Höhenstufen zu bewahren (vgl. a. a. O., S. 307).

Die Höhenstufen des Apennin gliedern sich in die kolline (bis 1000 m), die montane (ca. 1000–1800 m), die subalpine (ca. 1800–2100 m) und darüber die alpine Stufe bis zum höchsten Gipfel, dem Gran Sasso d'Italia (2912 m). Doch nur wenige Massive des Apennins überschreiten die 2000er-Marke. In Höhen über 1500 m sind die Spuren eiszeitlicher Überformungen zu finden, so natürlich am Gran Sasso, aber auch an den nach diesem höchsten Bergen, wie der Maiella (2795 m), dem Monte Velino (2487 m) – beide in den Abruzzen – oder dem Monti Sibillini (2478 m) in den Marken. Das Klima im Bereich der höchsten Apennin-Gipfel hat mit mediterranen Verhältnissen auch nicht mehr allzu viel gemeinsam: Die durchschnittlichen Jahrestemperaturen liegen hier zwischen 4–8° C, auf den höchsten Gipfeln auch im Minusbereich. An zehn bis 20 Tagen im Jahr kann in den Höhenlagen über 1000 m mit einer Schneedecke gerechnet werden, und an 50 bis 100 Tagen können Fröste auftreten (vgl. a. a. O., S. 303).

Eine andere Variation der mediterranen Höhenstufen hat – ungefähr auf gleicher geographischer Breite wie der Mittlere Apennin – Korsika als eine der gebirgigsten Mittelmeerinseln zu bieten (vgl. Burga 2004a, S. 284 ff.). Hier wird die unterste Stufe, die thermo- bis mesomediterrane Höhenstufe, zwischen 0 und 600 m NN angesiedelt. Die Jahresdurchschnittstemperaturen liegen zwischen 14 und 17° C, und der Juli sowie der August bringen es als wärmste Monate auf Durchschnittswerte von 22–25° C an der Küste. Extrem trocken sind hier die Sommermonate; im Landesinneren (Castifao) fallen im Jahr 535 mm Niederschlag, an der Küste in Ajaccio 641 mm. Die supramediterrane Höhenstufe reicht von 600–1200 m NN. Die durchschnittlichen Jahrestemperaturen liegen hier um rund 4° C niedriger, die Niederschläge dafür deutlich höher. Dank der Steigungsregen können zwar 1500 mm und mehr fallen, doch eine Trockenperiode ist trotzdem noch ausgeprägt. Über 1200 m beginnt die oromediterrane Höhenstufe mit der Abfolge des montanen, subalpinen und alpinen Gebirgsklimas. Die Jahresniederschläge steigen auf mehr als 2000 mm, und auf den höchsten Gipfeln, wie dem Monte Cinto (2710 m) und dem Monte Rotondo (2622 m), kann bis in den Sommer hinein – und damit weit länger als in den höchsten Höhen des Apennins – der Schnee liegen bleiben.

Die Gebirgszüge Korsikas bieten schon aufgrund ihrer unterschiedlichen vorherrschenden Gesteine – von den Graniten des kristallinen Korsikas, die den größten Teil der Insel ausmachen, über die vulkanischen Gesteine, z. B. am Mont Cinto, bis zu den Kalkglimmerschiefern im Nordosten – eine große Vielfalt in der Vegetation, die durch die diversen Höhenstufen noch weiter differenziert wird. An den Küsten dominiert eine dichte Macchie aus Baumheiden und Erdbeerbäumen, die die Nachfolge der einst hier weit verbreiteten Stein- und Korkeichenwälder angetreten haben. Am Golf von Porto besitzt diese Macchie seit 1983 gemeinsam mit anderen Naturattraktionen den Status des Weltnaturerbes der UNESCO (▶ http://whc.unesco.org/en/list/258). Das 11.800 ha umfassende Welterbegebiet umfasst die Calanche von Piana, eine tief in die Kliffküste aus rotem Granit eingeschnittene Bucht, den Golf von Girolata als besonderen Meeres- und Küstenbereich sowie die Halbinsel Scandola. Diese Küstenregion gehört ebenfalls zum Regionalen Naturpark Korsika (Parc Régional Naturel de Corse, ▶ www.parc-corse.org/), der 1972 als ältester auf der Insel gegründet wurde und mit seinen 350.510 ha rund 40 % der Insel einnimmt. Bestände von Korkeichenwäldern gibt es jedoch noch, beispielsweise nordöstlich der Halbinsel Scandola bei Galéria.

In den höheren sonnigen Berglagen von Aitone, Restonica, Bavella, L'Ospédale usw. stößt man auf Nadelwälder mit der endemischen, d. h. nur hier heimischen, Laricio-Kiefer, während in den Schattenlagen Buchen- und Tannenwälder gedeihen (vgl. Burga 2004a, S. 285). Zu der letztgenannten Waldformation gehört der „berühmte" kühl-feuchte Buchenwald von Vizzanova östlich des Monte d'Oro, der vergessen lässt, dass man sich auf einer Mittelmeerinsel befindet, so Burga (a. a. O., S. 286). Als Beispiele für das Vorkommen der endemischen Laricio-Kiefer nennt er den Col (Pass) de Vergio, den Bavella-Pass und die Wälder von Ospedale. Knapp 12 % der natürlichen Flora Korsikas sind endemische Arten bzw. Unterarten. „In mittleren Höhenlagen der Castagniccia-Region dominiert die durch den Menschen in der Antike eingeführte Edelkastanie. Neben der halbwüstenartigen Region der Agriates im N hebt sich die durch Kälte und Schnee gekennzeichnete Hochgebirgszone mit zahlreichen endemischen Schutt- und Felspflanzen ab" (a. a. O., S. 285).

Werfen wir einmal einen Blick auf zwei der berühmtesten Berge des Mittelmeerraumes, den Ätna und den Olymp. Auch in unseren Tagen macht der Ätna immer wieder mit seinen Aktivitäten auf sich aufmerksam, mit Lava-Eruptionen oder Erdstößen. Nicht nur aus dem Hauptkrater, auch aus Nebenkratern auf den Hängen des Schichtvulkans kommt es zum Austritt von Lavaströmen. Als Folge des aktiven Vulkanismus verändert der Ätna immer wieder seine Höhe, sodass sich auch keine länger gültige Angabe machen lässt! Lag sein Gipfel laut Diercke Weltatlas (1974) bei 3370 m, gibt ihn Poli Marchese (2004, S. 291) mit 3323 m an, und bei der Beschreibung des Vulkans als 2013 frisch gekürtes Weltnaturerbe der UNESCO (▶ http://whc.unesco.org/en/list/1427/) verzichtet man ganz auf eine Höhenangabe. Es sind nicht nur die immer wiederkehrenden Ausbrüche des Vulkans, die geologischen Prozesse, die an der Ostküste Siziliens zu beobachten sind, sondern auch eine über mehr als 2700 Jahre reichende Dokumentation seiner Aktivitäten: *Its notoriety, scientific importance, and cultural and educational value are of global significance* (a. a. O.). So gehört der Ätna heute zu den Vulkanen, die weltweit am besten erforscht sind.

Landschaftswahrnehmung anno 1787 – Goethe besteigt den Ätna

„Catania, Sonnabend, den 5. Mai 1787.
Folgsam dem guten Rate, machten wir uns zeitig auf den Weg und erreichten, auf unsern Maultieren immer rückwärts schauend, die Region der durch die Zeit noch ungebändigten Laven. Zackige Klumpen und Tafeln starrten uns entgegen, durch welche nur ein zufälliger Pfad von den Tieren gefunden wurde. Auf der ersten bedeutenden Höhe hielten wir still. Kniep zeichnete mit großer Präzision, was himmelwärts vor uns lag: die Lavamassen im Vordergrunde, den Doppelgipfel des Monte Rosso links, gerade über uns die Wälder von Nicolosi, aus denen der beschneite, wenig rauchende Gipfel hervorstieg.
Wir rückten dem roten Berge näher, ich stieg hinauf: er ist ganz aus rotem vulkanischem Grus, Asche und Steinen zusammengehäuft. Um die Mündung hätte sich bequem herumgehen lassen, hätte nicht ein gewaltsam stürmender Morgenwind jeden Schritt unsicher gemacht; wollte ich nur einigermaßen fortkommen, so musste ich den Mantel ablegen, nun aber war der Hut jeden Augenblick in Gefahr, in den Krater getrieben zu werden und ich hinterdrein. Deshalb setzte ich mich nieder, um mich zu fassen und die Gegend zu überschauen; aber auch diese Lage half mir nichts: der Sturm kam gerade von Osten her über das herrliche Land, das nah und fern bis ans Meer unter mir lag. Den ausgedehnten Strand von Messina bis Syrakus mit seinen Krümmungen und Buchten sah ich vor Augen, entweder ganz frei oder durch Felsen des Ufers nur wenig bedeckt. Als ich ganz bestäubt wieder herunterkam, hatte Kniep im Schauer seine Zeit gut angewendet und mit zarten Linien auf dem Papier gesichert, was der wilde Sturm mich kaum sehen, viel weniger festhalten ließ" (Eimen 1992[3]).

Ein besonders spannendes Forschungsgebiet ist dabei die Besiedlung der jungen Lavaströme durch die Pflanzen. Fünf Stadien der Pflanzenentwicklung auf dem frischen vulkanischen Gestein des Ätnas haben Botaniker, vor allem federführend Emilia Poli Marchese (2004, S. 298f), feststellen können.
1. „Die ersten Besiedler bestehen aus mikroskopisch kleinen Organismen wie Bakterien und Cyanobakterien, die in der Lage sind, Stickstoff aus der Atmosphäre zu fixieren." Bereits zwei Jahre nach den Ausbrüchen von 1991 bis 1993 konnten auf der Lava die ersten Kolonien nachgewiesen werden.
2. Darauf folgen die Kryptogamenstadien, eine erste gut sichtbare Vegetation aus Moosen und Flechten.
3. Die Rasenstadien bringen auf den feinkörnigen dünnen Bodenschichten kleine Grasteppiche aus einjährigen Arten, während sich in den geschützteren Lagen zwischen den Lavablöcken mehrjährige Arten ansiedeln.
4. In den Löchern und Spalten, in denen sich schon mächtigere Böden bilden konnten, finden Sträucher ihre passenden Lebensbedingungen. Eine wichtige Pionierpflanze am Ätna ist der Ätna-Ginster (*Genista aetnensis*).
5. Den Strauchstadien folgen die Bewaldungsstadien; dabei sind es die für die jeweilige Höhenstufe charakteristischen Bäume, die sich in den tiefen Spalten der Lavafelder entwickeln. Die Ätna-Birke (*Betula aetnensis*) zählt, wie schon der Name andeutet, hier zu den endemischen Pionierbäumen.

Die Vielfalt der Vegetation an den Hängen des Ätnas lässt sich weniger mühsam als an den originalen Standorten in den Lavafeldern im Botanischen Garten „Nuova Gussonea" auf der Südseite des Vulkans in einer Höhe von 1700–1750 m NN studieren. 1979 wurde er in Zusammenarbeit der Forstdirektion Siziliens mit dem Botanischen Institut der Universität Catania gegründet.

Im Unterschied zum Schicht- bzw. Stratovulkan Ätna mit seiner wenn auch nicht unbedingt lehrbuchmäßigen Vulkanform hat der Olymp, der Göttersitz der alten Griechen, gar keinen markanten Gipfel zu bieten. Die Götter haben sich hier auf einem Massiv mit vielen Spitzen – jedem Gott sein Thrönchen? – niedergelassen. Die drei höchsten Erhebungen Griechenlands sind damit folgende: Mitikos (2918 m), Stefani (2910 m) und Skalion (2905 m). Dieser Gebirgsstock erhebt sich an der Ostküste Griechenlands und dem Übergang von Thessalien und Makedonien über eine plateauartige Landschaft mit Höhen von 2500–2700 m.

1938 wurde das Massiv aus Kalk und Marmor unter Naturschutz gestellt und 1981 ein ca. 4000 ha großes Gebiet von 300 m über dem Meeresspiegel bis zu den Gipfeln des Olymps zum Biosphärenreservat der UNESCO erklärt (▶ www.unesco.org/mabdb/

br/brdir/directory/biores.asp?code=GRE+02&mode=all).

Die starke Nutzung des Gebirgsmassivs als Weide und das Roden der ursprünglich verbreiteten Wälder hat im Laufe der Jahrhunderte in den unteren Bereichen Macchien- und Hartlaub-Strauchformationen entstehen lassen.Doch die Hochlagen des „Göttersitzes" sind noch immer stark bewaldet, so wie es für viele heilige Berge in der ganzen Welt typisch ist (vgl. Klötzli 2004, S. 309), obwohl seine Wälder wie die gehölzfreien alpinen Lagen beweidet werden. *Today, local communities use the buffer zone of the biosphere reserve for grazing, hunting, gathering of herbs and wood extraction. However, tourism is the main economic activity in the biosphere reserve* (a. a. O.), ist letztmalig 1999 aktualisiert auf der Website zu lesen. Der 1938 per königlichem Erlass geschaffene Nationalpark Olymp – als ältester im Lande – wird zwar jährlich von ca. 150.000 Touristen besucht, doch bei der aktuellen wirtschaftlichen Situation Griechenlands entspricht die Infrastruktur des Nationalparks nicht dem international üblichen Standard, und andere politische, raumplanerische und sonstige Aspekte verhindern ebenso einen angemessenen Schutz (▶ www.spiegel.de/wirtschaft/soziales/griechenlands-heikle-tourismusplaene-fuer-den-olymp-a-842429.html).

10.1 Die mediterrane Kulturlandschaft

Der Mittelmeerraum ist Kulturland seit der Antike, man kann ihn auch als die älteste Kulturlandschaft auf unserem Globus bezeichnen. Die Jahrtausende alten Bewässerungskulturen (▶ Kap. 9) sind ein Beleg dafür, wie auch der in diese Zeiten zurückreichende Städtebau. „Der Orient ist mit seiner mindestens 5000 Jahre alten Stadtgeschichte durch die ältesten Stadtkulturen der Erde gekennzeichnet. Die ‚islamisch-orientalische' Stadt wird häufig auch als orientalisch-islamische, islamische oder orientalische Stadt bzw. Stadt des Islamischen Orients bezeichnet. Ihre Benennung beruht auf der Tatsache, dass der Orient (allerdings sehr viel später) durch den islamischen Kulturkreis geprägt wurde" (Heineberg 2011, S. 877). Mit dem 8./9. Jahrhundert n. Chr. beginnt die islamische Baukunst und damit auch der dazugehörige Städtebau (▶ Exkurs Die Medina von Tunis – islamischer Städtebau als Weltkulturerbe und Herausforderung aktueller Stadtentwicklung). In diesem Zusammenhang sei auf die tunesische Stadt Sousse verwiesen, die als Beispiel für den frühen islamischen Städtebau 1988 zum Weltkulturerbe der UNESCO erklärt wurde (▶ http://whc.unesco.org/en/list/498).

Damit sind die Elemente der Kulturlandschaft, die sich aus dem Wirtschaften des Menschen – aus der Landwirtschaft – ergeben, die ältesten rund um das Mittelmeer. Die Kontinuität, die die Kulturen des Weinanbaus oder der Olivenhaine teilweise an denselben Standorten wie schon in der Antike beweisen, ist ein besonderes Phänomen. Die ausgedehnten Olivenhaine nicht nur im Sahel von Sousse, sondern diese Kulturen in Tunesien überhaupt gehen zurück auf das 8. Jahrhundert v. Chr. (vgl. ▶ www.tunisia-oliveoil.com/template.php?code=14). Heute ist Tunesien der größte Olivenölproduzent außerhalb der EU und an vierter Stelle weltweit nach Spanien, Italien und Griechenland (vgl. a. a. O.), wo die Anfänge des Olivenanbaus teilweise sogar in noch fernerer Vergangenheit liegen. Die ältesten archäologischen Spuren der Olive sollen in Kreta ca. 4000 bis 3500 v. Chr. zu finden sein. Der Ölbaum (*Olea europea*) gilt als die typische mediterrane Kulturpflanze überhaupt, und seine polare Verbreitungsgrenze stellt gleichzeitig den nördlichen Rand des physisch-geographischen Mittelmeerraumes dar (vgl. Breuer 2008, S. 76).

Wein, Zitrusfrüchte und Feigen kann man – ohne jetzt jeweils auf ihre Herkunftsregionen und die vermuteten Zeiten ihrer Einführung eingehen zu können – früher wie heute als weitere „Charakterpflanzen" des Mittelmeerraumes bezeichnen. Zu den Sonderkulturen für die internationalen Märkte gehören weitere wärmeliebende Obstbäume, wie die Aprikosen und Pfirsiche. „Ergänzend tritt noch das Getreide in Form des Wechselfeldbaus hinzu. Brot, Öl und Wein bilden im Mittelmeergebiet seit vorbiblischen Zeiten die Grundlagen der Ernährung seiner Bewohner, deren Eiweißbedarf durch die Produkte der Viehweidewirtschaft (überwiegend in Form der Schaf- und Ziegenhaltung) gesichert wurde" (a. a. O.).

Damit gehört das Getreide ebenfalls zu den Nutzpflanzen, die seit frühgeschichtlichen Zeiten im Mittelmeergebiet kultiviert werden. Von Natur

Ölbaumkulturen

Olivenöl war in der Antike mehr als nur ein Nahrungsmittel und wichtiger Fettlieferant; es diente auch als Lampenöl, als Tausch- und Zahlungsmittel und nahm im kulturellen Leben einen wichtigen Platz ein. Von den rund 1000 bekannten Olivenarten werden ca. 150 Arten für den Anbau genutzt.

Nach vier bis zehn Jahren kann bei einer neu angelegten Ölbaumkultur – je nach Art – erstmals geerntet werden, mit der ersten „vollständigen" Ernte ist nach 15 Jahren zu rechnen. Der Olivenbaum, dessen Wurzeln bis in eine Tiefe von 6 m reichen können, kommt mit wenig Wasser aus, verträgt sommerliche Hitzeperioden – aber keinen Frost unterhalb von −7° C. Aus diesem Grund sind Olivenkulturen nicht in höheren Regionen, im Norden des Mittelmeerraumes oberhalb einer Zone von 600 m und im Süden oberhalb von 800 m NN, zu finden.

Im Herbst und im Winter fällt in den Baumbeständen das Gros der Arbeiten an. Zunächst werden die dunkel oder schwarz gewordenen Oliven von den Bäumen geschüttelt oder mit Stöcken abgeschlagen und auf Netzen gesammelt. Etwa 20 kg Oliven trägt ein Baum im Schnitt. Die für die Ölherstellung geeigneten Früchte werden in Ölmühlen gepresst, wobei verschiedene Qualitätsstufen möglich sind. Die gestiegene Nachfrage nach Olivenöl und seine weitere Verbreitung in der Küche auch außerhalb des Mittelmeergebiets haben die Olivenölproduktion während der letzten 30 Jahre in Spanien und Italien um 50 %, in Griechenland, Marokko und Tunesien das Doppelte steigen lassen (vgl. Wagner 2011, S. 168). Auch der Anbau der Sorten, die als Tafeloliven für den Verzehr geschätzt werden, hat im gleichen Zeitraum fast überall zugenommen. Diese Früchte werden im Herbst als grüne Oliven geerntet und anschließend in der Konservenindustrie verarbeitet und auf ihre verschiedenen Geschmacksrichtungen gebracht. Die Bäume, die Speiseoliven hervorbringen, benötigen im Laufe des Jahres noch weitere Pflege, indem ihr Boden mehrfach bearbeitet werden muss, um nach den Prinzipien der Trockenbrache die Bodenfeuchtigkeit zu bewahren.

Die kulturgeschichtliche Bedeutung des Ölbaumes lässt sich u. a. in den heiligen Schriften des Christentums und des Islams wiederfinden. Noah schickt von seiner Arche eine Taube aus, um den Stand der Sintflut zu erkunden, und mit einem guten Zeichen, einem Ölzweig im Schnabel, kehrt der Vogel zurück. Auch in der antiken Götterwelt spielen Olivenbäume und Olivenöl besondere Rollen; den antiken Griechen war der Ölbaum heilig.

---

aus sind die Pflanzen gut an die jährlichen Niederschlagsschwankungen angepasst: Im feuchten Winter und Frühjahr erfolgt ihre Wachstums- und im trocken-heißen Frühsommer ihre Reifephase. So konnte sich das Getreide von Mesopotamien, dem Zwei-Strom-Land, ab dem 6. Jahrtausend v. Chr. nach Westen ausbreiten; im 4. Jahrtausend hatte es schließlich den gesamten Mittelmeerraum erobert. Getreide wird im Trockenfeldanbau kultiviert, d. h. die Flächen werden nicht künstlich bewässert und man ist somit von den Schwankungen der Niederschläge abhängig. Doch mit zwischengeschalteten Brachezeiten – von einem oder zwei Jahren – sowie einigen Maßnahmen, um die Feuchtigkeit im Boden zu bewahren und die Verdunstung zu bremsen (Bodenauflockerung, Pflügen, Walzen und Zerstörung der Kapillaren im Boden), nutzte man schon seit karthagischen Zeiten die Möglichkeit, den Ackerbau auch in besonders regenarme Regionen auszudehnen. Hier war jedoch nur möglich, alle drei Jahre eine Ernte einzufahren. Mit diesem Flächenwechselsystem konnte beispielsweise Nordafrika zu einer Kornkammer der Antike werden. Diese Wirtschaftsweise erforderte große Flächen, die bei wachsender Bevölkerung nicht mehr dafür freigehalten werden konnten oder die Menschen nicht ausreichend versorgen konnten. Um neue Anbauflächen zu gewinnen, wurden weiter Wälder gerodet und andere Eingriffe in die Natur getätigt. „Dennoch: Die Leistungsgrenzen des traditionellen Getreideanbaus waren eng gezogen, die Hektarerträge wegen Düngermangels stets niedrig. Neben der mageren Stoppelweide musste ein Teil des Getreideertrages als Futter für die Zugtiere dienen" (Wagner 2011, S. 150). Daraus ergaben sich für die Bewohner vieler ländlicher Räume eine Steigerung ihrer Armut und als Konsequenz daraus oftmals eine Landflucht oder Auswanderung als Gastarbeiter in das Europa nördlich der Alpen.

Heutzutage bestimmen neue Fruchtfolgen den Trockenfeldanbau, die auch als eine Reaktion auf die gestiegenen Ansprüche in der Ernährung und damit einem höheren Bedarf an Fleisch zu verstehen sind. Seit den 1960er-Jahren hat in den feuchteren Regionen des Mittelmeerraumes eine Diversifizierung im Ackerbau stattgefunden, wobei die bisherigen Brachen insbesondere mit Bohnen, Futterkräutern wie Luzerne, Futtermais, Soja oder Klee bestellt werden. Die wenig für die modernen Anforderungen geeigneten einstigen Nutzflächen, z. B. in den Gebirgen, wurden aufgegeben, die Bevölkerung wanderte ab. „Viele der ehemaligen Getreideflächen an den Hängen der dinarischen Gebirge, des Apennin, Korsikas, der Sierra Nevada, der nordafrikanischen Atlasketten oder in Griechenland sind heute längst verbuscht und damit einem Wüstungsvorgang anheim gefallen" (a. a. O., S. 151). In Italien hat sich beispielsweise auf diese Weise die landwirtschaftliche Nutzfläche von 1960 bis 2007 auf 13 Mio. ha halbiert (◘ Abb. 10.1). In anderen Regionen sind entgegengesetzte Vorgänge, d. h. eine Vergrößerung der Anbauflächen des Trockenfeldanbaus, zu beobachten: In Inneranatolien und im Maghreb wurde Sommerweideland der Nomaden in ausgedehnte Getreidefelder umgewandelt. Mit neuen Nutzpflanzen, wie in Spanien den Sonnenblumen für die Herstellung von Speiseöl oder auch in anderen Gebieten mit ausreichender Feuchtigkeit dem Anbau von Zuckerrüben, kann der Trockenfeldbau größere und an den Märkten orientierte Erträge bringen.

Zu der stark auf den Export ausgerichteten Landwirtschaft gehören vor allem im westlichen Mittelmeerraum die hoch spezialisierten modernen Bewässerungskulturen. Als Beispiel (vgl. Breuer 2008, S. 170f) sei das „rote Gold" von Huelva, die Erdbeerkulturen an der Costa de la Luz, genannt. In dieser Provinz liegen 85 % der darauf spezialisierten Flächen Spaniens, im Jahr 2000 waren das knapp 10.000 ha. Im selben Jahr galt Spanien mit einer Erdbeerproduktion von fast 450.000 t als zweitwichtigster Produzent der Welt nach den USA. Rund 45 % der spanischen Erdbeerernte werden in Deutschland vermarktet und verzehrt. Seit Mitte der 1970er-Jahre hat man sich hier auf diese für den Export ausgerichtete Sonderkultur spezialisiert. Die auf den Feldern in der südspanischen Provinz gesetzten Erdbeerpflanzen stammen aus Kalifornien. Per Kühlschiff werden sie im März in die Alte Welt nach Valencia transportiert. Von dort gelangen die Pflanzen per LKW in die Provinzen Segovia und Ávila, wo sie vermehrt werden, da die Pflanzen eine gewisse Zahl an Kältestunden dafür brauchen. Im Herbst werden die Jungpflanzen an die Andalusische Küste gebracht und in die Folienkulturen gesetzt. Dieser arbeitsintensive Anbau wird von Klein- wie Großbetrieben mit insgesamt mehr als 50.000 Saisonarbeitern durchgeführt – was wiederum andere, soziale Probleme aufwirft. Die angebauten Erdbeersorten eignen zwar gut für den Transport, der dann ausschließlich per LKW in den Westen und Norden Europas stattfindet, sowie für die Optik in der Obsttheke des Supermarktes, doch für eine Weiterverarbeitung zu Marmelade in Spanien nach dem Ende der Exportsaison nicht. Da fehlt es den Früchten am erforderlichen Aroma. „Im Vorgriff auf ein mögliches Ende des Erdbeerbooms versucht man in Huelva den Anbau von Himbeeren oder experimentiert mit neuen, teilweise exotischen Fruchtkreationen" (a. a. O., S. 171).

Ganz im Gegensatz zu den Anpassungen des Ackerbaus an die Erfordernisse unserer Zeit „lässt die Viehhaltung heute keine Anzeichen für Modernisierung erkennen", sagt Wagner (2011, S. 169). Damit wird der Exkurs zu Tierhaltung und Weidewirtschaft im Mittelmeerraum zu einem Ausflug in die Geschichte, in der die beiden Formen der Fernweidewirtschaft – Nomadismus und Transhumanz – das Geschehen bestimmten. Während die nomadische Viehhaltung fast schon zu den ausgestorbenen wirtschaftlichen Aktivitäten in diesem Großraum gehört, erlebt die Transhumanz mit Ziegen und Schafen wieder eine gewisse Renaissance und offizielle Förderung. Die Transhumanz wurde schon im Alten Rom als *pastio pecuaria* betrieben. Im Mittelalter gab es neue Impulse, diese Fernweidewirtschaft wiederzubeleben. In Spanien entwickelte sich das Hochland von Kastilien während der Reconquista, der Wiedereroberung des muslimischen Südens durch die Christen, zu einem Zentrum der Transhumanz. Die spanischen Könige gaben ihren Gefolgsleuten auf der Meseta Land, das diese weiterverpachteten. Großgrundbesitz entstand, der zum einen Ackerbau, aber auch Fernweidewirtschaft mit bezahlten Hirten betrieb. Der Bedarf an Wolle machte die Schafhaltung attraktiv. Auch der italienische Wollhandel und die Tuchproduktion basierten bereits im Mittelalter auf dieser extensiven Viehhaltung. „Im Königreich Neapel entwickelte sich in der Frühneuzeit die Wanderschäferei mit Millionen von Schafen zwischen dem Apennin und den Winterweiden in Apulien – unter staatlicher Aufsicht und zur Förderung von wirtschafts- und fiskalpolitischen Interessen" (Sprengel 1971, zit. in: Wagner 2011, S. 170). Die Transhumanz mit Schafen verbreitete sich traditionell im gesamten Mittelmeerraum und nutzte die natürlichen Bedingungen optimal aus.

Interessenskonflikte sollten im 20. Jahrhundert schließlich die Fernweidewirtschaft stark einschränken; vor allem bei den küstennahen Winterweiden gab es massive Konkurrenz an den Flächen. Wachsende Bewässerungsflächen in Gebieten des Trockenfeldanbaus, zunehmende Verstädterung, der Ausbau der Verkehrswege und letztendlich die Entwicklung von Tourismusorten ließen die Weidegründe verschwinden. In der Auseinandersetzung zwischen alten Rechten und neuen Nutzungen werden beispielsweise in Korsika zahlreiche Waldbrände in der Nähe von touristischen Einrichtungen den Herdenbesitzern aus dem Inselinneren zur Last gelegt (vgl. a. a. O.). „Andererseits erließen viele Staaten seit den 1930er-Jahren in bestimmten Gebirgsbereichen Weideverbote, um die Vegetations- und Bodenerosionsschäden zu reduzieren. Insgesamt überlebten nur Reste der traditionellen Herdenhaltung in Bergländern und Gebirgen" (a. a. O.). Trotzdem spielt die Schafhaltung gerade in Spanien heute noch eine große Rolle. Sie hat sich zu einem ortsfesten Wirtschaftszweig gewandelt, bei dem derzeit rund 23 Mio. Tiere in Klein- wie Großbetrieben gehalten werden; damit nimmt man im Jahr 2004 hinter der Türkei und Großbritannien Platz 3 in der EU ein. Die Nachfrage nach Fleisch und Milch für die Käseherstellung hat heute diejenige nach Wolle in den Hintergrund gerückt.

10.2 Römischer Städtebau über- und unterirdisch

„Früheste Zeugnisse gebauter Stadtanlagen finden wir bereits um 7000 bis 5000 v. Chr. in China, Indien, Vorderasien, Mittel- und Südamerika, doch erst von den Städten des Mittelmeerraumes, insbesondere von denen der griech. und röm. Antike, die die abendländische Kultur nachhaltig beeinflusst haben, besitzen wir genauere Kenntnisse" (Borchard 1999, S. 602).

Werfen wir aus diesem Grund einen Blick auf die römische Architektur. Im gesamten Mittelmeergebiet, das schließlich mehrere Jahrhunderte zum *Imperium Romanum* gehörte, finden sich in Ruinenstädten oder als Teil heute noch genutzter Siedlungen/Städte die erhaltenen Zeugnisse einer hohen antiken Stadtkultur. Da die römischen Architekten, vielfach Militärangehörige, die das nötige Ingenieurwissen besaßen, nach festgelegtem Muster die Städte errichteten, kann man durchaus von einem Idealtyp der römischen Stadt sprechen, der sich im gesamten Imperium wiederfinden lässt – genauso wie in den Provinzen nördlich der Alpen. Abweichungen von der idealen Form der Stadt mögen durch das jeweilige Gelände nötig gewesen sein, doch immer sind die Grundrisse und Fundamente als römische Siedlung zu erkennen.

Zu den Kennzeichen einer antiken römischen Stadt im Rang einer *Colonia* gehört ihr rechtwinkliges Straßennetz innerhalb der Stadtmauern, das die Stadt in rechteckige Baublöcke *(insulae)* und Plätze teilt. Dieses Schema geht jedoch schon auf den griechischen Architekten und berühmtesten Städtebauer der Antike, Hippodamos von Milet (geb. um 510 v. Chr.), zurück, der vermutlich ebenfalls noch nicht einmal der „Urheber" dieser geometrischen Stadtanlagen ist. Der *decumanus* als von Ost nach West verlaufende Straße und der *cardo* in Nord-Süd-Richtung bilden von den vier Stadttoren kommend das Hauptstraßenkreuz, an dem sich die wichtigsten und repräsentativen Plätze wie Gebäude der Stadt befinden: das Forum, die ranghöchsten Tempel, wie das Kapitol und schließlich noch Regierungs-/Verwaltungsgebäude.

Nach dem Vorbild der griechischen *Agora*, dem Marktplatz, wurde das Forum zu einem wichtigen Element des römischen Städtebaus: „Im Imperium Romanum hatte jede Stadt, jedes Kastell sein Forum" (Müller und Vogel 2000, S. 219). Als Beispiel sei dasjenige von Pompeji genannt, das durch die Katastrophe des Jahres 79 n. Chr., den Ausbruch des Vesuvs, mit seinen Grundrissen gut erhalten blieb. Der ungewöhnlich langgestreckte Platz befindet sich hier nicht in einer zentralen Lage, weil man an der Stelle eines älteren Platzes mit der Erhebung Pompejis zur Colonia Anfang des 1. Jahrhunderts v. Chr. repräsentativ neu bauen „musste". Das gepflasterte Forum wurde auf drei Seiten von zweigeschossigen Säulenhallen gerahmt, hinter denen sich Sakralbauten, wie auf der Westseite ein großer Apollontempel – dem „Stadtpatron" Pompejis bis zur Zeit der Colonia geweiht, und ihm auf der Ostseite gegenüber der Tempel der Laren (für die Schutzgötter der Stadt) sowie der Vespasianstempel befinden. Den südlichen Abschluss des Forums – hinter den Kolonaden – bildet eine dreiteilige *Curia*, das Rathaus. In direkter Nachbarschaft befindet sich die Basilika, der große Repräsentationsraum. Als Pendant zur *Curia* steht als einziger Baukomplex auf dem Forumsplatz das Kapitol, der Haupttempel für die drei obersten Götter Jupiter, Juno und Minerva. Das Geviert dieser Sakral- und Verwaltungsgebäude ist ebenso von Bauten für den Handel durchsetzt, wie dem *Macellum*, einem Lebensmittelmarkt mit Läden an den Außenseiten und ehemals weiteren Verkaufsständen in seinem Innenhof oder dem Gebäude für den Tuchmarkt.

An der Peripherie einer römischen Stadt sind die Orte der antiken Freizeitgestaltung wie Amphitheater, Theater oder Circus zu finden, während sich die Thermen in unterschiedlichen Größen über das gesamte Stadtgebiet verteilen. Für den hohen Stand der antiken römischen Stadtkultur steht auch das Kanalsystem für die Abwässer sowie überirdisch die Infrastruktur, die den Stadtbewohnern das Trinkwasser über Aquädukte mithilfe des natürlichen Gefälles aus ferneren Gebieten in die Stadt leitete.

Möglicher Luxus in einer römischen Stadt und Anpassung an die heißen Sommermonate konnte auch ein „unterirdisches" Wohnen sein, wie es heute noch im östlichen Atlas, 170 km westlich von Tunis in Hammam Daradji zu besichtigen ist.In der ehemaligen Colonia mit dem alten Namen Bulla Regia (vgl. ▶ http://i-cias.com/tunisia/bulla_regia.htm) existieren noch einige Villen des 3. und 4. Jahrhunderts mit ihren vollständig erhaltenen Untergeschossen rund um ein Atrium und zusätzlichen Luft- und Lichtschächten. An den großzügigen unterirdischen Raumfolgen, aber auch den Resten der Bodenmosaiken, von denen zahlreiche im Nationalmuseum Bardo in Tunis zu sehen sind, lässt sich ablesen, dass es sich hier um ein komfortables Wohnen in angenehmer Kühle handelte. Dazu gehörte natürlich auch das *Triclinium*, das Speisezimmer mit drei Liegen, deren Standorte sich an der Gestaltung des Bodenmosaiks nachvollziehen lassen. Der Blick von den Speiseliegen zum Innenhof, in dem vermutlich einst ein Brunnen plätscherte oder ein kleines Bassin für imaginäre Abkühlung sorgte, deutet den Wohlstand seiner Bewohner an; man lebte eben in einer der Kornkammern Roms.

10.3 Tourismus im Mittelmeerraum

Heutzutage hält der Mittelmeerraum als Destination weltweit den Spitzenplatz. 2012 betrug hier die Zahl der Touristenankünfte 190,7 Mio., in deutlichem Abstand gefolgt von den nächsten beiden Großregionen Westeuropa mit 166,7 Mio. Ankünften und Nordostasien mit 122,8 Mio. (vgl. ▶ http://mkt.unwto.org/en/barometer).

Die Anfänge des heutigen Tourismus mag man vielleicht schon im sommerlichen Aufenthalt der alten Römer am Meer in Ostia sehen, im mittelalterlichen Pilgertourismus in die „Ewige Stadt" und streckenweise auch auf dem Jakobsweg oder in den Bildungsbeflissenen auf der Grand Tour durch Italien seit dem 16./17. Jahrhundert, doch mit der „Entdeckung" der Reize der Mittelmeerlandschaft durch die Engländer und ihrer Flucht vor dem nassgrau-kühlen Winter auf der Insel setzten sie einen großen Meilenstein in der Tourismusgeschichte des Mittelmeerraumes. Im späten 18. Jahrhundert ließen sie an der Côte d'Azur in Hyères die ersten Feriendomizile erbauen, um die Vorzüge der milden Winter und des frühen Frühjahrs zu genießen. Neben dieser ersten englischen Villenkolonie gab es bereits in Nizza, im Vorort La Croix, Vergleichbares: 1777 erhielten die Gäste zu ihrer Unterhaltung ein Theater und ein erstes Casino. Als Wirtschaftsförderungsmaßnahme und auch zum eigenen Nutzen finanzierten englische Gäste nach dem kalten Winter des Jahres 1822, der der Landwirtschaft schwer zugesetzt hatte, den Bau einer festen Strandpromenade. Als Boulevard des Anglais erinnert die Promenade noch heute an die britische Arbeitsbeschaffungsmaßnahme (vgl. Knoll 2006, S. 98f).

Nach dem Zweiten Weltkrieg, in den Zeiten des Wirtschaftswunders, suchten dann auch deutsche Urlauber in Massen ihr Urlaubsglück vor allem in „Bella Italia". „Bahn- und Busreisen und etwas später die individuelle Motorisierung führten seit den 1950er-Jahren viele sonnenhungrige Menschen an die oberitalienischen Seen, an die Strände der Adria und der Toskana, bald auch an die Costa Brava und nach Istrien" (Wagner 2011, S. 174). Ab den 60er-Jahren bringen Flugzeuge die Touristen in neue Zielgebiete: Tunesien, Marokko, Südspanien, Südportugal, Griechenland und ab ungefähr 1980 auch an die südlichen Küsten der Türkei (vgl. a. a. O.).

Die Medina von Tunis – islamischer Städtebau als Weltkulturerbe und Herausforderung aktueller Stadtentwicklung

Die Altstadt von Tunis gehört seit 1979 zum Weltkulturerbe der UNESCO. Die Anfänge der Stadtentwicklung reichen zurück bis ins ausgehende 7. Jahrhundert und damit in die Frühzeit islamisch-orientalischen Städtebaus überhaupt. Im Jahr 698 wurde der Grundstein der Zitouna-Moschee (Moschee des Ölbaumes) gelegt, die 732 vollendet wurde und bis heute die Hauptmoschee der Stadt ist. An den historischen Kern der Medina wurden im 13. Jahrhundert nördlich und südlich jeweils ein weiteres Stadtviertel angebaut. Vom 12. bis 16. Jahrhundert stellte Tunis unter den Herrschern der Almohaden und Hafsiden eine der größten und wohlhabendsten Städte der islamischen Welt dar. Zahlreiche Bauten aus jenen Epochen existieren heute noch; auf den 270 ha Fläche der Medina gibt es rund 15.000 Wohnhäuser sowie 700 Denkmäler: Moscheen, Koranschulen (Medersa), Paläste, Mausoleen, Brunnen und manches mehr.

Die enge Verknüpfung von Gewerbe und Handel nach Branchen sortiert in entsprechenden Gassen sowie das Wohnen in Häusern, die um einen Innenhof herum errichtet wurden, kennzeichnet die typische Medina; auch für Tunis galt und gilt diese Gliederung wieder in verstärktem Maße. Maßgeblich ist daran die 1967 auch mit Unterstützung der UNESCO gegründete ASM – (Association de Sauvegarde de la Médina de Tunis, Denkmalpflege in der Altstadt von Tunis) beteiligt, die sich für Architektur, Städtebau, historisches Erbe, Raumplanung und Geschichte sowie Forschung und Dokumentation einsetzt.

Das in den 1930er-Jahren heruntergekommene Altstadtviertel „La Hara" (heute „La Hafsia") wurde seit den 80er-Jahren u. a. mit finanzieller Unterstützung der Weltbank wiederaufgebaut bzw. grundlegend saniert und ist inzwischen wieder zu einem gefragten Wohnort der Einheimischen geworden. Dafür wurden u. a. denkmalgeschützte Bauten umfunktioniert, beispielsweise eine historische Medersa in einen Kindergarten, um auch junge Leute und Familien in der Altstadt zu halten.

Nachdem als frisch gekürtes Weltkulturerbe eine Reihe herausragender Gebäude wie Moscheen, Medersas und Paläste restauriert worden und je nach Bedarf auch umgewidmet worden waren, galt das Interesse auch dem sozialen wie wirtschaftlichen Leben der Medina. Das Anliegen der Stadtverwaltung war es, die Medina wieder in eine sozio-ökonomisch lebendige Altstadt als Ort des Wohnens und des Handwerks zu verwandeln. *Le développement socio-économique d'une Médina vivante remplissant un rôle social important dans l'habitat et l'artisanat* (▶ www.asmtunis.com/). Vor allem durch den Tourismus hatte sich eine starke Konzentration auf den tertiären Sektor ergeben, die in diesem Maße unerwünscht war. Wenn auch einzelne Souks (Basargassen) in ihrer Bausubstanz und ihren Überdachungen ab dem Jahr 2000 denkmalpflegerisch verbessert wurden, so begann man mit weiteren Maßnahmen, das Handwerk zu fördern, das traditionell genauso in die Gassen einer Medina gehört. In den restaurierten und umfunktionierten Gebäuden ehemaliger Koranschulen wurden ebenso Ausbildungszentren für das Handwerk eingerichtet.

Die verschiedenen Ansätze, die Medina nicht nur in ihrer historischen Bausubstanz zu erhalten, sondern gleichermaßen für Wohnen unter heutigen Ansprüchen attraktiv zu machen und dem traditionellen Wirtschaftsleben hier Raum und eine Perspektive zu geben, fruchten. Heute leben wieder gut 100.000 Menschen in den engen Gassen und Sackgassen der historischen Altstadt.

(▶ www.asmtunis.com/, ASM – Association de Sauvegarde de la Médina de Tunis, Denkmalpflege in der Altstadt von Tunis)
(▶ http://whc.unesco.org/en/list/36, Tunis)

Eine besondere Rolle als „12. Bundesland" und ab 1990 als „17. Bundesland" der Bundesrepublik Deutschland spielt die Baleareninsel Mallorca. Heute kaum mehr vorstellbar ist, dass sich 1950 unter den offiziell registrierten 98.081 Gästen auf allen Balearen 2680 Briten und 229 – in Worten: zweihundertneunundzwanzig – Deutsche befanden. Zwei Drittel der Gäste kamen aus Spanien, zahlenmäßig in entsprechend großem Abstand gefolgt von Franzosen (vgl. Buswell 2011, S. 60). Zwanzig Jahre später sah die Statistik schon folgendermaßen aus: Unter den 2.274.137 Touristen befanden sich 757.087 Briten und 448.872 Deutsche, während „nur" 243.767 Spanier gezählt wurden. Die Zahl der Übernachtungen war von 98.500 (1950) auf 26.128.563 (1970) gestiegen (a. a. O.). Eine der Spitzenpositionen im Tourismus des Mittelmeerraumes konstatiert Breuer (▶ www.diercke.de/kartenansicht.xtp?artId=978-3-14-100758-9&seite=71&id=13353&kartennr=2): „Auf die Balearen als touristische Destination entfielen 2006 rund 17,3 Prozent aller Fremdenankünfte in Spanien, damit lagen sie hinter Katalonien (25,7 %), aber vor den Kanaren (16,4 Prozent). Nach absoluten

Zahlen empfingen die Balearen 2006 mit 12,6 Mio. Besuchern fast ebenso viele Touristen wie ganz Griechenland (13,7 Mio.). Die Touristendichte auf den Balearen ist europaweit ohne Beispiel: 2006 kamen auf jeden Einwohner 12,6 Besucher. Die spanische Binnennachfrage ist dabei mit 22,3 Prozent nachrangig, aber tendenziell zunehmend. Bei der internationalen Nachfrage liefern sich Deutsche und Briten seit langem ein ‚Kopf-an-Kopf-Rennen', dessen wechselnde Positionen der jeweiligen nationalen Wirtschaftskonjunktur geschuldet sind. Gemeinsam stellen sie mehr als die Hälfte der touristischen Nachfrage (2006: Deutsche 33 Prozent; Briten 28 Prozent), bei mittelfristig steigender Tendenz."

Wie an den Küsten des spanischen Festlands so bestimmt auch auf den Balearen der Drang in eine „Pole Position" am Meer die Neuanlage von Tourismus-Hochburgen und Urbanisationen (siehe ▶ Abschn. 10.4). Während die Inselbewohner einst ihre Dörfer – mit Ausnahme von Hafenorten – in sicherer Entfernung von der Küste gründeten, so hat sich mit dem Massentourismus das Siedlungsbild stark gewandelt. Zwar stellen immer noch die Gemeinden in küstenferner Lage die historischen Kerne und die Verwaltungsorte dar, aber im Sommer besitzen sie mit den Retortenstädten des Tourismus an der Küste vorübergehend „Großstädte" auf ihrem Gemeindegebiet. So reihen sich in die Gemeinde Calvià auf Mallorca mit ihrer Küstenlänge von rund 23 km (!), die heute international bekannten Touristenhochburgen wie Illetas, Palma Nova, Santa Ponsa, Paguera und Puerto Andratx aneinander. Mehr als 1,4 Mio. Touristen jährlich zählt die Gemeinde in den Hotels an ihrer Küste mit 34 Stränden – bei einer Gesamteinwohnerzahl von 49.807 (2011), in der sich auch noch knapp ein Drittel Ausländer mit Wohnsitz in Calvià verbergen, und ganzen 2434 Einwohnern im Hauptort Calvià.

Zu den neuen Elementen der mallorquinischen Kulturlandschaft gehören die Golfplätze. Zwar wurde bereits in den 1930er-Jahren der erste Platz bei Alcúdia errichtet, doch 1964 wurde mit demjenigen in Son Vida die aktuelle „Golf-Mode" eingeläutet. 2010/11 besitzt Mallorca 20 Plätze, während es auf den übrigen Balearen auf Ibiza zwei und auf Menorca einen gibt. Buswell (2011, S. 159) stellt zwei Standortfaktoren für ihre Verteilung heraus: Zum einen ist es die Küstennähe, kein einziger Golfplatz befindet sich im Inneren Mallorcas, und zum anderen ist es die Nähe zu Palma und seinem Flughafen. Der Autor bemerkt ebenso, dass die Golfplätze – nicht nur allein durch ihr einheitliches Grün – in ihrer Gestaltung durch bekannte amerikanische bzw. europäische Golfplatz-Architekten Fremdkörper in der Insellandschaft sind. Verstärkt wird dies noch durch die oftmals fremde Vegetation wie Eukalyptusbäume. Als Maßnahme gegen den hohen Wasserverbrauch von 3000–10.000 l täglich für einen 18-Loch-Platz wurde bereits 1988 auf Mallorca festgelegt, dass hierfür nur wiederaufbereitetes Brauchwasser genutzt werden darf. Die Qualität dieses Wassers scheint noch steigerungsfähig: *Unfortunately, in the high season, this has a tendency to smell, hardly conducive to an expensive round!* (a. a. O., S. 160). Bislang konnte man mit den Golftouristen, 2008 waren es mehr als 112.000, die durchschnittliche zehn Tage auf der Insel blieben und mehr als 200 Euro am Tag ausgaben, mit einer finanzstarken Gästegruppe rechnen. Der Beitrag des Golftourismus an den Einnahmen des Tourismus insgesamt betrug damit rund 183 Mio. Euro jährlich (a. a. O., S. 161). Für viele Mallorquiner ist damit jedoch noch nicht der Preis für die Umweltkosten und die Auswirkungen auf das soziale Leben bezahlt (a. a. O.). Bedeutet auch der neu zu beobachtende Trend, seine Golfferien im Internet zu buchen und mit einem Billigflieger anzureisen, einen Wandel vom elitären Urlaubsvergnügen hin zu einem Produkt des Massentourismus (vgl. Garau Vadell und de Borja-Sole 2008, S. 20, zit. in: Buswell 2011, S. 161)?

Wenn auch unverändert für den „klassischen" Massentourismus im Mittelmeerraum das Strandleben und Baden als wichtigste Urlaubsaktivitäten gelten, so lassen sich in jüngerer Zeit – neben dem Golfspiel – weitere neue Reisemotive beobachten und in den Angeboten wiederfinden. Spezialreiseveranstalter haben neben den traditionellen Pauschalen zum Kultur-, Städte-, Veranstaltungs- und Wandertourismus auch den Agrotourismus in bisher touristisch weniger erschlossenen Gebieten im Programm (vgl. Wagner 2011, S. 177). Besondere Naturerlebnisse werden beim Segeln, Tauchen und Jagen versprochen. Zu den neueren Trends gehören Trekking- oder Landrovertouren sowie geführte Wohnmobiltouren am Rande der Sahara. Auf Reisemobilisten ist man heutzutage fast überall im Mittelmeerraum eingestellt. Von manchen politischen Ereignissen profitierten Länder wie Libyen oder Palästina, die sich daraufhin für abenteuerlustige Touristen öffnen konnten, doch andererseits sorgen Unruhen und Bombenanschläge, so beispielsweise in Ägypten, auch immer wieder für mehr oder weniger starke Einbrüche in den Touristenzahlen – mit allen weiteren Konsequenzen.

In verschiedenen Mittelmeeranrainerstaaten hat der Tourismus mit seiner ökonomischen Bedeutung andere ehemals führende Wirtschaftszweige überholt. „2008 lagen die Deviseneinnahmen Tunesiens aus dem Ausländer-Tourismus mit 7 Mrd. US $ höher als der wichtigste Exportposten Textilien und Lederwaren mit 5 Mrd. US $" (Wagner 2011, S. 178). Auch für die Türkei stellt Wagner die gleichen Werte für den Textilienexport wie für die Tourismuseinnahmen fest, in Ägypten stellen die Einnahmen aus dem Tourismus ca. das Doppelte derjenigen aus dem Erdölexport dar, und in Griechenland machen die Einnahmen von 17 Mrd. US $ im Jahr 2008 etwa zwei Drittel des Exportwertes aus. „Diese sich zwar jährlich ändernden Relationen unterstreichen den jeweils hohen wirtschaftlichen Stellenwert des Tourismus der mediterranen Länder" (a. a. O.).

10.4 Urbanisationen an der spanischen Mittelmeerküste – jedem seinen Meerblick, aber nicht viel mehr!

Eine spanische Spezialität in der Landschaftsgestaltung und Nutzung von Küsten sind die *urbanizaciones*. „Inzwischen sind nahezu alle verfügbaren Küsten der Iberischen Halbinsel und der zu ihr gehörenden Inseln verbaut. In Extremfällen wurde selbst an unzugänglichen Fels-Steilküsten durch Sprengung Raum für eine touristische Bebauung geschaffen, in extremer Weise im Süden von Gran Canaria im Bereich um Puerto Rico" (Breuer 2008, S. 145). Geschlossene Siedlungsbänder von jeweils mehr als 100 km ziehen sich entlang der Küsten. Huber (2003) ist bezüglich der Costa Blanca der Auffassung, dass sich „der gesamte Küstenstreifen […] unaufhaltsam in eine Stadt der 1000 Urbanisationen entwickelt" (Huber 2003, S. 66, zit. in Breuer 2008, S. 147). „Darin liegen eingebettet urbane Kerne, die sich in der Hochsaison zu touristischen Hochburgen in der Dimension von Großstädten aufblähen. Die Namen solcher touristischer ‚Großstädte' sind als Destinationen des internationalen Tourismus jedem reiseerfahrenen Mitteleuropäer geläufig" (Breuer 2008, S. 147). Als Beispiele nennt er Maspalomas im Süden von Gran Canaria, Playa de las Américas auf Teneriffa und die Retortenstädte Illetas, Palma Nova, Magaluf, Santa Ponsa oder Paguera auf Mallorca (vgl. a. a. O.).

Das Phänomen der Urbanisationen, der Bau von Zweitwohnsitzen in Form von Ferienhäusern als Siedlungen außerhalb bestehender Ortschaften, erlebte seinen Boom ab den 1960er-Jahren. Die Baulanderschließung durch Investoren kam der rasant steigenden touristischen Nachfrage wie den leeren Kassen der betroffenen Kommunen entgegen. In der Folge sollten auch noch die Bodenpreise steigen, beispielsweise an der Costa del Sol zwischen 1960 und 1975 im Einzelfall um bis zu 900 %, sodass die Gemeinden mit den gefragten Grundstücken in dieser Goldgräberstimmung gerne mitspielten bzw. man es mit korrekten Vorgehensweisen nicht immer so genau nahm.

In zwei Formen wurden die Feriensiedlungen aus dem Boden gestampft: zum einen als kleine Urbanisationen mit Villen- bis Vorortcharakter ohne eine Versorgung mit Gütern des täglichen Bedarfs, zum anderen als Satellitenstädte mit entsprechender Infrastruktur (vgl. Zahn 1993, zit. in: Breuer 2008, S. 146). Doch das wichtigste Kriterium für die Ferienwohnungen oder -häuser ist ohnehin nur der Meerblick von der eigenen Terrasse, dem eigenen Balkon. „In der Anfangsphase wurden vielfach kleinere Urbanisationen ohne behördliche Genehmigung erstellt, sodass dort – oft heute noch – Mängel in der Wasserver- und -entsorgung, in der Stromversorgung oder bei den Zufahrtsmöglichkeiten an der Tagesordnung sind. Die zum Teil skandalösen Begleitumstände beim Bau und Verkauf von Immobilien in Urbanisationen veranlassten Zahn (1973, S. 273) zu der Formulierung, dass dem Begriff Urbanisation ‚der Klang von Ferien und Besitz [ebenso] wie von Geschäft und Betrug anhaftet'. Beim Ersterwerb von Immobilien in Urbanisationen dominierten ursprünglich Ausländer, vornehmlich Briten, Skandinavier und Deutsche" (Breuer 2008, S. 146).

Abb. 10.2 Eine Urbanisation an der Costa del Sol, die jedoch fern vom Strand in den Hängen liegt: die noch immer im Bau befindliche Ferienhaussiedlung mit Golfplatz in Marbella-Elviria (Angela Wolfers)

Vielfältige Probleme gab es bei der Erschließung der Küstenregionen für den Ferienhausbau. In der Regel handelte es sich um Küstenabschnitte, zu denen noch nicht einmal eine Straße führte, da sich die dazugehörenden Orte und Gemeinden im Hinterland befinden. Eine küstenferne Lage war einst in Zeiten von Piraten ein angemessener Standortfaktor! Von den Hauptstraßen in ehemals sicherer Entfernung mussten Stichstraßen zu den Urbanisationen angelegt werden. Für die betroffenen Gemeinden war es durchaus attraktiv, wenn externe Investoren die Erschließung und Versorgung der „Retortensiedlungen" übernahmen und nicht Gemeindekassen strapaziert werden mussten (◘ Abb. 10.2).

Ein anderes Problem für die Bewohner dieser Ferienhaussiedlungen ist die oftmals fehlende Versorgung vor Ort mit den Dingen des täglichen Bedarfs. Aber auch die Tatsache, dass es außerhalb der eigenen vier Wände oder des Gartenzaunes kaum öffentlichen Raum für Begegnungen, wie etwa Grünanlagen oder Plätze gibt, zeigt typische Mängel der Urbanisationen und einer Ortsentwicklung auf Sparflamme auf. „Zum real genutzten öffentlichen Raum zählen in erster Linie die Straßen, die dann allerdings häufig nur für Fahrzeuge benutzbar sind. Für einen fußläufigen Personenverkehr mit entsprechender Kommunikationsfunktion sind sie im Regelfall ungeeignet: Bürgersteige fehlen entweder völlig oder sind nicht fertiggestellt" (a. a. O., S. 148). Die Qualitäten des mediterranen Lebens, zu der die Gemeinschaft im öffentlichen Raum, auf Plätzen unter freiem Himmel gehören, scheinen bei den Urbanisationen und ihren meist vorübergehenden Bewohnern nicht gefragt. Jeder hockt in seiner „Casa", „Villa" oder „Finca" – und die Rendite der Unternehmer, die die Urbanisationen realisiert haben, ließ sich maximieren, da kein wertvoller Baugrund „verschwendet" werden musste.

10.5 Gemüsefeld oder Golfplatz? Das ist hier die Frage – der Streit ums Wasser

Zu den Nutzungskonflikten, die der Massentourismus an den spanischen Küsten hervorbringt, gehört auch der Streit um die Ressource Wasser. „Veraltete Bewässerungsmethoden in der Landwirtschaft, die mit 80 % der Hauptverbraucher ist, vergeuden die Hälfte der verbrauchten Menge; in den Städten betragen die Verluste durch Mängel im Leitungsnetz zwischen 25 und 50 %. Mit 1174 m³ pro Kopf liegt der spanische Verbrauch weit über dem europäischen Durchschnitt (726 m³)" (La Roca 1993, zit. in: BA für Naturschutz (Hrsg) 1997, S. 157 f.).

Mit dem Wasserbedarf von rund 1 Mio. m³ im Jahr für einen 18-Loch-Golfplatz ließe sich im gleichen Zeitraum auch eine Kleinstadt von 12.000 Einwohnern und mehr versorgen. „In einigen Regionen steigt der tägliche Verbrauch im Sommer auf bis zu 850 Liter pro Kopf. Zum Vergleich: Der Pro-Kopf-Verbrauch in Deutschland liegt bei knapp 150 Litern. Wasser, das für Golfplätze und Swimmingpools verwendet wird, fehlt in der Natur und führt zur Verödung einmaliger Naturparadiese", belegt eine Studie der Umweltorganisation WWF (▶ www.scinexx.de/wissen-aktuell-1212-2004-07-16.html).

Doch auch der Umgang mit den Abwässern wirft Probleme auf. Greenpeace Espana (1993, zit. in: BA für Naturschutz (Hrsg) 1997, S. 157) recherchierte Beispiele über Abwassereinleitungen ins Mittelmeer. „An der spanischen Küste gibt es mehr als 200 Gemeinden, in denen die Abwasserreinigung häufig sehr ungenügend ist. So sind nach Angaben der Behörden von Andalusien über 100.000 Menschen überhaupt nicht an die Entwässerungsleitungen angeschlossen und 37 % der Bevölkerung müssen mit mangelhaften Abwasserkanälen auskommen. Zudem gibt es für die Hälfte aller Haushaltsabwässer gar keine und für 8 % nur unzulängliche Kläranlagen." Im Sommer zur Hochsaison sind die Klärwerke noch weniger in der Lage, die anfallenden Abwassermengen zu reinigen, sodass Abwässer ungeklärt ins Meer geleitet werden. „Der Anstieg des Nährstoffgehalts im Meer führt zur überproportionalen Zunahme bestimmter Algen und zur Beeinträchtigung des marinen Naturhaushalts" (a. a. O.). Und das Badevergnügen?

Eine der Lösungen für das Wasserproblem an der Küste scheint den spanischen Touristikern die „Diversifizierung der Touristenströme". Tourismus im Hinterland, wie z. B. die Förderung von Naturparken, aber auch des Wintersports in den Pyrenäen, in der Sierra de Guadarrama und Sierra Nevada, Ausbau des Fremdenverkehrs in den Thermalbädern sowie des religiös, sportlich und kulturell motivierten Tourismus (a. a. O., S. 159) sollen gleichzeitig auch neue Arbeitsplätze für Einheimische schaffen. Ob sich der typische Badeurlauber von der Küste ins Binnenland locken lässt, darf man

Mittelmeer – einige charakteristische Merkmale

- Küstenlänge: 46.000 km
- Fläche: 2.516.000 km²
- durchschnittliche Tiefe: 1500 m, maximale: 5092 m
- mittlere Temperatur: 12,7–14,5° C
- hoher Salzgehalt (durchschnittlich 38–39,9 ppt)
- wenig Wellenbewegung
- Geringe Niederschlagsrate, hohe Evaporation: Höhere Verdunstung als Niederschläge, deshalb vom Austrocknen bedroht. Nur der Zufluss des Atlantikwassers verhindert das Austrocknen.
- Die Küsten im nordwestlichen Mittelmeerbecken sind am stärksten von Verschmutzungen betroffen; die Konzentration von Siedlungen, Industrie und anderen Nutzungen (u. a. Tourismus) ist hier am größten.
- Zu den biologischen Merkmalen gehören eine hohe Artenvielfalt, jedoch eine geringe biologische Produktivität aufgrund der geringen Nährstoffkonzentrationen. Die Artenvielfalt des westlichen Mittelmeerbeckens ist höher als diejenige des östlichen. Weite Seegraswiesen spielen eine wichtige Rolle für das Ökosystem: Produktion organischen Materials, primäre Sauerstoffproduzenten, Lebensraum zahlreicher Fische, Halt der Sedimente, Strandschutz durch Abschwächen der Wellenstärke (vgl. BA für Naturschutz (Hrsg) 1997, S. 83).

bezweifeln. An einem besseren Wassermanagement mit einer verstärkten Nutzung von gereinigtem Brauchwasser, aber auch an einem bewussteren Umgang mit der kostbaren Ressource Trinkwasser in den Touristenorten, wird kein Weg vorbeiführen.

10.6 Das Dach Spaniens auf den Kanarischen Inseln – der Vulkan Pico del Teide

Das „Dach Spaniens" mit seinem höchsten Gipfel befindet sich nicht auf der Iberischen Halbinsel sondern weiter südwestlich auf den Kanarischen Inseln. Geographisch und klimatisch gehören diese Inseln zu Nordafrika, politisch aber zu Spanien. Auf diese Weise kann Teneriffa mit dem 3718 m hohen Vulkan Pico del Teide die höchste Erhebung Spaniens bieten, und geht man hinunter zum untersten Hangfuß des Stratovulkans auf dem Meeresboden, bringt es der Teide sogar auf ein stolze Höhe von 7500 m und stellt somit den drittgrößten Vulkan der Erde dar. 2007 wurde der Berg zum Weltnaturerbe der UNESCO erklärt.

Mit einigen Aspekten soll die international gefragte Destination der Kanaren kurz vorgestellt werden. Der Tourismus ist heute der bedeutendste Wirtschaftszweig auf den Inseln. Nach Angaben des Kanarischen Statistischen Institutes (ISTAC 2005) ▶ http://www.gobiernodecanarias.org/istac/temas_estadisticos/sectorservicios/hosteleriayturismo/demanda/ besuchten über 13 Mio. Urlauber die Inseln, darunter 4,2 Mio. Briten, 3,4 Mio. Festlandspanier und 2,8 Mio. Deutsche. Die am stärksten besuchten Inseln sind Teneriffa (5,4 Mio.) und Gran Canaria (4 Mio.), gefolgt von Lanzarote (2,4 Mio.), Fuerteventura (1,6 Mio.) und La Palma (180.000) (vgl. ▶ www.portal-de-canarias.com/html/touristeninformation.html).

Dieser Archipel umfasst die sieben größeren Inseln Gran Canaria, Fuerteventura, Lanzarote, La Palma, La Gomera und El Hierro sowie sechs kleinere Inseln. Wenngleich über die Entstehung der Kanarischen Inseln unter den Wissenschaftlern noch keine Einigkeit besteht, so ist jedoch unübersehbar, dass sie alle vulkanischen Ursprungs sind. Doch entstanden die verschiedenen Inseln dabei zu unterschiedlichen Zeiten – worüber im Detail auch noch wissenschaftlich diskutiert wird! Die ältesten Gesteine – Basalte – mit einem Alter von ca. 20 Mio. Jahren sind auf Fuerteventura zu finden, während es die jüngsten Inseln am westlichen Ende des Archipels La Palma und El Hierro gerade einmal auf etwas mehr als 1 Mio. Jahre bringen. Teneriffa liegt altersmäßig in der Mitte: Die ältesten Gesteine im Süden der Insel sind etwa 11,6 Mio. Jahre alt, die jüngsten entstanden 1909 beim Ausbruch des Chinyero. 1949 und 1971 ereigneten sich die letzten Vulkanausbrüche auf der Insel La Palma.

Trotz ihrer geographischen Lage im Atlantischen Ozean westlich der südmarokkanischen Küste erlaubt das Klima, diese Inseln dem mediterranen Raum zuzuordnen. Auf den „Inseln des ewigen Frühlings" herrschen im Küstenbereich während des Winters Durchschnittstemperaturen von 16–18° C, im Sommer liegen die Werte zwischen 22 und 24° C, wenn nicht heiße Winde aus der Sahara die Temperaturen bis über 40° C springen lassen.

„Das subtropische Klima mit mediterranem Rhythmus ist durch Niederschläge, die vorwiegend im Spätherbst und Winter fallen, und durch eine ausgeprägte Trockenperiode von Frühling bis Herbst gekennzeichnet" (Burga 2004b, S. 253). Große Unterschiede in den Niederschlagsmengen weisen die nördlichen bzw. südlichen Hänge Teneriffas auf. Durch ihre Exposition zum Nordostpassat erhält die nördlichen Hälfte der Insel in den höheren Lagen der humiden Bergstufe (400–1500 m NN) aus den Steigungsregen Niederschläge zwischen 700 und 1000 mm. So sind auf diesen Hängen des Pico del Teide überwiegend Lorbeerbäume, Farnpflanzen und Lianen zu finden, während auf den Hängen im Regenschatten nur noch Niederschläge von 400–700 mm fallen. Bis zur oberen Waldgrenze in einer Höhe von 2000 m gedeiht in der Leelage die etwa 20–30 m hohe Kanarenkiefer mit Stammdurchmessern von 0,5–2 m (vgl. a. a. O., S. 259). Die Hochgebirgsstufe des Pico del Teide weist mit ihrer Flora Ähnlichkeiten mit der gleichen Höhenstufe der höchsten Berge Ostafrikas auf.

Die klimatischen Verhältnisse und die fruchtbaren Böden, die sich über den vulkanischen Gesteinen bilden, bilden gute Grundlagen für die Landwirtschaft. Auf terrassierten Hängen werden in der traditionellen Landwirtschaft im Trockenfeldbau Weizen, Gerste und Hülsenfrüchte angebaut, während die künstlich bewässerten Flächen Kartoffeln, Süßkartoffeln, Paprika, Tomaten, Auberginen, Bohnen, Karotten, Mais und anderes hervorbringen. Zu den „klassischen" Obstkulturen gehören Feigen, Mandeln, Esskastanien, Papayas, Mangos und Avocados (vgl. a. a. O., S. 262). Für den Export werden heute an den Küsten Teneriffas Bananen, Frühtomaten und Schnittblumen in Folien-Gewächshäusern angebaut.

Literatur

Borchard K (1999) Städtebau. In: Honour H (Hrsg) Lexikon der Weltarchitektur. Prestel, München, S 602–604

Breuer T (2008) Iberische Halbinsel. Spanien, Portugal. Wissenschaftliche Länderkunden. Wissenschaftliche Buchgesellschaft, Darmstadt

Bundesamt für Naturschutz (Hrsg) (1997) Biodiversität und Tourismus. Konflikte und Lösungsansätze an den Küsten der Weltmeere. Springer, Berlin

Literatur

Burga CA (2004a) Korsika – l'île de la beauté. In: Burga C, Klötzli F, Grabherr G (Hrsg) Gebirge der Erde. Landschaft, Klima, Pflanzenwelt. Ulmer, Stuttgart, S 280–290

Burga CA (2004b) Teneriffa. In: Burga C, Klötzli F, Grabherr G (Hrsg) Gebirge der Erde. Landschaft, Klima, Pflanzenwelt. Ulmer, Stuttgart, S 249–262

Buswell RJ (2011) Mallorca and Tourism. History, Economy and Environment. Channel View Publications, Bristol, Buffalo, Toronto

Eimen H (Hrsg) (1992) JW Goethe: Italienische Reise Hamburger Ausgabe von Goethes Werken, Bd. IX. dtv, München, S 294

Garau Vadell J, de Borja-Sole L (2008) Golf in mass tourism destinations facing seasonality: A longitudinal Study. Tourism Review 63(2):16–24

Heineberg H (2011) Stadtgeographie. Die islamisch-orientalische Stadt. In: Gebhardt H, Glaser R, Radtke U, Reuber P (Hrsg) Geographie. Physische Geographie und Humangeographie. 2. Aufl., Spektrum, Heidelberg, S 877

Huber A (2003) Sog des Südens. Altersmigration der Schweiz nach Spanien am Beispiel Costa Blanca (Soziographie). Seismo, Zürich

Klötzli F (2004) Olymp (Griechenland) – Göttersitz der alten Griechen. In: Burga C, Klötzli F, Grabherr G (Hrsg) Gebirge der Erde. Landschaft, Klima, Pflanzenwelt. Ulmer, Stuttgart, S 309–314

Müller W, Vogel G (2000) dtv-Atlas Baukunst Bd. 2. Deutscher Taschenbuch Verlag, München (2 Bände)

Pedrotti F (2004) Apennin. In: Burga C, Klötzli F, Grabherr G (Hrsg) Gebirge der Erde. Landschaft, Klima, Pflanzenwelt. Ulmer, Stuttgart, S 301–308

Poli Marchese (2004) Ätna. In: Burga C, Klötzli F, Grabherr G (Hrsg) Gebirge der Erde. Landschaft, Klima, Pflanzenwelt. Ulmer, Stuttgart, S 291–300

UNWTO (2013) World Tourism Barometer. http://mkt.unwto.org/en/barometer

Wagner H-G (2011) Mittelmeerraum. 2. Aufl., Wissenschaftliche Buchgesellschaft, Darmstadt

Zahn U (1973) Der Fremdenverkehr an der spanischen Mittelmeerküste: eine vergleichende geographische Untersuchung Regensburger Geographische Schriften, Bd. 2. Regensburg

http://i-cias.com/tunisia/bulla_regia.htm

http://www.gobiernodecanarias.org/istac/temas_estadisticos/sectorservicios/hosteleriayturismo/demanda/

http://mkt.unwto.org/en/barometer

http://whc.unesco.org/en/list/258 (Golf von Porto, Halbinsel Scandola)

http://whc.unesco.org/en/list/1427/ (Ätna)

http://whc.unesco.org/en/list/1258 (Teide-Nationalpark, Teneriffa)

http://whc.unesco.org/en/list/498 (Sousse)

http://whc.unesco.org/en/list/36 (Tunis)

www.parc-corse.org/ (Parc Régional Naturel de Corse)

www.unesco.org/mabdb/br/brdir/directory/biores.asp?code=GRE+02&mode=all (Biosphärenreservat Olymp)

www.spiegel.de/wirtschaft/soziales/griechenlands-heikle-tourismusplaene-fuer-den-olymp-a-842429.html

www.asmtunis.com/ (ASM – Association de Sauvegarde de la Médina de Tunis, Denkmalpflege in der Altstadt von Tunis)

www.tunisia-oliveoil.com/template.php?code=14

www.scinexx.de/wissen-aktuell-1212-2004-07-16.html (Mittelmeer: Wasserknappheit durch Massentourismus)

www.diercke.de/kartenansicht.xtp?artId=978-3-14-100758-9&seite=71&id=13353&kartennr=2 (Breuer: Balearen –Tourismus)

www.portal-de-canarias.com/html/touristeninformation.html (privates Portal der Kanarischen Inseln)

Feuchte Mittelbreiten

Gabriele M. Knoll

11.1 Lösslandschaften – nicht nur in Deutschland – 188

11.2 Eine alte Industrielandschaft mit neuem Image – 189

11.3 Palmen in Schottland – 190

Literatur – 191

Diese Klima- und Ökozone umfasst auf der nördlichen Erdhalbkugel West- und Mitteleuropa und sogar das südwestliche und südliche Nordeuropa sowie den nordamerikanischen Küstenraum nördlich von San Francisco bis zur kanadischen Westküste inklusive. Die Feuchten Mittelbreiten können – etwas großzügig – den Westseiten der Kontinente auf einer geographischen Breite von 40 bis 60° zugeordnet werden. Sie sind jedoch auch auf den Ostseiten der Kontinente anzutreffen, wo sie mit etwa 35 bis 50° etwas näher an den Äquator rücken. Im Osten Nordamerikas umfasst dies den Südosten Kanadas mit dem Gebiet der Großen Seen und fast die östliche Hälfte der Vereinigten Staaten von Amerika. Im Osten des asiatischen Kontinents gehören Japan, Korea und Küstenregionen Chinas sowie des südöstlichen Sibiriens zu den Feuchten Mittelbreiten. „Polwärts grenzen die Feuchten Mittelbreiten an die Boreale Zone. Äquatorwärts folgen an den Westseiten der Kontinente die Winterfeuchten, an den Ostseiten die Immerfeuchten Subtropen. In den hochkontinentalen Bereichen der Nordhemisphäre fehlen die Feuchten Mittelbreiten entweder ganz, d. h. auf die borealen Nadelwaldgebiete folgen unmittelbar die winterkalten Steppen, oder sie nehmen nur schmale Übergangssäume zwischen diesen ein" (Schultz 2010, S. 53). Weiter im Inneren der Kontinente auf der Nordhalbkugel schließen sich an die Feuchten Mittelbreiten die Trockenen Mittelbreiten mit ihren Grassteppen und Prärien an, die in der südlichen Hemisphäre gerade einmal in Argentinien und seiner Pampa ausgeprägt sind.

Auf der Südhalbkugel ist die Zone der Feuchten Mittelbreiten nur mit einem Küstenstreifen in Chile, im südwestlichen Pazifik auf Tasmanien und in Neuseeland auf der Südinsel vertreten. „Alle Teilvorkommen addieren sich auf rund 14,5 Mio. km² oder 9,7 % der Festlandsfläche der Erde" (a. a. O.). Die Feuchten Mittelbreiten stellen die, wenn auch stark zergliederte, Großregion mit den größten Bevölkerungsdichten und den wirtschaftlich stärksten Räumen der Erde dar.

Das Klima der Feuchten Mittelbreiten wird geprägt von einem west-östlichen Wandel, d. h. dem Wechsel von maritimen zu kontinentalen Einflüssen. Dabei ergeben sich bemerkenswerte Unterschiede: Bei maritimen oder ozeanischen Verhältnissen kann es zu derart milden Wintern kommen, dass die Vegetationsperiode sich auf ein ganzes Jahr ausdehnt. Der Winter ist dann in der Regel auch die Zeit des stärksten Niederschlags; der Sommer bleibt meist ein kühler. Bei zunehmend kontinentalen Einflüssen werden die Temperaturen extremer, d. h. die Winter werden kälter, die Sommer heißer, und das Niederschlagsmaximum fällt im Sommer. Die Dauer der Vegetationsperiode kann sich mit zunehmender Kontinentalität auf ein halbes Jahr reduzieren.

In einigen konkreten Zahlenbeispielen lässt sich diese auch als gemäßigt oder temperat bezeichnete Klimazone folgendermaßen charakterisieren: In den ozeanisch geprägten Regionen liegt die Mitteltemperatur des kältesten Monats bei mehr als +2° C, in wenigen Gebieten auch über +5° C, während dagegen diejenige des wärmsten Monats unter 15° C bleibt. Im Gegensatz zu diesem ausgeglichenen Klima kann in den hochkontinentalen Lagen die winterliche Abkühlung dagegen bis −30° C sinken; aber auch nach oben nimmt die Amplitude der Temperaturschwankungen zu. Die Mitteltemperatur des wärmsten Monats kann, wie beispielsweise in Moskau, über 20° C liegen.

Exemplarisch wird für diese ausgedehnte Region der Feuchten Mittelbreiten – in Abgrenzung zu den anderen in diesem Buch beschriebenen Gebieten – ein Beispiel aus Europa gewählt und dabei ein Band vom Hinterland der nördlichen Nordseeküste der Niederlande, vom IJsselmeer über das Norddeutsche Tiefland bis zur Oder gezogen. Für den Bereich der Küsten sei auf ▶ Kap. 4 hingewiesen. In den Exkursen sollen einige Aspekte des stark maritim beeinflussten Bereichs an Beispielen von Großbritannien und Norwegen angesprochen werden.

Hier im Norden Deutschlands lässt sich eine Linie längs der am weitesten nach Süden reichenden Gletschervorstößen der Saaleeiszeit ziehen, wodurch sich neben den klimatischen Gemeinsamkeiten auch grundlegende Übereinstimmungen im Landschaftsbild ergeben – die Prägung durch die aus Skandinavien kommenden Vereisungen. Ein schätzungsweise mehr als 1000 m mächtiger Eisschild hatte sich über die südliche Ostsee und die angrenzenden Regionen geschoben (vgl. Goudie 2008, S. 60 f.), der über der Nordsee jedoch weniger mächtig gewesen sein muss; aber einige Hundert Meter dürften es immer noch gewesen sein. Die Alt-

Steckbrief Feuchte Mittelbreiten

Verbreitung
„Die großen Vorkommen liegen in der Nordhemisphäre jeweils an den Ost- und Westseiten der nordamerikanischen und eurasischen Landmassen, nur kleinere auf der Südhalbkugel in Südamerika, Australien und Neuseeland. Die Breitenlage variiert unter dem Einfluss kalter und warmer Meeresströmungen" (Schultz 2010, S. 52 f.).

Klima
Dieses gemäßigte Klima wird durch einen ausgesprochen saisonal differenzierten Jahresgang der Temperatur sowie relativ konstante Niederschlagsmengen von 500–1000 mm im Jahr, die im Winter auch als Schnee fallen können, geprägt. Die Tageslängen variieren zwischen acht Stunden im Winterminimum und 16 Stunden als Sommermaximum. Die Jahresmittel der Temperaturen liegen zwischen 6 und 12° C.

Vegetation
Zur potenziellen natürlichen Vegetation, der eine Wachstumszeit von mindestens einem halben Jahr vergönnt ist, gehören die sommergrünen Laub- und Mischwälder. Seltener sind die warmtemperieren Regenwälder mit immergrünen Buchen, wie z. B. auf der Südinsel Neuseelands oder als Nadelwald an der Ostküste Kanadas. Charakteristisch für die Vegetation ist der jahreszeitliche Wechsel mit einer Ruhepause im Winter mit dem herbstlichen Laubabwurf als Anpassung an die Winterkälte.

Tierwelt
Die Fauna zeigt in ihrem Verhalten teilweise auch eine deutliche Anpassung an den Gang der Jahreszeiten; viele Säugetiere fallen in eine Phase der Winterruhe oder des Winterschlafs, Amphibien können diese Zeit in einer Kältestarre überstehen. Ein Teil der heimischen Brutvögel zieht im Winter nach Süden jenseits der Alpen, durchaus auch bis Afrika, während andere Zugvogelarten aus arktischen bzw. subarktischen Gebieten zum Überwintern nach Westeuropa kommen.

Wirtschaft
Die Landnutzung ist in vielerlei Hinsicht intensiv. Die agrare oder forstwirtschaftliche Nutzung überwiegt deutlich: „In der Landwirtschaft arbeits- und kapitalintensive flächenproduktive Mischbetriebssysteme kleiner und mittlerer Größe mit Getreideanbau (Weizen, Mais, Roggen, Gerste, Hafer), Hackfruchtanbau (Kartoffeln, Zuckerrüben) und Futterbau (Klee, Grünmasse, Futterrüben für Rinder und Schweine). Außerdem Raps und Obst (Äpfel, Birnen, Kirschen, Pflaumen). Unter ozeanischen Bedingungen: intensive Grünlandwirtschaft" (Schultz 2002, S. 158). In den wärmeren Regionen kann qualitativ hoch stehender Wein angebaut werden. Neben dem primären Sektor spielt der sekundäre historisch auf der Basis von Rohstoffvorkommen (Bergbau und verarbeitende Industrien) mit allen Weiterentwicklungen eine dominante Rolle. Nicht minder facettenreich ist der Dienstleistungssektor.

Tourismus
Eine nahezu grenzenlose Vielfalt bestimmt den Tourismus in dieser Großregion. Die „Erfindung" des modernen Tourismus, auch wenn man ihn bei der Grand Tour des 17./18. Jahrhunderts ansiedelt, fällt in die Zone der Feuchten Mittelbreiten. Die Reiseweltmeister durch die Jahrhunderte hinweg sind auch jeweils hier zu finden: die Engländer, die Deutschen und aktuell überholt von den Chinesen (vgl. Schultz 2010, S. 52–59, 2002, S. 136–160).

moränen schufen eine flache, sandige Hügellandschaft, die im Nordwesten Deutschlands als Geest bezeichnet wird. Unfruchtbare Sandflächen gehören hierhin, die oftmals als Heidelandschaften nur ein karges Wirtschaften und Leben erlaubten. Wie zwei große Bänder ziehen sich von Südost nach Nordwest das Breslau-Bremer Urstromtal (entstanden um 195.000 vor heute) und das Glogau-Baruther Urstromtal (entstanden um 20.000 vor heute) mit der Verzweigung in das Warschau-Berliner und das Eberswalder Urstromtal. Diese Urstromtäler zerschneiden ein ausgedehntes, überwiegend tiefer gelegenes, reliefärmeres Periglazialgebiet, dessen Südrand von großen Lössflächen geprägt wird – den fruchtbaren Bördenlandschaften nördlich der deutschen Mittelgebirge (vgl. Liedtke 2003, S. 67). Aus dem weitgehend vegetationslosen Vorland der eiszeitlichen Gletscher wurde Feinmaterial durch den Wind herausgeblasen und als äolisches Sediment, als Löss, im Vorland der Gebirge abgelagert. Am Ende der Eiszeit entstanden durch die Arbeit des Windes auch die Binnendünen- und Flugsandfelder, wie z. B. diejenigen im Osten der Niederlande.

Die Altmoränenlandschaft, die das Gros von Niedersachsen und nach Norden das westliche Schleswig-Holstein und weiter nach Osten reichend den Südwesten von Mecklenburg-Vorpommern und das südliche Brandenburg ausmacht, weist ein deutlich weniger differenziertes Relief als die sich in den Ostseeraum anschließende Jungmoränenlandschaft

Aus der Zuiderzee wird das IJsselmeer

Das IJsselmeer kann beides: Es ist heutzutage eines der beliebtesten Segelreviere für niederländische wie deutsche Skipper und ebenso eine wichtige Landreserve sowie Experimentierfeld für das Wohnen und den Städtebau von morgen. Während sich das Land und die Uferlinien der Zuiderzee zur Zeit um Christi Geburt gar nicht so stark von heute unterschieden, brachte das Mittelalter mit verschiedenen schweren Sturmfluten starke Veränderungen in der Landschaft. Die Zuidersee sollte sich dadurch ungefähr auf das Drei- bis Vierfache ausdehnen. Nach der Sturmflut von 1916 entschloss sich das niederländische Parlament, dem Nordseewasser buchstäblich einen Riegel vorzuschieben und die riesige Meeresbucht von der Nordsee abzutrennen. Die Pläne dazu hatte der Ingenieur Cornelis Lely (1854–1929) zwar schon 1881 vorgelegt, doch erst als Minister für Wasserbau ab 1913 konnte er dieses kühne Projekt realisieren.

Neben dem Bau (1927 bis 1932) eines ca. 32 m langen und auf Höhe der Wasserlinie 90 m breiten Abschlussdeiches als Hochwasserschutz sollte auch nach der Trockenlegung ehemaliger Meeresflächen neues Land auf einer Höhe von 5 m unter dem Meeresspiegel gewonnen werden. Das Bevölkerungswachstum verlangte nach mehr Siedlungs- und landwirtschaftlicher Nutzfläche. Mit dem vollendeten Abschlussdeich wurde auch eine Namensänderung für das Gewässer notwendig – aus der Zuiderzee – dem „Südmeer" im Gegensatz zur Nordsee – wurde das Ijsselmeer, der „IJsselsee" (im Niederländischen werden „Zee" und „Meer" genau entgegengesetzt zum Deutschen verwendet!). Das junge Binnengewässer erhielt seinen Namen von dem wichtigsten Zufluss, der Gelderse IJssel. Durch diesen Nebenarm des Lek erfolgte auch die Aussüßung des Wassers der ehemaligen Meeresbucht.

In den nachfolgenden Jahrzehnten begann man im großen Stil, den einstigen Meeresboden trockenzulegen und Neuland, sogenannte Polder, zu gewinnen. Auf diese Weise sollte die jüngste Provinz der Niederlande dem Wasser abgerungen werden. Mit der Trockenlegung des Nordostpolders (1942), der Polder Ostflevoland (1957) und Südflevoland (1968) wurde Neuland gewonnen, das 1986 zur Provinz Flevoland erklärt wurde. Mit dem Namen ihrer Hauptstadt Lelystad setzte man dem Wasserbauexperten und Pionier Cornelis Lely auf dem Polder Ostflevoland ein Denkmal.

Im Südwesten wächst die Verstädterungszone von Amsterdam in die Provinz Flevoland hinein, doch rund 90 % der Polder werden für die Landwirtschaft genutzt.

Zu den historischen Orten in dieser jungen Landschaft gehört Urk (▶ www.touristinfourk.nl/ontdek-urk.html?id=17), das 966 erstmals urkundlich genannt wird. Die Fischergemeinde lag einst auf einer Insel in der Zuiderzee, die nun nach der Trockenlegung Teil des Nordostpolders ist. Heute gehört Urk mit zu den Freizeithäfen des Ijsselmeeres. Mit dem Eindeichen der Zuiderzee entstand ein gezeitenloses Binnengewässer, Seegang wird nur noch durch Wind verursacht. Der Houtribdijk zwischen Lelystad und Enkhuizen teilt die Wasserfläche in einen nördlichen Teil, das Ijsselmeer, und einen südlichen, das Markermeer. Beide Gewässer sind mit einer mittleren Wassertiefe von 4 m relativ flach. „Dadurch kann sehr schnelle eine recht ruppige und kurze Welle entstehen" (▶ http://segler-in-holland.de/nautik_ijsselmeer.phtml). Die Winde kommen vorwiegend aus Südwest und West und bringen häufig plötzliche Wetteränderungen; vor allem dichter Nebel kann schnell entstehen.

---

auf. Im Altmoränenland war das Land in der letzten Eiszeit, der Weichseleiszeit, nicht mehr von Gletschern bedeckt. Stattdessen war dieses periglaziale Gebiet zunächst der Abluation, dann beim weiteren Auftauen der Solifluktion, dem Bodenfließen, ausgesetzt. Durch die Abluation, das Abspülen des Glazialreliefs, werden in der frühsommerlichen Auftauphase die Feinsedimente (Tone, Schluffe, Sande) weggespült, und nur die gröberen Ablagerungen bleiben zurück. Dadurch wird das Gelände allmählich nivelliert: Hohlformen in der Landschaft, wie Seebecken und Mulden, werden zugeschüttet, Sandflächen entstehen, die im Norddeutschen „Geest" – von „güst" für unfruchtbar – genannt werden und in Ostdeutschland häufig „Heide".

Abluation/ablual – „Kaltzeitlicher Prozess der Abspülung an Hängen und Akkumulation von Sanden und Schluffen an deren Fuß."

Exaration – „Ausschürfung des Untergrunds durch einen Gletscher oder das Inlandseis."

Solifluktion – „Schleichende, abwärts gerichtete Bewegung des sommerlich oberflächlich aufgetauten Permafrostes auf Hängen mit mehr als 2° Gefälle."(Liedtke und Marcinek 2003, S. 68)

„Erst nach der Verschüttung der Hohlformen konnte sich wieder ein normales Flussnetz herausbilden. Allerdings sind viele der Bäche sehr klein und führen wenig Wasser, weil das Gefälle gering ist und in dem sandigen Material jeder Niederschlag versickern kann. Während einer Kaltzeit war das anders. Der Permafrost ließ das Wasser nicht einsickern. Es musste oberflächlich abfließen und durchströmte in einem großen Schwall auch die kleineren Täler" (Liedtke und Marcinek 2003, S. 69). Aus diesen Prozessen ergibt es sich heute, dass Bäche durch Täler fließen, die für sie eigentlich „ein paar Nummern zu groß" sind. Andererseits können Landschaften, wie etwa in den Dammer Bergen, durch ein Netz von vielen kleinen Trockentälern gegliedert sein – solche Trockentäler sind nicht mit denjenigen zu verwechseln, die charakteristisch für Karstgebiete sind (▶ Kap. 7). Zu den Zeugnissen einstiger Vereisungen – im Alt- wie Jungmoränenland – gehören die Findlinge, auch erratische Blöcke genannt, als große Gesteinsbrocken, die das skandinavische Geschiebe hinterlassen hat. Solche meist aus kristallinen Gesteinen bestehenden Blöcke können bis zu mehrere Hundert Kubikmeter groß sein. Die kleineren Ausgaben erfreuen sich bei der Gartengestaltung gewisser Beliebtheit, die Prachtexemplare fallen inzwischen unter den Geotopschutz als geologisch-geomorphologische Denkmäler.

Ein anderes Landschaftsbild charakterisiert das Jungmoränengebiet. Diese Landschaften entlang der Ostseeküste lagen während der letzten Eiszeit – noch vor ca. 20.000 Jahren – noch unter der Eisdecke. Typische Erkennungszeichen sind der Reichtum an Seen, ebenso die steileren Hänge, Hohlformen in der Landschaft, an ehemaligen Toteislöchern oder auch glazialen Rinnen, wie z. B. Zungenbecken. Das bewegte Relief brachte diesen Landschaften oft den Beinamen „Schweiz" ein, wie etwa die Holsteinische, Mecklenburgische oder Märkische Schweiz.

Die Gletscher der Inlandvereisung haben hier in drei Phasen gewirkt und das spezifische Relief einer Jungmoränenlandschaft geschaffen. In der ersten Phase wurden durch die Exaration, die schürfenden Kräfte des Eises, zahllose Becken und Wannen unterschiedlicher Größe ausgehoben. Diese Hohlformen im Gelände können trocken geblieben sein, mit Wasser gefüllt oder mit Mooren bedeckt sein. Aber auch Toteis kommt als Verursacher von Hohlformen infrage. Unter Toteis versteht man Reste von Gletschereis, die beim Abtauen in ihrer tieferen Lage mit Sedimenten bedeckt wurden. Diese Eisreste tauten langsamer bzw. später ab und hinterließen an ihrer Stelle Mulden, ebenfalls von unterschiedlicher Größe, im Gelände. Parallel zu den Rändern des jüngsten und weitesten Eisvorstoßes bildeten sich – jedoch auf Altmoränenland verlaufend – die Hohlformen der Urstromtäler. Durch diese breiten und flachen Kasten- bis Sohlentäler strömten die Schmelzwässer in die Nordsee. Auch heute werden sie von Flüssen wie Elbe, Aller oder Weser genutzt, und es ergibt sich auch hier das Bild, dass das Tal viel zu groß für das heutige Gewässer erscheint!

Die zweite große Phase der Landschaftsgestaltung fällt in die Zeiten, in denen sich das Eis bereits zurückgezogen hat und das Gebiet im periglazialen Bereich liegt. Jetzt können auf den noch nicht von einer Vegetation bedeckten Flächen die Kräfte der Abluation und Solifluktion wirken. Winde sorgen dafür, dass Feinmaterialien verfrachtet werden und beispielsweise Dünenfelder entstehen, aber auch der Löss als äolisches Sediment abgelagert und zur Grundlage fruchtbarer Böden wird. In diese Phase fällt die Entwicklung des heutigen Flussnetzes.

In der letzten Phase, die nun bis in unsere Tage reicht, wandelt sich das Periglazialrelief in die heutige, nun auch von einer Vegetation bedeckten Jungmoränenlandschaft. Alle Toteisreste sind geschmolzen, auch Permafrost gehört der Vergangenheit an. Dadurch werden die Reliefunterschiede im Gelände noch etwas stärker – die Hohlformen tiefer und ihre Ränder steiler. In den rund 10.000 Jahren nach der letzten Eiszeit setzt mit den Aktivitäten der Menschen eine neue Veränderung ein. Großflächige Waldrodungen, die den Wald auf weniger als 25 % der Fläche (heute wieder 30 %) zurückdrängen, fördern zwar sehr die Bodenerosion, doch das glaziale Relief der Jungmoränenlandschaft verändern sie nicht (vgl. a. a. O., S. 68).

Von Natur aus, d. h. ohne die vielen Eingriffe des Menschen in die Wälder im Laufe der Geschichte, würde Deutschland von den sommergrünen Laub- und Mischwäldern der Feuchten Mittelbreiten bestimmt werden. Diese Wälder bestehen in der Regel aus wenigen Arten. „Bei dichtem Kronenschluss fehlt eine Strauchschicht fast vollständig. Auf nährstoffarmen Standorten und in sehr schattigen Beständen ist auch die Krautschicht oft nur spärlich entwickelt" (Bohn und Weiß 2003, S. 86).

Parallel zu den ausgeprägten Jahreszeiten unserer Breiten gehört auch zu den heimischen Waldgesellschaften der jahreszeitliche Wechsel. Im Frühjahr entwickeln sich vor der Laubentfaltung der

Bäume auf nährstoffreichen Böden große Flächen von Frühlingsblühern wie Buschwindröschen oder Scharbockskraut. Im Sommer bestimmen Gräser, Kräuter und Farne den Unterwuchs. Der Herbst bringt je nach Baumart eine fotogene Laubfärbung, bevor die Blätter fallen, und der Winter bedeutet eine Ruhezeit für den Wald (a. a. O.).

Als Erbe der Kaltzeiten herrscht hierzulande eine geringere Artenvielfalt, so sind in Deutschland gerade einmal ca. 50 Baumarten heimisch, während es weltweit rund 30.000 gibt (vgl. Glaser et al. 2007, S. 57). Mit der Forstwirtschaft um die Wende vom 18. zum 19. Jahrhundert veränderte sich das Bild des Waldes in vielen Regionen Deutschlands nachhaltig und bis heute; vor allem in den Gebieten des Bergbaus und der beginnenden Industrialisierung wurden schnell wachsende Nadelforste, vor allem mit Fichten – der „Preußentanne" –, angelegt. Erst bei den jüngeren Aufforstungen wird wieder Wert auf die natürliche Zusammensetzung des Waldes in unseren Breiten gelegt.

Die potenzielle natürliche Vegetation (vgl. Bohn und Weiß 2003, S. 84–87) für das Norddeutsche Tiefland bildet entlang der Küsten und Mündungsbereiche der einstigen Urstromtäler bzw. der heutigen Mündungen von Ems, Weser und Elbe der Feuchtwald aus Stieleichen, Eschen oder Erlen der eingedeichten und ausgesüßten Marschen sowie weiter flussaufwärts der Auenwald. In den feuchteren Gebieten kommen ebenfalls Erlenbruch- und Birkenbruchwälder sowie Feuchtheiden vor. Atlantisch-subatlantische Eichen-Buchen- und Birken-Eichen-Wälder werden nach Nordosten hin von subkontinentalen Birken-Eichen-, Kiefern-(Eichen-) und Eichen-Hainbuchen-Wäldern abgelöst – von Natur aus ist Deutschland und nicht nur der hier beschriebene Norden ein Waldland! „Nicht mehr genutztes Offenland verbuscht und wird im Laufe der Jahre zu Wald, der aber nicht überall das gleiche Erscheinungsbild hat. Abhängig vom Ausgangsgestein, den Böden, den Grundwasserständen, der Höhenlage, der klimatischen Gesamtsituation und der Artenausstattung eines Gebietes entwickeln sich unterschiedliche Waldformen" (a. a. O., S. 84).

Ein wesentliches Element des Naturraumes in den Feuchten Mittelbreiten sind die Moore. In Deutschland konzentrieren sie sich zwar auf die Jung- und Altmoränengebiete des Norddeutschen Tieflands sowie auf das Alpenvorland, aber es gibt eigentlich keinen größeren Naturraum, in dem sie nicht auch vorkommen können. „Es sei hier besonders auf die Erlenbruchmoore auf dem Darß, die vielen kleinen Kesselmoore und Versumpfungsmoore in den Karsthohlformen der Halbinsel Jasmund auf Rügen sowie auf die Versumpfungs- und Hangmoore im Erzgebirge verwiesen. Der Harz hingegen beherbergt eine Fülle gut erhaltener Gebirgsregenmoore, Hangversumpfungs- und Quellmoore" (Jeschke und Joosten 2003, S. 112).

Moortypen – die klassische Zweiteilung in Hoch- und Niedermoore

Hoch- bzw. Regenmoore – entstehen in Gebieten mit einem deutlichen Niederschlagsüberschuss und gleichzeitig kühlen Temperaturen während der Sommermonate; sie werden von den Niederschlägen gespeist.

Niedermoore – erhalten zusätzlich zum Niederschlagswasser weiteren Nachschub aus Grund-, Hang- oder Quellwasser sowie von stehenden oder fließenden Gewässern.

Für den norddeutschen Raum und seine natürliche Ausstattung sind die ausgedehnten Moorflächen ein wichtiges Landschaftselement, das wiederum eine spezifische Kulturlandschaft (◘ Abb. 11.1) hervorgebracht hat. Auch Jahrhunderte nach ihrer Gründung fallen die Moorhufendörfer mit ihren rechtwinkligen Mustern auf, die sie immer noch als planmäßig angelegte Siedlungen ausweisen. Doch schon seit der Jungsteinzeit entstanden dicht am Rand der Moore Dörfer, deren Bewohner die natürlichen Gegebenheiten ausnutzten, indem sie die trockenen Böden oberhalb ihrer Dörfer beackerten und das Vieh am feuchten Moorrand weiden ließen. Im Mittelalter begann man, Moordörfer im Schutz von Deichen zu errichten, während man sich aus dem nicht ungefährlichen Inneren der Moore möglichst heraushielt.

Eine Moorkultivierung und Landgewinnung im großen Stil sollte erst ab dem 16./17. Jahrhundert beginnen, als Landesherren den Nutzen der noch unbewohnten und ungenutzten Gebiete für sich erkannten. Durch eine Peuplierungspolitik wollten sie mehr und neue Untertanen gewinnen, und Torf als begehrter Brennstoff brachte Einnahmen für die fürstliche Kasse. „Dabei griff man vor allem auf langjährige Erfahrungen der Niederländer zu-

◘ Abb. 11.1 Moorkultivierung, d. h. Trockenlegen von Flächen für eine spätere landwirtschaftliche Nutzung ist auch heute noch angesagt, wie es dieses Beispiel aus dem Cuxhavener Land zeigt (Gabriele M. Knoll)

rück, die schon im Mittelalter große Moorgebiete trockengelegt hatten. … Gruppen von Händlern taten sich zusammen, um im 17. Jahrhundert erste große Moorkolonien in Ostfriesland zu gründen, die Fehnsiedlungen" (Küster 2010, S. 279). Am Beginn der Moorkultivierung stand das Ausheben eines Fehnkanals, der einerseits das Moor zu entwässern half, zum anderen als Erschließungs- und Verkehrsweg, vor allem für den Handel der Torfziegel als Brennmaterial, diente. „Rechts und links der Kanäle torfte man ein Stück Land ab, um die Häuser der Fehnkolonisten auf Mineralboden zu errichten. Hinter ihren Häusern durften die Fehntjer ihr Agrarland weit ins moorige Hinterland ausdehnen" (a. a. O., S. 281). Es entstanden die typischen Moorhufendörfer aus Breitstreifenfluren mit Hofanschluss. Entwässerungsgräben bildeten die Grenzen der einzelnen Gehöfte, und die Entwässerungsgräben mündeten in die Fehnkanäle. Auf diesen Wasserwegen wurde schließlich auch das Getreide transportiert, das auf den neu gewonnenen Flächen angebaut wurde. Im Gegenzug gelangten Ziegelsteine in die kultivierten Moorgebiete Ostfrieslands. Der Wohlstand brachte die Bauern dazu, sich die heute noch typischen Gulfhäuser aus Stein zu bauen.

Damit die Fehnkanäle auch ihre Funktion für die Entwässerung der Moorgebiete erfüllen konnten, wurde es notwendig, den Abfluss des Wassers aus dem Marschland zu verbessern. Dafür baute man Sieltore ein, die von der Ebbe „automatisch" geöffnet und von der Flut zugedrückt werden. An diesen Stellen entstanden Siedlungen, die die Silbe „siel" im Namen tragen, wie z. B. Greetsiel, Neßmersiel, Horumersiel oder Carolinensiel.

Um die Erschließung der Moore bemühte man sich auch weiter östlich: „In Brandenburg begann die großflächige Moorkultivierung im Havelländischen Luch zwischen Nauen und Friesack. Dort wurden von 1718 bis 1724 Entwässerungsgräben mit einer Gesamtlänge von 550 Kilometern gezogen, wodurch 15.000 Hektar Land kultiviert wurden" (a. a. O., S. 282). Hier hatten sich im Unterschied zum maritimen Klima Ostfrieslands unter den kontinentaleren Bedingungen nicht Hochmoore, sondern Niedermoore entwickelt, die leichter und besser zu kultivieren waren. König Friedrich der Große (1712–1786) ließ 1747 bis 1753 in seiner größten Erschließungsaktion rund 56.000 Hektar im Oderbruch trockenlegen. „Weitere große Kultivierungsprojekte unter Friedrich II. betrafen das Warthebruch, das Rhinluch bei Rhinow, die Dosseniederung nördlich davon und den Fiener bei Genthin. Hugenotten, Holländer, Böhmen, Salzburger und Vogtländer wurden dort angesiedelt, teils Leute, die die Moorkultivierung verstanden, teils Flüchtlinge, die zunächst einmal nur das nahezu menschenleere Gebiet bevölkern sollten. Das wachsende Berlin bekam ein beträchtlich erweitertes Hinterland in Form von 142.000 Hektar kultiviertem Niedermoor" (a. a. O., S. 283). Dem Vorbild des Alten Fritz folgten bald andere Landesherren in anderen Regionen, wie ab 1751 Georg II. August, König von Großbritannien aus dem Hause Hannover, mit der Erschließung des Teufelsmoores bei Worpswede – oder in Bayern die Freisinger Fürstbischöfe im Erdinger Moos.

Trotz aller Aktivitäten um die Kultivierung der Moore durch die Jahrhunderte gibt es in Norddeutschland noch immer Moore. „Seit 1950 sind allein in Nordwestdeutschland etwa 50.000 ha Regenmoor verschwunden" (Jeschke und Joosten 2003, S. 115). Doch heutzutage gibt es eigentlich kein Moor mehr ohne Entwässerungsgräben; die Torfgewinnung erfolgt nicht mehr als Brennmaterial, sondern für die Bodenverbesserung im Gartenbau.

Dem Erhalt einer großen grenzüberschreitenden Moorlandschaft und den damit verbundenen Bildungsaufgaben wie touristischen Möglichkeiten hat man sich im Emsland westlich von Meppen im Bourtanger Moor-Bargerveen verschrieben. 2006 wurde dieser deutsch-niederländische Naturpark gegründet, der ein Gebiet von 140 km² umfasst – der Rest des einst mit 1200 km² größten zusammenhängenden Hochmoores Europas (vgl. ▶ www.naturpark-moor.eu/de/naturpark/). „Auf einer Höhe von maximal 20 Meter über NN durchziehen etwa 200 Kilometer Radwege und 17 Kilometer Wanderwege den Naturpark. 4600 Hektar der Naturpark-Fläche stellen Naturschutzgebiete und Landschaftsschutzgebiete dar. Rund 3900 Hektar des gesamten Terrains sind Torfabbaugebiete, die in den nächsten Jahren der Wiedervernässung bzw. einer naturnahen Nachnutzung zugeführt werden" (a. a. O.). Mitten im Bourtanger Moor in Geeste-GroßHesepe befindet sich das Emsland Moormuseum (▶ www.moormuseum.de/), in einer Ausstellungshalle, die in der Architektur der regionalen Torfstreufabriken errichtet wurde. Wie eine solche Torfstreufabrik arbeitete, zeigt die Ausstellung ebenso wie die Entwicklung des Moores, die Moorkultivierung und den Torfabbau. Aber auch die Raumplanung des Emslandplanes und der aktuelle Moorschutz sind Themen. Wie der Torfabbau praktisch vonstatten ging, zeigt das Außengelände des Museums.

Bemerkenswert ist in diesem Hochmoor, dass die Bewohner beiderseits der deutsch-niederländischen Grenze zwei historische Moorkulturen entwickelt haben. „Während auf der niederländischen Seite eine ‚Fehnkultur' entstand, gekennzeichnet durch verzweigte Kanalsysteme und lang gestreckte ‚Venn'-Dörfer, pflegten die Menschen in Deutschland – aufgrund andersartiger Bodenverhältnisse – die ‚Moorbrandkultur'. Dabei wurde die oberste Pflanzenschicht des Moores in Brand gesetzt, anschließend säte man Buchweizen in die noch warme Asche" (▶ www.naturpark-moor.eu/de/naturpark/).

Als Beispiel für eine Landschaft der Feuchten Mittelbreiten, die wesentlich mehr von kontinentalen Einflüssen bestimmt wird, soll in Brandenburg das Biosphärenreservat Schorfheide-Chorin (▶ www.schorfheide-chorin.de/) dienen. Schon die Bezeichnung „feucht" passt auf diese Region nicht mehr so recht, denn sie ist mit durchschnittlichen Jahresniederschlägen von weniger als 500–560 mm eine der trockensten in Deutschland. Für den Jahresgang der Temperaturen sind die schnelle Erwärmung im Frühling, die relativ heißen Sommer und kalte, häufig schneearme Winter charakteristisch. Die Landschaft präsentiert sehr anschaulich die glaziale Serie der Weichseleiszeit, denn die Gletscher schmolzen hier erst vor 15.000 bis 10.000 Jahren. In diesem Jungmoränenland sind permanente Fließgewässer selten, doch mehr als 230 Seen und rund 3000 Kleingewässer – natürlich entstandene Weiher, wie z. B. Sölle, aber auch anthropogene Teiche für die Fischzucht – prägen das Landschaftsbild. Quer durch das Biosphärenreservat verläuft eine Wasserscheide zwischen Nord- und Ostsee. Rund

2000 Moore, die alle für den norddeutschen Raum charakteristischen Moortypen umfassen, sowie vermoorte Sölle sind hier zu finden. „Die Moore stellen etwa 10 % der Gesamtfläche des Biosphärenreservats dar. Allerdings sind sie überwiegend entwässert und kultiviert worden. Die Moorrenaturierung ist somit eine wichtige Aufgabe für das Naturschutzmanagement" (a. a. O.).

An der Erschließung und Nutzung dieser Landschaft beteiligten sich ab dem 13. Jahrhundert auch die Mönche und Laienbrüder des Zisterzienserklosters Chorin (▶ www.kloster-chorin.org/content/geschichte-bedeutung). Sie sorgten auch dafür, dass die Region mit der Klosterkirche einen wegweisenden Bau der norddeutschen Backsteingotik erhielt. „An der Steinherstellung und der Konzeption, der Planung des Baus waren die Mönche selbst beteiligt. Handwerkliche Tätigkeit war, anders als bei anderen Orden der Zeit, ein zentraler Bestandteil des Alltags der Mönche. Die Selbstversorgung und das Bilden des Gotteshauses waren so wichtig, wie das Chorgebet oder die Messfeier. Der Ton wurde aus der Umgebung gefördert und in Feldbrennöfen brannte man die Ziegel und Formsteine" (a. a. O.).

Andere Biosphärenreservate, die neben der „Schorfheide Chorin" die eiszeitlich geprägte Landschaft Mecklenburg-Vorpommerns unter Schutz stellen und damit für angemessenen Nutzungen vorsehen, sind beispielsweise die „Untere Mittelelbe", „Uckermärkische Seenplatte" oder der Spreewald. Taucht der Namensteil „Schweiz" im Norddeutschen Tiefland auf, kann man davon ausgehen, dass es sich bei der genannten Region um einen Ausschnitt der Jungmoränenlandschaft handelt, die die größten Höhenunterschiede bieten kann, sodass „kühne" Assoziationen an Schweizer Berge entschuldbar sind. Zu diesen „Schweizen" des platten Landes zählt der 1986 gegründete Naturpark Holsteinische Schweiz, der inzwischen eine Fläche von 75.328 ha umfasst und damit als der größte Naturpark Schleswig-Holsteins gilt (▶ www.naturpark-holsteinische-schweiz.de/).

Zu den historischen Elementen der Kulturlandschaft auf diesem glazial überformten Untergrund gehören die Knicks, die noch in manchen Gebieten in einer so großen Zahl bzw. Länge existieren, dass man von Knicklandschaften sprechen kann – darüber hinaus stellen Knicklandschaften aber auch ein typisches Landschaftsbild in den ozeanisch beeinflussten Regionen der Feuchten Mittelbreiten im Nordwesten Europas dar. In Holstein gehen die Knicks auf „ein Gesetz aus dem 18. Jahrhundert zurück, worin allen Bauern vorgeschrieben wurde, ihr Land mit ‚lebendem Pathwerk' einzufrieden. Sie dienten als Feldabgrenzung und Windschutz, aber auch zur Holzgewinnung. Für die Holzgewinnung wurden die Wallhecken im Abstand mehrerer Jahre ‚geknickt', also abgeholzt" (Kontor 21 2009, S. 44). Die Wege, die zwischen zwei Knicks verlaufen, nennt man Redder. Als zweites grünes Element der traditionellen Kulturlandschaft gelten die Alleen. Sie haben in den knickarmen Gutslandschaften einen besonderen Wert als Windschutz. Diese alten Alleen bilden oftmals eine repräsentative Zufahrt zu historischen Gutshöfen. Zwischen Nüchel und Sieversdorf befindet sich mit 8,8 km Länge die längste des Naturparks. „Die im 16. bis 18. Jahrhundert stark verbreitete Gutwirtschaft […] prägt das Erscheinungsbild vieler Dörfer und der Landschaft (z. B. Umgebung von Selent). Die Gutsanlagen verfügten neben den Herrenhäusern vielfach über eine Reihe von Stall- und Wirtschaftsgebäuden sowie über ein Torhaus" (a. a. O., S. 45). Als typische Dorfformen entstanden in der Holsteinischen Schweiz Runddörfer, Rundangerdörfer, Angerdörfer und Haufendörfer. Bis ins 19. Jahrhundert waren die üblichen Hausformen auf dem Land das Hallenhaus oder – als kleinerer, bescheidenerer Bau – die Kate. Beide Formen wurden als Fachwerkkonstruktionen traditionell mit einem Reetdach errichtet.

Über das historische Bild der Kulturlandschaften, insbesondere ihrer ländlichen Architektur und einstigen Wirtschaftsweisen, geben die großen Freilichtmuseen von überregionaler Bedeutung, wie das das Schleswig-Holsteinische Freilichtmuseum e. V. Molfsee oder das Museumsdorf Cloppenburg/Niedersächsisches Freilichtmuseum, Auskunft. Das Beispiel Freilichtmuseum Klockenhagen (▶ www.freilichtmuseum-klockenhagen.de/museum.html) in Ribnitz-Damgarten möge für einen Abstecher in die Kulturlandschaft Mecklenburg-Vorpommerns dienen. Die naturräumliche Ausstattung der Jungmoränenlandschaft zeigt sich besonders deutlich in der Bauweise auf dem Land. Gebäude aus Fachwerk und Backstein bestimmen hier das Bild, denn anstehendes Gestein als Baumaterial steht in dieser

Region nicht zur Verfügung. Als Erbe der Eiszeit wurde vielfach der Feldstein, d. h. kleinere Gesteinsbrocken aus dem Geschiebe, vor allem im Kirchenbau auf den Dörfern verwendet. Die Findlinge aus skandinavischem Granit oder Gneis, die man aus den Feldern herausgeholt hat, bilden entweder das komplette Mauerwerk oder wurden mit Backstein kombiniert. Das 1970 eröffnete Freilichtmuseum Klockenhagen bietet jedoch „nur" eine Sammlung profaner Gebäude aus 18 mecklenburgischen und vorpommerschen Dörfern.

Das typische Bauernhaus dieser Region – aber genauso im Nordwestdeutschen Tiefland – ist das Niederdeutsche Hallenhaus. Bei diesem sogenannten Einheitshaus, bei dem Mensch, Tier und Ernte unter einem Dach, in einem Gebäude untergebracht sind, gibt es keine strikte Trennung durch Wände zwischen den einzelnen Funktionen: An die geräumige Diele schließen sich die offenen Ställe an, auch der Wohnbereich ist offen und wird von einem „Herdraum", anfangs einer offenen, mit Feldsteinen abgesicherten Feuerstelle oder dem Herd, vom dahinter liegenden Wirtschaftstrakt mit Stall und Scheune „abgetrennt". Ein solches Wohnstallhaus stellt das um 1700 erbaute und 1800 erweiterte Bauernhaus Klockenhagen dar, das den Ausgangspunkt dieses Freilichtmuseums bildet. Dieses Hallenhaus ist ein eingeschossiger Fachwerkbau mit verputzten Gefachen unter einem hohen Walmdach. Als Material für die Dächer verwendete man häufig das Reet aus den Feuchtgebieten, an denen in einer Jungmoränenlandschaft kein Mangel herrscht. Das Bauernhaus Strassen von 1671 besitzt einen Schaugiebel mit Krüppelwalm, der deutlich macht, dass sich die Hölzer des Fachwerks auch dekorativ und repräsentativ – in üppigerer Zahl als nötig – anordnen ließen. Während beim Niederdeutschen Hallenhaus die Diele in der Längsachse, also parallel zum First, verläuft, gibt es beim Querdielenhaus auch die Variation diese quer zu legen und dadurch die Bereiche Wohnen und Arbeiten bzw. Stall/Scheune stärker zu trennen.

11.1 Lösslandschaften – nicht nur in Deutschland

Ausgedehnte Flächen von höchster Bodenqualität für die Landwirtschaft bedeutet dieses Erbe der Eiszeit. In Deutschland ziehen sich die vom Löss geprägten Bördenlandschaften in einer Breite von rund 30 km nördlich entlang der Mittelgebirge – von der Jülich-Zülpicher Börde über die Hellwegbörde, Warburger, Hildesheimer bis hin zur Magdeburger Börde. Hier findet man ihn in Mächtigkeiten von 1–2 m vor (vgl. Zepp 2011, S. 185). „Die größten Mächtigkeiten liegen in Flusstälern, zum Beispiel am Ober- und Niederrhein, in Sachsen, im Elbetal in Nordböhmen und lokal im Donautal und in Niederbayern" (Goudie 2008, S. 165).

Löss ist ein äolisches Sediment, d. h. der Wind hat diese feinsten Korngrößen, Tone und Schluffe, aus den großen Sanderebenen am Rand der eiszeitlichen Gletscher herausgeweht (Deflation) und vor den Gebirgsschwellen abgelagert. Über diesem Lockergestein konnten sich nährstoffreiche, gut durchlüftete Böden mit einer besonderen Fähigkeit, Wasser zu speichern, entwickeln, die leicht zu bearbeiten sind. Diese Vorzüge erkannten schon die Menschen des Neolithikums, und so gehören die Lösslandschaften mit zu dem ältesten Siedlungsland. Eine erstaunliche wie besondere Fähigkeit besitzt das äolische Sediment: Mit seiner hohen Standfestigkeit kann es Klippen bilden und auch sogenannte Hohlwege (◘ Abb. 11.2). Mehrere Meter tief können diese alten Wegeführungen in den Löss – durch die Räder von Fuhrwerken oder Fuß- und Trittspuren – eingegraben worden sein, abfließendes Niederschlagswasser konnte die Rinnen vertiefen und den Hohlweg weiter „ausräumen". Bei diesen Wegen handelt es sich um Elemente der historischen Kulturlandschaft, die sich im ländlichen Raum durch die Jahrhunderte hinweg erhalten haben. Schöne Beispiele sind u. a. am Kaiserstuhl zu finden, wo die Winde das Lockermaterial aus den Schotterfeldern des Oberrheingrabens herausgeblasen haben. Solche Hohlwege stellen manchmal auch ökologische Nischen und Refugien für selten gewordene Pflanzen- und Tierarten, wie z. B. den Bienenfresser oder die Smaragdeidechse, dar (▶ http://vorort.bund.net/suedlicher-oberrhein/kaiserstuhl-loess-hohlwege.html). Die extremen Gegensätze auf kleinstem Raum zwischen sehr heißen und schattig-kühlen Bereichen in den Hohlwegen bieten einer besonders artenreichen Flora und Fauna die erforderlichen unterschiedlichen Lebensbedingungen. Rund um das Kaiserstuhldorf Bickensohl wurde ein 7 km

Abb. 11.2 Lösshohlwege gehören im Kaiserstuhl zu den charakteristischen Elementen der Kulturlandschaft. Einige gut erhaltene Hohlwege stehen heutzutage als „Flächenhafte Naturdenkmale" unter Schutz, doch das Gros der einstigen Hohlwege ging durch Flurneuordnungen zwischen 1970 und 1985 verloren (Gabriele M. Knoll)

langer Lösshohlwege-Pfad angelegt, der u. a. über die „Wohngemeinschaften" in den Losswänden und terrassierten Rebfluren informiert (▶ www.kaiserstuhl.cc/html/seiten/output_adb_file.php?id=2070).

Löss ist jedoch keineswegs eine Ablagerung, die sich nur in den bisher genannten Regionen entwickeln konnte. Es „ist ein weit verbreitetes Staubsediment der Außertropen, das in Nordamerika, Eurasien und Südamerika in großen zusammenhängenden Arealen vorkommt. Etwa 10 % der Kontinentflächen sind von mindestens 1 m mächtigem Löß bedeckt. Die größten Lößmächtigkeiten sind aus China bekannt; dort liegt er in bis zu mehreren Hundert Meter mächtigen Ablagerungen vor" (Zepp 2011, S. 185). In Regionen, in denen nicht Auswehungen aus dem periglazialen Bereich für das Lössvorkommen verantwortlich gemacht werden können, können diese feinen Sedimente auch aus Wüstenbecken stammen (vgl. Goudie 2008, S. 167).

11.2 Eine alte Industrielandschaft mit neuem Image

Qualmende Schlote, Zechenanlagen, Fördergerüste, Malakofftürme, Maschinenhallen, Direktionsgebäude, Waschkauen, Gasometer, Bahnlinien, Abraumhalden, Unternehmervillen, Beamtenhäuser, Zechensiedlungen mit dem Kiosk an der Ecke – dies sind Elemente der Kulturlandschaft des Ruhrgebiets. In ihrer ältesten Schicht, die direkt im Ruhrtal und in den hineinmündenden Seitentälern zu finden ist, gehören beispielsweise noch Pingen, Stollenmund, Bethaus und Hammerwerke dazu. Bergbau, Erzgewinnung und -verarbeitung haben im Laufe ihrer Geschichte weitere Wirtschaftszweige nach sich gezogen und eine sehr vielseitige Industrielandschaft geschaffen.

In diesem Großraum der Metropole Ruhr, in dem ca. 5,04 Mio. Einwohner (2013) leben – Tendenz fallend –, hat der wirtschaftliche Wandel das Aus für viele Betriebe gebracht; auch das Ende des Steinkohlenbergbaus ist nach der Kohlekrise und dem Beginn des ersten Zechensterbens in den späten 1950er-/60er-Jahren inzwischen abzusehen. Im Dezember 2018 wird die letzte Schicht auf Prosper-Haniel in Bottrop gefahren werden. Aus zahllosen leer stehenden Zechen- und Werksanlagen sowie anderen häufig unter Denkmalschutz stehenden Zeugnissen der Industriekultur wurden u. a. Standorte eines vielseitigen Kulturlebens und Attraktionen für den Tourismus. Den höchsten Adelsschlag erfuhr die Zeche Zollverein in Essen, die 2001 in die Liste des Weltkulturerbes der UNESCO aufgenommen wurde. Aktuell bemüht man sich im Ruhrgebiet, die gesamte Industrielandschaft als Welterbe erklären zu lassen.

Die Vollständigkeit, mit der die Zeugnisse einer mehr als 150 Jahre alten Industrieregion – ab dem Beginn der sogenannten Gründerzeit – erhalten sind, stellt ein großes Potenzial dar, das der Regionalverband Ruhr mit seinen Partnern auch schon als „Route der Industriekultur" mit ihren „Ankerpunkten", den herausragenden Sehenswürdigkeiten, und zusätzlichen Themenrouten etabliert hat

> **Landschaftswahrnehmung anno 1838– Wanderung durch den Harz**
>
> „Man theilt unser Gebirge in den Oberharz, den Unterharz und den Vorharz. Der Oberharz ist der Kern des Berges, wo das granitartige Urgestein, die Knochen der Erde, zu Tage tritt, und das metallreiche Ganggebirge gleich Muskeln voll lebendig zuckender Nerven sich an dasselbe legt; er bildet mit dem berüchtigten Brocken und seinen sieben Bergstädten den nordwestlichen Theil des Gebirgs (Clausthal, Andreasberg und Altenau; Zellerfeld, Lautenthal, Wildmann und Grund; erstere drei unter hannoverscher Herrschaft, letztere vier gemeinsam Hannover und Braunschweig gehörig). Hier herrscht ein winterlicheres Klima, rauher wehet die Luft, Schnee und Eis liegen hochgehäuft zur Winterszeit und lange Monden hindurch, und der Sommer ist nur kurz, doch seine Gewitter sind desto furchtbarer und gewaltiger. Schon die Waldung, aus hochgewachsenen Tannen und phantastisch sich formenden Fichten bestehend, deutet den nordischen Charakter an, obgleich das Gehölz vielfach von Bruch und Morast unterbrochen sich vorfindet. Hier wird kein Acker gebaut, nur hie und da trifft man die wohlgepflegte Wiese in beschützten Niederungen, das Magazin für die treffliche Rinderherde, welche statt der Streu sich mit Tannennadeln begnügen muss.
>
> Das Volk, welches diese Höhen bewohnt, gleicht seiner Heimath; es ist kräftig und rauh, kühn und thätig, unverdrossen und gutmüthig, duldsam und mit Geringem zufrieden, stolz auf seine Berge und nur auf ihnen glücklich. Alles, was hier lebt und waltet, gehört dem Bergbau an, sei es als eigentlicher Berg- und Hüttenmann, oder sei es als Köhler, Holzschläger und Fuhrknecht" (Blumenhagen 1838).

(► www.route-industriekultur.de/). Da kann man den „Dortmunder Dreiklang" aus Kohle, Stahl und Bier erkunden, den Anfängen der Industrialisierung in der 1714 erstmals genannten Zeche Nachtigall im Muttental (Witten) und den Aktivitäten großer Industriepioniere, wie Friedrich Harkort oder Alfred Krupp, nachspüren, Kanäle und Schifffahrt als Teil des Reviers erleben, viel zeitgenössische Kunst in Gebäuden wie auf Halden sehen, aber auch die Rückeroberung der Natur in den stillgelegten Zechen- und Werksanlagen als sogenannte Industrienatur, wie z. B. in der Kokerei Hansa (Dortmund) oder im Landschaftspark Duisburg-Nord, dem einstigen Meidericher Hüttenwerk, Landschaftarchitektur auf Industriebrachen und die Renaturierung von Gewässern, allen voran der Wandel der Emscher von der Kloake des Ruhrgebiets zu einem „blauen" Flüsschen.

11.3 Palmen in Schottland

Ein subtropischer Garten in den West-Highlands, in dem Eukalyptusbäume wachsen, Bananen und Zitronen blühen? Eine ganzjährige Rhododendron-Blütenpracht westlich von Glasgow auf der Insel Arran? Eine Uferpromenade mit Palmen oder Palmen in Parks auf der gleichen geographischen Breite wie jenseits des Atlantiks die mittlere Hudson Bay? Frostempfindliche Azaleen und Kamelien schmücken Gärten und Parks, und Plockton an der Nordwestküste der Highlands kann als „schottisches Mini-Nizza" mit Palmen an der Uferpromenade aufwarten – der Golfstrom macht es möglich, dass Pflanzen, die eigentlich in subtropischen Gefilden beheimatet sind, sich auch hier zu Hause fühlen und prächtig gedeihen können. Da muss es auch nicht wundern, dass von manchen Baumarten die größten Exemplare des Inselstaates hier zu finden sind. *On April 8th 2010 the Ardkinglas Grand Fir (Abies grandis) regained its title of the UK's tallest tree. The Grand Fir situated in the Woodland Garden of the Ardkinglas Estate on the banks of Loch Fyne in Argyllshire was measured at 64.28 m* (► www.gardens-of-argyll.co.uk/news/tallest-tree-in-country). Um das Jahr 1876 wurde das heutige Prachtexemplar der Großen Küstentanne in den Park gepflanzt. Die „Pflanzenjäger" des 19. Jahrhunderts brachten auch exotische Gewächse aus aller Welt in den Westen Schottlands, sodass beispielsweise in besagtem Woodland Garden Patagonische und Japanische Zypressen, der Riesen-Lebensbaum, in besonderen Größen zu finden sind, sowie eine Weißtanne mit einem Stammumfang von beinahe 10 m, die man stolz als *the mightiest conifer in Europe* bezeichnet (vgl. a. a. O.). In Dumfries und Galloway präsentieren die „Gulf Stream gardens" u. a. Palmen (► www.visitscotland.com/about/nature-geography/gardens-parks/).

Nicht nur die irische und britische Westküste, sondern auch diejenige von Norwegen profitieren vom Golfstrom. Als Teil des Nordatlantikstroms gelangt somit das warme und salzreiche Oberflächenwasser der Karibik in den nördlichen Atlantik zwischen Grönland und Norwegen. „Dort kühlt es ab, wird schwerer und sinkt in die Tiefe. Das absinkende Wasser und der dabei entstehende Sog ziehen wiederum salzreiche Wassermassen aus der Karibik an und halten die Wärmepumpe am Laufen" (Spandau und Wilde 2009, S. 34). Die Auswirkungen des „Globalen Marinen Förderbandes" bescheren West- und Nordeuropa ein deutlich milderes Klima, als es beispielsweise auf der gleichen geographischen Breite jenseits des Atlantiks herrscht. „Im Mittel liegt die Temperatur von Nordwesteuropa um 9° C über den Werten anderer Orte der Welt mit vergleichbarer geografischer Breite" (a. a. O.).

Literatur

Blumenhagen W (1838) Wanderung durch den Harz. Georg Wigand's Verlag, Leipzig (Reprografischer Nachdruck Olms Presse (1972), Hildesheim, New York)
Bohn U, Weiß W (2003) Die potentielle natürliche Vegetation. In: Kappas M, Menz G, Richter M, Treter U, Institut für Länderkunde, Leipzig (Hrsg) Pflanzen- und Tierwelt. Nationalatlas Bundesrepublik Deutschland, Bd. 3. Spektrum, Heidelberg, Berlin, S 84–87
Hielscher K, Hücking R (2009) Pflanzenjäger. In fernen Welten auf der Suche nach dem Paradies. 4. Aufl., Piper, München, Zürich
Glaser R, Gebhardt H, Schenk W (2007) Geographie Deutschlands. Wissenschaftliche Buchgesellschaft, Darmstadt
Jeschke L, Joosten H (2003) Moore – gefährdete Ökosysteme. In: Kappas M, Menz G, Richter M, Treter U, Institut für Länderkunde, Leipzig (Hrsg) Klima, Pflanzen- und Tierwelt. Nationalatlas Bundesrepublik Deutschland, Bd. 3. Spektrum, Heidelberg, Berlin, S 112–115
Klein K, Buchfelder R (2007) Fremdenführer Handy – Mobiler GIS-Einsatz im Tourismus. In: Schmude J, Schaarschmidt K (Hrsg) Tegernseer Tourismus Tage 2006, Beiträge zur Wirtschaftsgeographie Regensburg. Wirtschaftsgeographie und Tourismusforschung. Der neue Kopierer, Regensburg, S 240–255
Knoll G (2014) Route der Industriekultur. Bewahrtes Erbe des Ruhrgebiets. Grebennikov Verlag, Berlin, Moskau
Kontor 21 (2009) Naturparkplan Holsteinische Schweiz. (www.naturpark-holsteinische-schweiz.de/)
Küster H (2010) Geschichte der Landschaft in Mitteleuropa. Von der Eiszeit bis zur Gegenwart. C. H. Beck, München
Liedtke H (2003) Deutschland zur letzten Eiszeit. In: Liedtke H, Mäusbacher R, Schmidt K-H, Institut für Länderkunde, Leipzig (Hrsg) Relief, Boden und Wasser. Nationalatlas Bundesrepublik Deutschland, Bd. 2. Spektrum, Heidelberg, Berlin, S 66–67
Liedtke H, Marcinek J (2003) Das Relief der Jung- und Altmoränenlandschaften. In: Liedtke H, Mäusbacher R, Schmidt K-H, Institut für Länderkunde, Leipzig (Hrsg) Relief, Boden und Wasser (Mit-Hrsg. Nationalatlas Bundesrepublik Deutschland, Bd. 2. Spektrum, Heidelberg, Berlin, S 68–69
Spandau L, Wilde P (2008) Klima. Basiswissen. Klimawandel. Zukunft. Ulmer, Stuttgart
http://segler-in-holland.de/nautik_ijsselmeer.phtml
http://vorort.bund.net/suedlicher-oberrhein/kaiserstuhl-loess-hohlwege.html
www.flevoland.nl/english/important-themes/nature-and-landscape/index.xml (Provinz Flevoland/IJsselmeer)
www.touristinfourk.nl/ontdek-urk.html?id=17 (Urk/IJsselmeer)
www.naturpark-moor.eu/de/naturpark/ (Naturpark Bourtanger Moor-Bargerveen)
www.moormuseum.de/ (Emsland Moormuseum)
www.schorfheide-chorin.de/ (Biosphärenreservat Schorfheide-Chorin/Brandenburg)
www.freilichtmuseum-klockenhagen.de/museum.html
www.gardens-of-argyll.co.uk/news/tallest-tree-in-country
www.visitscotland.com/about/nature-geography/gardens-parks/
www.route-industriekultur.de/
www.kaiserstuhl.cc/html/seiten/output_adb_file.php?id=2070 (Faltblatt Lösshohlwege-Pfad)
www.kloster-chorin.org/content/geschichte-bedeutung
www.naturpark-holsteinische-schweiz.de/
www.ruhrgebiet-regionalkunde.de/vertiefungsseiten/chronik_bergbau.php
www2.klett.de/sixcms/list.php?page=infothek_artikel&extra=TERRA-Online&artikel_id=108021&inhalt=klett71prod_1.c.188168.de (Infoblatt Gemäßigte Klimazone)

Boreale Zone

Gabriele M. Knoll

12.1 Glazialmorphologie auf Finnisch – der Rokua-Geopark – 197

12.2 Landschaftserleben von der Wasserseite – Hurtigruten – 197

Literatur – 198

Auch wenn die alten Griechen vermutlich noch nicht so weit nach Norden gekommen sind, mit dem Namen ihrer Gottheit des Nordwinds Boreas, dessen Wirken sich eher auf das Ägäische Meer beschränkte, gaben sie indirekt dieser kalten Zone auf der nördlichen Erdkugel ihren Namen.

Die Boreale Zone ist die einzige Ökozone, die nur in der nördlichen Hemisphäre vorkommt. Sie zieht sich von Alaska, Kanada über Skandinavien durch das nördliche Russland nach Sibirien zur Halbinsel Kamtschatka. Ihre maximale Nord-Süd-Breite erreicht diese Ökozone in Sibirien mit ca. 2000 km, in Nordamerika sind es bis 1500 km Nord-Süd-Ausdehnung. Insgesamt nimmt die Boreale Zone rund 13 % des Festlands der Erde ein und umfasst knapp 20 Mio. km². Sie stellt die flächenmäßig größte Waldzone der Erde dar. Die klimatischen Verhältnisse sind für großblättrige Laubholzarten nicht mehr geeignet, sodass der Nadelwald das Landschaftsbild weitgehend bestimmt. Die klimatisch bedingte Waldgrenze, die polare Baumgrenze, markiert gleichzeitig den Nordrand der Borealen Zone und den Übergang zum subpolaren Bereich. Im Süden schließen sich die Feuchten bzw. Trockenen Mittelbreiten an.

Das Klima der Borealen Zone wird von sehr niedrigen Temperaturen geprägt, die sich noch je nach geographischer Lage durch kontinentale oder maritime Einflüsse unterscheiden können. Die Einflüsse von Meeresnähe und warmen Luftströmungen wirken sich vor allem auf wesentlich mildere Winter aus.

Die Klimadaten für den extremsten Winter unter kontinentalen Bedingungen zeigen Werte von bis zu −70° C, und der Schnee mit einer Höhe von 30–100 cm bleibt mindestens ein halbes Jahr lang liegen. Von den 250–500 mm Niederschlag jährlich fällt etwas weniger als die Hälfte als Schnee. Die Jahresdurchschnittstemperatur pendelt in jener Zone geringfügig um den Gefrierpunkt, sodass viele Böden auch im Sommer ab einer geringen Tiefe gefroren bleiben, d. h. Dauerfrostböden (Permafrostböden) sind charakteristisch (◘ Abb. 12.1). Typisch für den Winter ist der Mangel an Licht: Zur Zeit der Wintersonnenwende im Dezember können die Tage je nach geographischer Breite von acht bis null Stunden Sonneneinstrahlung – also Tageslicht – erhalten. Im Extremfall nahe der Pole kommt es zu einem halbjährlichen Tag-Nacht-Wechsel, einem halben Jahr Polartag, einem halben Jahr Polarnacht.

Bei derart lichtarmen langen Wintern ist es nicht verwunderlich, auch wenn sie beispielsweise im Süden Schwedens bei weitem noch nicht so extrem sind, dass die Bevölkerung Skandinaviens den längsten Tag des Jahres (21. Juni), die Sommersonnenwende mit der Mittsommernacht, besonders intensiv am nächstgelegenen Wochenende feiert. Im Baltikum geben die sogenannten weißen Nächte Grund zum Feiern und zur Brauchtumspflege – selbst wenn man noch außerhalb der Borealen Zone lebt! An der Südgrenze dauern die Tage während der Sommersonnenwende (Sommersolstitium) mindestens 16 Stunden, an der Nordgrenze 24 Stunden. Am Nordkap beginnt beispielsweise die Mitternachtssonne am 13. Mai und bleibt bis zum 31. Juli stets über dem Horizont.

Die Sommer dieser Klimazone sind mäßig warm und erlauben eine kurze Vegetationsperiode von vier bis fünf Monaten mit Langtags- oder Dauertagsbedingungen. Eine entsprechende Sonneneinstrahlung und Durchschnittstemperaturen von mehr als 5° C sind Voraussetzung für das Pflanzenwachstum. Zwei, drei Monate können es auch auf Durchschnittstemperaturen von mehr als 10° C bringen.

Unter den gegebenen klimatischen Bedingungen herrschen die Dauerfrostböden vor. Sie können in der Variante des kontinuierlichen oder des sporadischen Permafrostbodens auftreten. Bei der sporadischen Form schafft es selbst im Sommer die relative Wärme nur, die obersten Dezimeter des Permafrostbodens für kurze Zeit aufzutauen. Der ständige Wechsel von Gefrieren und Auftauen bringt Frostmusterböden hervor, bei denen sich durch die Frostverwitterung entstandene Schutt in einer auffallenden Ordnung ablagert. „In ebenem Gelände bilden sich dabei Ringe beziehungsweise netzartige oder polygone Strukturen aus, die mehrere Meter Durchmesser haben können. An leicht geneigten Hängen entstehen aus den Steinringen so genannte Steingirlanden; an stärker geneigten Hängen entwickeln sich Steinstreifen" (Goudie 2008, S. 139). Die Entstehung dieses Formenschatzes ist noch nicht eindeutig geklärt (Goudie 2008, S. 139).

Die Landschaft der Borealen Zone ist noch immer stark von der Überformung durch die Gletscher der letzten Kaltzeit bestimmt. Ein glatt geschliffenes Relief und die charakteristischen Spuren der Gletscher (▶ Kap. 3) prägen die Oberflächengestalt. Da

Steckbrief Boreale Zone

Verbreitung
Die Boreale Zone ist als einzige Ökozone nur auf der nördlichen Erdhalbkugel zu finden. Sie zieht sich in einer Breite von wenigstens 700 km bis maximal 1500–2000 km von Alaska, Kanada über Skandinavien, das nördliche Russland bis nach Sibirien.

Klima
Lange und sehr kalte Winter sind charakteristisch, die im Inneren der Kontinente Temperaturen bis −70° C bringen können. Die Jahresdurchschnittstemperaturen liegen in kontinentalen Lagen meist unter −5° C, bei maritimen Einflüssen um 0° C. Kennzeichnend sind extreme Unterschiede in der Tag- und Nachtlänge im Laufe eines Jahres (Polartag, Polarnacht). Die Niederschläge von 250–500 mm fallen ungefähr zur Hälfte als Regen bzw. Schnee. Mindestens ein halbes Jahr lang bleibt der Schnee liegen. Diese klimatischen Verhältnisse schlagen sich u. a. in Dauerfrostböden (Permafrostböden) nieder.

Vegetation
Dominierende Pflanzengesellschaften sind der artenarme boreale Nadelwald und die Torfmoore. Die Pflanzenwelt muss mit einer kühlen Vegetationsphase von vier bis fünf Monaten auskommen.

Tierwelt
Elche, Hirsche, Bären, Biber, Wölfe, Füchse und Schneehasen.

Wirtschaft
Die ausgedehnten Nadelwälder werden für die Holzgewinnung (als Brennmaterial und für die Papierherstellung) genutzt, und in Mooren wird Torf abgebaut. Traditionelle Wirtschaftsformen sind die Pelztierjagd, Rentierhaltung und das Sammeln von Wildbeeren. Bodenschätze (u. a. Blei, Diamanten, Eisenerz, Gold, Kohle, Kupfer, Nickel, Platin, Silber, Uran und Zink) werden abgebaut, ebenso Erdöl und Erdgas gewonnen.

Tourismus
Punktuell, vor allem mit den Nationalparks oder Geoparks, gibt es touristische Ziele (vgl. Schultz 2010, S. 45–51, 2002, S. 114–135).

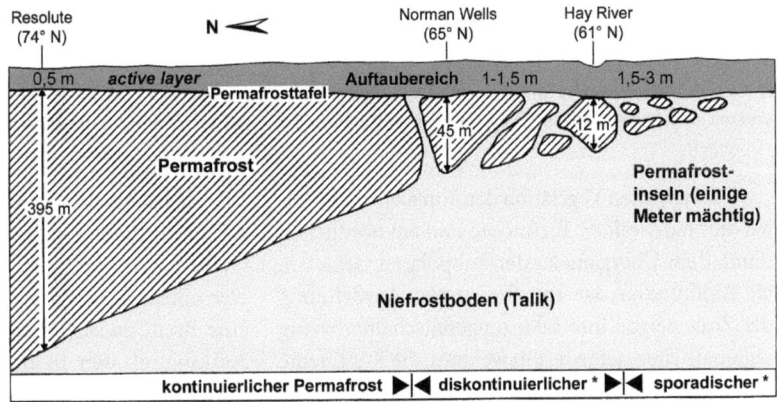

Abb. 12.1 Kontinuierlicher, diskontinuierlicher und sporadischer Permafrost (Zepp 2011)

sich die Gebiete einst im Zentrum der Vereisung befanden, also von hohen Eismassen bedeckt waren, sind vor allem die Folgen der glazialen Erosion, etwa „polierte" Felsflächen, Rundhöcker oder Vertiefungen im Gelände, zu sehen. Die Ablagerungen der Gletscher, wie die verschiedenen Moränenstände, befinden sich viel weiter südlich – die Gletscherzungen der aus Skandinavien kommenden Eismassen sind in ihren weitesten Vorstößen beispielsweise in der Mitte Deutschlands zu finden.

Die Flüsse und ihre Wassermengen, aber auch ihr Verlauf, schwanken im Laufe eines Jahres beachtlich. Während der Schneeschmelze im April oder Mai kann das Wasser nicht im Permafrostboden versickern und fließt breitflächig über den anfangs noch vereisten Flussbetten ab. Dabei können sich neue Flussläufe in den Talauen bilden, und es kommt zu Breitenverzweigungen, d. h. eine Folge von zusätzlichen Seitenarmen entsteht. Nach der Schneeschmelze endet diese extreme Abflussspitze wieder rasch, denn die relativ geringen Regenfälle im Sommer verdunsten so stark, dass sie sich kaum in den Fließgewässern niederschlagen. Wenn im Herbst die Temperaturen und damit auch die Verdunstung sinken, können die Flusspegel wieder leicht ansteigen. Mit dem Winter und dem Einsetzen des Schneefalles geht die Wasserführung der Flüsse wieder zurück.

◘ **Abb. 12.2** Ein typisches Landschaftsbild Norwegens bietet das Birkenfjell. Die glazial überformten hügeligen Hochflächen sind mit einer Vegetation aus Fjellbirken und einer Schicht Gräser, Moose und Flechten bedeckt (Gabriele M. Knoll)

Die typischen Vegetation der Borealen Zone stellen die Nadelwälder, Torfmoore und am nördlichen Rand, dem Übergang zu den subpolaren Gebieten, die Waldtundren dar. Trotz der großen Ausdehnung der Zone zeigen ihre Pflanzengesellschaften wenig regionale Unterschiede. Ein weiteres, die Kontinente übergreifendes Merkmal ist ihre Artenarmut. Über Tausende Quadratkilometer kann durchaus nur eine einzige Baumart zu finden sein: In der sibirischen Taiga bedeckt Lärchenwald rund 2,5 Mio. km².

Neben den winterkahlen Lärchen bilden die immergrünen Fichten, Kiefern und Tannen die Baumschicht der borealen Nadelwälder. Die Krautschicht dieser lichten Wälder besteht vorwiegend aus Heidekraut, Preiselbeeren und Moosen. Hinter den waldfreien Bereichen der Nadelwaldzone verbergen sich teils ausgedehnte Torfmoore; in den meisten Teilgebieten der Borealen Zone nehmen sie 10 % und mehr der Flächen ein. Diese Pflanzengesellschaft besteht aus extrem wenigen Arten von Torfmoosen, Hartgräsern, Kräutern und Zwergsträuchern. Die Waldtundra bildet den Übergang zur baumlosen Tundra der Subpolaren Zone (▶ Kap. 13) mit ihren niedrigen, zwergwüchsigen Sträuchern, Gräsern, Polsterpflanzen, Moosen und Flechten. Der nördliche Grenzbereich der Waldtundra kann eine Breite zwischen 10 und 50 km aber auch bis 300 km umfassen. In ihm stehen die Bäume entweder einzeln oder in Gruppen mit weiten Abständen, oder sie bilden eine Art Mosaik aus kleinen Wäldern und offener Tundralandschaft. Die nördliche Linie dieses lichten Baumbestands der Waldtundra bildet die polare Baumgrenze (◘ Abb. 12.2).

Die riesigen Mengen an Holz werden wegen ihrer schlechten Qualität vorwiegend für die Zellstoffgewinnung, die Papierherstellung und als Brennmaterial genutzt. Durch Holzeinschlag im großen Stil von Alaska, Kanada über Finnland bis Sibirien sind weite Teile des borealen Nadelwaldes bedroht bzw. bereits gerodet. Ein anderer bedeutender Wirtschaftszweig ist der Bergbau; Bodenschätze wie Blei, Diamanten, Eisenerz, Gold, Kohle, Kupfer, Nickel, Platin, Silber, Uran und Zink werden abgebaut, ebenso werden Erdöl und Erdgas gefördert.

Zur traditionellen Landnutzung in dieser dünn besiedelten Zone gehörte bereits der Holzeinschlag, aber auch der Torfabbau, ebenfalls zur Gewinnung von Brennmaterial. Ackerbau (Gerste, Hafer, Roggen, Kartoffeln) und Grünlandwirtschaft sind mit Ausnahme der nördlichsten Gebiete möglich, aber unergiebig (vgl. Schultz 2010, S. 45). Die eurasischen Waldtundren und Waldgebiete dienen den Samen – früher wie heute – als Weidegebiete für ihre nomadische oder halbnomadische Rentierhaltung.

12.1 Glazialmorphologie auf Finnisch – der Rokua-Geopark

Eine wechselvolle geologische Geschichte kann das Terrain des 1.326 km² großen Rokua-Geoparks aufweisen. Dieses Gebiet im Norden Finnlands rund um den Fluss und den See Oulu lag während der letzten Eiszeit – der Weichseleiszeit – unter einer kilometerdicken Eisschicht. Nach dem Zurückweichen der Gletscher war es zunächst Meeresgrund der historischen Ostsee, entwickelte sich danach zu einer Insel, dann zum Küstenbereich und liegt nun im Inland in einer Entfernung von rund 60 km zur heutigen Ostsee. Vor ca. 9000 bis 8000 Jahren verlief die Küste bei den Rokuanvaara-Hügeln, und es bildeten sich die Strandwälle und die Wanderdünen. Die einstigen Wanderdünen wurden als Folge eines wärmeren Klimas und der Ausbreitung der Vegetation inzwischen zu fossilen Dünen.

Aus den Zeiten der Inlandvereisung und der anschließenden Schmelzwasserphase hat sich im Rokua-Geopark eine selbst für finnische Verhältnisse hervorragende Auswahl an Oberflächenformen erhalten. Der Formenschatz glazialer Ablagerungen umfasst unter anderem Grundmoränen, Endmoränen, Toteislöcher, Oser, Drumlins und Findlinge in dem borealen Nadelwald, der hier von Kiefern und einem Teppich aus weißer Rentierflechte bestimmt wird. Als Erbe aus den Zeiten im direkten Einfluss der Ostsee bietet der Geopark noch historische Strandlinien und ausgedehnte Dünenfelder.

Zur glazialen Serie, die typisch für die Grundmoränenlandschaften, die Ablagerungen in Ebenen bzw. in ehemaligen Eisrandlagen ist, gehören die Drumlins und Oser. Auf Grundmoränen bilden sich langgestreckte stromlinienförmige Hügel von mehre-

Glazialmorphologie auf Finnisch
Drumlin – *drumliini*
Eiszeit – *jääkausi*
Gletscher – *jäätikkö*
Grundmoräne – *pohjamoreeni*
Oser – *harju*
Toteisloch – *suppakuoppa, suppa*

ren hundert Metern Länge und Höhen von wenigen Metern bis zu 50 m mit einem markant asymmetrischen Aussehen: einer steilen Luvseite, die einst dem Eisstrom zugewandt war, und einer flach abfallenden Leeseite. Diese Drumlins ziehen sich in Richtung der ehemaligen Eisbewegung. Sie werden aus dem Material einer älteren Grundmoräne und aus glazifluvialen Ablagerungen zusammengeschoben, d. h. sie entstehen bei einem erneuten Gletschervorstoß. In der Regel treten die Drumlins nicht als Einzelerscheinung, sondern als größere Drumlinfelder auf. In den Schmelzwasserströmen und Abflussrinnen unter dem Gletscher lagern sich gerundete und geschichtete Kiese ab, die auch nach dem Abschmelzen des Eises liegen bleiben. Als sogenannte Oser von einigen bis zu 30 m ziehen sie sich als gewundener Hügelzug durch die Grundmoränenlandschaft. In Kanada und Alaska existieren Oser von mehr als 100 km Länge.

Neben den langgestreckten Seen in Zungenbecken können auch rundere Gewässerformen auftreten; diese gehen auf Toteis zurück. Darunter versteht man kleinere oder größere Eisblöcke, die keine Verbindung mehr mit dem Gletscher besaßen, weil sich dieser zurückgezogen hatte. Dann haben sich Sedimente der Schmelzwässer darauf abgelagert und somit eine „schützende" Schicht gebildet. Die Sonne konnte nicht direkt einwirken, und das Toteis schmolz langsamer. Dabei entwickelten sich langsam Hohlformen, die sich mit Wasser füllten und zu Seen wurden. Tief in den Sand eingeschnittene Toteiskessel und Toteisseen sind im Rokua-Geopark zu finden (▶ www.rokuageopark.fi).

12.2 Landschaftserleben von der Wasserseite – Hurtigruten

Die norwegische Küste ist ein gutes Beispiel dafür, dass die Boreale Zone im Küstenbereich erst deutlich weiter nördlich ansetzt als im Binnenland. Der warme Golfstrom schiebt hier die Klimagrenze nach Norden. Da nun der längste Teil der Küstenlinie trotzdem bereits zur Borealen Zone gehört, soll die geschichtsträchtige Schiffsverbindung in diesem Zusammenhang vorgestellt werden. Die Hurtigruten – die „schnelle Route" – ist für die Bewohner der sehr zerklüfteten Fjordküste (▶ Kap. 4) weit mehr als nur eine Postschifflinie.

Ende des 19. Jahrhunderts entwickelte der Schiffsberater August Kriegsmann Gran die Idee von einer fahrplanmäßigen Schiffsverbindung für den Transport von Post und Waren zwischen Trondheim und Hammerfest. Mit dem Kaufmann und Direktor der Schifffahrtsgesellschaft Vesteraalens Dampskibsselskap, Richard With, vereinbarte er einen „Testlauf" für vier Jahre: im Sommer sollten Withs Schiffe als Postdampfer, Frachter und Passagierschiff zugleich zwischen Trondheim und Hammerfest verkehren, im Winter zwischen Trondheim und Tromsø. Zunächst musste die Küste erst einmal für diesen Bedarf kartiert werden. Der norwegische Staat unterstützte die neue Verkehrsverbindung mit 70.000 Norwegischen Kronen. Bis zur Eröffnung der Hurtigruten brauchte beispielsweise die Post im Winter von Trondheim nach Hammerfest ca. fünf Monate, ab 1893 sollten es nur noch wenige Tage sein. Ganzjährig wurde der Linienverkehr der Hurtigruten zur wichtigen Lebensader der Küstenbewohner, er revolutionierte die Kommunikation in Norwegen, er erleichterte den Menschen das Reisen und verbesserte die Versorgung der Bevölkerung durch den zügigen Warentransport, da es nun eine Alternative zu den mühseligen und zeitaufwendigen Landwegen an den Küsten gab. Andere Schifffahrtsgesellschaften kamen hinzu und erweiterten die Fahrpläne mit neuen Häfen und häufigeren Abfahrten, sodass sich ab 1911 ein regelmäßiger Schiffsverkehr zwischen Bergen und Kirkenes entwickeln konnte. Seit 1936 gibt es – nur unterbrochen durch den Zweiten Weltkrieg – tägliche Abfahrten der Hurtigruten zwischen Bergen und Kirkenes. 34 Häfen werden dafür angelaufen.

Von Anfang an hat auch der Tourismus eine gewisse Rolle gespielt und möglich gemacht, die sonst eher schwer zugängliche Fjordküste von der Wasserseite bequem zu erleben. 1894 erscheinen die Hurtigruten bereits in den ersten Reisekatalogen in Frankreich und Großbritannien. Doch erst nach dem Zweiten Weltkrieg sollten die Schiffe stärker auf die Bedürfnisse der Passagiere, insbesondere der Touristen, ausgerichtet werden. Seit den 1980er-Jahren wird beim Neubau der Schiffe für die Hurtigruten der Blick verstärkt auf zwei Anforderungen gerichtet: auf den modernen Güterumschlag und die Ansprüche der Touristen. Zwischen 1993 und 2003 wurden drei Viertel der Flotte erneuert, um nun Touristen allen möglichen Komfort – insbesondere einen attraktiven Fitness- und Wellnessbereich – auf ihrer langen Seereise zu bieten. Die komplette Runde von Bergen nach Kirkenes und retour umfasst im Sommer 5176 km bzw. 2795 Seemeilen. Im Winter reduziert sie sich um gut 200 km, da der Geirangerfjord auf der Nordroute und der Trollfjord auf dem Weg nach Süden nicht angefahren werden. Um jeden Hafen auf der Reise auch bei Tageslicht erleben zu können, werden auf den Nord- und Südrouten jeweils alternierend die Häfen angelaufen.

Im Jahr 2011 checkten 404.000 Fahrgäste an Bord der elf Schiffe der Hurtigruten ein. 87.000 davon waren Touristen bzw. Rundreisegäste, 317.000 Passagiere bezeichnet die Gesellschaft als lokale Individualreisende. Insgesamt 1.105.792 Übernachtungen wurden an Bord der Flotte gezählt (▶ www.hurtigruten.de).

Literatur

Ioannides D, Timothy DJ (2010) Tourism in the USA. A Spatial and Social Synthesis. Routledge, London, New York

Saarinen J, Tervo K (2010) Sustainability and Emerging Awareness of a Changing Climate. The tourism industry's knowledge and perceptions of the future of nature-based winter tourism in Finland. In: Hall MC, Saarinen J (Hrsg) Tourism and Change in Polar Regions. Climate, Environments and Experiences. Routledge, London, New York, S 147–164

www.hurtigruten.de
www.rokuageopark.fi

Subpolare und Polare Zone

Gabriele M. Knoll

13.1 Aktive Vulkane unter Gletschern im Katla-Geopark/Island – 206

13.2 Kulturtourismus in der Antarktis und auf Spitzbergen – 206

Literatur – 209

G. M. Knoll, *Landschaften geographisch verstehen und touristisch erschließen*,
DOI 10.1007/978-3-642-55426-1_13, © Springer-Verlag Berlin Heidelberg 2014

Von der Subpolaren zur Polaren Zone hin kommt das Klima zu seinen Extremwerten: zu den tiefsten Temperaturen, zu den lichtärmsten Verhältnissen, aber auch zu Niederschlagsmengen, die angesichts der dortigen Schnee- und Eismassen erstaunlich niedrig ausfallen. 80–100 mm Niederschlag sind charakteristisch für das Innere Grönlands, während die Antarktis weniger als 150 mm im Jahr erhält. Das Gros der Niederschläge fällt als Schnee, doch es kommen gerade einmal Schneedecken von 20–30 cm Mächtigkeit zustande.

In den Polaren Zonen zeigt die Vergletscherung spezifische Formen, die sich von derjenigen der Hochgebirge unterscheiden. Die Deckgletscher können mit ihrer mächtigen Eisdecke das Relief einer Landschaft, Berge und Täler, vollständig bedecken. Einzelne Gipfel, die aus solchen Deckgletschern oder den größeren Eismassen, dem Inlandeis, herausragen, nennt man Nunatakker. Die größten Eismassen umfasst das sogenannte Inlandeis der Antarktis und Grönlands; sie machen 95 % des auf der Erde existierenden Gletschereises aus. Bei Eisbedeckungen kleineren Ausmaßes spricht man von Eiskappen oder auch Eisschilden. In der kleinsten Form nennt man sie Plateaugletscher – oder korrekter: Plateaueiskappen. Diese Art der Vergletscherung ist typisch für die Fjell-Hochflächen Norwegens; deshalb wird sie auch „norwegischer Typ der Vergletscherung" genannt (vgl. Zepp 2011[5], S. 191f). Von den Plateaueiskappen können sich Gletscherzungen talabwärts ziehen, wie sie charakteristisch für die alpinen Eisströme sind.

Die Eisbedeckung nahe der Pole weist beachtliche Mächtigkeiten auf; in Grönland kann sie bis rund 3400 m betragen, während die mittlere Dicke des Eises bei 1790 m liegt (vgl. Maggi und Corazza 1994, S. 137, zit. in Blümel 1999, S. 150). In den Polargebieten kann der Übergang von Land zu Meer – im wahrsten Sinne des Wortes – schwimmend sein. Gletschermassen, Gletscherzungen als so genannte Auslassgletscher schieben sich mit Geschwindigkeiten von mehreren Metern am Tag vom festen Untergrund über die Küstenlinie hinaus bis zu mehrere Hundert Kilometer ins Meer, auf dem sie noch mit ihrem Festlandsteil verbunden „schwimmen"; diese Eismassen bezeichnet man als Schelfeis. „Etwa ein Drittel des Antarktischen Festlandes wird von Schelfeisflächen gesäumt. Für die Bildung besonders weitflächiger Schelfeise sind die Flachmeerbereiche zwischen West- und Ost-Antarktis prädestiniert" (Blümel 1999, S. 60). An ihren Fronten über dem Wasser bilden sich steile Eiskliffs, denn hier brechen Teile des Eises ab. Dieser Prozess des Abkalbens sorgt für Eisschollen oder Eisberge, die dann von den Meeresströmungen in Bereiche außerhalb der polaren Zone getrieben werden und schließlich noch in wesentlich wärmeren Meeresregionen zu einer Gefahr für die Schifffahrt werden können – berühmtestes Beispiel: der Untergang der Titanic 1912 ca. 375 Seemeilen vor der Küste Neufundlands. Die Mächtigkeit des Schelfeises in der Antarktis und damit auch der abbrechenden Eisberge beträgt um die 300 m (vgl. a. a. O.).

Die Subpolare Zone – nach der dominierenden Vegetationsform auch die Tundrenzone genannt – dehnt sich als solche ausgeprägt fast nur in der nördlichen Hemisphäre aus. Die geographische Abgrenzung der beiden Polarklimate fällt zusammen mit der polaren Baumgrenze. Unter dem Klima des ewigen Frostes hat natürlich keine Vegetation eine Chance. Sämtliche Monatsmittel der Lufttemperatur liegen um den Gefrierpunkt, mit den extremsten Temperaturen kann die Antarktis aufwarten. Die mittlere Temperatur liegt im wärmsten Monat, dem Dezember, bei −28° C und in den drei kältesten Monaten (Juli bis September) bei −59° C. Dementsprechend befindet sich auch der Kältepol der Erde in der Antarktis: Am 21. Juli 1983 wurden bei der Forschungsstation Wostok-Station −89,2° C, der derzeit gültige „Weltrekord", gemessen.

Selbst solche extrem niedrigen Temperaturen lassen sich – gefühlt – noch steigern. Der Wind-Chill-Effekt, die Auskühlung durch den Wind, sorgt dafür, dass die realen Temperaturen als kälter empfunden werden. Dieses Phänomen macht sich auch im Hochgebirge und bei weit mäßigeren Wintertemperaturen selbst in milderen Klimazonen bemerkbar.

Zu den klimatischen Besonderheiten der Polregionen gehört auch das Phänomen des Polartages und der Polarnacht, d. h. im Extremfall geht die Sonne ein halbes Jahr lang nicht unter bzw. ist ein halbes Jahr lang nicht zu sehen. Aber selbst am Polartag bleibt die Strahlungsmenge wegen des niedrigen Sonnenstandes gering; das bedeutet, dass sich die Landoberfläche kaum erwärmt. Ein großer

Steckbrief Subpolare/Polare Zone

Verbreitung
Die Subpolare und Polare Zone sind in beiden Hemisphären zu finden, doch sie weisen nicht nur in ihrer Verteilung (ein Drittel der Zonen liegt auf der Nordhalbkugel, zwei Drittel auf der Südhalbkugel) markante Unterschiede auf. In der Arktis – vom nördlichen Alaska und Kanada über Grönland, Spitzbergen entlang des nördlichen Eurasien – wird diese Klimazone überwiegend von Tundren und Frostschuttgebieten geprägt, während in der Antarktis die Eisklimate dominieren.

Klima
Mit jährlichen Niederschlägen von weniger als 150–200 mm gehört auch die Region der Eiswüsten zu den trockensten Gebieten der Erde. Mindestens neun Monate liegt Schnee, und die Sommer sind entsprechend kurz und kühl. In der Tundrenregion liegen die Temperaturmittel im wärmsten Monat zwischen +6° C und +10° C, in der Frostschuttzone liegen die Mittel unter +6° C und in den Eiswüsten unter +2° C. Die Abkühlung im Winter hängt stark von der geographischen Lage und den maritimen Einflüssen ab. In der Polaren Zone herrscht nicht nur ein thermisches, sondern auch ein solares Jahreszeitenklima.

Vegetation
Hin zu den Polen lässt sich die Abfolge von Tundra, polarer Wüste (Frostschuttzone) und Eiswüste ausmachen. Die Vegetation dieser Zone muss nicht nur an extrem niedrige Temperaturen angepasst sein, sondern auch an die extrem unterschiedlichen Tageslängen – im Maximum den Polartag und die Polarnacht, die jeweils bis zu einem halben Jahr dauern können. Die Vegetationsperiode dauert zwischen einem und drei Monaten.

Tierwelt
Rentiere, Karibus, Moschusochsen, Lemminge, Polarhasen, Schneehühner, Schneeeulen, Watvögel, Gänse, Enten. Die Küsten gehören zu den Lebensräumen von Robben, Walrossen, Eisbären, Tölpeln, Alken, Pinguinen und Sturmvögeln.

Wirtschaft
Zum traditionellen Wirtschaftsleben gehören im eurasischen Bereich die nomadische oder halbnomadische Rentierhaltung. In Grönland und Nordamerika lebten die Inuit vom Fischfang und der Robbenjagd. Eine lange Tradition besitzt auch der Walfang in beiden Hemisphären, der heute als kommerzieller Walfang aufgrund rechtlicher Einschränkungen zum Artenschutz nur noch in geringerem Maße stattfindet. Unter dem Meeresboden der Arktis und der Küstenbereiche lagern wertvolle Bodenschätze wie Erdöl, Erdgas, Uran, Gold und Diamanten.

Tourismus
Kreuzfahrten mit und ohne Landgänge sowie Sightseeing-Flüge mit Landungen bilden die klassischen Tourismusformen in den Polregionen. Extreme sportliche Betätigungen wie Eistauchen, Kajakfahren im Eis oder Gletschertouren werden ebenso angeboten. In den subpolaren Regionen gehören vor allem die Naturerlebnisse in den Nationalparks zu den touristischen Attraktionen
(vgl. Schultz 2010, S. 35–44, 2002, S. 90–113).

Teil der Sonnenenergie wird von Schnee oder Eis reflektiert oder geht in den Schmelz- und Verdunstungsprozessen verloren (vgl. Goudie 2008, S. 111). Wegen dieser charakteristischen Lichtverhältnisse mit dem halbjährlichen Wechsel spricht man auch von einem solaren Jahreszeitenklima – neben dem thermischen. Die tageszeitlichen Temperaturunterschiede fallen überall und über das Jahr hinweg gering aus.

Unter diesen Bedingungen kann die Schneedecke am Übergang zur und in der Subpolaren Zone nur für wenige Monate schmelzen, auch die Böden der Tundrenzone tauen im Sommer nur in den obersten Bodenschichten auf, während der Unterboden als Dauerfrost- bzw. Permafrost bodenständig gefroren bleibt. Für Spitzbergen hat Thannheiser (zit. in: Thannheiser und Wüthrich 2004, S. 240) folgende Werte gemessen: „Das gesamte Gebiet ist von Dauerfrostboden (Permafrost) geprägt, der durch eine sommerliche Auftauschicht von 0,4 bis 2,5 m über dem 150 bis 300 m mächtigen Permafrostbereich gekennzeichnet ist." In Regionen, deren heutiges Klima keine Dauerfrostböden mehr verursachen würde, in denen diese aber trotzdem noch existieren, handelt es sich um Spuren der letzten Kaltzeit und sogenannten reliktischen Permafrost.

Zu Dauerfrostböden gehört im Normalfall ein eishaltiger Untergrund, d. h. es befinden sich kleine Hohlräume oder auch Klüfte und Spalten im Gestein, in denen sich das Wasser sammeln und demzufolge auch Eis bilden kann. Es gibt nur in Ausnahmen derart kompakte Gesteine ohne nennenswerte Hohlräume, dass sich in ihnen kein Wasser sammeln kann und es zu trockenem Permafrost kommt. Der eishaltige Dauerfrostboden bildet unter dem Auftaubereich eine wasserundurchlässige Schicht.

Deshalb kann das sommerliche Schmelzwasser nicht versickern, und die Staunässe bildet ausgedehnte Morastflächen und Moore, die beispielsweise den Abenteuer und Wildnis suchenden Wanderer und seine Ausrüstung vor große Herausforderungen stellen! Die Unterschiede zwischen einem kontinuierlichen Permafrostboden, der vor allem in der Borealen Zone Eurasiens weit verbreitet ist, und einem sporadischen Dauerfrostboden, bei dem im Untergrund kein durchgehender Permafrost, sondern abgegrenzte „Eisinseln" oder „Eislinsen" zu finden sind, wirken sich in verschieden mächtigen Auftaubereichen aus. Über dem kontinuierlichen Permafrost ist der Auftaubereich rund einen halben Meter mächtig, während es bei dem sporadischen 1,5–3 m sein können (vgl. Zepp 2011[5], S. 213). Auch unter dem Meeresspiegel kann Permafrost (submariner Permafrost) auftreten.

Die vorherrschende Verwitterungsform unter diesen klimatischen Bedingungen ist die Frostsprengung. Beim Gefrieren dehnt sich das Wasser um neun Volumenprozent aus und drückt somit die Gesteine in ihren Hohlräumen und Spalten auseinander; scharfkantiger Frostschutt entsteht. Die Frostverwitterung wird noch verstärkt durch die Eigenschaft von gefrierendem Wasser, ungefrorene Wasserteilchen aus den angrenzenden Porenräumen anzuziehen und dadurch Eiskerne wachsen zu lassen. „Manche Wissenschaftler sehen im Wachstum von Eiskristallen eine effektivere Form der Verwitterung als in der Volumenzunahme von gefrierendem Wasser" (Goudie 2008, S. 139).

Durch die frostdynamischen und physikalischen Prozesse bilden sich die charakteristischen Frostschuttböden, die der Erdoberfläche ein besonderes Bild mit auffallend geometrischen Mustern verleihen. Auf die Theorien, wie die unterschiedlichen Muster entstehen, kann hier nicht eingegangen werden, doch einige Erscheinungsformen, die im Landschaftsbild auffallen können, sollen kurz beschrieben werden.

Froststrukturböden entstehen durch oberflächennahe Sortierungsprozesse unter den feinmaterialreichen Substraten im Auftauboden (vgl. Zepp 2011, S. 215f). Durch den selektiven Hub des Frostes sortieren sich auf der Erdoberfläche Feinmaterialien und Steine und bilden in der Ebene geschlossene Steinringe, die Durchmesser von 0,10 m bis

Gliederung der Polaren bzw. Subpolaren Zone nach dem Grad der Vegetationsbedeckung

Eiswüste – keine Vegetation
polare Wüste – < 10 % Vegetationsbedeckung
hocharktische Tundra – 10–80 % Vegetationsbedeckung
niederarktische Tundra – > 80 % Vegetationsbedeckung (Schultz 2010, S. 41)

zu einigen Metern besitzen können. In Hanglagen ab 2° Hangneigung verändern sich die Steinringe zu ellipsenförmigen Netzen bis hin zu Steinstreifen bei steileren Hängen. Durch die Solifluktion (Bodenfließen) kommt es gerade auf vegetationsarmen oder unbewachsenen Hängen zu weiteren, neuen Formen, wie z. B. den Steinellipsen-Girlandenböden, und natürlich auch zu Veränderungen in den Mustern der Froststrukturböden.

Über Eiskernen (Segregationseis) im Boden können sich die markanten Formen der Auffrierhügel bilden: die Thufure, Palsen und Pingos. Der Thufur (isländisch: Rasenhügel) trägt, wie es sein Name schon andeutet, eine geschlossene Vegetationsdecke. Unter den drei Typen von Auffrierhügeln ist er mit einer Höhe von 30–80 cm und einem gewöhnlichen Durchmesser von 40–150 cm der Kleinste. Doch er tritt nicht allein auf, sondern in Scharen. Der Thufur besitzt keinen dauerhaften gefrorenen Kern aus Frostboden oder Bodeneis, er ist eine Form des Auftaubereichs. An den Permafrost sind dagegen die Palsen (oder Palsas) gebunden. Diese 10–15 m breiten und 15–115 m langen Torfhügel zeichnen sich durch einen charakteristischen steilen Rand und einen permanenten Eiskern aus. Auch diese Torfhügel treten in Gesellschaft – als Palsenmoore – auf und sind noch im Bereich der Waldtundra zu finden. Die größten Erhebungen bringen im Boden liegende Eiskörper mit den sogenannten Pingos, einem Wort aus der Sprache der Inuit, zustande. „Pingos (Eiskernhügel, Hydrolakkolithe) bilden mit maximal etwa 50 bis 100 m die größten Auffrierhügel mit runden Durchmessern von bis zu 700 m. Sie unterscheiden sich von den Palsas außerdem dadurch, dass sie mächtigere und eher geschlossene Eiskörper aufweisen und keine organogenen Deckschichten besitzen" (Schultz

2002, S. 97). Als spätes Stadium eines Pingos kann ein See entstehen. Voraussetzung dafür ist, dass der Hügel Risse in seiner Deckschicht bekommt, die dann allmählich die isolierende Wirkung für den Eiskörper verliert. Auf diese Weise kann der Eiskern schmelzen, seine Deckschicht bricht irgendwann endgültig zusammen, und ein See mit einem rahmenden Wall ist entstanden – für diesen Prozess braucht es jedoch mehrere tausend Jahre.

Die Vegetation trifft in der Tundrenzone auf schwierigste Bedingungen: eine kurze und kühle Vegetationsphase von höchstens drei Monaten Dauer, vernässte und nährstoffarme Böden sowie durch den Frost bedingte Umlagerungen im Boden. „Die Vegetation besteht daher überall aus artenarmen Gesellschaften: In den meisten Gebieten wird die Phytomasse der Gefäßpflanzen zu über 90 % von weniger als zehn Arten gestellt. Die vorherrschenden Lebensformen sind Chamaephyten (Zwergsträucher) und Hemikryptophyten (Stauden)" (Schultz 2010, S. 41).

In einem Süd-Nord-Wandel nimmt die Vegetationsdecke zu den Eiswüsten des Nordpols in ihrer Geschlossenheit ab und gliedert sich in niederarktische Tundra, hocharktische Tundra, polare Wüste und Eiswüsten (siehe oben). In der Nähe der Gletscher, im periglazialen Bereich, kämpfen als Pioniervegetation Flechten ums Überleben.

Bei den vorherrschenden Klimabedingungen wachsen selbst an den günstigen Standorten Zwergbirken und Zwergweiden sehr langsam, 1–2 cm pro Jahr sind möglich. „20–25jährige Bäumchen ragen kaum aus der Krautschicht hervor" (Walter 1970, S. 220). Bei ca. 30 cm liegt die „Höhengrenze" des Wachstums dieser Zwerggehölze. Unabhängig von ihrem Zwergwuchs können diese Gehölze zwar ein Alter von 100 bis zu 200 Jahren erreichen, doch Schäden an ihnen – wie der weiteren, äußerst langsam wachsenden Flora – haben besonders langwierige Folgen. Betrachtet man in diesem Zusammenhang nomadische Rentierhaltung, stellt sich die Frage, ob diese Art der Landnutzung die sensible Vegetation nicht nachhaltig schädigt. Doch dem ist nicht so! Die Tundren brauchen die Pflanzenfresser sogar für ihren Bestand. Unter den hier herrschenden klimatischen Verhältnissen kann die mikrobielle Zersetzung des Laubabfalls oftmals nicht in ausreichendem Maße stattfinden, und so helfen die Rentiere, aber auch die anderen Pflanzenfresser von den Nagetieren bis hin zu Schneehühnern und Wildgänsen, mit ihrer „Erstverarbeitung" der Pflanzen, den Mineralstoffkreislauf des Ökosystems in Gang zu halten und als Düngerlieferanten zu wirken.

Die nomadische oder halbnomadische Rentierhaltung, die im Norden Skandinaviens von dem Volk der Samen betrieben wird, zählt zur „klassischen" Nutzung der eurasischen Tundrenzone. Für den Winter ziehen die Halter mit ihren Herden in südlichere Bereiche, in die Waldtundren; im Sommer geht es wieder gen Norden in die offenen Landschaften.

„Die Polare/Subpolare Zone ist ganz überwiegend siedlungsfrei (von allen Ökozonen ist sie die siedlungsärmste). Einzig in den subarktischen Tundren ist es zu einer nennenswerte, wenngleich immer noch spärlichen Besiedlung gekommen. Zu den einheimischen Bewohnern zählen Eskimos (Inuit) in Grönland und im nördlichen Amerika (wenige im Nordosten von Sibirien), Samen (Lappen) in Nordeuropa sowie mehrere Ethnien in Sibirien wie Samojeden, Jakuten, Ostjaken, Tschukschen etc" (Schultz 2010, S. 43f).

Zur traditionellen Lebensweise der Inuit als hochspezialisierte Fischer und Jäger gehören der Fisch-, Robben- und Walfang in den Küstengewässern. Seit Anfang des 20. Jahrhunderts rücken die reichen Bodenschatzvorkommen zunehmend in den Fokus, so lagern beispielsweise unter dem Meeresboden der Arktis und der Küstenbereiche Erdöl, Erdgas, Uran, Gold und Diamanten. Mit dem Klimawandel und dem Schmelzen der Gletscher sowie der Abnahme des Permafrostes werden sich die Schwierigkeiten vermutlich reduzieren, diese Rohstoffe zu fördern. Bergbau und Dauerfrostboden? Wie kann das funktionieren? Das Hindernis Permafrost gilt für größere Tiefen dank der geothermischen Tiefenstufe nicht mehr! Ab einigen Dekametern bis zum ungünstigsten Fall von ca. 1500 m ist der Boden nicht mehr gefroren. Dieser Niefrostboden wird auch als Talik bezeichnet. Die größten bekannten Tiefen des Permafrostes bzw. Übergänge zum Talik hat man in Nordrussland bei 1400–1500 m und im Norden Kanadas bei nur 700 m gemessen.

So lebensfeindlich die polaren Gebiete auch sein mögen, Reisende fanden ab dem frühen 19. Jahr-

Reisende an Grönlands Küsten

„Grönland, dessen Inselcharakter erst durch die neuesten Entdeckungsfahrten besonders des Amerikaners Peary festgestellt wurde, verdankt seine Entdeckung und erste Besiedlung im zehnten Jahrhundert den Norwegern, deren Kolonien an der Westküste sich bis in das 14. Jahrhundert hinein im blühenden Zustand erhielten. Schon um das Jahr 1000 wurde in Grönland von Norwegen her das Christentum gesetzlich eingeführt, und von 1126 ab läßt sich bis zum Reformationszeitalter hin die Reihe der grönländischen Bischöfe verfolgen. Der lebhafte Schiffsverkehr, der in jenen frühen Jahrhunderten zwischen Grönland, Island und Norwegen bestand, nahm aber mit dem Verfall der norwegischen Kolonien im 13. Jahrhundert ab, und um die Mitte des 5. Jahrhunderts war alle Verbindung Grönlands mit der zivilisierten Welt wieder unterbrochen. Erst im Zeitalter der nordischen Entdeckungsreisen, also vom 16. Jahrhundert ab, mußte dies ungeheure Insel stückweise aufs neue entdeckt werden, und im 17. Jahrhundert wurde die grönländische Küste von deutschen und holländischen Walfischfängern, den sogenannten Grönlandfahrern, häufig besucht. Immer aber war die Westküste Grönlands das Ziel der Walfischfänger und Entdeckungsreisen, da die Ostküste durch den unermeßlichen Strom des vorübertreibenden Polareises wie hinter einem sichern Bollwerk völlig unzugänglich erschien. Erst zu Ende des 18. Und besonders im 19. Jahrhundert drang die geographische Forschung auch hier siegreich vor, und der Erfolg der deutschen Expedition lockte eine große Zahl der Polarfahrer zu dieser Ostküste Grönlands hin, die heute in ihren wesentlichen Konturen als bekannt gelten darf" (Hedin 1980).
Der schwedische Asienforscher Sven Hedin (1865–1952) schildert in diesem Buch eigene Reiseerfahrungen, aber er berichtet auch über die Expeditionen anderer Entdecker.

hundert ihren Weg dorthin, und heute spielt der Tourismus in diesen Regionen eine nicht unwesentliche Rolle. Bereits 1807 erschien der erste Reiseführer für die skandinavische Arktis, und die ersten Touristen wanderten in den Gebieten bzw. nutzten die lokalen Transportmöglichkeiten und profitierten von der Gastfreundschaft der Einheimischen (vgl. Stonehouse und Snyder 2010, S. 26ff). Mitte des 19. Jahrhunderts waren es Bergsteiger in Norwegen, zum Ende des Jahrhunderts auch in Kanada, Alaska, Spitzbergen und Grönland, die Expeditionen starteten. Als exklusive sportliche Vergnügen kamen das Jagen und Angeln in wohlhabenden Kreisen in Mode. Die Gründerzeit sollte vor allem mit ihrem Fortschritt im Verkehrswesen und mit den neuen Gruppen, die sich Fernreisen leisten konnten, auch in der Arktis den Tourismus – relativ – expandieren lassen. Ab den 1880er-Jahren engagierten sich die Dampfschiffgesellschaften auf diesem neuen Markt, allen voran die Hurtigruten in Norwegen (▶ Abschn. 12.2). Andere Reedereien nahmen beispielsweise Grönland, Island, Spitzbergen, die Baffin Bay zwischen Grönland und dem kanadisch-arktischen Archipel sowie die Glacier Bay im Süden Alaskas in ihre Kursbücher auf.

In Kanada und Alaska wurden die Fahrpläne der Eisenbahnen mit denen der Schiffe abgestimmt, um das Vorwärtskommen der Touristen zu fördern – und den Tourismus zu entwickeln. In Kanada entstand in diesem Zusammenhang das weltweit erste Netz von Nationalparks, in denen sich auch die Eisenbahngesellschaften im Ausbau einer Infrastruktur und noblen Hotels engagierten. Der Banff-Nationalpark wurde nach dem sogenannten Rocky Mountain Act 1887 der erste Nationalpark Kanadas. 1887/88 baute die Canadian Pacific Railway das Banff Springs Hotel. Der Ort Banff in der kanadischen Provinz Alberta verdankt seinen Namen dem Geburtsort (Banff in Schottland) des Eisenbahndirektors jener Zeit! 1909 gründete man die ersten Naturparke Europas im Norden Schwedens, die jedoch der Borealen Zone zugeordnet werden müssen. Die Nationalparks Abisko, Stora Sjöffalet und Sarek gehören zu denjenigen der Gründerphase, die beiden Letztgenannten heute zum UNESCO-Welterbe Laponia.

Die touristische Entdeckung der Antarktis fand durch ihre besondere „Abseitslage" für reisefreudige Europäer und Nordamerikaner erst im frühen 20. Jahrhundert statt. Aber es waren trotz der großen Entfernungen vor allem norwegische Walfangschiffe, die die ersten Touristen im frühen 20. Jahrhundert in die Gewässer der Antarktis brachten. In der zweiten Hälfte der 1950er-Jahre begann zaghaft der organisierte Tourismus mit wenigen Flügen und Fahrten ins ewige Eis rund um den Südpol.

◘ **Abb. 13.1** Der Perito Moreno Gletscher in Patagonien (Argentinien) gehört zum Nationalpark Los Glaciares (www.losglaciares.com), der 1981 in die Liste des Weltnaturerbes der UNESCO aufgenommen wurde. Diese touristisch erschlossene Kalbungsfront des Gletschers liegt nicht am Meer sondern am Lago Argentino (jacare35/Fotolia)

1957/58 transportierte ein argentinisches Schiff auf zwei Fahrten 194 Touristen an die Palmer-Halbinsel, auch erste Flüge über die Eiswüsten wurden durchgeführt. 1966 veranstaltete der amerikanische Reiseveranstalter Lindbad Travel die ersten regelmäßigen Kreuzfahrten in die Antarktis, bei denen die Passagiere mit kleinen Booten auch an Land zur Beobachtung von Pinguinen gebracht wurden (◘ Abb. 13.1).

Die Zahlen der Antarktis-Touristen bleiben lange überschaubar: Von 1957 bis 1980 sind es insgesamt 19.586 Personen (vgl. Stonehouse und Snyder 2010, S. 50). Sightseeing-Flüge mit Landungen werden in jener Zeit insbesondere von Australien und Neuseeland in den östlichen Bereich der Antarktis durchgeführt. Der heutige Tourismus präsentiert sich seit den 1990er-Jahren in vier Formen: Kreuzfahrten mit mittleren und kleinen Schiffen, die ihren Passagieren Landausflüge an die Küste anbieten können, Kreuzfahrten mit großen Schiffen ohne die Möglichkeiten von Landgängen, Flüge von Südamerika, Australien und Neuseeland ohne Landungen sowie als vierte den Lufttransfer für kurze Aufenthalte zum Klettern, Trekking oder anderen Outdoor-Aktivitäten (vgl. Stonehouse und Snyder 2010, S. 52 ff.). Die zunehmenden Zahlen an Touristen und vor allem ihren Drang zu ausgefalleneren Erlebnissen und weiterem Vordringen in das empfindliche Ökosystem, wie Kajak fahren, Schneeschuhwandern oder Camping in der Antarktis – Aktivitäten, die z. B. Hurtigruten (▶ Abschn. 12.2) als Ausflugsprogramme der sogenannten Expeditionsreisen anbietet –, betrachten Natur- und Umweltschützer mit Sorge (vgl. Hall 2010, S. 42–70).

Dabei sind die ersten Schäden schnell angerichtet, gleich ob es sich um Aktivitäten von Touristen oder Mitgliedern von Forschungsstationen handelt. „Zusätzlich zu den unmittelbaren, irreparablen Schäden durch Erdbewegungen, durch Transporte mit Fahrzeugen, den Flugpistenbau usw. bedeuten selbst ‚sanfte' Fortbewegungsarten zu Fuß eine ernste Schädigung. Ein einziger Fußtritt vernichtet oder beschädigt Pflanzen, die zu ihrer Entwicklung bisweilen mehrere Jahrhunderte benötigt haben. Darüber hinaus werden filigrane Oberflächenstrukturen der Kältewüste wie Frostmustererscheinungen (…) durch Begehen zerstört. Selbst solche scheinbar unbedeutenden Spuren bleiben, vergleichbar denen in heißen Wüstengebieten, oft mehr als Jahrzehnte sichtbar. Dies mag die Ökologische Sensibilität antarktischer Festlandsräume beispielhaft andeuten" (Blümel 1999, S. 106).

13.1 Aktive Vulkane unter Gletschern im Katla-Geopark/ Island

Im Frühjahr und Sommer 2010 war der Name seines berühmtesten Vulkans, des Eyjafjallajökull, täglich in den Nachrichten. Die ersten Eruptionen fanden zwischen dem 20. März und 12. April statt, die zweite Phase begann am 14. April, als es in der mit Gletschereis bedeckten Caldera zu weiteren Eruptionen kam. Mit diesen Ausbrüchen und den berüchtigten Aschewolken legte er wochenlang den Flugverkehr auf der Nordhalbkugel weitgehend lahm.

Eigentlich trägt der erste Geopark Islands den Namen eines anderen Vulkans, der trotz seiner 21 Ausbrüche in historischen Zeiten dabei jedoch nicht derart international in Erscheinung getreten ist: der Katla unter dem Gletscher Mýrdalsjökull. Die ca. 100 m² große und 700 m tiefe Caldera des Katla liegt unter einem entsprechend mächtigen Eisschild. Dieser Vulkan ist 1918 zum bisher letzten Mal ausgebrochen und hat dabei geschätzte 700 Mio. km³ Tephra in die Luft geschleudert.

Der 9542 km² große Katla-Geopark an der Südküste Islands nimmt mehr als 9 % der Fläche der Insel ein. Diese siedlungsfeindliche Region wird von großen vielarmigen Schmelzwasserflüssen der Gletscher zerschnitten, über die keine Brücken führen. Im Süden eine Küste ohne natürliche Häfen, daran anschließend ein Hinterland mit Bergen, aktiven Vulkanen und ausgedehnten Gletschern – da ergibt sich eine Bevölkerungszahl von gerade einmal 2700 Einwohnern (2010).

Eruptionen unter Gletschereis mit ihren Lavaströmen, Schmelzwasserfluten und Aschewolken, das sind die Alleinstellungsmerkmale des Katla-Geoparks. Der Grund für dieses imposante, wie hin und wieder höchst gefährliche Szenario liegt in der Position Islands auf zwei Erdplatten, einmal der Eurasischen, zum anderen der Nordamerikanischen Platte. Durch Kräfte aus dem Erdinneren werden diese Platten auseinandergedrückt, und an der Trennungslinie wächst der Mittelatlantische Rücken, weil hier Magma austritt und eine neue Gebirgskette unter dem Meeresspiegel schafft. Zu diesen vulkanischen Erscheinungen kommen noch Erdbeben hinzu. Diese geologisch „heiße" Linie – die divergierende ozeanische Plattengrenze – verläuft in Island über dem Meeresspiegel. Das bedeutet, dass hier in der Landschaft das Auseinanderdriften der Erdschollen zu beobachten ist (▶ www.katlageopark.is).

13.2 Kulturtourismus in der Antarktis und auf Spitzbergen

Das „ewige Eis" als ein Ziel für kultursuchende Touristen mag auf den ersten Blick überraschen, doch den „*Homo touristicus*" sollte man nicht unterschätzen! Dabei wandelt er vornehmlich auf den Spuren der Forscher, Wissenschaftler, Walfänger und Seehundjäger vergangener Zeiten. *Their activities have left many material remains in the polar landscape such as supply depots, huts, and shelters, industrial remains, research stations, and crosses, graves and other memorials* (Roura 2010, S. 180). Die einstigen Standorte der wissenschaftlichen Eroberung der Polgebiete – der Antarktis wie gleichermaßen Spitzbergens – sind heutzutage touristische Attraktionen, die zum Ausflugsprogramm der Kreuzschiff-Passagiere gehören.

Die Kulturdenkmäler in beiden Regionen spiegeln die Entdeckungs- und Wirtschaftsgeschichte wider und unterscheiden sich wesentlich. Da die Antarktis kaum als Rohstofflieferant und Jagdrevier genutzt wurde, dominieren hier die Spuren der wissenschaftlichen Eroberung des Subkontinents. 30 historische Plätze und Denkmäler werden den Expeditionen vor 1917 – *Heroic era* nach Roura – zugeordnet, dann folgen 27 Stätten der Expeditionen 1918 bis 1958 und 19 *historic sites* der nachfolgenden Zeit. Ein einziger Platz erinnert an den Walfang. Ein anderes Bild bietet sich auch schon zahlenmä-

Aus der Tourismuspraxis

Aulavik-Nationalpark – Blick in den Managementplan in einer Polarwüste

In der baumlosen Landschaft auf Banks Island in den kanadischen Nordwest-Territorien wurden 1992 über 12.000 km² als Aulavik National Park of Canada unter Schutz gestellt. Landschaftsformen der Subpolaren Zone, inklusive arktischer Küste, gehören zu den geomorphologischen Sehenswürdigkeiten; aus der Fauna sind es die vom Aussterben bedrohten Peary-Karibus und – weniger bedroht und stattdessen von großer Zahl – die Moschusochsen. Mit 70.000 bis 80.000 Tieren handelt es sich um den weltweit größten Bestand. Der nördlichste schiffbare Fluss der Welt, der Thomsen River, durchzieht den Nationalpark von Süd nach Nord, um ins Nordpolarmeer bzw. in die McClure-Straße zu münden. Seit mehr als 3400 Jahren finden sich Spuren des Menschen in diesem Gebiet, das heute von der Bevölkerungsgruppe der Inuvialuit bewohnt wird.
Der Nationalpark besitzt keine touristische Infrastruktur (Informationszentren befinden sich außerhalb in Sachs Harbour und Inuvik), keine Campingplätze und auch keine ausgeschilderten Wanderwege. Paddeln und Wandern in der „originalen" Wildnis sind die Betätigungsmöglichkeiten für Touristen. Von 2007 bis 2011 haben insgesamt 70 – in Worten: siebzig – Personen den Aulavik-Nationalpark besucht, Einheimische, Forscher, Besucher der Jugendcamps und Parkmitarbeiter nicht eingerechnet. Für die Anreise wird geraten, einen Flug von Inuvik zu chartern. Da scheint die Zahl von sechs Landepisten im Nationalpark fast schon üppig! Aber damit werden schließlich 12.200 km² „erschlossen" – eine Fläche, die ungefähr fünf Mal derjenigen des Saarlands entspricht.
Nach dem Canada National Parks Act ist für jeden Nationalpark ein Managementplan zu erstellen, und so erhielt Aulavik 2011 seinen aktuellen Plan.
The Management Plan includes:
- *A vision for the future towards which the park will aspire over the next fifteen years;*
- *Strategic direction with identified objectives that provide concrete direction to address the major park issues and opportunities while focusing efforts and resources towards achieving the vision;*
- *Park zoning;*
- *A 5-year implementation strategy summarizing objectives, planned actions and targets for measuring the success of management actions;*
- *A summary of the park monitoring program; and*
- *The strategic environmental assessment of the management plan.*

Die Vision, die sich im Managementplan dieser subpolaren Landschaft verbirgt, besteht darin, den Aulavik-Nationalpark als unberührte Wildnis auf der westlichsten Insel des kanadisch-arktischen Archipels, als „Fluchtort" für Paddler und Wanderer, als Schutzgebiet für Wildtiere und als besonderen Raum der Inuvialuit, als Ort ihrer Geschichte und Kultur, zu schützen.
Vier Schlüsselstrategien wurden für die nächsten fünf Jahre festgelegt:
- Besuche im Aulavik-Nationalpark und auf Banks Island sowie der Nachbarinsel und Dependance des Parks zu erleichtern, vor allem Möglichkeiten zu finden, um die Reisekosten zu reduzieren.
- Das Ökosystem und das kulturelle Erbe der Region zu bewahren, wobei man sich den logistischen Herausforderungen und den hohen Kosten in solch einem ausgedehnten wie abgeschiedenen Park stellen muss.
- Das Einbeziehen der Inuvialuit sowie Erhalten und Fördern ihrer Lebensweise, ihrer Kultur.
- Kanadiern ihr „nördliches Erbe" näherzubringen. Da sehr wenige Kanadier Aulavik jemals besuchen werden, gilt es, in den Schulen und auf anderen Kommunikationswegen die Kanadier zu erreichen, um das Verständnis, die Wertschätzung und Unterstützung für den Aulavik-Nationalpark zu fördern.

Die meisten der Parkbesucher unternehmen während des durchschnittlich zehn Tage dauernden Aufenthalts in Aulavik eine Kanutour auf dem Thomsen River. Gruppen umfassen kaum mehr als acht Personen – wegen der Kapazitäten der Flugzeuge, die für die Anreise zur Verfügung stehen. Die Saison dauert gerade einmal von Mitte Juni bis Mitte August. Parkbesucher müssen in jeder Hinsicht Selbstversorger bzw. autark sein, auch bei Notfällen jeder Art. Auf einer Tour in Aulavik wird man kaum andere Touristen treffen. Bei jährlichen Besucherzahlen von sechs bis 17 in der Zeit von 2007 bis 2011 erstaunt das nicht! Vorrangiges Managementziel der nächsten Jahre ist es, Aulavik mit dem Thomsen River als eine Top-Destination für Kanu- und Kajakfahrer aus aller Welt zu entwickeln. Dabei soll die Natur keinen Schaden nehmen und der Besucher sich immer noch wie in einer ursprünglichen Wildnis fühlen können (▶ www.pc.gc.ca/eng/pn-np/nt/aulavik/plan/2012%20Plan.aspx)

ßig auf Spitzbergen: Die Zeugnisse russischer Jäger (223 Stätten) und norwegischer (174 Plätze) führen die Rangfolge an. 173 Stellen erinnern an westliche Walfänger, 146 Orte des Industrieerbes sind bekannt (Roura 2010, S. 183). Noch vollständig erhaltene Gebäude oder auch Komplexe von For-

Landschaftswahrnehmung anno 1774 – Captain James Cook in der Antarktis

„Samstag, 29. Januar Thermometer 36 ½°, südliche Breite 70° 00′ Minute, westliche Länge Greenwich gemessen 107° 27′, nach der Uhr 107° 36′. Kurz nach 4 Uhr morgens nahmen wir wahr, daß die Wolken im Süden nahe dem Horizont von einer ungewöhnlichen Schneehelligkeit waren, welcher Umstand unsere Annäherung an ein Eisfeld anzeigte: kurz darauf wurde dieses vom Mast aus gesehen, und um 8 Uhr hatten wir ihm uns genähert; es erstreckte sich von Ost nach West in gerader Linie, weiter, denn unsere Sicht reichte bei der Helligkeit des Horizontes; in der Lage, in welcher wir uns nunmehr befanden, war die Hälfte des Horizontes erleuchtet von dem vom Eis reflektierten Sonnenstrahlen bis in eine respektable Höhe. Die Wolken nahe dem Horizont waren von einem perfekten Schneeweiß und konnten kaum von den Eishügeln unterschieden werden, deren leichte Erhöhungen die Wolken berührten. Die äußere oder nördliche Begrenzung dieses immensen Eisfeldes war gebildet von losem oder gebrochenem Eis, so dicht aufeinander gepackt, daß nichts in es eindringen konnte: etwa eine Meile weiter nach innen begann das feste Eis, ein einziger kompakter solider Körper, welcher selber an Höhe zuzunehmen schien, wie er sich nach Süden fortsetzte; in diesem Eisfeld zählten wir 97 Eisberge oder Eishügel, deren viele außerordentlich groß waren. Eisberge wie diese werden in Grönland nie gesehen, so daß wir keinen Vergleich zwischen dem Grönlandeis und diesem hier vor uns zeichnen können: wären nicht die grönländischen Schiffe gewesen, welche alljährlich zwischen solchem Eis (die Eisberge ausgenommen) auf Fischfang gingen, ich hätte nicht einen Moment gezögert, dieses als meine Meinung darzulegen: daß nämlich das Eis, welches wir nunmehr sehen, in einem einzigen soliden Stück sich bis zum Pol fortsetzt, indes ist es hier, d. h. südlich des Breitengrades, wo die vielen Eisberge, welch selbe wir in der See umherschwimmen sahen, zuerst geformt, später durch Böen oder aus irgendwelchen anderen Gründen abgebrochen werden; sei dem, wie dem mag: wir müssen davon ausgehen, daß diese zahllosen und großen Eisberge den Eisfeldern, an welchen sie hängen, einen solchen Druck verleihen, daß es einen großen Unterschied macht zwischen dem Navigieren in diesem Eismeer und jenem von Grönland; indes: ich will nicht sagen, es sei unmöglich" (Price AG 1995, S. 254 f.).

---

schungsstationen, ebenso Hütten oder Ruinen von Bauten, Schiffswracks, Kreuze und Gräber sowie „klassische" Denkmäler wurden zu touristischen Zielen.

Ein Teil dieser Attraktionen lockte schon im 19. Jahrhundert Neugierige nach Spitzbergen, wohin sich schon 1871 das erste Kreuzschiff auf die Reise begab. Die touristische Entdeckung der Antarktis fand erst nach dem Zweiten Weltkrieg statt. Die Monate Juni bis September sind für Spitzbergen die Zeit der Kreuzfahrtschiffe, in der Antarktis geht die Saison von November bis März.

Am Südpol konzentriert sich der Tourismus auf 35 historische Stätten, die im Nordwesten der Antarktischen Halbinsel und im Bereich des Ross-Meeres liegen. Die am meisten frequentierte Region Spitzbergens ist der Nordwesten der Insel. Etwa 80.000 Besucher sind im Jahr 2006 in Spitzbergen an Land gegangen, während es im selben Zeitraum in der Antarktis rund 170.000 waren (Roura 2010, S. 187). Roura spricht sogar von Massentourismus für „antarktischen Standard" bei einigen Stellen, die von mehr als 10.000 Touristen im Jahr besucht werden. Dazu gehören Port Lockroy auf Goudier Island und die Whalers Bay auf Deception Island.

Wenn auch diese Besuchermengen – als absolute Zahlen gesehen – nicht groß erscheinen mögen, so sind sie doch hoch genug, um in den höchst sensiblen Ökotopen nachhaltige Schäden, vor allem an der Flora, zu verursachen. Unterschiedliche Wege geht man auf Spitzbergen und in der Antarktis, um das historische Erbe und die Natur zu bewahren. *Tourism in Svalbard is promoted as a key economic activity, and regulated by Norwegian authorities, which aim to make the archipelago one of the best-managed wilderness areas in the world. In contrast, there is no Antarctic Treaty-wide policy on tourism at present, although XXXII ATCM (2009) approved Resolution K (2009) ‚General Principles of Antarctic Tourism', which may be the basis of a future Antarctic tourism policy* (Roura 2010, S. 200).

Literatur

Blümel WD (1999) Physische Geographie der Polargebiete. Teubner Studienbücher der Geographie. Teubner, Stuttgart, Leipzig

Burga C (2004) Antarktis – größte Kältewüste der Erde. In: Burga C, Klötzli F, Grabherr G (Hrsg) Gebirge der Erde. Landschaft, Klima, Pflanzenwelt. Ulmer, Stuttgart, S 232–239

Hall MC (2010) Tourism and Environmental Change in Polar Regions: Impacts, Climate Change and Biological Invation. In: Hall MC, Saarinen J (Hrsg) Tourism and Change in Polar Regions. Climate, environments and experiences. Routledge, London, New York, S 42–70

Hall MC, Saarinen J (2010) Tourism and Change in Polar Regions. Climate, environments and experiences. Routledge, London, New York

Hedin S (1980) Von Pol zu Pol, Neue Ausgabe in zwei Bänden Bd. 1. Brockhaus, Wiesbaden (textgleich mit der Erstausgabe von 1911/12)

Price AG (Hrsg) (1995) Captain James Cook. Entdeckungsfahrten im Pacific. Die Logbücher der Reisen 1768–1779. Edition Erdmann, Stuttgart, Wien, Berlin

Roura R (2010) Cultural Heritage Tourism in Antarctica and Svalbard: Pattern, Impacts, and Policies. In: Hall MC, Saarinen J (Hrsg) Tourism and Change in Polar Regions. Climate, environments and experiences. Routledge, London, New York, S 180–203

Stonehouse B, Snyder JM (2010) Polar Tourism. An Environmental Perspective. Channel View Publications. Bristol, Buffalo, Toronto

Thannheiser D, Wüthrich C (2004) Spitzbergen (Svalbard). In: Burga C, Klötzli F, Grabherr G (Hrsg) Gebirge der Erde. Landschaft, Klima, Pflanzenwelt. Ulmer, Stuttgart, S 240–248

Walter H (1999) Vegetation und Klimazonen. Grundriß der globalen Ökologie. Ulmer, UTB, Stuttgart

http://whc.unesco.org/en/list/145 (Nationalpark Los Glaciares)

www.pc.gc.ca/eng/pn-np/nt/aulavik/plan/2012%20Plan.aspx (Aulavik National Park Management Plan 2012)

www.katlageopark.is

Serviceteil

Weiterführende Literatur – 212

Stichwortverzeichnis – 213

G. M. Knoll, *Landschaften geographisch verstehen und touristisch erschließen*,
DOI 10.1007/978-3-642-55426-1, © Springer-Verlag Berlin Heidelberg 2014

Weiterführende Literatur

Becker C, Hopfinger H, Steinecke A (Hrsg) (2007) Geographie der Freizeit und des Tourismus. Bilanz und Ausblick. 3. Aufl., Oldenbourg, München, Wien

Brunotte E, Gebhardt H, Meurer M, Meusburger P, Nipper J (2002) Lexikon der Geographie in vier Bänden. Wissenschaftliche Buchgesellschaft, Darmstadt. Spektrum, Darmstadt, Heidelberg, Berlin

Egger R, Herdin T, FHS Forschungsgesellschaft mbH (Hrsg) (2007) Tourismus: Herausforderung: Zukunft Wissenschaftliche Schriftenreihe des Zentrums für Tourismusforschung Salzburg, Bd. 1. Lit Verlag, München

Fuchs W, Mundt JW, Zollondz H-D (Hrsg) (2008) Lexikon Tourismus. Destinationen, Gastronomie, Hotellerie, Reiseveranstalter, Verkehrsträger. Oldenbourg, München

Gebhardt H, Glaser R, Radtke U, Reuber P (2011) Geographie. Physische Geographie und Humangeographie. 2. Aufl., Spektrum, Heidelberg

Glaser R, Gebhardt H, Schenk W (2007) Geographie Deutschlands. Wissenschaftliche Buchgesellschaft, Darmstadt

Gössling S, Hall MC (2006) Tourism & Global Change. Ecological, Social, Economic and Political Interrelationships. Routledge, London, New York

Goudie A (2008) Physische Geographie. Springer, Berlin

Heineberg H (2007) Einführung in die Anthropogeographie/Humangeographie. 3. Aufl., Schöningh/UTB, Stuttgart

Henningsen D, Katzung G (2002) Einführung in die Geologie Deutschlands. Spektrum, Heidelberg

Institut für Länderkunde, Leipzig, Becker C, Job H (Hrsg) (2000) Freizeit und Tourismus Nationalatlas Bundesrepublik Deutschland, Bd. 10. Spektrum, Heidelberg, Berlin

Institut für Länderkunde, Leipzig, Liedtke H, Mäusbacher R, Schmidt K-H (Hrsg) (2003) Relief, Boden und Wasser Nationalatlas Bundesrepublik Deutschland, Bd. 2. Spektrum, Heidelberg, Berlin

Institut für Länderkunde, Leipzig, Kappas M, Menz G, Richter M, Treter U (Hrsg) (2003) Klima, Pflanzen- und Tierwelt Nationalatlas Bundesrepublik Deutschland, Bd. 3. Spektrum, Heidelberg, Berlin

Knoll G (2006) Kulturgeschichte des Reisens. Von der Pilgerfahrt zum Badeurlaub. Wissenschaftliche Buchgesellschaft. Primus, Darmstadt

Küster H (2010) Geschichte der Landschaft in Mitteleuropa. Von der Eiszeit bis zur Gegenwart. 4. Aufl., C. H. Beck, München

Leser H (Hrsg) (2011) Diercke Wörterbuch Geographie. Raum – Wirtschaft und Gesellschaft – Umwelt. 15. Aufl., Westermann, Braunschweig

Liedtke H, Marcinek J (Hrsg) (1994) Physische Geographie Deutschlands. Justus Perthes, Gotha

McKnight TL, Hess D (2009) Physische Geographie. 9. Aufl., Pearson, München

Müller H (2007) Tourismus und Ökologie. Wechselwirkungen und Handlungsfelder. 3. Aufl., Oldenbourg, München, Wien

Müller W, Vogel G (2000) dtv-Atlas Baukunst. 12. Aufl., Bd. 2. Deutscher Taschenbuch Verlag, München (2 Bände)

Nau C (2003) Insel-Lexikon. Heel Verlag, Königswinter

Pevsner N, Fleming J, Honour H (Hrsg) (1992) Lexikon der Weltarchitektur. Prestel, München

Press F, Siever R (2011) Allgemeine Geologie. 5. Aufl., Springer, Berlin

Schultz J (2008) Die Ökozonen der Erde. 4. Aufl., Ulmer, UTB, Stuttgart

Schultz J (2010) Ökozonen. Ulmer, UTB, Stuttgart

Stegner W (Hrsg) (2008) Geographische Entdeckungen. TaschenAtlas Klett, Stuttgart

Steinecke A (2011) Tourismus. Das Geographische Seminar. Westermann, Braunschweig

Spandau L, Wilde P (2008) Klima. Basiswissen. Klimawandel. Zukunft. Ulmer, Stuttgart

Walter H (1999) Vegetation und Klimazonen. Grundriß der globalen Ökologie. 7. Aufl., Ulmer, UTB, Stuttgart

Wehling H-G (Hrsg) (2004) Die deutschen Länder. Geschichte, Politik, Wirtschaft. 3. Aufl., VS Verlag für Sozialwissenschaften, Wiesbaden

Zepp H (2013) Geomorphologie. Eine Einführung. 5. Aufl., Schöningh, UTB, Paderborn, Stuttgart

www.webgeo.de

Stichwortverzeichnis

A

Abkalben 200
Aborigines 144
Abtei Himmerod 78
Agrotourismus 119
Albhochfläche 98
Albtrauf 98, 99
Alpen 28, 33, 38, 40
Alpine Club 39
Alpinismus 38
Altmoränenlandschaft 181
Antarktis 206, 208
Antarktis, touristische Entdeckung 204
Apennin 162
Äquator 114
Areg 141
Ätna 164, 165
Aulavik National Park of Canada 207
Ausläger 99
Ayers Rock 144
Ayutthaya 133

B

Badekarre 49
Baden-Württemberg 93
Badetouristen, frühe 49
Badrutt-Berry, Johannes 40
Bali 131
Banff-Nationalpark 204
Bannwald 87
Bath 49
Bergbahn 39, 42
Bergtourismus 150
Bewässerung, künstliche 147
Bewässerungskultur 168
BIG 5 149
Biosphärenreservat 56, 187
Biosphärenreservat der UNESCO 165
Biosphärenreservat Schorfheide-Chorin 186
Blockhalde 88
Boddenküste 54
Boddenlandschaft 55
Bördenlandschaft 188
Boreale Zone 194, 197
Bourtanger Moor-Bargerveen 186
Brandrodung 127
Brandrodungsfläche 117

Brighton 49
Brunnen, artesischer 146
Bulla Regia 170
Burg 14

C

Cook, James 208
Côte d' Azur 170

D

Darwin, Charles 65
Dauerfrostboden 194
Davos 40
Desertation 154
Desertifikation 154
Deutsche Vulkanstraße 78
Doberan 56
Doline 102
Dominica 121
Donauversickerung 102
Dubai 151
Dünenlandschaft 139

E

Eifel 70
Eiskern 202
Eiszeit 57
England 49, 56
Erg 141
Everglades-Nationalpark 126
Eyjafjallajökull 206

F

Ferien auf dem Bauernhof 93
Feriensiedlung 173
Feuchte Mittelbreiten 180
Feuchtsavanne 124
Findling 8
Fjordküste 198
Flächenbrand 162
Flachküste 48
Florida 126
Flößerei 91
Flugsanddüne 140
Föhn 35
Fördenküste 53

Freilichtmuseum Klockenhagen 187
Fremdlingsfluss 143, 144
Friedrich Franz I., Herzog von Mecklenburg-Schwerin 56
Frostschuttboden 202
Frostsprengung 202
Fuji 83
Fuji-san 82

G

Game Ranch Management 149
Garrigue 162
Gebirgsflora 36
Gebirgslorbeerwald 129
Geest 181
Geestfläche 58
Geestkliff 62
Geopark 70, 71
GeoPark Schwäbische Alb 105
Geopark Vulkaneifel 79
Geotourismus 79
Geysir 73
glaziale Serie 34
Gletscher 28, 30, 32, 43
Gletschereis 29
Gletschervorstoß 180
Goethe, Johann Wolfgang von 39, 165
Golfstrom 191, 198
Golftourismus 172
Great Barrier Reef 64
Grinde 87
Grönland 204
Grundmoränenlandschaft 34, 54, 197
Grundwasseroase 146
Grzimek, Bernhard 127
Guntern, Gottlieb 41

H

Halbwüste 136
Hallers, Albrecht 39
Hallig 63
Hamada 141, 142, 157
Hartlaub-Strauchformation, mediterrane 162
Harz 190
Heidelberg 13, 15, 17
Heidelberg, Altstadt 16
Heiligendamm 56
Historic Highlights of Germany 22
Hochgebirge 28, 43

Hochmoor 78
Höhengrasland 129
Höhenkrankheit 36
Höhenstufe 129, 130
Hoher Atlas 150
Höhle 103
HöhlenErlebnisWelt Giengen-Hürben 104
Hugi, Franz Joseph 30
Hurtigruten 197

I

IJsselmeer 182
Inlandeis, nordeuropäisches 7
Inlandvereisung 57, 183, 197
Inselberg 143
Insolationsverwitterung 138
Island 206

J

Jahreszeitenklima 161
Jungmoränengebiet 183
Jungmoränenland 186

K

Kaiserstuhl 188
Kalkkruste 153
Kältepol 200
Kanarische Inseln 175
Karibik 64, 121
Karstquellen 102
Karst, tropischer 118
Katla-Geopark 206
Kegelkarst 118
Kibo 129
Kieselkruste 153
Kieswüste 141, 142
Kilimanjaro 129
Kirchberg 44
Kitzbüheler Alpen 44
Kliff 106
Klimawandel 43, 48
Knicklandschaft 187
Köln 13
Köln, Altstadt 12
Korallenküste 64
Korallenriff 48, 64
Korsika 164
Kulturlandschaft 86, 89
Kulturtourismus 206
Küste, „aufgebaute" 55

Küstenabschnitt 107
Küstenformen 50
Küstentourismus 65
Küstentypen 47
Küste, vorgerückte 50
Küste, zurückgewichene 50

L

Landesvermessungsamt 4
Laubwald, sommergrüner 183
Lawine 37
Libyen 152
Löss 188
Lotharpfad 90

M

Maar 70, 75, 77
Macchie 162
Mallorca 171
Mangrovewald 126
Margate 49
Marokko 156
Marsch 58
Meeresspiegel, Anstieg 52
Meyer, Wilhelm 78
Mineralquelle 81
Mineralwasser 72
Mischwald, sommergrüner 183
Mittelgebirgslandschaft 86
Mittelmeer 175
Mittelmeergebiet 160
Mittelmeerraum 160, 166
Mittelmeerraum, Tourismus 170
Mittelmoräne 33
Mofette 72, 74
Mont Blanc 38
Moor 184
Moorhufendorf 184
Moorkultivierung 184, 186
Moräne 33
Mössinger Bergsturz 100

N

Nadelwald, borealer 196
Nationalpark 127, 128, 130
Naturpark 76, 186
Nebelwald 129
Niederdeutsches Hallenhaus 188
Niederrhein 5
Nomadismus 148
norddeutscher Raum 184

nordeuropäisches Inlandeis 7
Nordsee 57
Nordseeküste 63
Northern Territory Australien 144
Norwegen 33, 197
Nutzungskonflikt 174

O

Oase 143, 144, 146
Oasentypen 146
Oberrheinebene 86
Oberrheingraben 86
Ökozone 112
Ölbaumkultur 167
Ölschiefer 104
Olymp 164, 165
Orkantief „Lothar" 88
Osteifel 78
Ostfriesische Inseln 61
Ostsee 57

P

Pagode 132
Permafrost 201, 203
Permafrostboden 44
Polare Zone 200
Polarnacht 200
Polartag 200
Polder 182

R

Ranching 149
Raum, norddeutscher 184
Reg 141
Regenfeldbau 127
Regenwald, Brasilien 120
Regenwald, tropischer 114
Reisterrasse 131
Rentierhaltung, halbnomadische 203
Rentierhaltung, nomadische 203
Ressource Wasser 174
Rhein 8, 12
Rheinisches Schiefergebirge 70
Riff 64
Rokua-Geopark 197
Romantische Straße 19
Rothenburg ob der Tauber 19
Rousseau, Jean-Jacques 39
Route der Industriekultur 189
Ruhrgebiet, Kulturlandschaft 189
Rundhöckerlandschaft 53

Stichwortverzeichnis

S

Saas Fee 41
Safari 128
Salzburg 21
Salzburg, Altstadt 21
Salzpfanne 143
Salzsee 143
Salztonebene 143
Salzverwitterung 138
Sandmeer 141
Sandwüste 141
Savanne 122
Scarborough 49
Schelfeis 200
Schichtstufe 98
Schichtvulkan 165
Schlackenkegel 72, 77
Schloss 14
Schorre 48
Schottland 190
Schwäbische Alb 98, 101, 102, 103, 104
Schwarzwald 86, 87, 93
Schwarzwälder Kuckucksuhren-Produktion 92
Schwarzwaldhaus 91
Serengeti 127
Serir 141, 157
Ski Dubai 151
Spanien 173, 175
Spitzbergen 206
Stadt, antike römische 169
Stadtgrundriss 12
Stadtkern, mittelalterlicher 18
Stadtkultur, antike 169
Staubsturm 140
Stauchmoräne 8
Steilküste 48, 50
Steinheimer Meteorkrater 108
Steinwüste 141, 142
St. Moritz 40
Strand 48
Strandschutz 66
Strandversetzung 55
Stratovulkan 165
Streuobstwiese 107
Strohn 76
Strohner Lavabombe 77
Strohner Lavaspaltenwand 77
Stupa 132
Subak-System 131
Subpolare Zone 200
Subtropen, Winterfeuchte 160
Südpol 208

Sukhothai 133
Sumbawa 130

T

Tageszeitenklima 116
Tal des Todes 142
Tansania 127, 129
Temperaturverwitterung 138
Teneriffa 175
Thailand 119, 133
Tierwelt 138
Topographische Karte 4
Tourismus der Arktis 204
Tourismus im Mittelmeerraum 170
Transamazonica 120
Transhumanz 148, 150, 162, 168
Trekkingtourismus 150
Trier 18
Trockengebiet, subtropisches 136
Trockengebiet, tropisches 136
Trockenmaar 72
Trockensavanne 124, 149
Trockental 102
Trockenzeit 122
Trogtal 32, 53, 87
Tropen, Immerfeuchte 114
Tropen, Sommerfeuchte 122
Tropenwälder, Zerstörung 117
Tropen, Wechselfeuchte 122
Tundra 203
Tundrenzone 200, 203
Tunesien 154
Tunis, Altstadt 171

U

Ulmen 74
Uluru 144, 145
Urbanisation 173
Urstromtal 181, 184
Usedom 56

V

Vergletscherung 129, 200
Vergletscherung, alpine 8
Viehhaltung, halbnomadische 128
Viehhaltung, nomadische 128
Vulkan 206
Vulkaneifel 70
Vulkanismus 70
Vulkan Tambora 130

W

Wacholderheide 100
Wadi 142
Waldhufendorf 89
Waldtundra 196
Wanderfeldbau 117, 127
Wandertourismus 93, 121, 150
Watt 59
Wattenküste 55
Wattenmeer 59, 60, 62, 63
Weidewirtschaft, extensive 148
Weltkulturerbe der UNESCO 18, 21, 82, 132, 133, 166, 171
Weltnaturerbe der UNESCO 33, 56, 62, 121, 126, 130, 137, 164, 176
Westeifel 78
Westfriesische Inseln 61
Westweg 93
Winterfeuchte Subtropen 160
Wintersport 42, 44, 150
Wintersportgebiet 151
Wintertourismus 40
Wolkenwald 129
Wüste 136
Wüsten, Ausbreitung 154
Wüstentourismus 150, 156
Wüstenvegetation 137

X

Xanten 4, 8

Z

Zentralhügel 108
Zermatt 38
Zeugenberg 100
Zisterzienser 78, 81, 187
Zschokke, Heinrich 39
Zugvogeltage 60
Zuiderzee 182

MIX
Papier aus verantwortungsvollen Quellen
Paper from responsible sources
FSC® C105338

If you have any concerns about our products,
you can contact us on
ProductSafety@springernature.com

In case Publisher is established outside the EU,
the EU authorized representative is:
**Springer Nature Customer Service Center GmbH
Europaplatz 3, 69115 Heidelberg, Germany**

Printed by Libri Plureos GmbH
in Hamburg, Germany